ECOLOGICAL ENGINEERING AND ECOSYSTEM RESTORATION

2001년 7월 덴마크 코펜하겐에서 미치(Mitsch W. J.) 교수와 요르겐센(Jørgensen S. E.) 교수

생태공학과 생태계 복원

강대석 김동명 성기준 안창우 이석모 | 옮김

William J. Mitsch | Sven Erik Jørgensen

Ecological Engineering

and

Ecosystem Restoration

역자 소개

강대석 · 국립부경대학교 생태공학과 교수

김동명 · 국립부경대학교 생태공학과 교수

성기준 · 국립부경대학교 생태공학과 교수

안창우 · 미국 George Mason University 환경과학 및 정책학과 교수

이석모 · 국립부경대학교 생태공학과 교수

생태공학과 생태계 복원

발행일 2016년 3월 4일   초판 2쇄

지은이 William J. Misch · Sven Erik Jørgensen
옮긴이 강대석 · 김동명 · 성기준 · 안창우 · 이석모
펴낸이 김준호
펴낸곳 한티미디어 | **주 소** 서울시 마포구 연남로 1길 67 1층
등 록 제15-571호 2006년 5월 15일
전 화 02)332-7993~4 | **팩 스** 02)332-7995
ISBN 978-89-6421-113-7 (93530)
가 격 25,000원

마케팅 박재인 최상욱 김원국 | **편 집** 이소영 박새롬 안현희 | **관 리** 김지영

이 책에 대한 의견이나 잘못된 내용에 대한 수정정보는 한티미디어 홈페이지나 이메일로 알려주십시오.
독자님의 의견을 충분히 반영하도록 노력하겠습니다.
홈페이지 www.hanteemedia.co.kr | **이메일** hantee@empal.com

이 책과 저자들 연구의 근간이 된 생태학 분야의 개척자
하워드 오덤(1924~2002)과 유진 오덤(1913~2002) 형제에게

2001년 5월 미국 조지아 애선스에 개최된 제1회 미국 생태공학회 학술대회에 참석한 오덤 형제

저자 서문

22년 전 저자들이 편저한 〈생태공학: 생태기술 개론〉(John Wiley & Sons, 1989)은 여러 저자들의 아이디어와 공헌으로 공동 집필된 책입니다. 생태공학을 이용해 동서양의 전형적인 환경 문제를 해결하기 위한 초기의 많은 사례들이 실려 있습니다. 생태공학과 생태계 복원이 진일보한 오늘날, 이 책 〈생태공학과 생태계 복원〉은 앞의 〈생태공학: 생태기술 개론〉의 2판이 아니라 전혀 새로운 책입니다.

1992년 국제학회지 〈생태공학지〉(Ecological Engineering, Elsevier)가 발간되기 시작했고 실험적 결과와 생태공학의 다양한 사례 연구를 제시함으로써 생태공학 분야를 더 성숙하게 발전시키는데 기여했습니다. 그리고 거의 같은 시기인 1993년에 출간된 〈복원생태학회지〉(Restoration Ecology, Blackwell)는 이전의 〈복원과 관리노트〉(Restoration and Management Notes)에서 이름을 바꾼 〈생태복원학회지〉(Ecological Restoration, Blackwell)와 통합되어 출간되었습니다. 따라서 이제 생태적 해결책을 선택하고 설계하는데 필요한 기본 정보를 포함한 교재로 〈생태공학과 생태계 복원〉을 집필하는 것이 가능해졌습니다. 그리고 이 책에는 생태계를 설계하고 관리하며 조정하는데 사용될 수 있는 생태계 모델과 사례 연구들을 포함했습니다.

이 책은 크게 3부로 나누어집니다.

1부에서는 생태공학과 생태계 복원의 적용을 위한 기본 개념들을 담고 있습니다. 이 중 1장의 목적은 다른 환경 지식체계나 개념의 맥락 안으로 생태공학과 생태계 복원을 다루었습니다. 2장에서는 생태공학과 생태계 복원의 정의, 역사와 기본 개념에 대해 설명합니다. 현재 생태공학과 생태계 복원은 많은 환경문제를 해결하는데 널리 사용되고 있습니다. 그래서 3장에서는 생태공학과 생태계 복원이 어떻게 환경 분야에 적용되고 있는지 간단히 살펴보고 이를 근거로 적용 방법들을 분류했습니다. 4장에서는 생태공학과 복원에 기본이 되는 시스템생태학의 개념을 설명했습니다. 화학이 화학공학의 기초가 되듯이 생태학은 생태공학과 생태계 복원의 기초가 됩니다. 5장에서는 1989년에 출판된 13가지의 생태공학 원리를 생태공학과 생태계 복원을 다룰 출발점으로 사용되어야만 하는 19가지 원리로 확대해 설명했습니다. 이 19가지 원리들이 모든 적합한 프로젝트에 적용될 수 있는 지침으로 사용되는 것이 바람직합니다. 만약 여러분이 다루고 있는 프로젝트가 이들 중 여러 원리들을 위반한다면 지속가능한 생태적 해결책은 될 수 없습니다.

2부에서는 생태공학과 생태계 복원의 적용을 다루는 8개 장으로 이루어져 있으며 대부분 생태계 접근을 다루는 이 책의 핵심 부분입니다. 6~9장 및 12장은 종종 생태계 복원 분야로 설명되어지는 호소복원, 강과 하천의 복원, 습지의 조성과 복원, 연안복원, 광산과 같이 매우 많이 변형된 육상 생태계의 복원 등을 다루고 있습니다. 10장과 11장은 생태공학을 사용해 오염문제를 해결하기 위한 방안들을 포함하고 있습니다. 점원과 비점원 오염물질을 처리하기 위해 습지를 이용하거나 생물학적 치유를 통해 오염된 현장의 토양에서 오염물질을 제거하는 방법들입니다. 13장에서는 중국에서 사용되어 왔던 생태공학 방법들의 역사와 적용 사례들을 다룹니다. 전체적으로 2부에서는 생태복원과 생태공학에 사용되는 다양한 분야에 있어 실제적인 생태관리 기술을 설명하기 위해 사례연구 위주로 구성되어 있습니다.

3부에서는 대부분의 생태공학과 생태계 복원 분야에서 사용될 수 있는 중요한 수단인 생태계 모델에 대해 설명합니다. 생태계 모델 분야는 30년 이상 발달되어 왔으며 생태계의 구조와 기능을 예측할 수 있는 거의 유일한 방법으로 모든 생태공학과 생태계 복원 분야에 꼭 필요한 도구입니다.

우리는 이 책이 생태공학과 생태계 복원 분야가 계속해서 발전할 수 있도록 촉매 역할을 할 수 있기를 기대합니다. 우리는 생태계 관리의 접근방법의 범위 내에서 생태공학과 생태계 복원은 기본적으로 동일하다고 생각하며, 하나는 공학자들을 위하여 또 다른 하나는 그 외의 다른 사람들을 위하여 사용되도록 2개의 다른 분야로 나누어서 다루어서는 안 된다고 생각합니다. 이 책에서 다룬 원리들과 사례연구들은 생태공학과 생태계 복원이 얼마나 다양하게 적용될 수 있는가를 보여주고자 수록했으며 또한 이러한 적용의 중요성도 보여주고 있습니다.

'자연과의 파트너십'을 통해 환경문제를 해결하기 위한 혁신적인 방법들을 지속적으로 찾을 수 있도록 하는 것은 학계와 정부 그리고 산업분야의 환경 과학자와 공학자들의 몫입니다. 언젠가 우리 사회에서 생태학자들이 생태학에 대한 지식이나 공학적인 지식이 없다는 비난 대신 '생태적'이며 '공학적'이라는 타이틀을 갖게 될 수 있습니다. 우리는 곧 이렇게 되기를 기대합니다.

이 책은 여러 사람들의 도움이 없이는 출간될 수 없었습니다. 책의 교정과 자료의 저작권 요청에 도움을 준 루스매리 미치, 이 책에 수록된 여러 그림들을 그려준 안네 미스쵸에게 감사합니다. 그 외 사진과 설명 및 다른 여러 가지 사항들에 대해 뉴저지 PSEG의 캔 스트래이트와 제프 판타즈, 루이지애나 주립대학의 존 데이, 오하이오 주립대학의 리장, 요코하마 소재 국제생태연구회 일본센터의 아키라 미야와키, 프랑스 리용의 ASCONIT 컨설턴트의 크리스토퍼 핸리, 사우스플로리다 물관리국의 내밍 윙, 로우 토트, 폴 휠른, 자연과학학회의 팀 나이탠글, 아메리칸대학의 카렌 부쇼-뉴턴, 러커스대학의 마이크 웨인스테인, 플로리다대학의 마크 브라운, 덴마크 환경조사국의 카를로스 호프만 등이 도움을 주었습니다. Elsevier Science는 우리의 이전 책들과 생태공학회지에 수록된 여러 그림들을 사용할 수 있도록 허락하여 주었습니다.

다시 한번, 이 책을 2002년 타계한 H.T. 오덤과 유진 오덤 두 형제에게 바칩니다. 우리는 이 두 분이 현대 생태학의 창시자라 생각합니다. 우리는 단지 그분들의 어깨 위에 섰을 뿐입니다. 덕분에 더 멀리 볼 수 있었습니다.

콜럼버스, 오하이오에서 William J. Mitsch
덴마크 코펜하겐에서 Sven Erik Jørgensen

한국 독자에게 1

I am pleased to write an introduction to this Korean translation of our textbook Ecological Engineering and Ecosystem Restoration(John Wiley & Sons, Inc, Hoboken, New Jersey, 2004).

When I first heard of the concept of ecological engineering from my professor H.T. Odum in the 1970s and then began to explore the definitions and principles of the field in the 1980s, little did I know that the field would, in this start of the second decade of the 21st century, begin to emerge from the shadows to a well developed field. While it still hasa long way to go to be accepted by the engineering and ecology disciplines, its very definition of "the design of sustainable ecosystems" now resonates in both fields and severalothers, sometimes under different names such as ecotechnology, landscape design, or ecosystem restoration. Even the word "sustainable," which was not very popular when we first came up with this definition, is now everywhere. Ecological engineering is being practiced in Asia, Europe, and North America especially. Even the National Science Foundation in the USA now supports grant applications in ecological engineering in their sustainability program. The international journal *Ecological Engineering* continues to soar in its citation index and in the number of papers it receives. In fact, the number of manuscripts that it receives has increased four-fold since Prof. Jørgensen and I wrote the 2004 book that is the basis of this translated work.

I am doubly please that this translation is being carried out by my former graduate student, Prof. Changwoo Ahn; I am proud to watch his career develop in ecological engineering. In several visits to Korea, I have been impressed with the excitement and acceptance of ecological engineering there. I have also had great experience with my graduate students and post-docs from Korea in my research park. There is so muchin ecological engineering that fits the Asian respect for nature and understanding of the importance of time. We have a saying in the West, sometimes not translated well in the East, that ecological engineering requires both "Mother Nature and Father Time." Koreans especially seem to understand that well.

I hope you enjoy reading and studying this book as much as we enjoyed writing it. The next generation of leadership in ecological engineering may come from Korea.

With respect, William J. Mitsch, Ph.D.
Columbus, Ohio and Naples, Florida, USA

한국 독자에게 2

Ecological engineering is used increasingly all over the world to find solutions to a number of pollution problem and ecosystem management problem, that cannot be solved by environmental technology or environmental legislation. Ecotechnology has found a wide application in industrialized countries to solve non-point pollution problems, restore ecosystems and to improve the landscape planning by the use of an ecological angle to the problem. I appreciate therefore very much that a Korean edition of the book "Ecological Engineering and Ecosystem Restoration" now will be published. I have visited Korea six times and found an academic audience that is very open to new ideas. From my discussions with Korean researchers, scientists and managers I know that Korea is very interested to find proper solutions to the environmental problems and it requires of course knowledge to all available methods that can be applied in a proper environmental management. Therefore, I am sure that the Korean edition of the book will find a wide application and be met with a positive attitude by Korean scientists and environmental managers. I will therefore warmly congratulate you with the translation of this important book in the field of ecological engineering.

Sven Erik Jørgensen
Openhagen the 9th of August 2011

옮긴이 서문

"자연과 인간의 공존을 위해 지속가능한 생태계를 설계하는 기술"

과학 사상이 전체론, 부분론, 시스템론으로 발전하면서 부분론에 근거한 생물학과는 전혀 뿌리가 다른 열역학에 기초한 생태학이 발전하게 되었다. 물리화학자인 로트카(Lotka A.J., 1922)가 생태학에 열역학 개념을 도입한 후 시스템 생태학자인 오덤(Odum H.T., 1962)에 의해 생태공학이 발전되기까지는 불과 40년밖에 걸리지 않았다.

모든 유기적 및 무기적 세계의 구성요소들이 열역학을 통해 밀접하게 연관되어 있는 하나의 시스템으로 기능한다는 사실이 밝혀지면서 생태학의 발전은 바로 생태공학을 잉태하게 되었다. 이는 오늘날의 각종 현상을 바라볼 때 전체를 관계적으로 해석하지 않고서는 그 구성 부분을 제대로 이해하는 것이 불가능함은 물론이고 전체 현상에 대한 해결도 불가능함을 말해준다.

특히 현대사회는 3E(Energy, Environment, Economics)가 서로 연결되어 상호작용하면서 자원 고갈, 환경오염, 경제 퇴보의 총체적 위기를 겪고 있다. 이러한 시기에 각 분야의 전문적 지식을 바탕으로 한 부분론적 접근은 전혀 문제 해결에 도움이 되지 못한다.

인간중심적 과학기술의 발달에 근거한 개발론도 생물 중심의 생태 독재에 근거한 보존론도 서로를 탓할 구실만 찾을 뿐이다. 생태학에 대한 새로운 통찰을 통해 사회와 자연의 유기적 관계성과 상생을 위한 방향으로 접근하여야 한다.

생태공학은 자연과 인간의 공존을 위해 자연을 이용하여 지속가능한 생태계를 설계하는 기술로 정의하고 있다. 기술의 목적이 자연과 인간의 공존이며 도구는 자연환경이고, 핵심 기술은 지속가능한 생태계를 설계하는 공학이다. 총체적 위기에 처한 세계는 뚜렷한 해결 방안을 준비하지 못한 채 불확실성의 시대에 돌입하고 있다.

화석연료에 기반을 둔 과학기술이 더 이상 우리의 자연환경을 보존하고 생활환경을 개선하리라고 믿는 사람은 아무도 없다. 그러나 정치적, 경제적 그리고 과학기술은 물론이고 철학적 세력마저도 기득권 유지에만 급급해 있다. 병이 깊어가는 지구는 누가 살릴 것인가?

생태공학의 아버지 오덤(Odum H.T.)의 세계 각국의 제자와 방문 연구자들이 생태공학의 발전을 위해 노력하고 있다. 이 책의 원저자인 미국의 미치(Mitsh W. J)와 덴마크의 요르겐센(Jørgensen S.E.)은 물론이고 미국생태공학회(AEES)의 브라운(Brown, M.T.)과 캉가스(Kangas P.C.), 국제생태경제학회의 코스탄자(Costanza R.) 등이 생태공학은 물론 생태계 모델링과 생태경제학에 이르기까지 영역을 확장하고 있다.

한국의 경우 이 책의 옮긴이들의 일부가 1993년부터 방문연구원과 제자로 생태공학을 접하게 되었고 그 결과 2003년에 국립부경대학교에 생태공학과 학부과정을 개설하여 현재는 석사과정과 박사과정 모두를 개설하고 있다. 특히 2008년 광복 60주년을 맞이하여 정부가 녹색성장을 새로운 비전의 축으로 제시함에 따라 저탄소 녹색성장이 곧 생태공학이 추구하는 저에너지 생태사회임을 인식하고 국제생태공학회(IEES)와 미국생태공학회(AEES)의 협조 아래 2009년 5월 한국생태공학회(KEES)를 설립하여 〈한국생태공학회지〉를 발간하고 있다.

그간 한국에는 생태공학이라는 이름 아래 여러 학문 분야에서 번역서 및 총서가 발행되었지만 대부분이 전문분야별 부분론적 접근과 생물, 경관 또는 조경 수준의 목적론적 접근으로 시도되어 정확한 생태공학의 의미가 전달되지 못했다. 이제 진정한 생태공학과 생태복원에 대한 세계적 지침서를 생태공학과 교수들이 중심이 되어 번역함으로써 대한민국의 생태공학이 더욱 발전함은 물론 우리의 역사에 뿌리 깊게 자리잡고 있는 자연 사랑과 생명 존중의 사상이 미래의 생태사회를 선도하는 견인차가 되기를 기대한다.

옮긴이 일동

옮긴이 소개

- **강대석**
  서울대학교 해양학과 졸업
  서울대학교 해양학과 이학석사
  미국 University of Florida 공학박사 (시스템생태학)
  (현) 국립부경대학교 생태공학과 교수

- **김동명**
  부산수산대학교 환경공학과 졸업
  부산수산대학교 환경공학과 공학석사
  부경대학교 환경공학과 공학박사 (생태계모델링)
  일본국립환경연구소 환경리스크연구센터 유동연구원
  PICES Model task team member
  (현) 국립부경대학교 생태공학과 교수

- **성기준**
  서울대학교 산림자원학과 졸업
  서울대학교 환경대학원 환경계획과 도시계획학 석사
  미국 Texas A&M University 공학박사 (식물상 치유 및 생태복원)
  미국 Texas A&M University 박사 후 연구원
  (현) 국립부경대학교 생태공학과 교수

- **안창우**
  서울대학교 산림자원학과 졸업
  서울대학교 환경대학원 환경계획과 도시계획학 석사
  미국 The Ohio State University 박사 (습지생태계 생태학 및 생태공학)
  미국 University of Illinois at Urbana-Champaign 박사 후 연구원 (Illinois Water Resources Center)
  국제학술지 Ecological Engineering–the Journal of Ecosystem Restoration 책 편집장
  현 미국 George Mason University 환경과학 및 정책학과 교수

- **이석모**
  부산수산대학교 환경공학과 졸업
  부산수산대학교 환경공학과 공학석사
  부산수산대학교 환경공학과 공학박사 (해양배출)
  미국 University of Florida 박사 후 연구원, 방문교수 (Environmental Policy Center)
  (현) 사단법인 한국생태공학회(KEES) 회장
  (현) 국립부경대학교 생태공학과 교수

차례

제1부
서 론

제1장
왜 생태공학과 생태계 복원인가?

우리는 생태공학과 생태계 복원을 통해 지구의 '녹색화'에 기여할 수 있는 위치에 있다. 비록 우리가 오늘날까지 공학적으로 이루어 놓은 모든 것에 의문을 제기할 필요는 없지만 정치적으로나 역사적으로 볼 때 우리의 역사를 되돌아 보는 시점에 있으며 다음 사항들을 결정해야 할 것이다. 1)이제까지 해왔던 방식대로 개발을 계속할 것인지(그리고 그렇게 할 수 있는 여유가 있는지), 2)우리가 의존하고 있는 자연의 '기능'을 복원하는데 이용할 수 있는 새로운 방법들이 있는지에 대해 결정해야 한다. 생태학과 공학 관련 모든 직종에서 '패러다임의 변화'가 일어나고 있다. 이러한 변화는 과거에 생태계의 회복력을 고려하지 않고 공학기술에만 의존하였던 생태계의 이용 및 개발과 달리 새로운 생태학적 접근을 수용하기 위함이다.

공학자들, 생태학자들, 자원관리자들과 심지어 정치인들까지도 생태적으로 통합된 시스템을 제공하기 위하여 8조원이라는 비용을 들여 현재 남부 플로리다의 에버글레이즈(Everglades)의 수리, 수문을 다시 설계하고 있다([그림 1-1] 참조). 플로리다 에버글레이즈 복원의 일환으로 엄청난 돈을 들여 복원 중인 키시미(Kissimmee) 강은 30여년 전 운하가 만들어지기 전의 본래 모습과 비슷하게 되돌아가고 있다([그림 1-2] 참조).

발트해로 유입하여 과도한 부영양화를 일으키고 있는 비점오염을 줄이기 위한 생태적 방법이 검토되고 있다. 멕시코만(Gulf of Mexico)에서는 매년 '사멸지대'(dead zones: 부 연, 극심한 부영양화로 인해 수중 산소가 2ppm 이하로 고갈돼 모든 물고기가 죽는 것에서 붙여진 이름. 수생태계의 극단적인 부영양화를 일컫는데 일반적으로 사용됨)가 계속 생

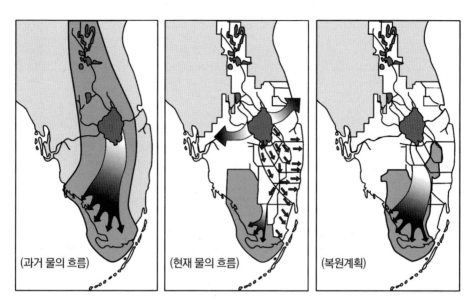

그림 1–1 역사상 최대 규모의 생태복원 사업은 8조원을 들여, 20년이라는 장기간이 소요되는 남부 플로리다의 에버글레이즈 복원사업이다. 과거에는 오키초비호의 계절적 범람으로 유출한 물이 에버글레이즈를 관통해 남쪽으로 흘렀지만, 20세기에 지은 배수로와 펌프장때문에 물의 흐름이 아주 크게 바뀌어 많은 양의 물이 대서양과 멕시코만으로 빠져나간다. 복원계획은 에버글레이즈를 거쳐 남쪽의 플로리다만으로 이어지는 과거의 수문 흐름을 회복하는 일이다(미 공병의 그림을 다시 그림).

그림 1–2 에버글레이즈 복원사업의 일환으로 중부 플로리다에서 오키초비호로 흐르는 키시미강을 다시 사행천으로 복원한다. 1960년대에 이 강을 직강화하기 위해 들어간 비용의 약 10배가 되는 비용을 들여 강의 일부가 복원되고 있다. 복원을 위해 낮은 댐을 건설하고, 배수(backwater)와 과거 사행구간을 하천 본류에 연결하였다.

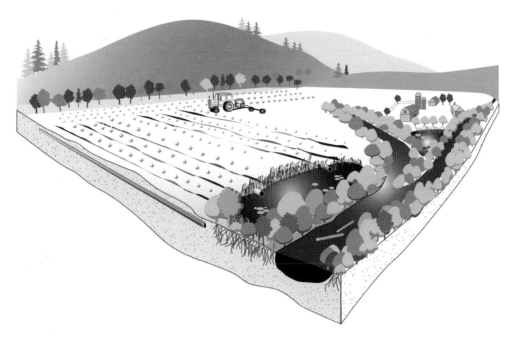

그림 1-3 스칸디나비아 지역에서는 발트해를, 미국에서는 멕시코만과 체사피크(Chesapeake) 만을 보호하기 위해 비점오염을 관리하는 방안으로 농촌지역의 습지 및 강변 생태계를 조성하고 복원하는 방안이 제안되고 있다.

기고 있으며 이제는 그 크기가 미국의 메사추세츠 크기에 해당하는 2만km²에 달한다. 현재 논의의 초점은 미시시피 유역의 제방을 없애고, 습지를 복원해 더 자연스런 상태로 복원할 것인가의 여부가 아니라 언제 어떻게 복원사업을 진행할 것인가에 초점이 맞추어져 있다. 이와 관련하여 미국 루이지애나 삼각주와 해안선을 따라 사라지는 육지 면적을 줄이려는 많은 노력이 진행되고 있다.

덴마크에서는 연안해역의 지속적인 수질악화를 방지하기 위하여 가장 큰 강인 스케른(Skern) 강을 원래의 사행천으로 복원하고 있다.([그림 1-4] 참조). 1960년대와 1970년대에는 실험적 접근이었던 습지를 이용한 폐수처리는([그림 1-5] 참조) 이제 전세계적으로 폐수처리의 중요한 부분을 차지한다. 미국 뉴저지의 델라웨어(Delaware) 만을 따라 수천 헥타르의 연안습지가 복원되고 있는데, 이를 위해 18세기 이후 줄곧 건초농장이었던 지역에서 제방을 없애고 조석수로를 다시 조성하고 있다([그림 1-6] 참조).

논란도 많았고 비용 또한 많이 들었던 애리조나에 있는 인공생태계인 생물권2(Biosphere 2)를 설계했던 사람들은 자신들도 모르게 자연생태계가 얼마나 가치있는지 보여주었다. 생태공학 프로젝트로는 가장 극단적인 경우로 볼 수 있는 생물권2는 1.25헥타

그림 1-4 유럽에서 이루어지고 있는 주요 하천 복원사업의 하나로 덴마크 쥬트랜드의 스케른 강이 복원되고 있다. 스케른 강은 덴마크에서 가장 큰 강으로 예전의 사행천을 복원하고 있다. 복원이 완료되면 1960년대에 파괴된 면적의 반 정도인 2,200헥타르의 초지와 습지가 복원된다. 복원을 하게 된 이유는 직강화된 강을 통해 유입한 농업 활동 기원 오염물질이 초래한 북해 근처 피요르드의 수질오염 때문이었다. 이 복원사업을 위해 조성된 덴마크 공공 기금은 대부분 20세기 중반에 일어났던 직강화 및 습지파괴 비용의 8.5배이다.

르에 이르는 유리로 덮힌 시스템 내부에 여러 가지 유형의 생태계를 조성하였다. 미래에 우주 식민지를 만들었을 경우 인간이 이용할 수 있는 폐쇄된 인공생태계의 가능성을 실험하기 위한 목적으로 건설하였다. 그러나 생물권2의 근본 문제는 자연적인 공기순환이 아닌 팬을 이용하고, 수문학적 순환을 통한 자연적인 유수가 아닌 펌프를 이용해 물을 끌어오는 등 그 시스템이 자연적 에너지에 기반하고 있지 않다는 점이다. 이는 이 책이 말하려는 핵심을 잘 보여준다.

그림 1-5 미국 오하이오의 한 폐수처리장 옆에 지어진 3헥타르 크기의 폐수처리용 습지. 폐수처리장에서 2차 처리까지 거친 물이 습지로 유입하며, 습지에서는 3차 처리인 질소와 인의 제거가 이루어져 릭킹강의 주변의 북쪽 지류에 질소와 인이 유입되는 것을 방지한다.

(a)

(b)

그림 1-6 미국 동부의 가장 규모가 큰 연안습지 복원사업 중 하나는 뉴저지와 델라웨어에 걸쳐 있는 델라웨어만에 5,000헥타르의 염습지를 복원하는 것이다. 이 복원사업에 포함된 세부사업의 한 가지는 연안의 둑을 일부 허물어 염생건초 농장이 범람하게 함으로써 염습지를 복원하는 것이다. 또한 조석수로를 조성해 *Spartina alterniflora*와 같은 바람직한 식물의 면적을 확대하고, 개방수면을 줄이며, 침입종인 *Phragmites australis*를 제거하고자 하였다. 이 염습지 복원 사업은 1988년 초 뉴저지 모리스강 지역에 460헥타르의 염습지를 복원함으로써 완결되었다. (a) 1995년 조석수로 조성 작업, (b) 2001년 6월까지 이루어진 *Spartina alterniflora*의 복원 모습. Spartina 및 다른 바람직한 식물종들이 복원지의 71%를 차지하는 데는 총 4년 이상이 걸렸다. [(a) PSEG의 Ken Strait, 뉴저지 살렘에 있는 PSEG의 허락 하에 재인쇄, (b) W.J. Mitsch]

　　다시 말해 태양, 바람, 물과 같은 자연적 에너지에 의해 유지되는 자연생태계는 사라지고 나서야 우리가 깨닫게 되는 다양한 종류의 무료 공공서비스를 제공하는 인간의 생명부양계이다. 코스탠자 등(Costanza et al., 1997)은 "자연의 가치는 얼마인가?"라는 고전적인 질문에 1km^{2}의 생태계가 매년 약 64,000달러 정도의 가치를 제공하는 것으로 평

(a)

(b)

(c)

그림 1-7 생물권2. 미국 애리조나의 사막에 지어진 유리로 된 1.25헥타르의 메조코즘이다. 생태공학의 극단적인 예라고 볼 수 있다. (a) 사바나, 해양, 습지, 사막이 있는 구역, (b) 농업 구역, (c) 거주 구역. 이산화탄소 농도가 높은 환경에서 다양한 생태계를 유지하는데 충분한 물의 흐름 및 공기 흐름을 만들어내기 위해서는 10-MW 발전기(사진에는 보이지 않음)가 필요하다. 생물권2의 건설 및 유지 비용을 토대로 계산하면 자연생태계가 제공하는 것과 동일한 서비스를 공급할 수 있는 인공생태계를 만들기 위해서는 1km^{2}당 연간 10억 달러가 든다(Mitsch, 1999). (사진제공: W.J. Mitsch)

가했다. 생물권2의 건설 및 유지 비용을 기초로 기후, 공기, 물과 바람을 인위적으로 유지하는 생태계를 건설하는 비용을 감안하면 생태계의 가치는 1km²당 매년 10억 달러에 이른다(Mitsch 1999).

이것이 우주에 우리가 또 다른 지구를 건설할 때 드는 비용이다. 물론 그 곳까지 우주여행을 하는 데 드는 비용은 빼고 말이다. 이런 추정치들이 주는 메시지는 분명하다. 우리는 생물권1(지구)을 보호하고 향상하여 현재 우리가 누리는 서비스를 생태계가 계속 제공할 수 있도록 하고, 가능하면 증진해야 한다는 점이다.

현재 생태학자들은 훼손된 생태계들의 기능을 복원하는 기술들을 다듬고 있다. 그리고 수많은 생태학자들이 지금은 스스로를 '복원생태학자'라 부른다. 육상생태계의 효율적인 배수를 전문으로 연구하던 농공학자들도 많은 지역에서 배수로를 복원하고 하천의 하도를 만들거나 농지를 습지로 전환하는 일에 참여하면서 자신들의 명칭과 행동을 바꾸고 있다. 강을 직강화하는 일에 가장 앞장섰던 토목공학자들도 댐을 없애고 강의 구불구불한 자연적 모습을 복원하기에 바쁘다. 미 공병단은 이제 생태계 복원을 자신들의 업무 영역으로 삼기 위해 공병단의 기본 목적에 이 분야를 포함하는 '녹색화'를 추진하고 있다. 미 공병단의 일부 구성원들은 자신들을 수자원관리자일 뿐만 아니라 '생태공학자'로 인식하고 있다. 생태계를 복원하고 조성하는 일은 이제 하나의 산업이다.

1.1 40년의 환경보호와 복원

우리는 계속적인 인구증가로 자원이 고갈되어가는 시대로 들어서고 있으며, 작은 지역에서부터 전지구적인 수준의 오염과 재생가능한 자원의 부족을 해결하기 위한 적절한 방법을 아직 찾지 못하고 있다. 1960년대 중후반에 처음 나타난 녹색물결은 오염문제들을 완전히 해결하기 위한 실현가능한 방법을 제공할 것으로 여겨졌다. 대기 및 수질 오염에 기여하는 점오염원에만 관심이 집중되었고 이러한 문제들을 해결하기 위해 종합적인 사후처리기술이 개발, 개선되었다. 이러한 배경 하에 70년대 초 '무배출'이라 일컬을 수 있을 만큼 수질오염문제가 해결될 것이라 자신있게 예측했다.

예를 들어, 미국 의회는 1972년에 청정수법(Clean Water Act)을 제정했는데, 이 법의 목표는 1983년까지 미국 내 모든 수계에서 물고기를 잡고, 사람이 헤엄칠 수 있어야 한다는

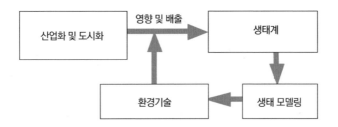

그림 1-8 1970년대 초 환경관리에 적용되던 전략. 생태모델은 배출된 오염물질이 생태계와 그 구성요소에 미치는 영향을 파악하기 위하여 이용한다. 이렇게 파악한 관계는 환경문제에 대한 해결책으로서의 환경기술을 선택하는데 이용한다. (Jørgensen and Bendoricchio, 2001; Elsevier Science의 허락 하에 재인쇄)

것이었다. 그러나 1983년이 지났지만 여전히 미국의 강 절반은 물고기를 잡고 수영할 수 있는 상태로 회복하지 않았는데, 이는 청정수법의 규정이 정치인들의 희망사항만을 반영한 결과이다. 단순히 산업폐수와 도시하수를 관리하는 것 이상으로 복잡한 문제였다.

오염물질 무배출 정책이나 이와 유사한 정책들은 비용이 너무 많이 들뿐만 아니라 강을 복원하기 위해서는 생태계의 자정 능력도 이용해야 한다는 것이 명확해졌다. 이러한 인식의 결과 생태계의 자정 능력을 평가하고, 오염물질이 생태계에 미치는 영향과 결과 사이의 관계를 반영하는 배출 기준을 설정하기 위해 환경모델 및 생태모델의 개발 필요성이 제기되었다(그림 1-8). 이 경우 모델들은 배출된 오염물질과 생태계 영향 사이의 관계를 이해하는데 사용되었고, 독성학적 연구는 생태계의 구성요소(예, 어류)에 대한 영향을 파악하는데 이용되었다. 그런 다음 이러한 관계를 토대로 환경기술(예, 폐수처리시설)을 이용해 환경문제의 해결 방안을 찾는데 사용되었다.

한편 우리는 환경위기라는 것이 생각보다 더 복잡하다는 것을 알게 되었다. 예를 들면, 폐수에서 중금속을 제거할 수 있지만 중금속을 포함한 슬러지는 어디에서 처리할 것인가? 자원관리 측면에서는 폐기보다는 재활용이 적절한 방향이었다. 주로 농업활동에서 기인하는 독성물질과 영양염 등의 비점오염원은 1970년대 후반 들어 새로운 위협적인 환경문제로 떠올랐다. 더구나 산성 강하물(산성비), 온실효과, 오존층 파괴와 같은 전지구적 환경문제의 발생으로 상황은 점점 더 복잡해졌다. 우리가 사용하는 10만여 개의 화학물질은 식물, 동물, 인간 등 전 생태계에 미치는 독성 영향을 통해 환경을 위협한다는 사실이 드러났다.

대부분의 산업화된 국가에서 아주 다양한 오염원을 규제하기 위한 포괄적인 환경법률이 제정되었다. 전세계적으로 오염을 줄이기 위해 수조 달러의 비용을 투입하였지만,

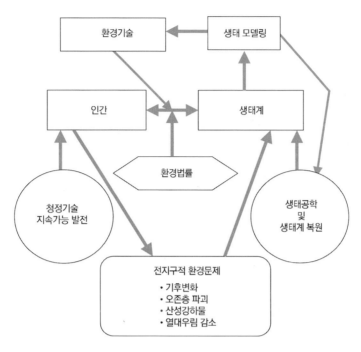

그림 1-9 21세기의 환경관리는 [그림 1-8]에 나타낸 바와 같이 과거보다 훨씬 더 복잡하다. 모델들이 여전히 환경 관리에 이용되고 있으나 관리 수단들이 많고 복잡하며, 환경기술, 청정기술 및 지속가능발전(종종 산업생태학이라고 불리기도 한다), 생태공학 및 생태계 복원 등의 접근들을 포함한다. 모델을 이용해 최적의 환경관리전략을 선택할 수 있다. 또한 모델을 통합 수단으로 사용할 필요가 있는 전지구적 환경문제는 아주 중요한 환경 현안이 되었는데, 적응과 오염원 저감이외에는 뚜렷한 해결책이 없다. (Jørgensen and Bendoricchio, 2001의 그림을 다시 그림)

한 가지 환경문제를 해결할 때마다 2개 이상의 새로운 환경문제들이 발생하였다. 마치 인간 사회는 환경문제를 해결하기 위한 준비가 되어 있지 않은 것처럼 보인다. 아니면 이를 설명할 수 있는 다른 이유가 있을까?

오늘날 환경관리의 복잡성과 추가적인 대안들은 우리로 하여금 환경기술, 청정기술, 환경법률, 생태공학 및 생태계 복원을 동시에 적용하도록 요구한다. 전형적인 환경기술은 수질, 대기, 토양으로부터 오염물질을 제거할 수 있는 다양한 방법들을 제공하는데, 이 방법들은 특히 점오염원을 다룰 때 적용할 수 있다. 청정기술은 부산물이나 최종 폐기물의 재활용 가능성을 조사하고, 배출량을 줄이기 위해 전체적으로 생산기술을 바꾸려고 한다. 청정기술은 우리가 사용하는 제품을 더 환경친화적인 방법으로 생산해낼 수 있을지에 대한 질문에 해답을 제공하기 위한 노력이다. 많은 경우 그 해답은 환경위해도평가, 전과정 평가, 환경회계에 토대를 두고 있다. ISO 14000 시리즈와 위해도 저감 기술은 청정기술을 적용하는 데 가장 중요한 수단들이다. 환경법률과 환경세를 여러 기술들과 함께 사용할 수

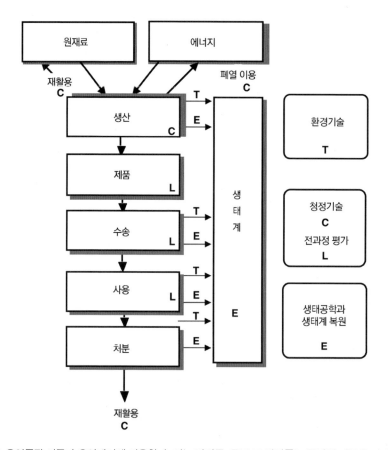

그림 1-10 오염물질 이동과 오염제어에 이용할 수 있는 방법들. 굵고 큰 화살표는 물질의 이동을 나타내고, 가는 화살표는 오염제어 방법을 나타낸다. 생산은 산업과 농업생산을 포함하며 비점오염원은 대부분 농업생산이 기여한다. 환경기술(T)은 점오염에 적용한다. 반면 생태공학 및 생태계 복원(E)은 생태 및 환경 문제 해결에 필요하다. 청정기술(C)은 현재의 생산방법을 바꾸어 오염을 줄이려는 접근으로 주로 재활용이나 생산기술 자체의 현격한 변화를 모색한다. 전과정 평가(L)는 생산품의 제품의 일생 중 어떤 단계에서 오염이 발생하는지 분석하며, 이를 통해 제품 자체 혹은 수송 및 사용 과정을 바꾸려 한다. (Jørgensen, 2000의 그림을 다시 그림)

있다. 생태공학과 생태계 복원을 결합한 이 4번째 대안이 이 책의 주제이다.

[그림 1-10]은 원료에서부터 마지막 폐기물 처리까지 제품의 일생에 나타나는 물질과 에너지의 흐름을 보여준다. 현대 기술사회에서 생산되는 제품의 정확한 숫자는 알려져 있지 않지만 아마도 10^7~10^8개 정도일 것이다. 이 제품들은 모두 생산, 수송, 제품사용, 최종 폐기물 처리 과정에서 생태계에 오염물질을 배출한다. 환경관리에서 핵심 문제는 오염물질을 어떻게 적절히 통제할 것인지 그리고 완벽하지 않은 세상에서 생태계를 어떻게 관리할 것인지이다. 해답은 아주 다양한 방법들을 적용해야만 한다는 것이다.

[그림 1-10]은 물질 및 에너지의 보존법칙과 환경관리에서 폭넓게 활용하고 있는 생

태계의 특성을 포함하고 있다. 환경법률과 환경세는 [그림 1-10]에 포함하지 않았지만 이들은 원료물질과 에너지에서 시작하여 사용한 제품의 최종 폐기에 이르는 전 과정의 각 단계에서 규제의 수단으로 사용할 수 있다.

지금까지 환경관리와 환경문제 해결에 이용할 수 있는 다양한 방법에 대해 간단하게 설명하였는데, 이로부터 우리는 환경관리가 매우 복잡한 사안임을 결론지을 수 있다. 지역적인 환경문제는 원료나 에너지 공급원의 변경, 생산방법의 부분적 혹은 완전한 변화, 재활용의 증가, 앞에서 설명한 4가지 기술분야(TCLE, 그림 1-10) 중에서 선택한 적절한 기술방법의 혼합, 제품 특성의 부분적 변경, 환경기술과 복원대상 생태계의 적절한 조합 등과 같은 방법을 통해 해결할 수 있다. 가능한 해결방안의 수는 엄청나지만 환경관리 전략은 경제적, 생태적 관점에서 최적의 해결책을 찾아야 한다.

환경문제에 대한 무관심을 일으키는 주요 요인에는 순진한 기술낙관론과 암울한 비관론의 두 가지가 있다. 기술낙관론은 우리가 어떤 일을 하든 경이로운 기술이 우리를 구해줄 것이라는 생각을 말하며, 암울한 비관론은 어떤 해결책도 소용없을 것이기 때문에 우리는 파멸할 수 밖에 없다는 생각이다. 생태 및 환경 문제는 해결하기가 매우 복잡하고 어렵다. 복잡하고 어려운 문제를 해결하기 위한 최선의 출발점은 문제의 근본을 이해하는 것이다. 그런 다음에야 생태학적 원리와 생태학적 방법을 이들 문제의 해결에 적용할 수 있다.

1.2 왜 생태공학과 생태복원이 필요한가

현재의 환경 상태 그리고 환경문제를 해결하는데 이용할 수 있는 재생불가능자원이 감소하고 있다는 점을 고려할 때 생태계 및 경관 규모의 전체적인 관점에서 환경문제를 이해하고 해결책을 추구하는 새로운 패러다임이 필요한 시점이 되었다. 환경 및 자원에 관한 수많은 문제들이 전통적인 기술공학적 해결보다는 생태적 접근을 필요로 하고 있다. 우리는 여러 가지 요인으로 인해 오염물질을 완벽히 제거할 수 없고, 자연 생태계에 맞춰진 새로운 방법이 필요하다는 것을 마침내 알게 되었다. 그동안 우리가 환경을 통제하기 위해 시도한 많은 방법들은 때로는 너무 지나쳐 대형 홍수, 침입 종, 몇 km가 아니라 수백~수천 km까지 영향을 미치는 대기 및 수질오염, 처분이 필요한 엄청난 양의 고형 폐기물 생산이라는 부작용을 초래하였다. 그러나 많은 사람들이 우리를 이 지경으로

몰아 넣었다고 비난하는 공학자를 생태공학이라는 새로운 분야에 참여시킬 것을 제안하는 이유는 다음과 같다.

◉ 한정된 자원

오염과 자연자원 감소 문제를 해결하는데 이용할 수 있는 자원의 양은 한정되어 있다. 선진국의 생활 및 기술 수준에 도달하기 바라지만 선진국보다 더 심각한 오염 문제에 직면해 있는 개발도상국의 경우 이러한 자원의 한계가 더 뚜렷하다. 한계에 도달한 자원과 이미 과잉이지만 계속 증가하고 있는 인구문제로 우리는 오염현상과 전혀 오염되지 않은 생태계라는 양극단에서 균형을 찾아야 한다. 세계 인구의 1/3이 충분한 식량과 주거를 공급받지 못하고 있는 현실을 감안할 때 환경에 대한 관리를 인정할 수 밖에 없고 인정해야 하지만 그렇다고 무방류 정책을 지지할 상황도 아니다.

3가지의 명백한 문제, 즉 인구증가, 산업화, 도시화가 현재 우리가 직면하고 있는 환경위기를 일으켰다. [그림 1-11]은 과거 인구 변화와 미래 인구 전망을 보여주고 있다. 이 그래프를 살펴보면 인구의 배가시간(인구가 두 배로 증가하는데 걸리는 시간)이 감소하고 있음을 알 수 있는데, 이는 인구가 기하급수적인 성장(배가시간이 일정한 성장)보다 더 빠른 속도로 증가하고 있다는 것을 의미한다. 인구가 10억명에서 20억명으로 증가하는데 100년이 걸렸지만, 20억명에서 40억명으로 늘어나는 데는 45년 밖에 걸리지 않았다. 현재 순출생률은 하루에 37만명이고, 사망률은 하루에 15만명이다. 인구 증가율은 출생률과 사망률의 차이로 계산한다. 현재의 인구 증가율은 인구가 하루에 20만 명, 일주일에 150만 명, 또는 1년에 8천만 명 이상 증가하는 것에 해당한다.

재생가능자원이란 스스로 유지되거나 잘만 관리하면 계속해서 공급가능한 자원을 말한다. 곡식, 동물, 야생 생물, 공기, 물, 숲 등이 이 부류에 속한다. 토지와 녹지 또한 재생가능하다고 여길 수 있지만 인구가 증가하면서 점차 줄어든다. 비록 이 자원들을 다 소모할 수는 없지만 재생하는 속도보다 빨리 소모할 수 있으며, 현명치 못하게 사용한다면 환경에 영향을 줄 수 있다. 화석연료나 광물과 같은 자원은 재생불가능자원인데, 공급이 한정되어 있기 때문에 고갈될 수 있다. 이론상 이와 같은 자원은 재생이 가능하지만 수백만년 이상이 걸리는 반면, 사람들이 관심을 갖는 시간 규모는 수백년 정도에 지나지 않는다.

자원 공급의 한계를 논의할 때 현재 우리가 자원으로 간주하는 물질의 공급 제한에 대해 다룬다는 것을 명심할 필요가 있다. 자원의 채취 및 사용이 초래하는 오염 비용이 이

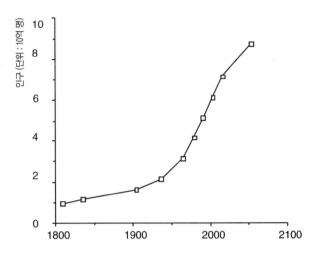

그림 1-11 19세기와 20세기의 인구 변화 및 2050년 인구 전망. 2015년 이후에는 인구증가율이 감소할 것이라는 낙관적인 예측을 바탕으로 한 것이다. 1805~1975년 기간 동안 인구는 지수증가보다 더 빠르게 증가하였다. 21세기 전반부에 인구증가율이 감소하여도 2050년에는 2000년 인구의 2배인 90억이 될 것으로 예측된다.

를 통해 우리가 얻는 편익(인구나 일인당 소비량의 증가 등)보다 더 크지는 않은 지 고려해야 한다.

◉ 셸게임

기술을 이용해 오염물질을 처리할 때, 가끔은 오염물질을 가지고 셸게임(The Shell Game : 눈을 속이는 도박게임)을 하는것에 지나지 않는 경우가 있다. 오염물질을 단순히 한 매체에서 제거하여 다른 매체로 옮기는 전통적 환경기술의 예는 많이 있다. 도시폐수에 있는 독성물질은 물리적, 생물학적 공법의 폐수처리장에서 생물 분해가 불가능하며, 처리수나 슬러지에 나타나는 이들 물질의 농도는 물에 대한 용해도에 따라 달라진다. 슬러지를 농지의 토양개량제로 쓴다면 독성물질이 토양을 오염시킬 것이다. 슬러지를 소각한다면 대기오염을 유발하거나, 소각재에 독성물질이 남게 될 것이다.

발전소 배가스에서 황을 제거하기 위해 황세정기를 사용함으로써 대기오염 문제는 해결할 수 있지만, 이 과정에서 발생하는 슬러지 때문에 대량의 고형폐기물 저장이라는 문제가 발생한다. 고형폐기물 처리시설과 수질오염 제어시설을 지어 이러한 문제에 대처할 수 있지만, 온실기체인 메탄의 방출을 야기할 수 있다. 공장에서 나오는 중금속을 제거하기 위해 산업폐수처리시설을 이용하지만 중금속을 다량 함유한 슬러지를 남긴다. 이를 해결하기 위해 슬러지와 고형폐기물을 태우지만 대기오염 문제가 나타난다. 즉, 오염 처리는 오염물질을 단순히 한 셀에서 다른 셀로 옮기는 셀게임에 지나지 않는다.

⊗ 기후변화와 2차 오염 영향

지난 수십년 동안 우리는 여러 종류의 오염이 뚜렷이 증가하고 있음을 보아왔다. 대기 중의 이산화탄소와 기타 온실기체의 농도가 지난 세기동안 전 세계에 걸쳐 한결같이 증가하였다. 여러 종류의 독성물질이 토양과 물속에서 농도가 증가하고 생태계의 균형이 변화하였다. 세계의 많은 주요 하천에서 산소고갈이 더 자주 나타나고 있으며, 휴양지로 이용하는 대부분의 호수와 연안지역은 주로 질소와 인과 같은 고농도의 영양염 때문에 부영양화로 몸살을 앓고 있다.

불활성 기체로 여겨지는 이산화탄소(우리가 호흡을 통해 배출하는 주된 기체)의 대기 중 농도가 주로 화석연료 사용량의 증가 때문에 20세기 후반에는 1900년 대비 20% 증가하였다[그림 1-12]. 대기 중 이산화탄소의 지속적인 증가는 현재 기후변화의 가장 큰 요인으로 여겨지고 있다.

교토의정서와 같은 국제적인 노력으로 화석연료 사용을 제한하여 기후변화에 대한 영향을 최소화하기 위한 노력을 진행하고 있지만, 많은 사람들이 화석연료 사용량을 대폭 줄이더라도 기후변화는 이제 더 이상 피할 수 없다고 생각한다. 환경기술은 주로 화석연료에 의존한다. 고비용의 환경기술을 사용하여 한 가지 환경 문제를 해결하지만, 전세계적인 이산화탄소 배출의 증가 때문에 다른 환경문제가 나타날지도 모른다. 많은 경우 이러한 환경기술을 개발하는데 대량의 화석연료를 사용하였다. 일반적으로 에너지 사용량은 기술개발비용에 비례하고, 이산화탄소 배출량은 화석연료 사용량에 비례한다. 그러므로 자연에 기반을 두고 비용이 저렴한 대체기술을 적용하는 것은 전체적인 오염을 저감하는데 필수적이다.

[그림 1-12]는 지구 환경의 아주 극적인 변화를 보여주는데, 이러한 변화가 서서히 지구의 부영양화를 초래하고 있다. 질소비료의 생산과 사용, 농작물의 질소고정 증가, 토양 배수로 인해 오랜기간 저장된 토양 질소의 방출 등으로 20 세기에 생물이 이용할 수 있는 질소의 양은 2배 증가하였다. 인간은 하구 같은 자연 생태계와 초원, 숲, 습지와 같은 복원된 생태계를 급격하게 변화시켜 지구를 부영양화시키는 중이다. 이러한 부영양화 때문에 19세기 문헌과 지도에서 볼 수 있는 상태로 생태계를 복원하는 것은 불가능할지도 모른다. 차라리 부영양화에 대한 적응을 포함하는 복원이 더 나은 접근 방법이다.

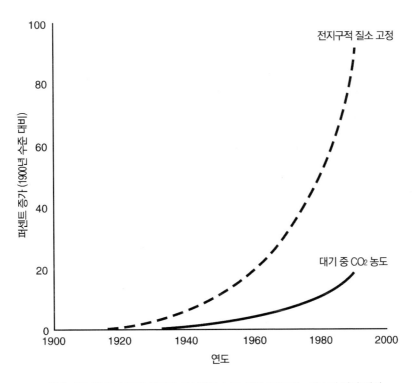

그림 1-12 20세기 동안 대기중 이산화탄소 및 생물 이용가능 질소의 변화 패턴.
(Vitousek et al., 1997의 그림을 다시 그림)

오염이 급격하게 증가한 원인이 무엇일까? 그에 대한 해답은 간단하지 않지만 인구의 증가는 환경에 영향을 미치는 분명한 요인 중의 하나이다. 다른 요인으로 우리의 소비율, 우리가 만들어내는 쓰레기의 종류와 양, 그리고 환경기술을 개발하기 위한 자원의 소비가 더 큰 2차 오염을 유발하고 있다는 것을 들 수 있다. 환경기술에 의존하는 경제는 화석연료를 지속적으로 소모하면서 생물권에 이산화탄소와 질소를 배출한다.

🌐 지속가능한 사회

모든 환경문제를 첨단 기술만으로 해결할 수 없고, 미래의 에너지 전망은 대단히 불투명하므로 환경을 정화할 대안을 반드시 찾아야 한다. 생태기술 및 생태공학은 지속가능한 사회를 이루는데 중요한 역할을 하게 될 것이다. 지속가능성은 환경문제 토론에서 반복적으로 언급되고 있으며 어떤 경우에는 잘못된 맥락으로 사용되기도 하는 전문용어가되었다. 그러므로 이 책의 다른 부분에서 오해하는 일이 없도록 미리 정의를 명확하게 할 필요가 있다. 〈브룬트란트 보고서〉(Brundtland report : 환경과 개발에 관한 세계위원회, WCED, 1987)에서는 다음과 같이 정의하고 있다.

"지속가능발전은 미래세대의 필요를 충족하기 위한 능력을 훼손하지 않으면서 현 세대의 필요를 만족하는 발전을 말한다."

이 정의가 환경의 질, 생물 온전성, 생태계의 건강성, 생물 다양성을 포함하지 않는 것을 주목하여야 한다. 클로스터만(Klostermann)과 터커(Tukker)는 제품 혁신에 기반을 두고 지속가능성에 대해 논의하였으며 '생태효율성'의 개념을 도입하였다. 생태효율성은 생태적 영향, 재생가능자원 및 재생불가능자원의 이용을 포함하는 환경적 필요에 대한 가중합의 역수이다.

보존 철학은 자원중심주의와 보존주의의 두 가지 유형으로 나눌 수 있다. 자원중심주의는 재생가능한 자원의 지속적인 최대 생산을 추구하는 것이고, 보존주의는 개발되지 않은 채 남아 있는 지역에 대한 인간 거주 및 경제적 이용을 배제하는 것이다. 이 두가지 유형의 보존 철학은 서로 양립할 수 없다. 두 가지 모두 지나치게 단순화한 생각이고, 재생불가능자원을 고려하지 않는다. 또한 보전주의가 보존생물학에 적절하도록 재편성되었지만 여전히 두 가지 보존 철학은 핵심 현안, 즉 지속가능발전을 어떻게 달성할 것인지에 대한 해답을 제시하지 못하는 것으로 보인다.

레몬즈 등(Lemons et al., 1988)은 다음 2가지 원칙을 제안하여 더 현실적인 해결 방법을 제시하였다.

1. 폐기물 배출 원칙(output rule) : 특정 사업이 배출하는 폐기물의 양은 지역 환경이 흡수할 수 있는 용량 범위에서 이루어져야 하며, 미래의 폐기물 흡수 능력이나 다른 중요한 서비스의 저하를 초래하지 않아야 한다.

2. 자원이용 원칙(input rule) : 재생가능자원의 이용은 자연의 재생능력 범위 내에서 이루어져야 하고 재생불가능자원의 소비 속도는 연구와 투자를 통해 이를 대체할 수 있는 재생가능자원의 개발 속도와 같아야 한다.

⑧ 벌써 이루어졌어야 할 연합

공학과 생태학은 종종 적대적인 방식으로 각 분야의 독자적인 방법을 이용하였으나, 이제는 하나의 분야로 통합될 만큼 성숙하였다. 과학으로서의 생태학은 공학은 물론 환경공학 교육과정에 포함되지 않는 경우가 많다. 그래서 공학도들은 환경문제의 해결과 관런하여 가장 큰 도움을 줄 수 있는 중요한 과학 분야를 놓치게 되는 것이다. 비슷하게 환경과학자들과 관리자들은 자신들의 업무 수행에서 중요한 요소인 문제해결능력이 부족하다. 생태학자는 문제를 서술하고 한 번에 한 종을 관리하는 데에는 매우 뛰어날지 모르지만 문제에 대한 해결책을 내놓지 못한다. 생태공학의 기초 과학은 생태학인데 이제 생태학은 문제를 서술하는데 그치지 않고 처방전을 내놓아야 하는 시점에 와 있다.

● 자연도 도움이 필요하다

지금까지 논의한 내용은 대부분 사람들의 행동이 자연에 미치는 영향은 거의 살펴보지 않은 채 인간의 문제를 해결하는 것에 국한하였다. 인간에 영향을 미치는 문제는 해결하였지만 자연에게는 문제를 일으켰다. 이것이 바로 적어도 서양에서 펼쳐진 인간의 역사이다. 사람들에게만 유익한 것이 아니라 하천, 호수, 습지, 숲, 사바나 지역 모두를 보호할 수 있는 방향으로 환경문제를 해결할 수 있는 방안을 모색해야 한다. 우리가 필요한 서비스를 제공하는 자연과 공생관계를 구축해야 할 필요가 있으며, 이와 동시에 자연의 보전 필요성도 인식해야 한다. 자연 보전은 아주 중요하기 때문에 공학적 사업의 결과물이 아니라 이러한 사업의 목표가 되어야 한다. 생태계를 보호하고 재생불가능한 에너지 자원을 보전하는 동시에 오염으로 인해 발생하는 해로운 영향을 줄일 수 있는 추가적인 방법을 찾아야 한다. 생태기술(Ecotechnology)과 생태공학(Ecological engineering)은 자연생태계가 자기 스스로를 설계해 나갈 수 있는 특성(Self-designing properties)을 인식함으로써 일부 오염문제에 대처할 수 있는 추가적인 방편을 제시한다. 전세계의 다양한 생태계는 생태공학자가 활용할 수 있는 중요한 표준 모델이다.

● 생태공학은 이미 적용되고 있다

사실상 생태공학은 이미 많은 분야에서 생태기술, 생태계 복원, 인공생태계, 생물조절, 생태계 복구, 자연공학(네덜란드), 수문생태학(동유럽), 생물공학과 같은 다양한 이름으로 불리고 있다. 하지만 다양한 현장 사례를 뒷받침할 수 있는 이론적 배경은 거의 없다. 공학자들은 장기적인 생물학적 과정에 대한 이해 없이 습지, 호수, 강 등을 만들고 있다. 생태학자들과 조경학자들은 매번 다시 배워야만 하는 단순한 방법론들로 생태계를 디자인한다. 생태계를 설계하고 조성하는 공학자와 생태학자가 따르는 지침이 매번 옳은 것은 아니며, 성공과 실패 사례들을 문헌을 통해 공개하지 않는 경우도 있다. 이론과 실제가 아직 따로 놀고 있다.

이 책에 소개한 일부 생태기술은 새로운 방법이 아니며, 어떤 생태기술은 이미 수세기 전부터 사용하고 있는 것이다. 과거에는 이런 방법들이 좋은 경험적 접근방법으로 여겨졌다. 현재는 생태공학의 과학적 배경을 이해하고 이 방법들을 구체화하며 새로운 것을 개발할 만큼 생태학이 충분히 발전했다. 사람들이 생태계에 어떤 영향을 미치고 생태계의 구성요소들이 어떤 방식으로 연결되어 있는지 이해해야 할뿐만 아니라 한 생태계에서 일어나는 변화가 주변 생태계에 어떤 변화를 초래하는지 이해해야 한다.

1.3 생태공학을 꼭 활용해야 할 시기

우리는 20년 전보다 20억 명의 인구가 늘어났으며 재생 불가능한 자원이 점점 더 고갈되어가는 것을 인식해야 한다. 따라서 환경문제에 대한 새로운 접근 방법을 찾아야 한다. 그동안 가용할 수 있는 기술들을 이용해 문제를 해결하려고 시도해왔다. 불행히도 그런 시도들은 부분적으로 실패했다. 따라서 이제는 좀 더 생태적인 사고를 통하여 새로운 접근을 시도해야 한다. 적절하게 적용한다면 생태공학과 생태계 복원은 생태적 접근 방법을 토대로 할 것이며, 제한된 자원을 포함해 생태계와 인간이 만든 시스템 모두를 최적화하도록 할 수 있다.

생태공학과 생태복원은 위기를 극복할 수 있는 새로운 방안들을 제시할 것이다. 지난 30여 년간 몇 번의 에너지 위기를 경험했으며 앞으로 또 다른 위기가 닥쳐올 것이다. 따라서 우리는 태양에너지에 기반하는 생태계에 더 의존해야 하며, 이는 생태공학이 추구하는 바이다.

생태공학이 단기적인 관점에서는 환경문제의 해결에 직접 적용할 수 있는 생태학의 응용분야로서 생태계의 설계, 조성, 복원의 중요성에 대해 즉각적인 관심을 불러일으킬 것이다. 장기적으로는 생태공학이 환경 규제 및 관리를 담당하는 사람들이 생태적으로 건전한 방식으로 생태계를 복원하면서 오염을 제어, 관리하는 데 필요한 기초과학 및 응용과학의 연구 결과들을 제공할 것이다. 자연 생태계가 사람들에게 상업적 가치 이외에도 다른 가치를 제공한다는 인식이 자리잡게 된 것은 생태기술이 가져온 혜택이며, 이러한 인식은 전 지구적으로 생태 보존 윤리를 높이는데 크게 기여할 것이다.

1.4 생태공학과 교육시스템

환경문제는 그 자체만으로도 여러 학문을 아우르는 다학제적인 성격을 갖고 있지만 우리의 교육시스템은 그렇지 못하다. 이 책에서 강조한 바와 같이 환경관리에서는 특히 생태학과 공학의 학제간 통합이 필요하다. 생태적 문제를 해결하기 위해서는 적어도 생태계 규모의 접근이 필요함에도 초중등학교와 대학교에서 이루어지는 생태교육은 시대에 뒤떨어져 있으며 생물중심의 교육과정에서도 소홀히 다루어지고 있다.

많은 사람들이 생태학을 생물학의 한 분야로 여기지만, 사실은 그렇지 않다. 때론 환경과학이나 비슷한 프로그램에서 생태학을 더 깊이 있게 가르치기도 한다. 아직 초점이 명확하지 않은 복원생태학의 최근 발전은 잠시 제쳐두고서라도 전통적인 생물학 교육과정에서는 생태계 조성 및 복원에 대한 적절한 교육을 받을 수 없다. 이와 비슷하게 공학자들은 기술 개발과 생산 계획에서 생태계에 대한 수요와 생태계의 가치를 고려하지 않는다.

생물학과 생태학은 대학의 공학 교육과정에서 거의 다루어지고 있지 않다. 왜냐하면 대부분 공학자들은 생태학을 충분히 정량적인 학문으로 보지 않고 대중잡지에 등장하는 이미지로만 바라보기 때문이다. 잘 훈련되지 못한 공학도들은 생태계 복원에 있어 위험요소이다.

병든 지구를 고치기 위해서는 제대로 된 학제간 통합이 시급히 필요하다. 오랫 동안 우리의 고등교육 체계는 전문화만을 강조해 왔다. 매우 협소한 문제나 주제를 다루는 일에 능숙한 과학자나 전문가가 박수갈채를 받고, 종합보다 분석이 더 인정받고 있다. 그러나 이 체계는 다른 문제와 주제들을 따로 고립시키고 각 학문들 간의 교류를 마비시켰다. 그 결과 생태학자들은 생태계를 정량적으로 파악하거나 기술과 관련한 사안에 생태학을 적용할 필요를 때로는 이해하지 못하게 되었다.

그러므로 현 교육체계의 문제가 환경오염을 적절히 해결하는 것의 발목을 잡고 있는 셈이다. 기술자들은 모든 것을 정량화하기를 원하지만, 그 과정에서 고려해야 할 필요가 있는 생태계의 많은 경로와 피드백을 인식하지 못하고 있다. 만일 적절하게 문제를 제기하고 인간사회와 생태계를 통합된 전체로 보면서 환경문제의 올바른 해결방안을 찾으려 한다면 훨씬 더 통합된 교육이 시급히 필요하다.

이것이 우리가 학생들에게 모든 것에 대해 조금씩 가르쳐야 한다는 뜻은 아니다. 카페테리아 교육 방식은 많은 사람들에게 신뢰를 잃었다. 그보다는 특정 분야의 전문가 뿐만 아니라 기초가 튼튼하면서도 다방면에 박식한 인재를 키울 필요가 있다. 전문가들은 다양한 학문 분야의 협력이 필요한 프로젝트에서도 일하는 방법을 배워야 한다. 이런 협력은 전문가들이 다른 분야를 이해할 수 있게 하며, 학문간 고립을 방지하고 협력과 조화를 장려할 것이다. 미래의 학생들은 다른 학문 분야의 지식을 배우는데 시간을 들여야 한다.

생태학은 계속해서 발전할 것이며, 빠르게 발전하는 컴퓨터 기술 덕분에 복잡한 생태학적인 문제를 설명하고 해결할 수 있게 될 것이다. 하지만 미래에 생태공학을 성공적으로 사용하려면 정치인들과 일반인들이 생태학을 더 잘 이해할 필요가 있다. 더 복잡한 기술을 이용할 수 있더라도 우리의 교육체계가 이를 따라가지 못한다면 생태학을 더 잘 이해할 수 있도록 하는 것은 불가능하다. 그러므로 다양한 관련 분야의 학문을 통합적으로 가르칠 수 있는 더 좋은 생태학 교육이 신속히 필요하다. 생태학은 기본적으로 초등교육을 포함한 모든 학교에서 의무교육으로 가르쳐야 한다. 대학에서도 인문학, 사회과학 및 화학과 함께 기본교육으로 필요하다.

1.5 생태공학의 미래

우리가 가지고 있는 생태공학과 생태복원에 대한 경험은 제한적이지만, 현재 관련 경험이 기하급수적으로 증가하고 있다. 지난 10년 동안 전문 국제학술지인 〈생태공학〉과 〈복원생태학〉의 발간, 국제학회인 국제생태공학회와 생태복원학회의 활동, 생태공학을 가르치는 일부 대학교육과정 등을 통해 생태공학 관련 경험을 축적하였다. 지금까지의 결과를 보면 앞으로 전망이 아주 밝지만, 생태공학과 생태복원의 적용을 미래의 오염관리와 환경계획에 더 통합할 필요가 있다.

기초과학으로서의 생태학을 완성하기 위해 시스템 생태학, 응용 생태학, 생태 모델링, 생태공학의 지속적인 발전이 필요하다. 생태공학과 생태복원은 미래의 계획 수립에 매우 유용한 방안을 제공한다. 이 분야에서 개발한 수단을 적절히 사용하는 것은 인류에게 주어진 도전이다. 만약 그렇게 할 수 있다면 21세기는 매우 기대할 만한 생태적 시대가 될 수 있다.

제2장
생태공학의 정의

2.1　생태공학

생태공학은 "인간사회와 자연환경의 공동 이익을 위해 이 둘을 통합하는 지속가능한 생태계의 설계"로 정의할 수 있다(Mitsch, 1996, 1998). 이 정의는 저자들이 1980년대 후반에 내린 것(Mitsch and Jørgensen, 1989)과 약간 차이가 있는데, 당시에는 생태공학을 "인간사회와 자연환경의 공동 이익이 가능하도록 자연환경을 이용한 인간사회의 설계"라고 했다.

　한마디로 생태공학은 인간과 자연 모두에게 가치있는 지속가능한 생태계를 만들고 복원하는 것을 포함한다. 생태공학은 기초과학과 응용과학을 결합해 수생태계와 육상생태계를 복원하고, 설계하며, 조성한다. 생태공학의 목표는 (1) 환경오염이나 토지 교란과 같은 인간 활동 때문에 많이 훼손된 생태계를 복원하고, (2) 인간을 위한 가치와 생태적 가치를 모두 갖는 지속가능한 새로운 생태계를 조성하는 것이다. 생태공학은 생태학이라는 기초 학문에 토대를 둔 정량적 방법을 이용해 자연환경을 설계한다는 점에서 공학에 해당한다. 기본적인 수단이 스스로 설계하는 생태계라는 점에서는 기술에 해당한다. 또한 생태공학이 다루는 대상이 세상의 모든 생물종이라는 점에서는 생물학과 생태학이며, 생태공학의 목표가 제시하듯이 생태복원이라고 할 수도 있다.

2.2 생태계 복원

복원생태학은 "사라졌거나 훼손된 생태계의 구조적 또는 기능적 특징의 전부나 일부를 제자리에 다시 돌려놓고, 새로운 특성이 훼손되거나 사라진 생태계에 있던 것보다 더 많은 사회적, 경제적 또는 생태적 가치를 제공한다는 전제 하에 원래 있던 것과는 다른 특성으로 대체하는 것"이라고 정의되었다(Cairns, 1988a). 1990년대 초반 국립과학아카데미의 연구를 통해 제시된 생태복원의 정의는 "교란이 일어나기 이전과 유사한 상태로 생태계를 되돌리는 것"이었다[National Research Council(NRC), 1992].

몇 개의 복원 관련 분야가 서로 독립적으로 발전했는데, 이들 모두 연구 주제가 생태계의 설계인 것으로 보인다. 이 분야들이 생태공학 또는 생태공학의 일부분과 관련이 있기는 하지만 어떤 분야는 생태공학의 2가지 주요 초석 가운데 한 가지가 부족한 것으로 보인다. 생태공학의 2가지 중요한 초석은 (1) 생태계의 자기설계 능력에 대한 인식, (2) 생태공학이 경험적 방법뿐만 아니라 이론적 기반을 갖추고 있다는 것이다.

생태공학과 생태계 복원에서 사용하는 개념들은 서로 밀접하게 연결되어 있다. 또한 수많은 단어와 용어가 생태공학과 생태계 복원의 일부분을 다루고 있다. 어떤 면에서 생태공학은 새로운 학문 분야가 아니라 생태계의 복원과 조성을 다루는 여러 학문의 혼합체이다. 생태공학과 유사하거나 생태공학의 세부 분야를 지칭하는 용어를 [표 2-1]에 제시했다. 이 표는 저자가 1993년에 만든 목록(Mitsch, 1993)을 보완한 것이다.

유럽의 초기 생태공학 연구는 생명공학의 개념을 사용하거나 식물을 공학적 재료로 사용했다. 복원생태학(Aber and Jordan, 1985; Jordan et al., 1987; Buckley, 1989)과 생태계 복구(Cairns, 1988b; Wali, 1992)를 다룬 많은 문헌이 출판되었다. 또한 하천복원(Gore, 1985), 농업생태계(Lowrance et al., 1984), 수변 복원, 습지 조성 및 복원에 생태

표 2-1 생태공학과 동의어이거나 생태공학의 세부 분야 또는 유사한 분야를 타나내는 용어

• 통합생태학	• 먹이연쇄조절
• 복원생태학	• 하천 및 호수 복원
• 생명공학	• 습지 복원
• 지속가능한 농업생태학	• 매립생태학
• 서식지 복원	• 자연공학
• 생태수문학	• 생태기술
• 생태계 복구	• 공학생태학
• 생물권학	• 수처리식생수조

적 방법을 이용했다.

생명공학(Schiechtl, 1980), 생태기법, 먹이연쇄조절(부영양화 제어를 위한 어업 관리와 관련 있음; Hosper and Jatman, 1990), 생태기술, 에코테크(Straskraba, 1993; Moser, 1994, 1996), 심지어 자연공학(Aanen et al., 1991)과 같은 일부 용어는 생태공학의 느낌을 풍긴다. 복원생태학과 이 분야에서 다루는 복원 대상(육상생태계, 수생태계, 습지 등)은 생태공학과 많은 면에서 공통점이 있다. 실제로 브래드쇼(Bradshaw, 1997)는 생태복원을 "가장 훌륭한 생태공학"이라고 했는데, 오염 같은 과도한 스트레스를 받는 개체군이나 시스템을 새롭게 조합하는 것이 아니라 과거에 존재했던 생태계를 되살리기 때문이다. 생태수문학은 하천생태학과 하천 및 유역의 수문 특성을 통합하는 용어이다. 생태수문학은 인간의 영향에 대응하는 수생태계의 흡수 능력을 높이는 관리 수단으로 생태계의 특성을 사용하는 것으로 정의되었다(Zalweski, 200a).

2.3 생태공학의 역사

생태공학은 1960년대에 오덤(Howard T. Odum)이 새로 만든 용어이며 이후 북미, 유럽, 중국에서 널리 사용하고 있다. 오덤은 처음에 생태공학을 "인간이 공급한 에너지가 자연 에너지에 비해 적지만, 이로 인해 나타나는 형태와 과정에 큰 영향을 미칠 정도로 충분한 경우"(Odum, 1962), "주된 에너지는 여전히 자연이 제공하는 시스템을 조절하는데 인간이 적은 양의 보조에너지를 사용해 수행하는 환경 조작"(Odum et al., 1963)으로 정의했다. 오덤(1971)은 자신의 저서인 《환경, 동력, 사회》(Environment, Power, and Society)에서 생태공학의 범위를 자세히 설명했는데 "자연의 관리가 기존 공학에 보조적인 독특한 요소를 가지고 있는 시도인 생태공학이다. 자연과의 협력이 더 나은 표현이다"라고 서술했다. 그는 나중에 다른 저서인 《시스템 생태학》(Systems Ecology, Odum, 1983)에서 이렇게 표현했다. "새로운 생태계를 설계하는 공학은 대부분 스스로 조직하는 시스템을 이용하는 분야이다."

서양에서 이루어진 생태공학 개념의 발달과 동시에 중국에서도 생태공학이 발달했다(제13장 참고). 중국의 생태학자들은 '중국 생태공학의 창시자'로 불리는 마시준(Ma Shijun)의 주도 아래 1960년대에 생태공학이라는 용어를 사용하기 시작했는데, 이들의 연구는 대부분 중국어 문헌에 실렸다. 마(Ma, 1988)는 서양 문헌에 실린 초기 논문에서 중국의 생태공학 개념에 포함된 생태학적 원리의 적용에 대해 설명했다. 중국의 환경관리 방법은 대부분 특수한 기술로 시작했지만 폐수 처리를 위한 "자연을 이용한 설계"라는 철학을 나타내기 위한 노력을 시작으로 최근 20년 동안 생태공학이라는 용어를 뚜렷하게 사용한다. 마(Ma, 1988)는 나중에 생태공학을 "물질의 다단계 사용이 가능하도록 시스템공학기술을 채택하고 새로운 기술과 뛰어난 전통 생산 방법을 도입함으로써 생태계에 나타나는 생물종의 공생과 물질의 순환 및 재생에 관한 원리를 적용해 특별히 설계한 생산시스템"으로 정의했다.

그에 따르면 중국에서는 생태공학 사업이 1978년에 처음 계획되었으며, 지금은 중국 전역에서 생태공학 기술을 이용한다. 그의 논문 출판 당시(1988년)에 "생태공학의 농업적 적용"으로 정의할 수 있는 농업생태공학을 500곳에서 실제로 활용했다(Ma, 1988). 1990년대 초반에는 약 2000곳에서 생태공학 기술을 적용했다(Yan and Zhang, 1992; Yan et al., 1993). 퀴와 티안(Qi and Tian, 1988)은 베이징에서 열린 농업생태공학 심포지엄에서 이제 생태학은 관측 및 실험 생태학 분야로부터 아주 폭넓은 지식 기반을 확보했으며 생태공학의 주요 임무인 생태계 설계를 통해 지구 차원의 환경문제 해결에 기여할 수 있는 위치에 서게 되었다고 말하면서 "중국에서 생태 연구의 목적은 시스템 분석에서 시스템 설계와 조성으로 바뀌고 있다"고 주장했다. 얀과 야오(Yan and Yao, 1989)는 폐기물 이용과 재순환에 주목한다는 점을 고려해 중국의 어류양식통합관리를 생태공학에 포함했다.

한편 1980년대 중반 중부 유럽에서도 생태기술 분야의 발달이 이루어졌다. 울만(Uhlmann, 1983), 스트라스크라바(Straskraba, 1984, 1985), 스트라스크라바와 누에크(Straskraba and Gnauek, 1985)는 생태기술을 "관리 수단에 드는 비용과 이들이 환경에 미치는 피해를 최소로 하기 위해 깊이 있는 생태학적 지식에 근거해 생태계 관리에 기술적 수단을 사용하는 것"이라고 정의했다. 스트라스크라바(Straskraba, 1992)는 이를 더 다듬어 생태기술을 "생태 원리를 생태 관리로 이전하는 것"이라고 했다.

이 책에서는 생태공학과 생태기술을 동의어로 간주한다. 그러나 저자들은 생태공학이 주로 생태계의 조성과 복원을 다루는 반면 생태기술은 생태계의 관리를 다룬다는 점에 동의한다. 어떤 용어가 더 포괄적인지 판단하기는 어렵지만, 스트라스크라바(Strasbraba, 1993)가 제안한 바와 같이 "환경관리(생태기술)가 단지 생태계의 조성과 복원만을 의미하지는 않는다는 점에서 … 생태기술이 어떤 측면에서는 생태공학보다 더 폭

표 2-2 SCOPE의 후원으로 개최한 워크숍과 그 결과를 수록한 문헌

워크숍 명칭	워크숍 장소 및 일자	출판물
중부 및 동부 유럽의 생태공학 : 환경 오염으로 훼손된 생태계의 개선	에스토니아 탈린 1995년 11월 6~8일	Mitsch and Mander, 1997
개발도상국의 생태공학	중국 베이징 1996년 10월 7~11일	R. Wang et al., 1998
하천 및 습지 복원에 적용한 생태공학	프랑스 파리 1998년 7월 29~31일	Lefeuvre et al., 2002
폐광산의 경관생태학	독일 코트부스(Cottbus) 1999년 3월 15~19일	Hüttl and Bradshaw, 2001

이 넓다"고 할 수 있다.

미국의 해양학자인 토드(John Todd)도 생태공학이라는 용어와 개념을 폐수 처리에 응용한 선구자였는데, 처음에는 *신연금술연구소(New Alchemy Institute)*에서 나중에는 뉴잉글랜드의 *오션아크센터(Ocean Ark Center)*에서 관련 연구를 수행했다. 생태공학이라는 용어가 생태적으로 설계된 '녹색 장치'를 이용한 폐수 및 하수 처리에 적용되었는데, 실내 온실장치가 1980년대에 유럽과 북미에서 만들어졌으며 지금까지 계속 개발되고 있다. 이 장치는 "슬러지를 거의 생성하지 않으며, 유용한 부산물을 만들어내고, 처리 과정에 유해화학물질을 사용하지 않으며, 폐수로부터 합성화학물질을 제거하는 환경적으로 책임있는 기술"로 묘사되었다(Guterstam and Todd, 1990).

이 분야의 생태공학에서는 모든 장치가 인간이 만들어낸 폐기물을 처리하는데 생태계를 사용한다는 공통점이 있다. 문제를 단순히 다른 매체로 옮기는 것이 아니라 생태계를 이용해 진짜로 문제를 해결하는데 중점을 두고 있다. 폐수처리 분야에 생태공학적 원리를 적용한 데 이어 1991년 3월 스웨덴의 트롯사(Trosa)에서 생태공학이라는 명칭을 가진 첫 모임이 열렸다. 이 모임에서 발표한 논문을 모은 책은 2판까지 출판되었다(Etnier and Geterstam, 1991, 1997).

마지막으로, 저자들이 1989년에 출판한 책인 *<생태공학 : 생태기술개론>(Ecological Engineering : An Introduction to Ecotechnology*, Mitsch and Jørgensen, 1989)과 1992년 발행을 시작한 국제생태공학회지 *<생태공학 : 생태기술지>(Ecological Engineering : The Journal of Ecotechnology)*는 더 많은 사람들에게 생태공학의 원리와 실제 적용 사례를 알리는데 기여했다. 미국 *SCOPE(Scientific Committee on Problems in the Environment)* 위원

회 후원으로 1993년 워싱턴DC에서 열린 워크숍은 생태공학과 생태계 복원에 관한 국제 SCOPE 사업을 추진하는 계기가 되었다. SCOPE 위원회는 전세계에서 열린 워크숍의 논의 결과를 토대로 학술지 특별호들을 발간했다(표 2-2). 1990년대에 나타난 생태공학에 대한 깊은 관심의 결과 1993년 국제생태공학회(IEES)가 네덜란드의 위트레흐트(Utrecht)에 설립되었으며, 미국생태공학회(AEES)는 2001년 조지아의 애선스(Athens)에서 첫 모임을 가졌다.

2.4 생태공학의 기본 개념

몇 가지 기본 개념을 이용해 생태공학과 환경문제를 공학적인 수단을 통해 해결하는 더 전통적인 방법을 구별할 수 있다. 여기에는 생태공학에 관한 다음과 같은 개념이 포함된다.

1. 생태공학은 생태계의 자기설계 능력에 기반을 두고 있다.
2. 생태공학은 생태 이론의 시금석 역할을 할 수 있다.
3. 생태공학은 시스템 방법을 이용한다.
4. 생태공학은 재생불가능 에너지 자원을 절약한다.
5. 생태공학은 생태계 보존을 뒷받침한다.

아래에 이 개념들에 대해 자세하게 설명했다.

⑧ 자기설계

자기설계 및 이와 관련된 개념인 자기조직화는 생태계의 조성과 복원이라는 관점에서 볼 때 생태계의 중요한 특성임을 이해해야 한다. 실제로 자기설계와 자기조직화의 적용은 생태공학의 가장 기초적인 발상으로 볼 수 있다. 자기조직화는 본래 불안정하고 균일하지 않은 환경 조건에서 스스로 조직을 다시 구성하는 시스템의 일반적인 특성이다. 그 의미가 다소 막연하고 (진화가 주요 자기조직화 과정인) 종 수준에서는 적용할 수 없지만 자기조직화는 종들이 끊임없이 들어오고 사라지며, 종간 상호작용(예를 들어 포식, 상리공생)이 우점도를 바꾸고, 환경 자체가 변화하는 생태계에는 아주 잘 적용되는 시스

표 2-3 조직의 유형을 이용해 구분한 시스템 종류

특 성	강제조직화	자기조직화
조절	외부 요소에 의한 중앙집중식 조절	내부 요소에 의한 분산형 조절
경직성	경직된 네트워크	유연한 네트워크
적응 잠재력	잠재력이 거의 없음	잠재력이 높음
적용기술	기존 공학	생태공학
사례	기계 독재사회나 사회주의 사회 농업	생물체 민주주의 사회 자연생태계

템 특성이다.

정도의 차이는 있지만 이 모든 일들이 항상 일어난다. 어떤 점에서 조직화는 외부의 힘에서 유래하는 것이 아니라 시스템 내부에서 비롯한다. 자기조직화는 소규모 모델생태계와 새롭게 조성한 생태계에서 그 모습을 드러내는데 "초기의 경쟁적 정착이 끝난 뒤에 우점하는 종은 영양염류 순환, 번식 지원, 공간다양성 조절, 개체군 조절 및 기타 방법을 통해 다른 종의 생존을 뒷받침하는 종이라는 것을 보여준다."(Odum, 1989a).

생태공학은 종종 생태계의 반응을 알아보기 위해 중규모 모델생태계를 사용하거나 새로운 생태계를 조성한다. 생태계의 자기조직화 능력은 생태학자에게는 수수께끼와 같은 현상이며, 생태공학자에게는 중요한 개념이다.

모든 시스템은 일정 수준의 조직 체계를 가지고 있지만, 팔-와슬(Pahl-Wostl, 1995)은 시스템이 조직화하는 방식에는 엄격한 상위단계 조절 또는 외부 영향(강제조직화)과 자기조직화 2가지가 있다고 주장했다. [표 2-3]에서 이 두 가지 유형의 조직화를 비교했다. 기존의 많은 공학적 방법에서 사용하는 강제조직화는 경직된 구조를 가지고 있으며 변화에 대한 적응 잠재력이 거의 없는 시스템을 낳는다. 물론 이것이 교량, 용광로, 황 세정기와 같이 안전하고 신뢰할 수 있는 구조가 필요한 공학 설계에는 바람직하다.

반면 자기조직화는 새로운 상황에 대한 적응 능력이 훨씬 뛰어난 유연한 네트워크를 만들어낸다. 따라서 우리가 직면하고 있는 많은 생태 문제를 해결하는데 바람직한 방식은 자기조직화이다. 생물계가 관련하는 경우에는 외부 변수와 내부의 되먹임 작용에 대응해 변화하고, 적응하며, 성장할 수 있는 생태계의 능력이 아주 중요하다.

자기설계는 "생태계의 설계에 자기조직화를 적용하는 것"으로 정의할 수 있다. 생물

종이 자연적인 방법이나 인위적으로 생태계에 유입한 뒤에 생존 여부는 인간이 아니라 자연에 더 달려 있다([그림 2-1] 참조). "많은 생물종이 들어오지만 일부만 선택받는 것"이 모든 생태계에 나타나는 기능적 발달의 핵심이다(제4장 참조). 자기설계는 생태계의 기능인데, 생물종의 우연한 유입은 진화가 일어나는데 필요한 돌연변이의 우연한 발생과 유사하다. 생태공학적으로 조성한 생태계에 다양한 생물종을 도입하는 것은 자기조직화 또는 자기설계에서 선택 과정이 빠르게 진행하도록 하는 수단이다(Odum, 1989b).

생태계의 발달이라는 관점에서 볼 때 자기설계는, 만약 생태계가 인위적 또는 자연적 수단을 통해 충분한 생물종과 번식체 '도입'이 가능하도록 열려 있다면 생태계 스스로 현재의 조건에 가장 적합한 식물, 미생물, 동물의 조합을 선택함으로써 자신의 설계를 최적화할 것임을 의미한다. 그래서 생태계는 "최대의 성과를 달성할 수 있는 형태로 인위적 요소와 생태적 요소의 조합을 설계하는데, 이것은 다양한 생물종과 인간 활동이 제공하는 대안 가운데 가장 최적인 과정을 강화하기 때문이다."(Odum, 1989a).

생태공학에서 자기설계는 기존의 공학자들이 수행하는 기본 작업인 설계와 관련해 새로운 방법을 제공한다. 전형적인 공학 사업에서 공학자는 비행기, 건물, 반도체 또는 하천의 댐과 같은 시스템에서 일어날 것으로 보이는 모든 것을 예상하고, 원하는 기능이 시스템의 일생 동안 작동하도록 예측가능하고 신뢰할 만한 시스템을 제공하기 위해 노력한다([그림 2-2a] 참조). 이 과정에 생물학적 지식은 거의 활용하지 않으며, 이에 따라 생태계도 거의 관련이 없다. 안전계수를 설계에 반영한 경직되고 예측가능한 구조가 나타난다.

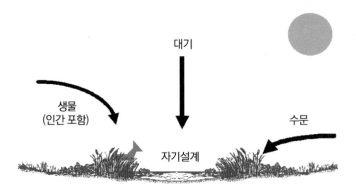

그림 2-1 생태계에 유입하는 생물종은 식물, 동물 및 미생물의 조합을 스스로 설계하는 생태계의 능력을 향상시킨다. 그림에 예로 제시한 습지에서는 생물 번식체가 대기, 동물 이동과 활동(인간의 간섭도 포함), 표면수의 유입을 통해 습지로 들어온다.

반면 생태공학자는 언제 어떤 종을 도입할지 완벽하게 아는 자신의 능력에 의존하기보다 스스로 지속하는 생태계를 알아서 설계하는 자연의 능력에 더 의존한다([그림 2-2b] 참조). 자연은 생태계의 최종 설계에 생태공학자가 하는 것 이상으로 기여한다. 자연이 주요 계약업자이며, 공학자는 생태계의 자기설계 능력을 전체적으로 높이는 초기 조건과 번식체를 제공한다.

생태공학은 생태계와 자연의 자기설계 능력에 의존한다. 변화가 일어날 때 자연계는 바뀌고, 생물종은 서로를 대체하며, 먹이사슬은 재조직된다. 어떤 생물종은 선택되고 다른 생물종은 선택되지 않는 과정을 통해 개별 생물종이 가려짐에 따라 결국 주어진 환경 조건에 훨씬 더 적합한 새로운 시스템이 나타난다. 인간은 환경 조건에 맞는 초기 생물종을 도입하는 과정을 통해 자기설계에 참여한다. 나머지는 자연이 모두 알아서 진행한다.

예를 들어, 습지를 설계할 때 어떤 식물이 어떤 수심에서 살아남을지 또는 이들 식물이 과연 생존할 수 있을 것인지 정확히 예측하는 능력이 부족하기 때문에 수심별로 여러 종류의 식물을 도입하고자 할 수도 있다. 그러면 자연이 이를 이어받아 수심, 토양 조건, 초식동물의 섭식 압력에 맞는 식물을 선택한다.

자기설계와 달리 많은 생물학자들이 생태복원 분야에서 오늘날 흔히 사용하는 방법은 생태공학보다는 기존 공학에 더 가까울지도 모른다. 식물이 생존할 것이라는 기대를 가지고 식물을 심는데, 공학자들이 산업혁명 이전에 살았다면 임업과 원예를 '식물공학' 또는 '수목공학'으로 불렀을지도 모른다. 특정 동물종(예를 들어 멸종위기종)이나 생물종 집단(예를 들어 물새류)의 서식처를 제공하기 위해 생태계를 조성하고 복원하거나 관리하는데, 이를 '동물공학'이라 부를 수 있다. 이러한 경우에 목표는 특정 생물을 도입하는 것이고, 이들 생물의 생존은 해당 사업의 성공 여부를 판단하는 지표가 된다. 공학자들이 주로 물리학과 화학에 기반해 설계하는 시스템만큼 정교하지는 않지만 두 경우 모두 시스템을 설계한다. 생물 활동이 시스템의 변동성을 더 크게 하지만 설계와 예측이 가능한 구조가 원하는 바이다.

이러한 생태계의 강제적인 '설계'를 이따금 설계자 접근법이라 부르며, 이를 이용해 조성한 생태계는 설계자 생태계라고 한다(van der Valk, 1998). 이 용어들은 많은 사람들이 생각하는 것보다 더 솔직한 표현이다. 설계자 접근법은 사건을 통제하고자 하는 인간의 자연적 성향 때문에 이해할 수는 있지만 자연의 자기설계 능력에 더 의존하는 방법보다 지속성이 떨어진다. 팔-와슬(Pahl-Wostl, 1995)은 이것을 생태 민주주의라기보다는 생태독재로 불렸다.

저자들이 과거에 쓴 책(Mitsch and Jørgensen, 1989)에서 기술한 바와 같이 "생태공학은 정량적인 방법을 사용하고 기초과학에 근거해 자연환경을 설계한다는 점에서 공학이다. 생태공학은 스스로 설계하는 생태계가 기본 도구인 기술이다. 생태공학의 구성요

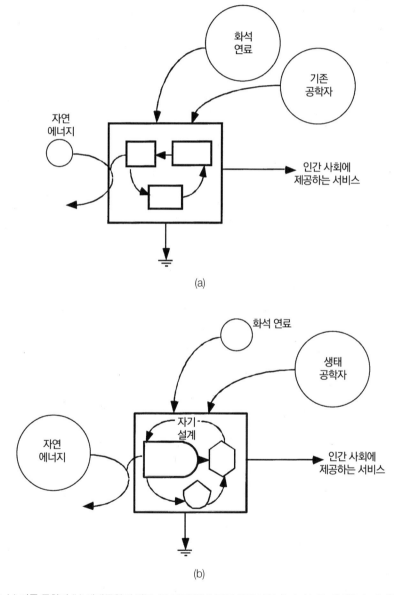

그림 2-2 (a) 기존 공학과 (b) 생태공학의 비교. 두 가지 방법 모두 인간사회에 서비스를 제공한다. 생태공학은 화석연료 에너지를 덜 사용하고, 자연의 자기설계 능력에 더 의존한다. 일반적으로 기존 공학은 더 경직된 구조를 제공하고, 화석연료 기반 경제의 생산물에 더 의존한다(Mitsch, 1998; 저작권 1998; Elsevier Science의 허락 아래 재인쇄).

소는 진세계의 모든 생물종이다."

생태공학은 생태계와 자연의 자기설계 능력이라는 개념을 받아들인다. 오염된 생태계라는 개념은 자연계가 변화하고, 생물종을 대체하며, 먹이사슬을 재조직하고, 개별 생물종이 적응하며, 궁극적으로 주어진 환경 조건에 이상적인 시스템을 설계하는 과정이 가진 아름다움을 인식하지 못하는 인간중심적 관점이라 말할 수 있다. 또한 생태계는 다른 환상적인 기능을 수행하는데, 생물들이 더 살기 좋도록 물리적, 화학적 환경을 조절하기 시작한다. 생태공학이 생태계의 중요한 특징으로 인식하는 것이 바로 생태계의 자기설계 능력인데, 이는 자연이 '공학'적인 일의 일부를 수행하도록 하기 때문이다. 인간은 선택을 하고 생태계와 환경 사이의 연계를 촉진하는 요인으로 참여하며, 나머지는 자연이 다 알아서 한다. 따라서 생태공학은 오염시킬 수 있는 면허도 아니고 또한 침입종에 대한 문호 개방도 아니며, 인간사회와 생태계가 불가결하게 연결되어 있는 것으로 본다.

⊛ 시금석

복원생태학자들은 오랫동안 자동차, 시계 또는 생태계와 같은 모든 시스템을 이해하는 가장 좋은 방법은 "시스템이 제대로 작동할 수 있도록 재조합하고, 고치고, 조정하려는 시도"라는 비유를 통해 기초 연구와 생태계 복원이 서로 연결되어 있음을 제시했다(Jordan et al., 1987). 생태공학은 많은 생태 이론의 궁극적인 시험장이 될 것이다. 교란받은 생태계의 복원을 "그 시스템에 대해 우리가 얼마나 이해하고 있는지에 대한 시금석"이라고 표현한 브래드쇼(Bradshaw, 1987)는 복원한 생태계가 생태 이론을 입증한다는 것을 증명할 수 없기 때문에 "실패는 우리가 가지고 있던 생각의 허점을 뚜렷이 드러내는 반면, 성공은 우리의 주장을 확증하고 뒷받침할 수는 있지만 이를 절대적으로 확정할 수 없기 때문에 성공보다는 실패에서 더 많은 것을 배운다"라고 주장했다.

케언즈(Cairns, 1988a)는 더 직설적으로 이를 표현했는데 "이론생태학자가 복원생태학에 더 많은 시간을 쓰지 못하는 것에 대한 가장 설득력 있는 이유 가운데 한 가지는 폭넓게 받아들여지고 있는 이론과 개념들이 가지고 있는 심각한 약점이 드러나기 때문이다."

과거 100년 동안 학술문헌을 통해 제시된 생태 이론이 생태공학과 생태계 복원에서 사용하는 언어와 실제 적용을 위한 근거가 되어야 한다. 그러나 이 이론들이 생태계의 공학적 설계에 필요한 기초를 제공할 가능성이 있지만 어떤 생태 이론은 틀렸다는 것을 드러낼 가능성 또한 존재한다. 따라서 생태공학은 기초 생태학 연구와 생태학이라는 학문 분야의 발전에 필요한 연구방법이다.

⊛ 시스템 접근법

팔-와슬(Pahl-Wostl, 1995)은 자기조직화가 시스템의 전체적 특성이지만 시스템 구성요소의 관점에서는 의미가 없다고 주장했다. 생태공학은 많은 생태계 관리 전략에 도입한 것보다 더 전체론적인 관점을 필요로 한다. 생태 모델링이 시스템 생태학자에게 하듯이 생태공학은 개별 생물종이 아니라 전체 생태계를 고려할 것을 강조한다. 생태공학의 한 분야인 복원생태학은 "연구자가 해당 시스템의 구성요소를 분리하지 않고 전체 시스템에 대해 연구하도록 하는" 분야로 묘사되었다(Cairns, 1988a).

그 결과 생태공학의 실제 적용은 환원론적이며 분석적인 실험 과정과 연관성 찾기를 통해서는 온전하게 이루어질 수 없다. 구성요소를 단순히 더해 전체를 구성할 경우 생태계의 설계와 사전 진단에 대한 예측이 불가능하기 때문에 모델링과 전체 생태계를 대상으로 하는 실험과 같은 방법이 더 중요하다. 또한 연구자는 생태계 설계를 이해하고 다루기 위해서 아주 다양한 분야의 학문을 종합할 수 있어야 한다.

생물공학, 화학기술 또는 생태기술이건 상관없이 모든 기술의 적용은 정량화 과정이 필요하다. 생태계는 복잡한 시스템이기 때문에 여기에서 일어나는 반응을 정량적으로 나타내는 것은 복잡할 수밖에 없다. 생태 모델링과 같은 시스템 분석방법은 생태계와 여기에서 일어나는 반응 과정, 구성요소 사이의 연결 관계를 분석하는데 아주 뛰어난 방법이다. 생태 모델링은 환경계에 대해 전체론적 관점을 견지하기 때문에 환경문제를 해결하기 위해 반드시 함께 고려해야 하는 다양한 생태학적 지식을 종합할 수 있다.

하부시스템의 최적화가 반드시 전체 시스템을 위한 최적의 해결책을 제시하는 것은 아니다. 관심의 대상이 되는 자원의 한두 가지 측면에 대한 최적 관리가 자원 전체의 관리를 최적화하지 않는 환경관리 사례는 많다. 생태공학 사업이 보통 한 가지 이상의 구체적인 목표를 가지고 있더라도 이들 사업은 인간의 이익과 자연의 이익 사이에서 균형을 맞추도록 노력해야 한다.

⊛ 재생불가능 자원의 보존

대부분의 생태계는 기본적으로 태양에너지에 기반을 둔 시스템이기 때문에 스스로 지속가능하다. 일단 생태계를 조성하면 이 생태계는 인간의 간섭이 적은 상태에서 스스로 무한정 지속할 수 있어야 한다. 이는 태양에너지나 이에 기반을 둔 생산물에 의해 유지되는 생태계는 동일한 문제에 대해 전통적인 기술적 해결책을 채택하는 경우처럼 화석에너지에 의존하지 않아야 한다는 것을 의미한다. 시스템이 스스로 지속하지 못한다고 해서 생태계가 우리의 기대를 저버렸다는 것을 의미하지는 않는다(생태계의 행동은 궁극적으로 예측가능하다). 이는 생태공학이 자연과 환경 사이의 적절한 관계 형성을 촉진하지 못했다는 것을 의미한다.

[그림 2-2]는 기존 공학과 생태공학이 재생가능 에너지와 재생불가능 에너지에 의존하는 정도의 차이를 보여준다. 최신 기술과 환경기술은 대부분 재생불가능 에너지(화석연료)에 의해 유지되는 경제에 토대를 두고 있다. 생태기술은 초기에는 일부 재생불가능 에너지를 사용하지만(생태공학자의 설계 및 공사) 나중에는 태양에너지에 의존한다.

생태공학적 시스템이 재생불가능 자원을 덜 사용한다는 사실로부터 이 시스템이 일반적으로 오염과 자원 문제를 해결하기 위한 기존 수단보다 특히 시스템 유지와 지속가능성 측면에서 비용이 더 적게 든다고 추론할 수 있다. 흥미로운 것은 생태공학적 시스템은 태양에너지에 기반을 둔 생태계에 의존하기 때문에 기술적 해결책보다 더 넓은 땅과 더 많은 양의 물을 필요로 한다는 점이다.

따라서 땅값이 비싼 지역에서 토지를 매입(어떤 면에서는 태양에너지를 구입하는 것이라 할 수 있는)해야 한다면 생태공학적 방법은 타당성이 거의 없을 수도 있다. 자연의 일이 보조 에너지를 제공해 생태공학적 대안의 실행에 드는 경비를 줄여주는 항목은 일일 및 연간 운영비용이다.

● 생태계 보존

자연은 인간에게 많은 귀중한 기능을 제공한다. 물론 이 가치의 많은 부분은 식량과 섬유를 얻기 위한 동식물의 수확에서 나온다. 이러한 가치와 자연의 많은 비시장 가치를 식별하는 것은 코스탠자(Costanza, 1997) 등이 제시한 바와 같이 자연이 가지고 있는 가치를 드러냄으로써 보존의 필요성을 더 강조하는 계기가 되었다. 생태공학을 이용해 지속가능한 새로운 생태계를 조성하고 이 생태계의 가치를 확보하는 것은 동일한 효과를 낼 것이다. 생태공학은 인간의 필요를 가장 잘 충족할 수 있는 생물계와 기존 생태계에 가장 적합한 인간의 필요를 식별하는 것을 포함한다.

생태공학자가 사용할 수 있는 도구는 전세계의 모든 생태계, 군집, 개체군, 생물들이다. 따라서 생태공학의 직접적인 결론은 반드시 필요하지 않다면 자연생태계를 제거하거나 교란하는 것이 오히려 역효과를 낼 수도 있다는 것이다. 이는 토지를 경작하는 많은 농부들이 공유하는 보존 윤리와 유사하다. 따라서 생태공학은 지금까지 나타난 것보다 더 폭넓은 환경보존 윤리를 가능하게 할지도 모른다.

예를 들어 어류와 야생생물 서식지로서 습지가 가지고 있는 가치가 오래전부터 알려졌지만 사람들이 습지 생태계가 가지고 있는 홍수 조절과 수질개선이라는 가치를 인식하기 시작하면서 습지를 보호하기 위한 노력은 이전보다 더 폭넓게 받아들여졌으며, 심지어 열광적인 관심을 받게 되었다(Mitsch and Gosselink, 2000). 간단하게 얘기하면 생태계가 가지고 있는 가치에 대한 인식은 생태계와 여기에 서식하는 생물종의 보전에 더 큰 정당성을 부여한다.

미국 중서부 출신의 위대한 보존주의자인 알도 레오폴드(Aldo Leopold)는 이 개념을 더 설득력 있게 제시했다. 그가 죽은 후에 아들인 루나 레오폴드(Luna Leopold)가 편집한 책(Leopold, 1972)에서 그는 "무지의 결정판은 동물이나 식물에 대해 '어떤 쓸모가 있을까?'하고 묻는 사람이다. 땅에서 일어나는 일들이 전체적 측면에서 좋은 것이라면 우리가 이해하건 못하건 여기에 있는 모든 구성요소는 좋은 것이다. 만약 생물이 수많은 세월에 걸쳐 우리가 좋아하기는 하지만 이해하지 못하는 것을 만들어냈다면 바보가 아니고서는 누가 겉으로 보기에 쓸모없는 것들을 버릴 것인가? 모든 톱니바퀴를 그대로 가지고 있는 것이 지적인 땜질의 첫 번째 예방책이다." 생태공학자는 자연의 땜장이다.

2.5 다른 학문과 차이점

● 환경공학

생태공학과 생태기술에 대해 논의하면서 어떤 것들이 생태공학과 생태기술이 아닌지 살펴보는 일은 매우 유용하다. 1960년대 이래 대학과 기업에서 성공적으로 뿌리를 내리고 있으며 그 이전에는 위생공학이라는 이름으로 수십년 동안 존재한 분야인 환경공학은 생태공학과 다르다. 환경공학자는 오염을 정화하거나 예방하는데 과학적 원리를 적용하는 일에 종사하며, 환경공학은 명성있는 분야이다. 환경공학자는 단위공정의 기초와 이들을 침강수조, 세정기, 모래여과조, 응집조와 같은 가치있는 환경기술(단위조작이라 부름)에 어떻게 응용하는지 배운다.

이와 대조적으로 생태공학은 인간의 필요를 가장 잘 충족할 수 있는 생태계를 확인하고, 인간의 필요를 충족하기 위한 생태계를 복원, 조성 또는 재설계하는 일을 수행한다. 다른 종류의 공학 및 기술과 마찬가지로 생태공학은 인간사회를 위해 더 나은 생활환경을 설계하는데 과학의 기초 원리(이 경우에는 주로 다양한 측면을 동시에 다루는 생태학이다)를 사용한다. 그러나 생태공학이 다른 종류의 공학이나 기술과 다른 점은 그 존재 이유가 인간과 자연의 이익을 위해 생태계를 설계한다는 점이다. 전세계의 모든 생태계, 군집, 생물이 생태공학에 활용가능한 도구이다.

오염물질을 제거하고 변환하거나 붙잡아두는 데 기계 장치나 시설에 의존하고 생태계를 직접 조작하는 것은 고려하지 않는 기존의 환경기술과 생태공학을 구분짓는 가장 큰 특징은 생태공학이 자기설계에 의존하는 생물종, 군집, 생태계에 초점을 맞추고 이들을 활용한다는 점이다.

🌀 생물공학

특정한 기능을 수행하는 새로운 균주와 생물체를 만들어내기 위해 유전자를 조작하는 생물공학 및 생명공학을 생태공학과 혼동해서는 안 된다. 이 장에서는 생물공학을 좁은 의미에서 유전자 구조의 변경을 통해 새로운 생물종이나 변종을 만들어내는 학문으로 정의한다. 생물공학이라는 용어를 유전자의 변화없이 생물계를 조작하는 것까지 포함해 넓은 의미로 사용하는 경우도 있다. 유전자 변화는 종 수준에서 일어나고, 더 높은 수

표 2–4 생태기술과 생물공학의 비교

특 성	생태기술	생물공학
기본 단위	생태계	세포
기본 원리	생태학	유전학, 세포생물학
조절	외부변수, 생물	유전구조
설계	인간의 도움을 일부 받는 자기설계	인간이 설계
생물다양성	보호	변화
유지 및 개발 비용	적당한 비용	막대한 비용
에너지원	태양에너지	화석연료

준의 변화는 생태공학이나 생태기술에 포함된다.

[표 2-4]는 기본 원리, 조절 대상, 설계 방식, 사회적 비용 등의 측면에서 생태기술과 생물공학의 차이를 보여준다. 생물공학은 그 본질적 특성상 특정 기능을 수행할 수 있는 새로운 균주나 생물체를 만들기 위해 세포의 유전구조를 조작한다. 생태기술은 유전자 수준의 조작은 하지 않고 외부 요소가 초래하는 변화 ―인간이나 자연적인 외부 요인이 일으킨 변화― 에 적응할 수 있는 자기설계 시스템으로서 생물과 이를 둘러싼 무생물 환경의 모임을 다룬다. 생물공학은 큰 갈채를 받으며 출발했지만 이제는 미세 수준의 조작에 드는 막대한 비용과 이러한 조작이 가져올 결과에 대한 우려가 제기되고 있다.

이와 대조적으로 생태기술은 자연이 다루어본 적이 없는 새로운 생물종을 도입하지 않으며, 생물들의 새로운 배합을 연구하기 위한 소규모 모델생태계를 만드는데 드는 비용을 제외하고는 실험 시설에 드는 비용이 많지 않다.

◉ 생태학

생태공학은 생태학이라는 학문에 뿌리를 두고 있는 새로운 분야이다. 생태공학은 지난 세기 동안에 정립된 생태학 원리에 따른 생태계의 설계, 복원 및 조성으로 간주할 수 있다([그림 2-3] 참조). 종종 생물학의 한 분야로 불리는 생태학은 지난 세기에 많이 발전했는데, 그 기원은 19세기 중반 독일의 생물학자인 *헤켈(Ernst Haeckel)*이 생태학이라는 용어를 처음 사용하기 시작한 때로 거슬러 올라간다.

생태학은 카울즈(Cowles), 셸퍼드(Shelford), 클레멘츠(Clements), 글리슨(Gleason), 라트키(Latke), 엘튼(Elton), 하이네만(Heinemann), 포어(Fore), 린드만(Lindman), 라이켄스(Likens), 허친슨(Hutchinson), 오덤(Odum) 형제 등과 같은 과학자들에 의해 생물학의 한 분야라고 할 수 있는 것보다 더 폭넓은 대상을 다루는 명확한 학문으로 발전했다. 다른 과학 분야와 마찬가지로 어떤 이론이 맞는지에 대한 활발한 논의, 특히 천이, 에너지 전략과 같은 개념에 대한 논의가 활발한데, 개체군, 군집, 생태계 수준에서 많은 발전이 이루어졌다.

생태 이론을 실제로 적용하는 응용생태학은 1960년대 이래 특히 환경문제에 대한 우려 때문에 인기를 끌었다. 그러나 응용생태학은 보통 환경 영향에 대한 조사 및 평가 또는 자연자원관리에 국한되었다(예를 들어 이 분야는 기본적으로 서술적 속성을 여전히

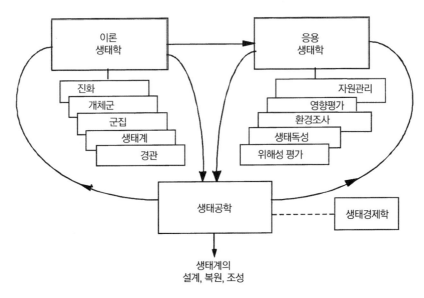

그림 2-3 생태학의 세부 분야인 이론생태학, 응용생태학, 생태공학 사이의 관계. 생태경제학은 생태공학 사업의 비용과 편익을 검토하는데 사용할 수 있는 분야로 나타냈다(Mitsch, 1993을 토대로 다시 그림).

유지하고 있다). 최근의 생태학 응용 분야에 대한 훌륭한 사례로 생태독성학과 경관생태학을 들 수 있는데, 두 학문 모두 인간이 환경에 미치는 영향을 다루는 분야이다.

기초생태학과 응용생태학 모두 생태공학에 필요한 기본 개념을 제공하지만([그림 2-3] 참조), 생태공학에 대한 완전한 정의를 제시하지는 못한다. 화학공학이 화학과 가깝고 생화학공학이 생화학과 가깝듯이 생태공학은 생태학이라는 분야에 뿌리를 두어야 한다. 논리적으로 볼 때 생태공학은 생태학의 한 분야이자 새로운 공학 분야로 다루어져야 한다.

또한 생태공학에서 이론생태학과 응용생태학으로 연결되는 [그림 2-3]의 되먹임 과정이 보여주고자 하는 바는 생태공학을 통해 생태계를 더 많이 이해할 수 있을 가능성이 높다는 사실이다. 생태공학적으로 조성한 생태계의 성공이나 실패는 전통적인 생태 원리가 맞는지 다시 검토하도록 할 수 있으며, 일부 생태계 관리 방법이나 위해성 평가 방법을 재평가할 필요가 있는지 보여줄지도 모른다. 게다가 생태공학적으로 조성한 시스템은 믿을 만한 설계 기준을 수립하는데 필요한 자료를 제공한다. 인공생태계와 복원생태계는 과학자들에게 자연생태계가 제공하지 못하는 특별한 연구 기회, 특히 자기조직화, 생태계 발달과 같은 주제를 연구할 수 있는 기회를 제공한다.

[그림 2-3]은 새롭게 개발되고 있는 생태계 가치의 계량 기준 ―생태경제학이라는 새

로운 학문 분야에서 다루는— 이 생태공학 사업이 생태적으로 그리고 경제적으로 타당한지 판단하는 자료를 제공하는 수단임을 보여준다. 단순한 비용–편익분석이나 비용 비교는 자연이 주는 편익을 충분히 나타내지 못한다.

생태학과 공학을 생태공학이라는 응용분야로 통합하는 일은 미국보다는 유럽과 중국에서 더 빠르게 진행하고 있다. 그러나 생태공학과 같은 처방적 분야가 생태학을 위해 필요할 수도 있다는 인식이 자리를 잡는 데는 시간이 걸렸다. 대부분의 생태학자가 교육을 마친 뒤 습지 조성, 하천복원, 서식지 복원 또는 폐광산 복구와 같은 현실 문제에 부딪힐 때 공학자에 비해 배우는 속도가 여전히 느리다.

생태학자들이 자체적으로 확보한 생태기술과 참신한 방법으로 재빠르게 위기에 대처할 수 있을지라도 여기에는 통합이 존재하지 않고, 이론은 기술을 뒷받침하지 못하며, 매번 새로 기술을 배워야 한다. 이 과정에서 생태학 이론을 언급할 수도 있지만 일반적으로 생태공학이 제공할 수 있는 생태학적 체계로 통합되지는 않았다.

● 생태기법/청정기술

건물과 인공구조물 분야에서 녹색기술을 개발하는 것에 대한 관심이 아주 높다(Johansson, 1992). 이를 생태기법이라 부르기도 한다(Thofelt and Englund, 1996). 초기에는 건물 지붕의 태양열 급탕장치부터 동식물 폐기물의 퇴비화 시설까지 포함하는 이러한 방법들이 그 자체로서 생태공학인지에 대한 토론이 진행되었다. 생태공학과 대부분의 생태기법을 구분짓는 것은 생태공학에서는 생태계를 이용하거나 설계한다는 것이다. 따라서 태양열 급탕장치와 폐수에서 중수도를 회수하는 일은 생태공학의 정의에 정확하게 들어맞지는 않는다. 퇴비화 시설은 이 두 분야의 경계에 있는 것으로 볼 수 있다.

● 산업생태학

산업생태학은 재순환이나 대체물질 사용과 같은 기술을 통해 산업시설이 배출하는 화학물질을 줄이거나 제거하기 위해 시도된 일반적 방법을 나타내기 위해 1960년대 초반부터 사용하고 있는 용어이다. 산업생태학은 복잡한 환경문제, 특히 산업시설이 초래하는 환경문제의 혁신적 해결책을 찾기 위한 방안이다. 이 분야를 다룬 교재가 몇 권 출판되었으며(예를 들어 Graedel and Allenby, 1995), 국제산업생태학회가 〈산업생태학회지〉라는 학술지를 발행하면서 이 분야의 연구를 뒷받침한다. 산업생태학 연구의 예로는 산업생산 시스템의 특정 물질 또는 원소의 흐름, 물질 및 에너지 흐름에 대한 연구(산업대사), 확대생산자 책임제(생산물 책임제), 생태산업단지(산업적 공생관계), 생태효율 등에 대한 연구가 있다.

　기술에 중점을 둔 연구의 예로는 모든 생산물이 전 과정을 통해 관리되고 원료물질부터 시작해 최종 생산물 및 처분 과정까지 모든 물질과 에너지 흐름을 고려하는 전과정평가를 들 수 있다. 생태공학과 산업생태학이 동일한 분야는 아니지만 가장 풀기 어려운 환경문제의 일부를 해결하기 위해 등장한 서로 양립가능한 분야임은 분명하다.

생태공학과 생태계 복원

제3장
생태공학의 분류

이 책의 제2부는 생태공학과 생태계 복원의 구체적 적용 사례를 다룬다. 이 장에서는 특정 방법이 생태공학과 생태계 복원에 해당하는지 여부를 간단하게 결정할 수 있도록 생태공학과 생태계 복원에 속하는 것으로 판단되는 분야의 범위와 이들을 실용적이면서도 간단하게 나눌 수 있는 분류체계를 소개한다. 이는 이와 관련한 첫 시도로, 생태공학이라는 새로운 분야의 폭을 규정하는데 유용하다. 제2장에서 전달하고자 하는 중요한 사항 2가지는 다음과 같다.

1. 생태공학의 실제 적용은 단순히 한두 가지 생태 또는 생물 과정을 개선하는 것이 아니라 생태계의 조성과 복원을 포함할 필요가 있다(그렇지 않으면 요구르트 제조도 생태공학에 포함될 수 있다).
2. 인간과 자연 모두에게 도움이 되어야 한다.

이 장에서 제안하는 분류체계는 생태공학에 관한 모든 분류 방법을 소개하는 것이 목표가 아니기 때문에 완전하지는 않지만 포괄적이다. 이 분류체계는 어떻게, 어디에서, 언제 생태기술을 적용할 수 있는지 제대로 이해할 수 있도록 하고, 각 생태기술과 이들의 생태적 타당성을 보여주기 위해 제시했다.

생태공학의 범위

생태공학과 생태계 복원은 아주 다양한 분야를 포함하기 때문에 이들을 분류하는 한 가지 방법은 '기존'의 공학과 인공구조물 및 화석연료 경제에 의존하는 정도를 나타내는 스펙트럼을 따라 다양한 분야를 나타내는 것이다([그림 3-1] 참조). 이 스펙트럼의 오른쪽에는 기존 공학의 필요성이 아주 작은 초원복원이나 습지복원과 같은 생태적 방법이 있다. 예를 들어 초원은 이론적으로는 불을 일으킬 수 있는 한 개의 성냥개비만으로도 복원할 수 있다. 어떤 경우에는 배수관이 파손되거나 막혀 원래의 수문 조건이 회복된다면 몇 시간 또는 며칠 안에 습지(최소한 수문 조건)를 대부분 복원할 수 있다.

스펙트럼의 중간 부분에는 먹이연쇄조절이나 습지조성과 같이 더 많은 관리 노력과 공학적 수단이 필요한 방법이 있다. 폐수나 비점원 오염제어를 위한 습지 조성이나 다품종 농업생태계도 여기에 포함할 수 있다. 이론적 스펙트럼의 왼쪽 끝에는 상당한 양의 에너지를 필요로 하는 사례가 있다. 토드가 개발한 수처리식생수조(Todd and Josephson, 1996), 스미소니언연구소의 월터 에디(Walter Adey)와 동료들이 제시한 역동적 수족관과 산호초(Adey and Loveland, 1991; Luckett et al., 1998)는 온실 같은 구조물과 펌프가 필요한 시스템의 예에 해당한다.

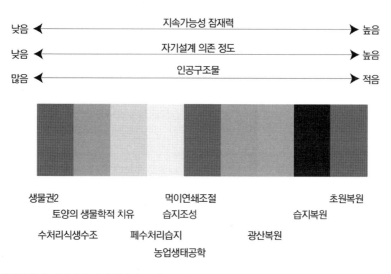

그림 3-1 생태공학과 생태계 복원에 해당하는 세부 분야의 스펙트럼(Mitsch, 1998; 저작권 1998; Elsevier Science의 허락 아래 재인쇄).

생물권2와 같이 많은 공학적 작업을 투입한 시스템(Marino and Odum, 1999 참고)은 막대한 양의 에너지와 노력이 들었지만 생태계를 조성했다는 점에서 생태공학에 해당한다. 저자들이 제안한 스펙트럼에 포함할 수 있는 다른 종류의 생태공학 사업이 있을까? 시스템이 어느 정도 인간의 보조를 받아야 더 이상 생태공학 사업이라고 부를 수 없을까? [그림 3-1]에 제시한 스펙트럼이 왼쪽에서 오른쪽으로 갈수록 일반적인 지속가능성 잠재력이 커지는 것을 보여주더라도(지속가능성은 제2장에서 정의했다) '얼마나' 지속가능해야 이 시스템을 생태공학의 예라고 할 수 있을지는 분명하지 않다. 일반적으로 제대로 된 복원은 완벽하게 지속가능해야 한다.

3.2 기능에 따른 분류

우리는 생태공학과 생태계 복원을 일반적인 적용 유형 또는 기능에 따라 5가지 범주로 구분할 것을 제안한다.

1. 다른 생태계에 유해한 영향을 미칠 수 있는 오염을 줄이거나 해결하는데 생태계를 이용한다.
2. 자원 문제를 줄이거나 해결하기 위해 생태계를 모방하거나 '복사한다.'
3. 상당한 교란이 발생한 뒤에 생태계의 회복을 돕는다.
4. 환경문제를 해결하기 위해 기존 생태계를 생태적으로 건전한 방식으로 바꾼다.
5. 생태적 균형을 파괴하지 않으면서 인간의 이익을 위해 생태계를 이용한다.

표 3-1 적용 유형별로 구분한 육상생태계와 수생태계를 대상으로 하는 생태공학적 방법의 예

생태공학적 방법	육상생태계의 예	수생태계의 예
1. 생태계를 오염문제 해결에 사용	식물상 치유	폐수처리습지
2. 자원 문제를 줄이거나 해결하기 위해 생태계를 모방하거나 복사	산림 복원	기능대체습지
3. 교란받은 생태계의 회복 지원	폐광산 복원	호수 복원
4. 생태적으로 건전한 방식으로 기존 생태계의 변형	선택적 벌목	먹이연쇄조절
5. 생태적 균형을 훼손하지 않고 생태계의 편익 이용	지속가능한 농업생태계	복합양식

각 범주에 해당하는 사례를 [표 3-1]에 제시했다. 수생태계와 육상생태계를 위한 생태공학적 방법의 다양성은 생태공학의 폭이 얼마나 넓은지 보여준다. 또한 시스템 방법을 사용할 경우 임학 및 수산학 같은 응용 분야의 일부를 생태공학에 포함할 수 있다는 것을 명심할 필요가 있다. 생태공학의 적용 분야는 환경문제를 해결하기 위해 새로운 생태계를 조성하는 것에서부터 생태적으로 건전한 방식으로 기존 생태계를 수확하는 것까지 다양하다. 이들 사례 가운데 일부에 대해 관련 정보를 아래에 제시했으며, 더 자세한 내용은 제2부에서 설명했다.

● 오염문제의 해결 또는 저감

[그림 3-2]는 부영양화를 제어하는데 사용하는 기존 환경기술과 생태기술의 차이를 보여준다. 호수의 부영양화는 오염문제로 간주되는데, 영양염류의 유입을 줄이는데 환경기술을 사용(예를 들어, 인은 화학 침전을 이용해 제거하고, 질소는 이온교환이나 탈질을 이용해 제거)할 수 있다. 그러나 비점오염원에 의한 영양염류 유입 때문에 폐수를 통해 들어오는 영양염류량의 감소가 부영양화를 조절하는데 충분하지 않은 경우가 많다.

게다가 호수의 체류시간이 길기 때문에 부영양화를 더 빨리 개선할 수 있는 방법이 적절할 것이다. 이러한 경우에 생태기술이 도움을 줄 수 있다. 호수 연안대의 습지를 복원해 호수로 유입하는 물에 있는 영양염류를 제거하고, 영양염류가 풍부한 심수층의 물은 호수의 하류로 빼낸다. 이렇게 복원한 습지는 야생생물에게 서식지를 제공하기도 한다. 이 예는 오염문제를 해결하는 데는 환경기술만으로 충분하지 않고, 생태기술적 방법이 환경기술을 보완하는데 사용될 수 있음을 보여준다.

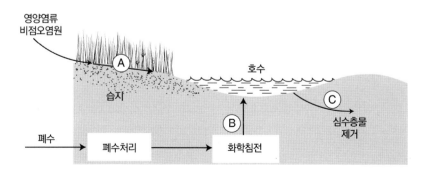

그림 3-2 비점오염원으로부터 인을 제거하기 위한 습지(경로 A, 생태공학), 폐수에서 인을 제거하기 위한 화학 침전(경로 B, 환경기술), 영양염류가 풍부한 심수층 물의 제거(경로 C, 생태기법)를 결합한 호수 부영양화 제어.

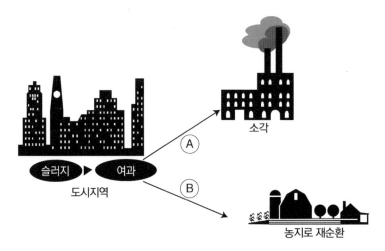

그림 3-3 슬러지는 소각(경로 A)과 같은 환경기술이나 농지에 투입해 농작물을 키우는 생태기술(경로 B)을 이용해 처리할 수 있다.

　[그림 3-3]은 환경기술적 방법과 생태기술적 방법 사이의 차이를 더 분명하게 보여준다. 환경기술적 방법은 폐수처리장에서 발생한 슬러지를 소각해 대기오염 문제를 유발하며, 슬러지 소각 후 남은 슬래그와 재는 여전히 별도의 처리가 필요하다. 반면 생태기술적 해결책은 슬러지를 영양분과 유기물질을 공급하는 자원으로 인식하고, 이를 농지의 객토에 이용한다. 종종 슬러지가 금속을 함유할 수도 있기 때문에 생태기술적 방안의 적용을 꺼리는 경우가 있다. 그러나 폐수처리장으로 폐수를 배출하는 산업시설이 적다면 이러한 생태기술적 해결책은 생태적 측면에서 타당하다.

　[그림 3-4]는 세 번째 예를 보여주는데, 식수나 폐수에서 질산염을 제거하는 경우이다. 환경기술은 이온교환이나 탈질을 이용한다. 이온교환은 운영비용이 비싸고 처리가 필요한 재생용액을 만들어내며, 탈질은 설치비용이 비싸고(4~8시간의 체류시간 필요) 물을 소독해야 한다. 생태기술적 방법은 처리습지를 이용한다. 탈질 잠재력을 최적화하기 위해 습지 표면 아래 1m 정도되는 수층에 섬유소를 공급할 수도 있다. 이렇게 하면 유기물 축적량이 많아지기 때문에 탈질률이 증가한다. 마지막으로 더 깊은 곳에 있는 1m 정도의 사질토양층이 미생물, 유기물 등을 제거함으로써 물을 더 정화한다. 장기간에 걸쳐 탈질반응을 유지하는데 필요한 유기물질을 공급하는 표면 식생이 있는 자기지속시스템이 되도록 습지를 설계할 수도 있다. 폐수를 처리하기 위한 습지는 제10장에서 다룬다.

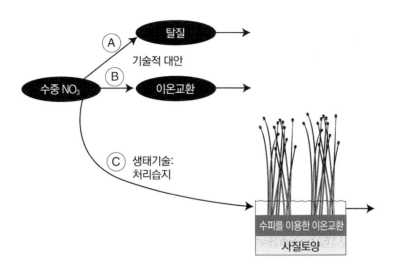

그림 3-4 질산염은 탈질과 이온교환(경로 A와 B)과 같은 환경기술, 처리습지(경로 C)와 같은 생태공학기술을 이용해 식수에서 제거할 수 있다.

⊛ 생태계의 모방 또는 복사

많은 경우 기존 생태계를 모방하는데 관심을 가지고 있는데, 오염 또는 자원 문제를 해결하기 위해 자연생태계를 흉내내는 생태계를 조성하거나 복원한다. 예를 들어, 인공양어장은 식량 생산과 오염 저감 사이의 최적화가 가능하도록 자연 상태의 수생태계를 닮도록 설계할 수 있다. 수생태계는 수많은 영양염류 재순환과 먹이전달 경로를 가지고 있는 복잡한 시스템인 반면, 서양의 최신 양식장은 사료와 일부 조류를 이용해 한 종류의 어류를 키우는 단순한 시스템이라는 특징을 가지고 있다([그림 3-5a] 참조).

그 결과 어류 생산이 이루어지면서 수층은 오염된다. 게다가 단위면적당 어류생산량을 늘리기 위해 산소 농도가 낮은 수층에 산소를 공급하는데, 전기로 작동하는 폭기장치를 종종 이용한다. 통합 어류생산시스템은 생태계의 물질 및 에너지 순환을 흉내낸다([그림 3-5b] 참조). 과도한 조류 증가를 조절하는데 초식성 어류를 사용하고, 퇴적물식자는 유기쇄설물을 이용하며 다른 어류의 먹이가 된다. 이러한 과정을 통해 오염물질을 대부분 제거하고, 두 종의 어류를 양식장에서 수확한다. 여러 종류의 어류를 동시에 양식하는 중국의 한 양식장을 모의한 모델은 이 양식장에서 구성요소를 한 가지만 제거해도 양식장이 최적 상태를 유지하지 못한다는 것을 보여준다(자세한 내용은 제13장에서 소개한다).

자원 손실을 메우기 위해 생태계를 모방하거나 복사하는 다른 예로 습지 조성과 복원

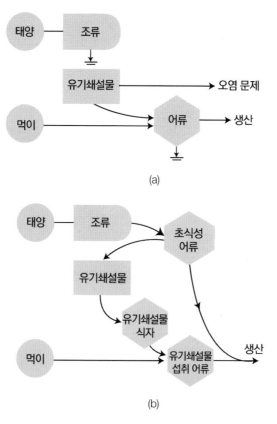

그림 3-5 (a) 기존 양식장과 (b) 자연생태계를 더 잘 모방하는 더 많은 생물종을 사용해 생태공학적으로 조성한 통합어류 양식장의 비교

을 들 수 있다. 미국에서는 쇼핑몰이나 도로 건설과 같은 개발 사업으로 파괴되는 습지를 '대체'하기 위해 종종 습지를 복원하거나 조성한다. 대체습지는 논란의 여지가 있는 수단인데, 이는 많은 사람들이 대체습지는 습지파괴 허가증이며 기능이 더 부족한 습지를 갖게 될 것이라고 믿기 때문이다(NRC, 2001). 그러나 기존의 수문 조건에 적합한 습지를 설계하고 조성한다면 성공적인 대체습지를 만들 수 있고([그림 3-6] 참조), 해당 개발 사업은 계속 추진할 수 있게 된다.

[그림 3-6]에 보인 바와 같이 법률적 차원의 성공과 생태적 측면의 성공을 구분하는 것이 중요하다. 이따금 법률적 차원의 성공을 지나치게 강조하기도 한다. 서식지를 확보하기 위한 습지의 조성과 복원은 제8장에서 자세하게 다룬다.

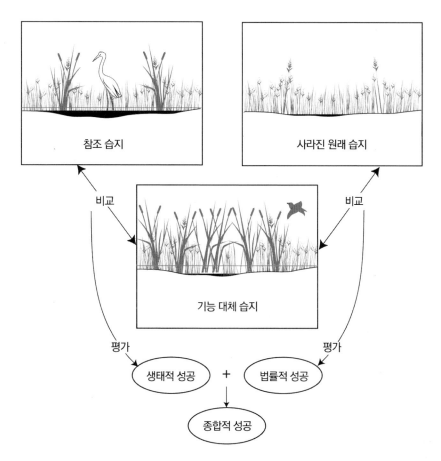

그림 3-6 다른 곳에서 사라진 습지를 복제하거나 대체하기 위해 종종 습지를 조성한다. 이러한 습지를 대체습지 또는 기능대체습지로 부르기도 한다. 전체적으로 습지가 개발사업의 허가 조건으로 제시된 바를 수행하면 법률적인 측면에서는 성공한 것이다. 더 바람직한 것은 이 습지가 생태 조건이 비슷한 자연 상태의 습지가 하는 바를 수행하는 것이며, 이럴 경우 생태적 측면에서 성공한 사업이라 할 수 있다(Mitsch and Gosselink, 2000; 저작권 2000; John Wiley & Sons, Inc의 허락 아래 재인쇄).

● 생태계 회복의 지원

생태계 회복을 돕는 사례로 석탄 광산과 교란된 토지의 회복, 호수·하구·하천의 복원을 들 수 있다. 모든 경우에 훼손된 경관이 빨리 회복하도록 돕는다. 수생태계의 복원을 촉진하는 기술은 제6장~제9장에서 다룬다. 이 범주의 생태공학이 가지고 있는 문제 가운데 한 가지는 생태계가 복원하는 데는 시간이 걸린다는 것이다. 가끔 생태계의 발달 경로로 불리는 형태의 생태계 회복이 많이 시도되었지만, 먼저 무엇이 회복되는지 또는 복원되는지 정확하게 파악할 필요가 있다.

생태계의 발달 또는 회복 경로를 예측하는 예를 [그림 3-7]에 제시했다. [그림 3-7a]는

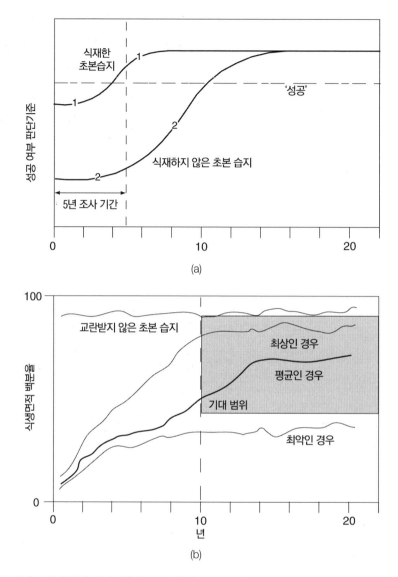

그림 3-7 습지의 조성·복원 후에 나타날 것으로 예측되는 생태계 발달 경로의 형태. (a) (1) 식재한 초본습지와 (2) 식재하지 않은 초본습지에 나타나는 생태계 기능평가 기준의 시간에 따른 변화. 식재한 초본습지는 5년 동안의 조사 기간 후에 '성공'으로 평가되었지만 식재하지 않은 초본습지는 성공 기준에 이르지 못했다. 식재가 초기의 생태계 기능 발달에만 효과적이었기 때문에 습지 조성 후 15년이 지난 뒤에는 두 초본습지가 동일한 상태에 도달했다 (Mitsch and Wilson, 1996). (b) 복원 이후 20년 동안 염습지 식생 면적의 변화를 나타내는 가상의 곡선과 기대값의 범위, 비교를 위해 제시한 자연상태 초본습지의 식생 면적 변화(Weinstein et al., 1997).

초기 조건이 다른 습지(예를 들어 식재와 비식재)에서 나타날 수 있는 천이 형태를 보여 주고 있다. 습지에 '식재하거나', 5년 안에 생태적 성공을 결정하는 이정표에 도달할 수 있게 적절한 생태계 구조가 발달하도록 습지에 영향을 미칠 수 있다. 본질적으로 우리가 원하는 결과는 초기 조건에 아주 많은 영향을 미쳐야 얻을 수 있다는 것이다.

초기 조건이 생태계의 초기 발달 경로에 영향을 미친다는 것은 동적 생태 모델링에 익숙한 사람이라면 누구나 알고 있다. 초기 조건 때문에 나타나는 일시적인 반응은 모델의 시뮬레이션을 시작할 때 큰 영향을 미칠 수 있다. 이 그래프를 토대로 서로 다른 초기 조건을 가진 두 시스템이 결국에는 동일한 수준의 생태적 '성공'에 도달한다고 가정할 수 있다. 초기 발달 상태가 미흡한 생태계는 생태적 성공에 이르는데 더 많은 시간이 걸릴 뿐이다.

미국에서는 인공습지와 복원습지의 초기 조건을 종자은행(복원습지)이나 식재(인공습지 또는 복원습지)를 통해 제공한다. 종자은행이 존재하거나 식재를 한다면 생태계가 외견상 성공적으로 보이는 것보다 더 빨리 성공 여부를 판단하는 기준까지 발달하는 것이 가능하다. 이러한 식물 도입이 미치는 장기적 영향은 제10장에서 소개할 담수 초본습지를 이용한 장기간의 실험을 통해 일부 밝혀지기도 했지만 아직까지는 잘 알려져 있지 않다.

[그림 3-7b]는 법률이 규정한 '성공' 여부 판단과 관련한 구체적인 기간을 설정해 염습지를 복원한 뒤 나타나게 될 변화를 예측한다. 제9장에서 소개할 이 연안복원사업의 목표는 복원공사 10년 뒤에 바람직한 식생이 나타나는 면적이 40%를 넘도록 하는 것이었다. 최상, 평균, 최악의 3가지 경우를 제시했다. 최악의 경우를 제외하고는 바람직한 식생이 차지하는 면적의 백분율이 '기대 범위'를 만족한다. 또한 복원한 염습지의 변화 모습과 이 습지가 최종적으로 도달할 것으로 기대되는 교란받지 않은 염습지의 식생 면적을 비교했다.

❸ 생태적으로 건전한 방식으로 기존 생태계의 변형

호소의 먹이연쇄조절(Hosper and Jagtman, 1990)은 이들 생태계의 수질 조절에 활용하는 방법이다. 강꼬치고기(*Esox lucius*)와 같은 포식성 어류를 수체에 추가하면 동물플랑크톤을 먹고 사는 어류를 잡아먹는다. 이로 인해 동물플랑크톤이 번성해 막대한 양의 조류를 제거하는데, 이를 통해 부영양화로 인해 높아진 물의 탁도를 줄일 수 있다.

호수의 영양상태는 수생 먹이사슬의 설계를 통해 영향을 미칠 수 있는데, 영양염류를 제거하는 것만으로도 호수의 영양상태가 새로운 정상상태에 도달할 수 있다는 연구 결과가 있다([그림 3-8] 참조).

호스퍼와 메이어(Hosper and Meijer, 1993)는 네덜란드의 수심이 얕은 호수들을 대상

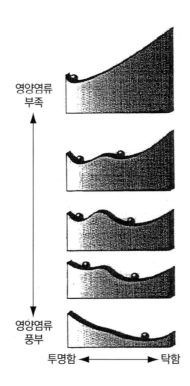

그림 3–8 먹이연쇄조절에 따라 나타날 수 있는 호수의 정상상태. 영양염류 농도가 낮은(빈영양) 호수와 영양염류가 풍부한(고도 부영양) 호수에서는 각각 1개의 정상상태 ―빈영양호는 투명한 상태, 부영양호는 탁한 상태― 만 나타난다. 포식성 어류를 이용해 먹이연쇄조절을 수행하면 중부영양화 조건에서는 여러 개의 정상상태가 존재할 수 있으며, 호수의 상태는 탁도가 감소하는 방향으로 이동한다(Hosper and Meijer, 1993; 저작권 1993; Elsevier Science의 허락 아래 재인쇄).

으로 진행한 먹이연쇄조절을 "안정하고, 탁도가 높으며 조류가 우점하는 시스템에서 안정하고 투명하며 대형 수생식물이 우점하는 시스템으로 변화하도록 유도하는 어류 자원의 극적인 감소"로 묘사했다. 먹이연쇄조절 과정에서는 종종 포식성 어류를 호수에 투입하는데, 이렇게 해서 호수가 회복을 시작하도록 유도하고 플랑크톤 및 저서생물을 먹는 어류를 줄인다.

수질을 개선하기 위해서는 플랑크톤과 저서생물을 잡아먹는 어류가 최소 75%는 감소해야 한다. 플랑크톤을 먹는 어류는 동물플랑크톤을 먹고 저서생물을 먹는 어류는 퇴적물의 재부유를 일으키기 때문에 포식과 그물을 이용한 이들 어류의 제거는 수질 개선에 기여한다. 그 결과 호수는 [그림 3-8]의 중간에 있는 그래프의 왼쪽과 유사하게 물이 투명하고 영양염류 농도가 중간 정도인 정상상태에 있게 된다.

⊛ 생태적 균형을 훼손하지 않고 생태계의 이용

생태적으로 건전한 방식으로 생태계를 이용하는 것은 생태공학의 가장 일반적인 범주에 해당한다. 전형적인 예로 농업생태계의 이용, 재생가능자원(어류, 용재 등)의 수확을 들 수 있다. 이 범주는 지속가능한 자원관리로 불리기도 하는데, 임업과 어업 관리에 활용하는 경우가 있다. 종종 어류 톤수 또는 목재 수량과 같은 전통적 의미의 '수확량'이 새로 발견한 자원을 대상으로 하는 집중관리체계의 수확량보다는 낮지만 이 범주가 제시하는 개념은 자원은 스스로 회복해 다른 시기에 건전한 수확에 이용가능하다는 것이다.

3.3 규모에 따른 분류

서구에서 생태공학의 초기 발전은 자연과 협력관계를 강조하고, 실제 적용보다는 주로 실험용 생태계를 대상으로 연구하면서 진행했다. 생태공학에서 진행했거나 진행 중인 더 중요한 실험의 일부는 수생태계, 특히 수심이 얕은 연못과 습지에 대한 것들이다. 중국과 동양의 생태공학은 어업 및 농업 분야에서부터 폐수처리 및 해안선 보호 등에 이르기까지 다양한 자연자원 및 환경문제에 활용되었다. 중국의 경우 실험보다는 실제 적용, 환경보호보다는 식량과 섬유 생산에 중점을 두었다(제13장 참고).

미치(Mitsch, 1993)는 생태공학에서 활용하는 다양한 방법과 시스템을 간단하게 나타내기 위해 생태공학 연구 사례를 (1) 중규모 모델생태계, (2) 생태계, (3) 지역시스템의 3가지 공간 규모로 나누었다. 각 공간 규모에 속하는 시스템의 예를 [표 3-2]에 나타냈다. 중규모 모델생태계는 일반적으로 인공 폐쇄시스템이며, 크기는 실험실 규모에서 애리조나에 있는 생물권2까지 다양하다.

생태계의 기능을 이해하는데 축소모델 생태계를 이용할 수 있다. 생태계의 축소모델 (소규모 및 중규모 모델생태계)은 전세계에 걸쳐 만들어지고 있는데, 여기에는 에버글레이즈 습지와 체사피크만의 축소모델, 초본습지의 영양염류 및 중금속 저장 능력에 대한 수위 변동 주기의 역할, 영양염류 농도 차이에 따른 대형 수생식물 사이의 경쟁, 처리습지에 사용하는 차수막의 대체 재료를 시험하기 위한 중규모 모델생태계가 포함된다.

생태계 규모의 적용은 주로 습지와 수질오염 제어용 생태계를 대상으로 하는데, 오늘날 생태공학 적용 사례의 대부분을 차지하는 규모이다. 1970년대 초 플로리다의 게인스빌(Gainesville), 미시간의 호튼(Houghton)호에서 진행한 초기의 실물 크기 실험과 시범사업은 자연습지를 폐수처리에 활용하는 방안에 대해 연구했다(이들 사업은 제10장에서 더 자세하게 설명한다). 생태계 규모에서 이루어진 다른 사업에서는 루이지애나의 육지 형성과 초본습지 복원을 촉진하기 위한 식재가 습지의 기능과 크리스마스용 나무 재활용에 어떤 역할을 하는지 조사했다.

지역시스템 규모의 사례는 서로 강화하는 형태와 경로를 통해 모두 연결된 생태계들을 조성하고 복원하는 것을 포함한다. 어떤 경우는 이러한 다수의 생태계 네트워크가 가지고 있는 경제적 편익을 제시하고 있으며, 인간은 시스템 설계의 한 구성요소에 해당한다. 사람들의 영양분 섭취가 제대로 기능하는 생태계 또는 생태계 집단과 밀접하게 연결되어 있는 중국에서 이러한 유형에 속하는 예를 많이 찾을 수 있다. 또한 대규모 수변 및 하천 복원사업이 일리노이 북동부 지역과 프랑스 중부 지역에서 여러 해 동안 진행되었다.

3.4 생태기술을 사용해야 할 때

생태공학이 앞으로 10~20년 내에 적절하게 활용된다면 오염문제를 유발하는 모든 개발사업 계획은 이들 사업을 시행하기 전에 다음과 같은 사항들을 고려해야 한다는 것을 의미한다.

1. 다양한 오염관리 대안이 있는 사업에 직접 또는 간접으로 영향을 받는 지역이 확정되어야 한다.
2. 모든 대안의 환경 영향에 대한 정량적 평가(모델의 사용을 통해)를 수행해야 한다.
3. 개발사업은 전체 시스템, 즉 인간사회와 영향받는 생태계를 함께 고려해 적절하게 조정해야 한다. 기존 문제들에 대한 생태기술적 해결책은 이 단계에 포함되어야 한다.
4. 최적화는 단기간 및 장기간의 효과, 경제와 생태를 고려해야 한다. 이와 관련해 생태경제학 모델은 아주 훌륭한 수단이 될 수 있다.
5. 다양한 대안의 실행에 필요한 재생가능 자원과 재생불가능 자원의 양을 파악해야 한다.
6. 이러한 사항들을 고려할 때는 항상 불확실성이 수반하므로, 이 불확실성을 분명하

게 제시하고 개발사업을 생태적 측면과 경제적 측면에서 검토할 때 불확실성을 최
소한 똑같이 다루어야 한다.

지난 20년 동안 이루어진 생태공학 연구에서 1번 사항과 2번 사항은 이미 적용되었지
만, 3번~6번 사항은 생태공학과 생태계 복원에 도입할 필요가 있다. 그러나 개발사업의
계획 단계에 생태공학적 방법을 적용하기 전에 생태기술의 적용에 관한 경험이 더 많이
필요하며, 이를 위해서는 시스템생태학, 응용생태학, 생태 모델링을 포함하는 아주 폭넓
은 관점에서 생태 연구를 강화할 필요가 있다. 미래에는 위에서 언급한 모든 사항을 적
절하게 적용할 수 있도록 더 많은 자원이 생태공학 연구에 투자되어야 한다. 생태학의
든든한 토대 없이는 생태공학이라는 학문이 꽃을 피울 수 없다.

생태계 관리는 쉬운 일이 아니다. 생태계를 조성하고 복원하는 일, 생태계의 행동을
예측하는 일은 더 어렵다. 그러나 복잡한 시스템의 복잡다단한 문제들에 대한 손쉬운 해
결책을 기대해서는 안 된다. 대부분의 환경문제에 대해 최적의 해결책을 찾기 위해서는
생태기술뿐만 아니라 환경기술을 함께 적용할 필요가 있다. 이를 위해서는 실행 가능한
관리 전략에 대응해 나타나는 생태계의 과정과 반응을 이해할 수 있도록 깊이 있는 생태
학적 지식이 필요하다. 또한 올바른 생태기술을 찾기 위해서는 외부변수에 대응하는 자
연의 자기설계 능력에 대해 인식할 필요가 있다.

표 3-2 중규모 모델생태계, 생태계, 지역 규모에서 나타나는 생태공학 연구의 예

생태공학 사업	위 치	목 적	참고문헌
중규모 모델생태계 규모			
정화조폐수 처리	메사추세츠 하위치	차수재를 설치하지 않은 매립지 연못에 있는 정화조에서 깨끗한 물(식수 기준)을 생산	Guterstam and Todd, 1990 Teal and Peterson, 1991
에버글레이즈와 체사피크만의 축소모델	워싱턴 DC	대규모 생태계의 물리적, 생물적 기능을 모의	Adey and Loveland, 1991
생물권2	애리조나 카탈리나 산맥	유리로 덮은 1.5ha의 폐쇄된 시스템에서 생태계와 인간의 반응을 조사	Marino and Odum, 1999
중규모 습지모델생태계	캘리포니아 샌디에이고	수문주기가 초본습지의 영양염류 및 금속 보유량에 미치는 영향 조사	Busnardo et al., 1992 Sinicrope et al., 1992

생태공학 사업	위 치	목 적	참고문헌
중규모 습지모델생태계	오하이오 콜럼버스	영양염류 농도가 낮은 환경과 높은 환경에서 두 종의 습지 대형수생식물시이의 경쟁 조사	Svengsouk and Mitsch, 2001
중규모 습지모델생태계	오하이오 콜럼버스	처리습지의 차수재로 황세정기 재료의 이용가능성 조사	Ahn et al., 2001 ; Ahn and Mitsch, 2002b
이탄지 복원	뉴질랜드 북섬 와이카토 지역	이탄지 복원에서 비료, 씨앗 추가, 재배방법의 역할 조사	Schipper et al., 2002
생태계 규모			
실험용 하구연못	노스캐롤라이나 모어헤드시	폐수와 해수가 섞여 유입하는 하구연못에 대한 조사	Odum, 1985, 1989b
재순환을 위한 삼림습지	플로리다 게인스빌	삼나무 습지의 폐수 재순환과 보전 활용에 대한 실험적 조사	Odum et al., 1974; Ewel and Odum, 1984; Dierberg and Brezonik, 1985
지표흐름이 있는 인공하천습지	오하이오 콜럼버스	식재가 생태계 기능에 미치는 장기적 영향에 대한 실험적 조사	Mitsch et al., 1998; 진행 중인 연구
폐수 처리를 위한 근권습지	스웨덴 스노게뢰드	근권습지를 소규모 마을의 하수 3차처리에 활용할 수 있는 지 조사	Gumbricht, 1992
비점오염원 제어습지	노르웨이 중부 및 남부	습지의 영양염류 보유 효율과 농업유역의 영양염류 손실 사이의 상호작용 추정	Braskerud, 2002a,b
폐수 처리를 위한 지표흐름형 습지	미시간 호튼호	호수 오염을 방지하기 위해 도시 폐수를 처리하는데 자연 상태의 이탄지 활용 조사	Kadlec and Knight, 1996
석탄광산 폐수 처리	오하이오 애신스 카운티	*Typha* 습지를 이용해 석탄광산 폐수에서 인 제거	Mitsch and Wise, 1998
하천오염 제어	중국 수조우	수질오염 관리와 가축사료 생산을 위해 부레옥잠(*Eichhornia crassipe*) 시스템의 활용가능성 조사	Ma and Yan, 1989
비점오염원 오염제어	일리노이 중부	중서부 농업유출수에서 영양염류를 제거하기 위한 습지의 조성	Kovacic et al., 2000; Larson et al., 2000
조간대 퇴적물 울타리	루이지애나 남부	갯벌의 색생 회복 및 퇴적물 유실 감소를 위해 크리스마스용 나무를 재활용해 조간대 울타리 설치	Boumans et al., 1997
지역 차원의 규모			
수변경관 복원	일리노이 레이크 카운티	미국 중서부 하천의 범람원을 복원하고 복원습지의 설계절차를 확립	Hey et al., 1989; Mitsch, 1992; Sanville and Mitsch, 1994

생태공학 사업	위 치	목 적	참고문헌
지역경관 복원	플로리다 중부	폐 인광산에 습지/육지 경관을 복원	Brown et al., 1992
농업생태공학	중국의 수천 개 장소	광범위한 재순환을 이용한 다품종생산 농업의 가능성 조사	R. Zhang et al., 1998
어류생산/습지 시스템	중국 장쑤성 이싱시	*Phragmites* 습지의 생산 및 수확과 동시에 어업이 이루어지도록 조사	Mitsch, 1991
염습지 조성	중국 동해안, 특히 저장성 웬링	해안선 보호, 식량 및 연료 생산을 위해 이전에는 불모지였던 곳에 Spartina 습지 조성	Chung et al., 1985, 1989; Qin et al., 1997
염습지 복원	뉴저지 델라웨어만	염생건초 농장과 *Phragmites* 가 우점하는 습지로부터 염습지 복원	Weinstein et al., 1997, 2001; Teal and Weinstein, 2002
하천 배수지역 복원	프랑스 중부의 라인강	하천과 하천 배수지역의 연결성을 복원하고 개선	Henry and Amoros, 1995; Henry et al., 2002

생태공학과 생태계 복원

제4장
생태계

생태공학과 생태계 복원의 정의는 이들이 생태계를 대상으로 하는 분야라는 것을 뚜렷이 보여준다. 따라서 생태기술 적용 사례를 살펴보기 전에 생태계의 고유한 특성을 이해할 필요가 있다. 생태학은 생물과 이들을 둘러싼 환경 사이의 관계를 연구하는 학문이다. 생태학은 그 용어의 정의에 맞게 자연의 집을 다룬다(즉, 자연계가 물질과 에너지를 어떻게 이용하는지 다룬다). 생태학의 한 분야인 시스템생태학은 생태계의 시스템 특성에 초점을 맞춘다. 생태계생태학은 시스템생태학과 달리 모델과 정량적 방법을 다루지 않는데도, 시스템생태학을 생태계생태학이라고 부르는 경우도 있다.

제2장에서 설명한 바와 같이 시스템생태학을 포함한 생태학은 생태공학과 생태계 복원의 과학적 기반을 제공하는 학문이다. 이 장에서는 생태계가 어떻게 작동하는지 그리고 인공생태계와 복원생태계를 평가할 수 있는 방법에 관련된 특성으로서 모든 시스템에 나타난다고 여겨지는 창발성에 대해 살펴본다.

4.1 두 개의 생태학

생태학 연구는 2가지 서로 다른 방식으로 접근할 수 있다. 구성요소 사이의 관계를 하나씩 찾은 다음 나중에 이들을 더해 시스템을 이해하고자 하는 환원주의적 방법과 전체 시스템을 고려해 시스템 수준에서 이의 특성을 밝히려는 시도인 전체론적 방법이 그것이다.

환원주의는 시계 장인의 견습생이 자연을 바라보는 관점에 비유할 수 있다. 시계는 각 부품으로 분해할 수 있으며, 이 부품들을 다시 조립해 시계를 만들 수 있다. 견습생은 시계 장인이 사용할 부품을 준비하는데, 멋진 상자와 서랍 속의 부품을 정리하고 장인의 어깨 너머로 시계를 조립하고 고치는 과정을 지켜본다. 환원주의자는 대부분의 복잡한 시스템을 자연이 수없이 많은 정교한 방식으로 조립한 구성요소로 이루어져 있으며 조립과 해체를 반복할 수 있다고 생각한다. 복잡한 시스템의 구성요소를 분해하는 것은 이들을 다시 조립해 중요한 기능을 복원하는 것보다 훨씬 쉽다! 충분한 준비가 되고 나서야 견습생은 시계 전체를 수리하고 조립하는 책임을 맡게 된다.

환원주의적 생태학은 생물과 환경 사이의 관계를 하나씩 조사한다. 생태학 분야의 학술지는 그러한 관계를 밝히는 논문들로 가득 차 있는데, 환경수용력과 질산염 농도, 공간 또는 자원을 놓고 경쟁하는 두 개체군의 수도(abundance) 사이의 관계, 빛의 세기와 광합성, 일차생산과 다양성 등을 예로 들 수 있다. 생태 이론을 발견하고 적용하기 위해서는 환원주의적 생태학이 정말로 필요하다. 환원주의적 생태학이 발견한 많은 관계가 전체론적 생태학을 위한 생각, 직관 또는 영감을 제공했지만, 지구 차원의 많은 긴급한 문제들 때문에 훨씬 더 전체적으로 생각하고 연구하는 것이 시급하다.

가끔 어떤 인과관계를 이해하기 위해서는 환원주의적 방법이 필요한 복잡한 문제에 직면하기도 한다. 그러나 전체 생태계의 행동을 이해하고 예측하는 일은 복잡하고 변수가 많은 현상을 다룰 수 있는 전체론적 접근방법 없이는 분석하고, 설명하거나 예측할 수 없다. 생태계나 생태권과 같이 환원이 불가능한 시스템, 즉 물리학에서 했던 것처럼 단순한 관계로 환원할 수 없는 시스템을 다룰 수 있는 과학적 방법이 필요하다.

생태학은 환원이 불가능한 시스템을 다룬다. 한 생태계의 한 가지 생태적 상황에서 나타난 관계를 다른 생태계의 다른 상황에 똑같이 적용할 수 있도록 해주는 간단한 실험을 완벽하게 설계하는 것은 불가능하다(Jørgensen, 2002). 예를 들어 뉴턴의 중력법칙으로는 그것이 가능한데, 힘과 가속도 사이의 관계는 환원이 가능하기 때문이다. 힘과 가속도의 관계는 선형이지만, 생물의 성장은 상호작용하며 시간에 따라 변하는 많은 요소에 좌우된다.

또한 환원주의적 생태학이 생태계가 어떻게 작동하는지 이해하는 데 적절한 연구 규모를 제공하는지에 대한 의문이 제기되었다. 카펜터(Carpenter, 1998)와 쉰들러(Schlindler, 1998)는 소규모로 진행한 환원주의적 실험 결과를 생태공학과 생태계 복원이 다루고자

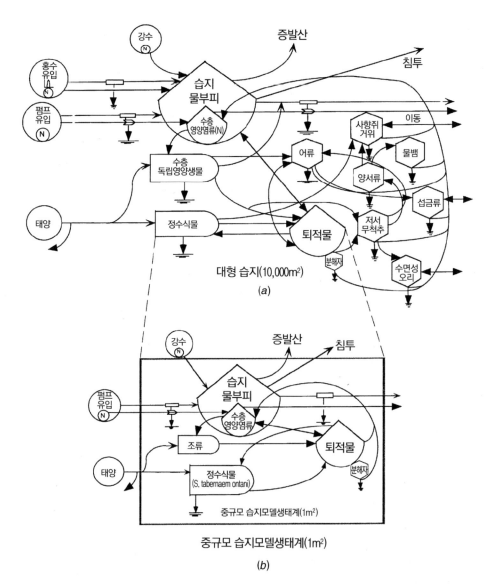

그림 4-1 (a) 습지생태계와 (b) 습지의 행동을 모의하기 위해 만든 실험용 중규모 모델생태계의 복잡성 비교. 실험용 모델생태계의 구조가 훨씬 더 단순하다는 점에 주목하라. 이것은 실제 생태계와 비교할 때 실험 규모가 실험 결과와 어느 정도 관계가 있다는 것을 나타낸다. 오하이오의 올렌탄지 강 습지연구 공원에 있는 인공습지와 중규모 모델생태계의 자료를 이용한 비교임(Ahn and Mitsch, 2002a; 저작권 2002; Elsevier Science의 허락 아래 재인쇄).

하는 규모인 실제 생태계에 적용할 경우 잘못된 관리의사결정을 초래할 수 있다고 주장했다. 실험의 규모가 작으면 반복 실험을 하기는 편리하지만, 실제 생태계에는 소규모 실험 결과와는 정반대 방향으로 생태계가 행동하게 만드는 대형 생물의 생태적 되먹임 과정이 있다(Petersen et al., 1997; Kemp et al., 2001).

안과 미치(Ahn and Mitsch, 2002a)는 습지생태계(10,000m²)와 중규모 습지모델생태계(1m²)를 비교해, 실제 생태계에 비해 구조가 단순한 중규모 모델생태계가 생태계의 일부 기능을 꽤 정확하게 재현했지만 생지화학반응 속도는 규모에 차이가 있을 경우 크게 달라진다는 것을 보여주었다([그림 4-1] 참조). 이들은 소규모 실험 결과를 실제 습지를 대상으로 일반화하기 전에 실험의 규모나 인위적 효과를 고려해야 한다고 결론지었다. 또한 이 연구는 생태계의 복잡성이 다양한 규모에서 나타나는 생태계 기능에 중요한 영향을 미친다는 점을 지적했다.

되먹임 작용들은 모든 요소와 반응속도를 동시에 조절하고, 서로 상호작용하며 시간이 지남에 따라 변화한다(Straskraba, 1980). 안과 미치(Ahn and Mitsch, 2002a)가 연구한 실험 습지의 경우 어류가 호수의 영양상태에 영향을 미치는 것과 똑같은 방식으로 대형동물(예를 들어 사향쥐, 거위)이 습지생태계의 기능에 아주 큰 영향을 미쳤다. 소규모 실험은 생태계의 이러한 요소들을 보여주지 못했을 것이다. [표 4-1]은 생태계에서 동시에 작용하는 조절기작의 계층구조를 보여준다. 이 예에서 복잡성이라는 특성 한 가지만으로도 생태계를 반복해 사용할 수 있는 단순한 관계로 환원할 수 없다는 것을 알 수 있다.

생태계는 상호작용하는 아주 많은 구성요소로 이루어져 있어 모든 관계를 조사하는 것은 불가능하다. 만약 조사할 수 있다고 가정해도 하나의 관계를 분리해 자세한 내용을 꼼꼼히 조사하는 것은 가능하지 않다. 이는 자연 속에서 다른 많은 과정과 상호작용하면서 작동할 때와 생태계의 다른 구성요소로부터 떨어진 채 실험실에서 조사할 때의 관계

표 4-1 조절 되먹임 기작의 계층구조

단 계	조절 과정	식물플랑크톤 성장의 변화
1	매체내 농도에 의한 속도	매체 내 인 농도를 따르는 인 흡수
2	부족한 성분에 의한 속도	세포 내 농도를 따르는 인 흡수
3	다른 외부요소에 의한 속도	과거 태양에너지량에 적합한 엽록소 농도
4	적응	최적 성장 수온의 변화
5	다른 생물종 선택	더 적합한 종으로 변화
6	다른 먹이그물 선택	더 적합한 먹이그물로 변화
7	돌연변이, 유성생식에 의한 새로운 유전자조합, 기타 유전자 변화	새로운 종의 출현 또는 종 특성의 변화

출처 : Jørgensen (1988).

는 서로 다르기 때문이다. 실제 생태계의 과정을 따로 분리해 조사하는 게 불가능한 것은 생물체의 기관을 이들이 작동하는 생물체로부터 분리해 조사하는 것이 불가능한 것과 마찬가지 이치다.

생물체로부터 분리해 실험실에서 조사할 때 나타나는 기관의 기능은 생물체 내의 올바른 곳에서 "제대로 작동하는" 상태로 있을 때 볼 수 있는 기능과 완전히 다르다. 시스템으로서 생태계에 초점을 맞추는 시스템생태학은 이미 이러한 사실을 밝히고 있다. 이것이 생태기술에 더 유용한 학문적 토대를 제공하는 생태학이다.

4.2 시스템생태학

다음 두 문장은 시스템으로서 생태계가 가진 특징의 이면에 있는 생각을 보여준다. "모든 것은 다른 모든 것과 연결되어 있다", "전체는 부분들의 합보다 더 크다"(Allen, 1988). 두 문장 모두 생태계를 단순한 관계로 환원한 뒤 구성요소별로 조사하는 것이 가능할지도 모르지만 구성요소들을 다시 합치면 부분들의 단순한 합과 다르게 행동하는 전체가 나타날 것이라는 것을 의미한다. 이 주장에 따르면 생태계가 어떻게 작동하는지 더 상세하게 논의할 필요가 있다. 알렌(Allen, 1988)은 생물계에 내재한 진화 잠재력 때문에 두 번째 표현이 맞다고 주장했다. 생태계는 그 자체에 무엇인가 다른 것이 될(예를 들어 적응과 진화) 가능성을 포함한다. 진화 잠재력은 구성요소의 다양성, 복잡성, 변이로부터 나오는 미시적 자유의 존재와 관련이 있는데, 이러한 자유는 확률적이며 평균을 벗어난 행동으로 나타낼 수 있다.

미시적 다양성과 거시적 다양성은 관찰하고자 하는 현상의 모든 가능성과 세부 사항을 다루기 불가능할 정도로 복잡성을 증가시킨다. 우리가 할 수 있는 일은 모델을 사용해 최소한 실제의 한 부분만이라도 이해하려고 노력하는 것이다. 한두 가지 단순한 관계를 사용할 수는 없지만 몇 가지 관계를 포함하는 모델이 환원할 수 없는 시스템을 다룰 때 쓸 수 있는 유일하게 유용한 방법일지 모른다. 그러나 한 가지 모델만 사용한다면 이것이 현실과 너무 동떨어져 있을 수 있기 때문에 실제 세계를 이해하는데 사용할 수 있는 보조 모델이 많이 필요하다. 이렇게 하는 것이 아주 복잡한 시스템, 특히 생태계를 다루는 유일한 방법으로 보인다.

따라서 다음과 같은 이유로 시스템생태학이 필요하다.

1. 외부 요소가 결정하는 기본 조건은 실제 세계에서는 끊임없이 변화하며(시스템을 분석할 때 보통 한 요소의 변화에만 주목하며, 다른 요소들은 일정한 것으로 가정한다), 이에 따라 분석적 방법의 결과가 반드시 시스템 관점에서 타당한 것은 아니다.
2. 다른 모든 과정과 구성요소로부터 나타나는 상호작용이 실제 생태계에 있는 모든 생물요소의 과정과 특성을 상당히 변화시킬 수도 있으며, 따라서 분석적 방법의 결과는 전혀 타당하지 않다.
3. 동시에 작동하는 많은 과정에 대해 직접 살펴보는 것은 불가능하며, 그런데도 이런 일을 시도한다면 잘못된 결론에 이를 수도 있다.

따라서 결론은 상호작용하는 많은 과정들을 살펴보고 종합할 수 있는 수단이 필요하다는 것이다. 시스템생태학은 (1) 생태계의 모습을 파악하고, (2) 시스템 수준에서 생태계의 특성을 이해하며, (3) 이따금 일단의 새로운 조건 또는 다른 조건에서 생태계의 행동을 예측하기 위해 생태계의 생태 환경에 대해 우리가 알고 있는 것을 종합하려 한다. 첫 번째 단계는 다양한 분석 결과를 "한데 모으는" 것이지만, 나중에는 여러 과정들이 함께 작용해 부분들의 합 이상의 것이 된다는 사실에서 유래하는 추가적인 효과를 설명하기 위해 이를 자주 변화시킬 필요가 있다.

다시 말해 상호작용하는 구성요소들은 상승효과, 즉 공생관계를 보여준다. 모델링(생태계 복원을 예측하기 위한 주요 수단으로 제14장에 자세히 설명)은 분석 결과를 종합할 수 있는 수단을 제공한다. 우리의 유일한 희망은 생태계를 시스템 수준에서 이해하기 위해 우리가 가지고 있는 지식을 더 종합함으로써 환경문제와 생태복원에 대처할 수 있다는 것이다. 기본적인 환경문제의 배경은 인류가 역사상 유례없는 엄청난 발전을 이루었지만 이 발전이 가져온 모든 결과를 모든 수준에서 이해하고 통제하지 못했다는 데 있다.

울라노위츠(Ulanowicz, 1986)는 생태계에 대한 전체론적인 설명이 필요함을 역설했다. 전체론은 모든 구성요소를 철저하게 묘사하는 것이 아니라 시스템 수준에서 나타나는 집단의 특성을 설명하는 것을 의미한다. 전체론적인 관점을 채택함으로써 어떤 특성은 명백해지고 숨어 있던 행동들이 겉으로 드러나는 것으로 받아들여진다. 이것은 우리가 복잡성의 이면에 있는 기본적인 특성을 밝히는 노력을 할 수 있을 뿐이라는 것을 뜻한다. 시스템생태학은 생태공학과 생태계 복원의 적용 및 발전을 뒷받침하는 기초과학이 되어야 한다.

4.3 계층구조 이론

생태계의 구성요소와 과정은 계층구조의 형태로 조직을 구성한다. 생태적 계층구조는 유전자, 세포, 기관, 생물체, 개체군, 군집, 생태계로 구성된 계층구조를 말한다. 이 계층구조의 각 단계에서 반응과 조절이 일어날 것이다. 각각의 단계는 한 단위로 작동하며, 계층구조의 바로 위 단계와 아래 단계의 영향(조절)을 받는다. [그림 4-2]는 생태적 계층구조의 각 단계와 일부 주요 환경문제의 시공간 규모를 보여준다. 시간 및 공간 규모에 따라 계층구조의 각 단계가 뚜렷이 구분되는 점에 주목하라.

계층구조 이론(Allen and Starr, 1982)은 더 높은 단계에 있는 시스템은 낮은 단계의

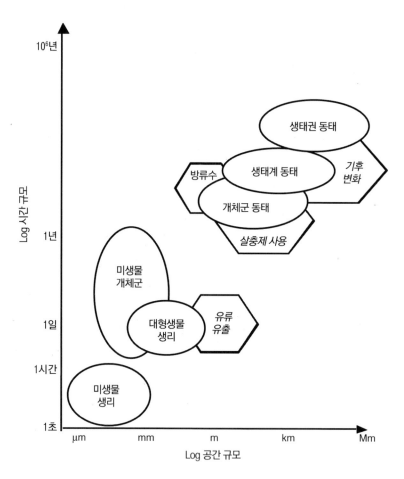

그림 4-2 다양한 환경문제(육각형, 이탤릭체)와 생태적 계층구조(타원, 보통 글자체)의 공간 및 시간 규모(Jørgensen and Bendoricchio, 2001; 저작권 2001; Elsevier Science의 허락 아래 재인쇄).

구성요소가 가지고 있는 성질과 무관한 새로운 특성을 가지고 있다고 주장한다. 두 개념 사이의 이러한 절충은 우리가 자연에서 관찰한 바와 모순이 없는 것으로 보인다. 계층구조 이론은 생태계와 같이 '중간 정도 숫자'의 구성요소를 가진 복잡한 시스템을 이해하는 데 아주 유용한 도구이다.

1990년대에 상향 효과(자원에 의한 제한)와 하향 효과(포식자에 의한 조절) 가운데 어떤 것이 시스템 동태를 주로 조절하는지에 관한 논쟁이 있었다. 어떤 때는 자원의 효과가 대부분 지배적이고, 어떤 때는 계층구조의 높은 단계가 시스템의 동태를 조절하며, 2가지 효과가 함께 시스템의 동태를 결정하기도 한다. 시스템 관점을 적용하면 시스템 조절 문제에 대한 해답이 무엇인지 쉽게 결론지을 수 있다. 자원의 이용성과 생태계 구조의 복잡성에 따라 둘 다 중요할 수 있다.

4.4 물질과 에너지의 보존 및 순환

에너지와 물질은 생태계에서도 여전히 타당한 기본 물리 법칙에 따라 보존된다. 이것은 에너지와 물질이 창조되지도 않고 파괴되지도 않는다는 것을 의미한다. 에너지가 물질로 그리고 물질이 에너지로 변환할 수 있기 때문에 '에너지와 물질'이라는 표현을 사용한다. 아인슈타인의 법칙을 이용하면 두 개념을 통합할 수 있다.

$$E = mc^2 \qquad (ML^2T^{-2}) \qquad\qquad 식 (4-1)$$

여기에서 E는 에너지, m은 질량, c는 진공상태에서 전자기복사의 속도($=3\times10^8 m\ s^{-1}$)이다.

물질과 에너지 사이의 변환은 원자핵 반응 수준에서만 중요하며, 지구의 생태계에 적용할 필요는 없다. 따라서 위에 제시한 명제는 생태학에 적용할 때 더 유용하게 사용할 수 있는 2가지 명제로 다음과 같이 분리할 수 있다.

1. 생태계는 물질을 보존한다.
2. 생태계는 에너지를 보존한다(열역학 제1법칙).

⊛ 물질수지

물질 보존에 관한 식은 다음과 같이 제시할 수 있다.

$$\frac{dm}{dt} = 유입 - 유출 \quad (MT^{-1})$$ 식 (4-2)

여기에서 m은 시스템의 총질량이다. 질량의 변화는 유입 질량에서 유출 질량을 뺀 값으로 나타낸다. 생태계의 물질보존에 관한 명제를 실제로 적용하려면 시스템을 정의할 필요가 있는데, 이는 시스템의 경계를 설정해야 한다는 것을 뜻한다.

질량보존법칙을 다른 화합물로 바뀔 수 있는 화합물에 적용하려면 식 (4-2)를 다음과 같이 수정해야 한다.

$$\frac{dm}{dt} = 유입 - 유출 + 생성 - 변환 \quad (MT^{-1})$$ 식 (4-3)

질량보존원리는 생태모델 가운데 생지화학모델로 불리는 유형에서 널리 사용한다. [그림 4-3]은 생태계의 물질순환을 보여주는 전형적인 예로 호수의 질소순환과 인순환을 보여준다. 물질은 지구의 생명 유지에 필수적인 국지적 순환과 지구적 순환을 형성한다. 건중량, 유기물질, $C \cdot P \cdot N \cdot O_2 \cdot Si$ 같은 다량영양염류, 미량영양염류나 심지어 Hg, Cd 같은 독성화합물과 같이 생태계의 모든 원소 또는 유기물질을 대상으로 질량보존에 관한 식을 세울 수 있다.

식물의 경우 질량보존은 다음과 같이 제시할 수 있다.

순보유량(질량) = 흡수 - 배출(호흡, 초식, 유기쇄설물 손실 등)   식 (4-4)

2차 소비자를 통한 물질흐름도 이와 유사하게 질량보존원리를 이용해 나타낼 수 있다. 먹이사슬의 한 단계에서 섭취한 먹이는 호흡, 폐먹이, 소화되지 않은 먹이, 분비, 성장, 번식 과정에서 사용된다. 성장과 번식을 순생산으로 간주한다면, 질량보존은 다음의 식으로 나타낼 수 있다.

순이차생산 = 먹이섭취 - 호흡 - 분비 - 폐먹이   식 (4-5)

순생산과 먹이섭취량 사이의 비율을 순효율이라고 한다. 순효율은 몇 가지 요소에 따라 달라지지만 보통 10~20%에 불과하다. 먹이에 들어 있는 모든 독성물질은 먹이를 구

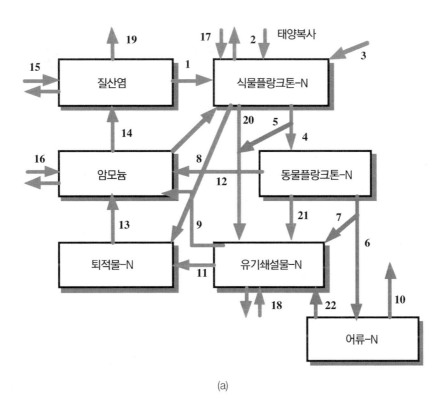

(a)

그림 4-3 수생태계에 나타나는 생지화학적 순환의 물질수지 개념 모델. (a) 질소, (b) 인. 질소순환 (a)에 관련된 반응은 (1) 조류의 질산염과 암모늄 흡수, (2) 광합성, (3) 질소고정, (4) 소화되지 않은 먹이의 손실을 포함한 초식, (5)(6)(7) 포식 및 소화되지 않은 먹이의 손실, (8) 조류 침강, (9) 분해, (10) 어업, (11) 유기쇄설물 침강, (12) 동물플랑크톤의 암모늄 분비, (13) 퇴적물의 질소 방출, (14) 질산화, (15)(16)(17)(18) 유입 및 유출, (19) 탈질, (20)(21)(22) 식물플랑크톤, 동물플랑크톤, 어류의 사망.

성하는 보통 성분보다 생분해성이 훨씬 낮기 때문에 호흡과 분비를 통해 쉽게 배출되지 않는다. 그렇다면 독성물질의 순효율은 정상적인 먹이성분보다 더 높고, 그 결과 DDT를 포함한 염화탄화수소, 폴리염화비페닐과 같은 일부 화학물질은 먹이사슬의 상위 단계로 가면서 농도가 더 증가할 것이다. 이 현상을 생물증폭이라 하며, [표 4-2]에 DDT를 예로 제시했다.

DDT 및 다른 염화탄화수소는 생분해성이 아주 낮고 지방조직에 용해되어 체외로 분비되는 속도가 굉장히 느리기 때문에 생물증폭이 아주 큰 화학물질이다. 인간은 먹이사슬의 가장 마지막 단계에 있기 때문에 지방조직의 DDT 농도가 비교적 높게 나타난다.

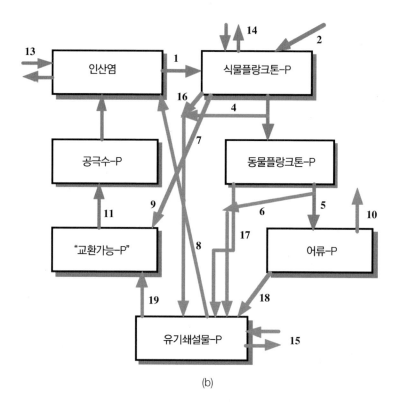

(b)

그림 4-3(계속) 인순환 (b)에 관여하는 반응은 (1) 조류의 인 흡수, (2) 광합성, (3) 소화되지 않은 먹이 손실을 포함한 초식, (4)(5) 포식 및 소화되지 않은 먹이의 손실, (6)(7)(9) 식물플랑크톤 침강, (8) 분해, (10) 어업, (11) 퇴적물에 있는 유기인화합물의 분해, (12) 공극수에 있는 인의 확산, (13)(14)(15) 유입 및 유출, (16)(17)(18) 사망, (19) 유기쇄설물 침강(Jørgensen and Bendoricchio, 2001; 저작권 2001; Elsevier Science의 허락 아래 재인쇄).

⑧ 에너지 흐름

생태계는 모든 생명계와 마찬가지로 홀로 고립되어 있는 시스템이 아니다. 즉, 생태계는 열역학적 평형에서 멀리 벗어난 상태로 스스로를 유지하는데 필요한 에너지의 유입이 자유로워야 한다는 것을 의미한다. 에너지가 유입하지 않으면 시스템은 열역학 제2법칙에 따라 열역학적 평형 상태로 이동할 것이다. 열역학적 평형에서는 생명이 존재할 수 없으며, 모든 구조, 차이, 구배는 사라진다. 모로비츠(Morowitz, 1968)는, 물질의 제한이 있고 이에 따라 생명을 유지하기 위해 물질을 재순환해야 하기 때문에 생명의 필수조건인 물질·에너지 순환을 최소한 한 개는 만들어낼 만큼 에너지 흐름이 충분하다는 것을 보여주었다.

에너지 보존의 원리는 열역학 제1법칙이라 부른다. 에너지는 창조되지도 파괴되지도 않는다. 내부에너지(U) 개념을 이용해 에너지 변화에 관한 식을 정리하면 다음과 같다.

표 4-2 생물증폭을 보여주는 물질 및 생물체 내 DDT 농도(mg kg^{-1} 건중량).

대기	0.000004
강우	0.0002
대기분진	0.04
농지 토양	2.0
담수	0.00001
해수	0.000001
풀	0.05
대형 수생식물	0.01
식물플랑크톤	0.0003
육상 무척추동물	4.1
해양 무척추동물	0.001
담수어류	2.0
해산어류	0.5
독수리, 매	10.0
제비	2.0
초식성 포유류	0.5
육식성 포유류	1.0
식량, 식물	0.02
식량, 육류	0.2
인간	6.0

$$dQ = dU + dW \qquad (ML^2T^{-2})$$
식 (4-6)

여기에서 dQ는 시스템의 열에너지 증가량, dU는 시스템의 내부에너지 증가량, dW는 시스템이 환경에 한 기계적 일을 말한다.

일반적 의미의 내부에너지는 기계적 에너지, 전기에너지, 자기에너지 등 여러 가지 형태의 에너지를 포함한다. 생태계의 경우 에너지에 대응하는 생물의 유기물질이나 생체량으로 나타낼 수 있다([표 4-3] 참조). 놀랍게도 무회분유기물질 1g당 에너지량은 일정하다. 생체량은 에너지량으로 변환할 수 있는데, 이것은 먹이사슬을 따라 일어나는 에너지 변환에 대해서도 마찬가지다. 식물이 태양에너지를 화학에너지로 변환하는 과정은 열역학 제1법칙을 따른다([그림 4-4a] 참조).

$$GPP = NPP + R_p$$
식 (4-7)

여기에서 GPP는 총일차생산성(광합성을 통해 화학에너지로 변환되는 단위시간당 총복사에너지량 또는 식물이 동화한 단위시간당 태양에너지량), NPP는 순일차생산성(식물의 기초대사에 필요한 에너지를 제외하고 생체량으로 축적된 에너지량), Rp는 식물의 호흡량이다.

표 4–3 생물의 에너지 함량(무회분건중량)

물질의 종류	kcal g^{-1}	kJ g^{-1}
식물		
화본과 초본	4.37	18.3
죽은 채 서있는 식물	4.29	17.9
낙엽	4.14	17.3
뿌리	4.17	17.4
향초류	4.29	17.9
동물		
육상 편형동물	5.68	23.8
수서 달팽이	5.41	22.6
염생 새우	6.74	28.2
지각류	5.60	23.4
거품벌레	6.96	29.1
진드기	5.81	24.3
딱정벌레	6.31	26.4
거피	5.82	24.3
봄철 조류	7.04	29.4
음식		
우유	5.65	23.5
과일	5.20	21.8
곡물	5.80	24.3
효모	5.00	20.9

먹이사슬의 소비자에 대한 에너지 평형은 [그림 4-4b]에 보인 바와 같이 아래의 식으로 나타낼 수 있다.

$$F = A + UD = G + R_c + UD \qquad (ML^2T^{-2}) \qquad \text{식 (4-8)}$$

여기에서 F는 에너지로 변환된 먹이섭취량, A는 소비자가 동화한 에너지량, UD는 소화되지 않은 먹이 또는 배설물(변·오줌)의 화학에너지, G는 동물의 성장에 쓰인 화학에너지, Rc는 소비자의 호흡에 의한 열에너지를 말한다.

배설물에 포함된 에너지는 담수 어류의 경우 보통 호흡률의 20%(Mann, 1975)이기 때문에 이들 생물의 성장식은 다음과 같이 간단하게 쓸 수 있다.

$$G = F - 1.20 R_c \qquad \text{식 (4-9)}$$

물론 일반적으로 생태계의 에너지 흐름은 온도변화 등을 통해 직접 측정할 수 있는 다른 에너지 흐름에 비해 에너지량이 아주 적기 때문에 직접 측정할 수는 없다. 보통 에너지 흐름은 다음 반응식을 이용해 탄소, 산소 또는 유기물질 흐름량을 측정함으로써 간접

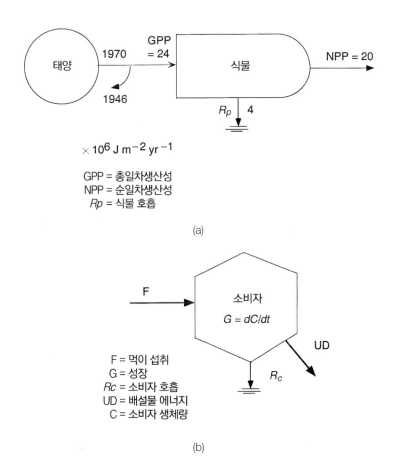

그림 4-4 생태계 에너지 흐름의 예. (a) 묵밭 군집에서 자라는 다년생 초본식생의 1차생산성, (b) 소비자의 2차생산성. 그림에 사용한 기호는 [그림 4-5]에 설명했다.

적으로 추정한다.

$$6CO_2 + 12H_2O + 2960 \text{ kJ} \leftrightarrow C_6H_{12}O_6 + 6O_2 + 6H_2O \qquad \text{식 (4-10)}$$

이 반응식의 오른쪽 방향은 광합성을 나타내며, 에너지가 필요하고 탄소가 환원된다. 반응식의 오른쪽에서 왼쪽으로 이동하는 방향은 호흡을 나타내며, 에너지가 방출되고 유기탄소가 산화된다. [표 4-4]에 생태학 연구에서 유용하게 사용할 수 있는 에너지와 일률(단위시간당 에너지 흐름량) 사이의 환산계수, 물질흐름과 에너지 사이의 환산계수를 정리했다. 예를 들어 보통 1g의 유기탄소는 약 40kJ의 에너지에 해당한다고 가정할 수 있다. 식 (4-10)에 따라 (2960 kJ)/(12×6 gC)이다.

[표 4-5]는 아데노신삼인산(ATP)을 생성하는 식 (4-10)의 반응 및 다른 화학적 산화반

표4-4 에너지 단위, 일률단위, 생태계의 탄소, 산소, 유기물질, 에너지 사이의 환산계수 및 유기물질의 탄소, 질소, 인 비율

원래 단위	환산계수	새로운 단위
에너지		
영국열량단위(Btu)	0.2530	킬로칼로리(kcal)
	1054	줄(J)
칼로리(cal)	4.1869	줄(J)
	0.001	킬로칼로리(kcal)
줄(J)	0.239	칼로리(cal)
	2.390×10^{-4}	킬로칼로리(kcal)
킬로칼로리(kcal)	1000	칼로리(cal)
	3.968	영국열량단위(Btu)
	4183	줄(J)
	4.183	킬로줄(kJ)
	0.001162	킬로와트시(kWh)
킬로줄(kJ)	0.239	킬로칼로리(kcal)
킬로와트시(kWh)	860.5	킬로칼로리(kcal)
	3.6×10^6	줄(J)
랭글리[a](ly)	1	1cm² 당 칼로리(cal/cm²)
	10	1m² 당 킬로칼로리(kcal/m²)
일률		
마력(hp)	0.7457	킬로와트(kW)
	10.70	분당 킬로칼로리(kcal min⁻¹)
킬로칼로리/일(kcal day⁻¹)	6.4937×10^{-5}	마력(hp)
	4.8417×10^{-5}	킬로와트(kW)
킬로와트(kW)	1.341	마력(hp)
	14.34	분당 킬로칼로리(kcal min⁻¹)
	1000	와트(W)
와트(W)	1	초당 줄(J s⁻¹)
1차생산성/에너지흐름[b]		
g 건중량(g-dw)	4.5	킬로칼로리(kcal)
	0.45	g C(g-C)
g O₂(g-O₂)	3.7	킬로칼로리(kcal)
	0.375	g C(g-C)
g C(g-C)	10	킬로칼로리(kcal)
	2.67	g O₂(g-O₂)
킬로칼로리(kcal)	0.1	g C(g-C)
유기물질의 화학량론[c]		
몰비	106C : 16N : 1P	
무게비	41C : 7.2N : 1P	

* 출처 : Mitsch and Gosselink (2000).
[a]태양상수 = 지구대기권 가장 바깥면에 유입하는 복사에너지 ∼ 2.00 랭글리/분(ly min⁻¹)
[b]보통 포도당 생성반응을 이용해 계산 : $6CO_2 + 12H_2O + (118 \times 6)kcal \rightarrow C_6H_{12}O_6 + 6O_2 + 6H_2O$
[c]Redfield(1958)의 식 이용, 플랑크톤 유기물질 분자 : $(CH_2O)_{106}(NH_3)_{16}(H_3PO_4)$
원자량 : H, 1; C, 12; N, 14; O16, P, 31

표 4-5 pH 7.0, 25℃ 조건에서 유기물질 산화과정별로 ATP를 만드는데 필요한 등가당 이용가능한 에너지

반응식	이용가능 에너지 kJ/Eq
$CH_2O + O_2 \rightarrow CO_2 + H_2O$	125
$CH_2O + 0.8NO_3^- + 0.8H^+ \rightarrow CO_2 + 0.4N_2 + 1.4H_2O$	119
$CH_2O + 2MnO_2 + H^+ \rightarrow CO_2 + 2Mn^{2+} + 3H_2O$	85
$CH_2O + 4FeOOH + 8H^+ \rightarrow CO_2 + 7H_2O + Fe^{2+}$	27
$CH_2O + 0.5SO_4^{2-} + 0.5H^+ \rightarrow CO_2 + 0.5HS + H_2O$	26
$CH_2O + 0.5CO_2 \rightarrow CO_2 + 0.5CH_4$	23

응에 이용가능한 에너지를 보여준다. 첫 번째 식은 식 (4-10)의 호흡 반응을 간단하게 나타낸 것이다. 등가당 에너지 발생량이 더 적은 다른 식들은 산소가 아닌 다른 화학물질이 최종 전자수용체(예를 들어, NO_3^-, Mn^{4+}, Fe^{3+}, SO_4^{2-}, CO_2)로 작용하는 반응을 나타낸다.

생태계의 에너지 흐름은 환경문제와 관련해서도 상당한 관심을 받고 있는데, 생물증폭에 관한 계산은 에너지 흐름에 기반을 두고 있기 때문이다. 어류에 적용할 수 있는 다음의 식에서 볼 수 있는 바와 같이 에너지 흐름 속도와 생물체의 크기 사이에는 밀접한 관계가 있다.

$$R = \sum \left[N(t) A \, W(t)^{0.8} \right] \qquad \text{식 (4-11)}$$

여기에서 R은 호흡률, $N(t)$는 특정 시간에 나타나는 어류 개체수, A는 상수(온도의 함수), $W(t)$는 특정 시간에 나타나는 어류개체당 평균 무게를 나타낸다.

많은 생태 과정의 속도와 에너지 교환 속도는 아주 밀접한 관계를 맺고 있기 때문에 생물의 크기를 알고 있다면 한 생물의 매개변수에 대한 지식을 이용해 다른 생물들의 동일한 매개변수 값을 찾을 수 있다. 스스로 지속하는 모든 생태계는 아주 작은 미생물부터 대형 동물과 식물에 이르기까지 크기가 다른 가지각색의 생물을 포함하고 있을 것이다. 대부분의 경우 작은 생물들이 호흡(에너지 전환)에 주로 기여하는 반면, 크기가 큰 생물들은 생체량의 대부분을 차지한다. 따라서 생태계가 작은 생물과 큰 생물을 함께 유지하는 것이 중요한데, 이것은 에너지 전환과 생체량의 형태로 나타나는 에너지 저장이 함께 일어난다는 것을 뜻한다.

⊛ 생태계 화학량론

생태계의 유량(flux)을 다룰 때 에너지량과 탄소, 산소, 유기물질의 양이 서로 변환가능한 것처럼, 무기물 유량의 일반적인 정량 관계도 생체량의 변화를 측정해 추정할 수 있다([표 4-4] 참고). 아주 잘 알려져 있는 레드필드비는 레드필드(Redfield, 1958)가 해양 플랑크톤의 평균 화학조성 − $(CH_2O)_{106}(NH_3)_{16}(H_3PO_4)$ − 을 이용해 계산했는데, 이 비는 탄소, 질소, 인 사이의 비율이 대략 다음과 같다는 것을 보여준다.

$$C : N : P = 106 : 16 : 1 \quad \text{(몰수 기준)} \qquad \text{식 (4-12)}$$

이를 무게비로 바꾸어 나타내면 아래와 같다.

$$C : N : P = 41 : 17 : 1 \quad \text{(무게 기준)} \qquad \text{식 (4-13)}$$

예를 들어 레드필드비는 100g의 유기물이 만들어질 때마다, 즉 100g의 탄소를 흡수할 때마다 약 17g의 질소와 2.4g의 인이 필요하다는 것을 말해준다. 물론 이 비율은 대략적인 값이며, 부영양 상태에서 흔히 나타나는 영양염류의 과량 섭취 같은 현상을 설명하지는 못한다.

⊛ 생태 언어

보통 생태 모델링은 생태계의 에너지 또는 물질 흐름에 초점을 맞추는데, 이는 이들 흐름이 시스템의 발달에 영향을 미치고 시스템의 현재 상태를 잘 나타내기 때문이다. 오덤 (Odum, 1971, 1973, 1983)은 에너지, 물질, 정보 흐름을 나타내는 그림에 많은 정보를 담는데 유용한 도구인 에너지시스템언어(energese라고 부르기도 함)를 개발했다. [그림 4-5]에 나타낸 기호들은 생태학자가 흐름과 저장뿐만 아니라 되먹임 기작과 비선형 반응속도 조절요소까지 검토할 수 있도록 한다.

예를 들어 [그림 4-5]의 소비자 기호는 저장고로 유입하는 흐름에 대해 생물에 필수적인 자기촉매 되먹임을 포함한다. 모델 그림의 예를 [그림 4-1]과 [그림 4-4]에 제시했다. 그가 제안한 기호의 강점은 자기설계, 되먹임 구조, 자기촉매반응과 같이 에너지 이용에 관련된 기작의 역할을 고려할 수 있도록 모델 그림이 이들의 중요성을 은연중에 보여준다는 것이다. 물질과 정보 없이 가능한 에너지 전달은 없으며, 정보의 수준이 높아질수록 생태계가 열역학적 평형에서 멀리 벗어나 발달하는데 필요한 물질과 에너지 사용량

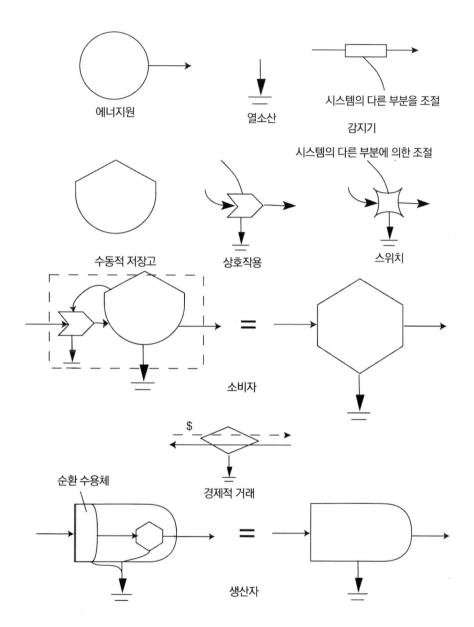

에너지원

열소산

시스템의 다른 부분을 조절

감지기

시스템의 다른 부분에 의한 조절

수동적 저장고

상호작용

스위치

소비자

$

경제적 거래

순환 수용체

생산자

그림 4-5 H.T. Odum(1971, 1973, 1983)이 개발한 에너지시스템언어(energese로 부르기도 한다).

이 증가한다. 에너지시스템언어로 나타낸 모델 그림은 에너지, 물질, 정보 흐름을 명확하게 나타낼 수 있다.

4.5 오염 영향 : 임계 요인과 비임계 요인

오염물질은 정상적인 환경 조건에서 나타나는 수준을 초과하는 스트레스 또는 불리한 변화를 생물개체, 개체군, 군집 또는 생태계에 초래하는 모든 물질이나 일단의 조건으로 정의할 수 있다(Cloud, 1971). 스트레스에 대한 내성 범위는 생물과 오염물질의 종류에 따라 매우 다르게 나타난다. 한 가지 영향이 불리한지 아닌지 결정하기는 아주 어렵고 주관적인 과정일 수도 있다.

생태계에는 자연적 오염물질과 인위적 오염물질이 있다는 것을 인식하는 것이 중요하다. 물론 자연이 이따금 '오염' 농도 수준까지 화학물질을 농축한다는 사실(예를 들어, 화산, 온천, 용승현상 등)이 그러한 오염물질을 생태계에 더 추가하는 것을 정당화하지는 못한다. 인위적으로 오염물질을 추가함으로써 임계수준에 도달할 수 있기 때문이다.

일반적으로 오염물질은 (1) 특정 농도 또는 임계수준을 초과하거나 그 이하에서만 유해한 영향을 끼치는 임계 요인([그림 4-6]의 선 A), (2) 거의 대부분의 농도에서 잠재적으로 유해한 비임계 요인 또는 경사 요인([그림 4-6]의 선 B)의 두 부류로 구분할 수 있다.

임계 요인의 경우 농도가 증가하거나 감소함에 따라 내성 한계에 더 가까워지다가 나중에는 낙타의 등을 부러뜨릴 수 있는 지푸라기처럼 임계점을 넘어서게 된다. 여러 유형의 방사성 물질, 많은 (자연에는 존재하지 않는) 인공 유기화합물, 수은·납·카드뮴 같

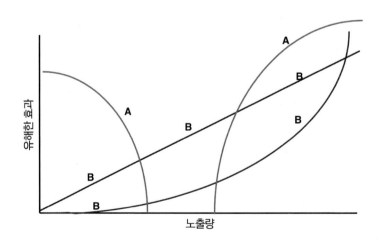

그림 4-6 오염물질 노출량에 따른 생태계 영향을 나타내는 모델. 선 A는 임계 요인의 효과, 선 B는 비임계 요인 또는 경사 요인의 효과를 나타낸다. 임계 요인이 되기 위해서는 A로 표시한 2개의 곡선 가운데 하나만 타당해도 충분하다. B로 나타낸 2개의 곡선은 서로 다른 용량반응곡선을 나타낸다.

은 일부 중금속을 포함하는 비임계 요인의 경우에는 이론적으로 안전한 농도라는 것이 없다. 그러나 실제로는 아주 낮은 미량 농도에 노출되어 나타나는 피해는 이러한 물질을 포함하는 제품과 공정의 사용으로 얻을 수 있는 편익에 비해 무시할 만큼 작거나 위험을 감수할 만한 것으로 여겨진다.

임계 요인은 인, 질소, 실리카, 탄소, 비타민, 무기질 물질(예를 들어 칼슘, 철, 아연) 등과 같은 다양한 영양염류를 포함할 수 있다. 이런 물질을 지나치게 추가하거나 제거하면 생물체나 생태계에 과도한 자극이 일어나 생태적 균형이 무너진다. 비료를 함유한 표면 유출수나 도시 하수 때문에 일어나는 호수, 하천, 하구의 부영양화를 예로 들 수 있다. 임계 수준, 피해 유형과 정도는 생물과 스트레스의 종류에 따라 아주 다양하다. 임계 수준이 아주 높은 오염물질도 있지만 임계 수준이 1ppb 정도로 낮은 오염물질도 있다.

임계 수준은 정상적인 환경 조건의 자연 상태에서 발견되는 농도와 밀접한 관련이 있다. 비록 어떤 원소의 경우 농도가 아주 낮기는 하지만 오염되지 않은 생태권조차도 거의 모든 원소를 포함한다. 게다가 특정 오염물질에 대한 생물의 민감도는 생활사의 시기에 따라 달라진다(예를 들어 몸의 방어기작이 아직 충분히 발달하지 않은 어린 시기의 임계 한계는 성체의 그것보다 더 낮다). 이러한 경향은 특히 가장 유해한 오염물질에 속하는 DDT 같은 염화탄화수소와 중금속의 경우에 더 뚜렷하다.

생물체와 생태계의 순환 과정에 얼마나 오래 머무르는지에 따라 오염물질을 구분할 수도 있다. 분해성 오염물질은 생태계에 과도하게 유입하지 않는다면 덜 유해한 물질로 자연적으로 분해된다. 그러나 난분해성 또는 지속성 오염물질은 분해되지 않거나 아주 느리게 분해되는데, 중간 산물의 독성이 원래 오염물질만큼 높은 경우도 있다.

따라서 서로 다른 오염물질의 분해도는 환경관리에서 아주 중요한 정보인데, 이는 환경에 나타나는 바람직하지 못한 오염물질의 농도는 유출입량뿐만 아니라 환경에서 일어나는 분해 과정에 따라서도 달라지기 때문이다. 물론 오염물질의 농도를 계산할 때마다 분해 과정을 고려해야 한다. 생태공학은 오염물질의 농도 및 형태에 대한 지식뿐만 아니라 환경에서 일어나는 오염물질의 변화 과정에 대한 정보도 필요로 한다.

4.6 제한요소와 성장

에너지와 물질 보존 법칙이 '순수한' 에너지와 물질의 변화를 제한하지만 정보는 (거의) 무제한 증가할 수도 있다. 이러한 한계에 대한 생각은 생태계에서 중요한 역할을 하는 제한요소라는 개념으로 발전했다. 생물의 성장은 필요한 양보다 환경에 더 적은 양으로 나타나는 요소의 제한을 받는다. 예를 들어 인은 많은 호수에서 조류 성장의 제한요소에 해당한다. 식물플랑크톤의 전형적인 원소 조성이 무게 기준으로 C : N : P=41 : 7 : 1(앞에서 설명한 레드필드비 참고)이라는 사실은 총질소 농도가 인 농도의 7배를 초과하고 탄소 농도가 인 농도의 41배를 넘을 때는 인이 제한요소라는 것을 뜻한다. 성장과 제한요소(식물의 경우에는 빛이 될 수도 있다) 농도 사이의 관계는 보통 이른바 *미켈리스-멘텐*(*Michaelis–Menten*) 방정식으로 나타낸다.

$$\mu = \mu_{\max} \frac{c}{(k_m + c)} \qquad \text{식 (4-14)}$$

여기에서 μ는 성장률, $\mu_{\max}$는 최대성장률, c는 제한요소의 농도, k_m은 성장률이 최대성장률의 절반이 되는 제한요소 농도를 나타내는 미켈리스-멘텐 상수이다.

[그림 4-7]에 이 관계에 관한 그래프를 제시했다. 특정 농도에서 최대성장률에 도달할 것인데, 이것은 이제 다른 요소가 성장률이 더 증가하는데 제한작용을 할 것임을 나타낸다. μ와 c 사이의 관계가 미켈리스-멘텐 방정식을 따르는지 평가하기 위해 μ의 역수인 $1/\mu$와 c의 역수인 $1/c$ 사이의 그래프를 그릴 수도 있다. *라인위버-버크*(*Lineweaver–Burk*) 그래프로 불리는 이 그래프가 직선이면 아래의 식에서 쉽게 알 수 있듯이 미켈리스-멘텐 방정식을 따른다.

$$\frac{1}{\mu} = \frac{k_m}{\mu_{\max}} \frac{1}{c} + \frac{1}{\mu_{\max}} \qquad \text{식 (4-15)}$$

생명이 탄생하기 위해서는 생물권에 특징적으로 나타나는 원소가 있어야 한다. 생물권의 조성은 각 원소가 수행하는 기능과 밀접하게 연결되어 있다. C, H, O의 농도가 높은 이유는 유기화합물의 조성 때문이다. 질소는 효소와 폴리펩티드를 포함한 단백질과 뉴클레오티드로부터 나온다. 인은 칼슘화합물, 인산에스테르, 모든 에너지 반응에 관계

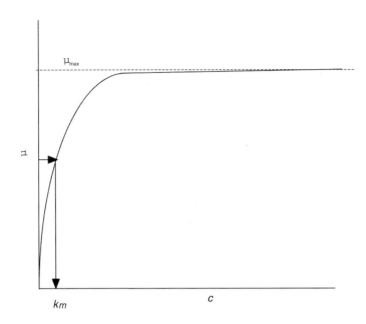

그림 4-7 식 (4-14)에 제시한 미켈리스-멘텐 제한요소 곡선. $c = k_m$ 이면 반응속도는 최대반응속도 μ_{max} 의 절반이 된다.

하는 ATP의 기반 물질로 사용된다.

생화학 반응의 형태가 다수의 원소(20~25개 원소)에 대한 상대적인 필요 정도를 결정하지만 다른 원소(나머지 65~70개 원소)들은 다소 독성을 가지고 있다. 일부 생물종에 필요한 어떤 원소들은 모든 농도 수준에서 다른 생물들에 독성을 발휘한다. 이것이 특정 생물종에 필요한 원소의 조성이 고정되어 있다는 것을 의미하지는 않는다. 원소의 조성은 일정한 범위 내에서 계속 변화할 수도 있다.

건조기후에서는 1차생산(녹색식물에 저장된 태양에너지의 양)과 강수량 사이에 아주 밀접한 상관관계가 있는데, 이는 물이 명백한 '제한요소'이기 때문이다. 여러 가지 제한요소 가운데 가장 중요한 것은 보통 다양한 영양염류, 물, 온도이다. 농작물 생산에서 영양염류 농도와 성장 사이의 관계는 오래 전부터 알려져 있다. 미켈리스-멘텐 방정식(식 4-14)을 이용해 이 관계를 나타내지만, 이를 리비히의 최소량의 법칙 —한 종류의 영양염류가 성장에 필요한 양에 비교해 최소로 존재할 때 성장과 영양염류의 농도 사이에는 선형관계가 존재한다— 으로 부르기도 한다. 다른 요소의 공급량이 최소 수준이라면 영양염류의 추가 공급은 성장에 영향을 미치지 못할 것이다.

⬤ 다중 제한영양염류

그러나 자연에서 나타나는 상황이 단순하지 않은 경우가 많은데, 2가지 이상의 영양염류(자원)가 동시에 제한작용을 하기도 한다. 이 관계는 다음 식으로 나타낼 수 있다.

$$\mu = \mu_{\max}\left(\frac{N_1}{k_{m1} + N_1} \times \frac{N_2}{k_{m2} + N_2}\right) \qquad \text{식 (4-16)}$$

여기에서 N_1과 N_2는 영양염류 농도, k_{m1}과 k_{m2}는 N_1과 N_2의 반포화상수이다. 그러나 이 식은 지나치게 성장을 제한하며, 많은 관측 결과와 일치하지 않는다. 다음의 식이 이러한 문제점을 해결하는 것으로 보인다.

$$\mu = \mu_{\max} \; \min\left(\frac{N_1}{k_{m1} + N_1}, \quad \frac{N_2}{k_{m2} + N_2}\right) \qquad \text{식 (4-17)}$$

식물 성장에 필요한 영양염류가 다른 생물의 생활 조건을 악화시킬 수도 있다. 암모니아는 어류에 대한 독성이 아주 크지만 암모니아의 이온 형태인 암모늄은 무해하다. 암모니아 농도가 낮은 상태에서도 어류 성장이 감소할 수 있다. 암모늄과 암모니아 사이의 관계는 pH에 좌우된다.

$$NH_4^+ \leftrightarrow NH_3 + H^+ \qquad \text{식 (4-18)}$$

$$pH = pK + \log\frac{[NH_3]}{[NH_4^+]} \qquad \text{식 (4-19)}$$

여기에서 $pK = -\log K$이며, K는 식 (4-18)의 평형상수이다. 이 식에 따르면 암모늄 및 암모니아의 총농도뿐만 아니라 pH도 중요하다. 이것은 광합성이 가장 활발해 산성 성분인 CO_2가 제거되거나 감소함으로써 pH가 증가하는 여름철에 많은 과부영양 호수와 습지에서 아주 위험한 상태를 초래할 수 있다는 것을 의미한다. pK 값은 25℃의 증류수에서는 약 9.3이지만, 염분이 증가하면 pK 값도 증가한다. 염소량이 2%일 경우 pK는 25℃에서 약 9.7로 증가한다.

4.7 생물농축

소비자를 통한 물질 흐름은 이 장의 앞부분에서 다루었다. 먹이사슬의 한 단계에서 섭취한 먹이(F)는 호흡(R), 이용하지 않은 (폐)먹이(NUF), 소화되지 않은 먹이(변, Fe), 분비(오줌, E), 성장 및 번식(G)에 사용된다. 성장과 번식을 2차생산성(NSP)으로 간주한다면 다음과 같은 식을 얻을 수 있다.

$$\text{NSP} = G = F - (R + \text{NUF} + \text{Fe} + E) \qquad \text{식 (4-20)}$$

$$\text{순효율} = \frac{\text{NSP}}{F} \times 100\% \qquad \text{식 (4-21)}$$

2차생산성 효율은 여러 가지 요소의 영향을 받지만 일반적으로 10% 이하이다. 먹이에 포함된 독성물질은 보통 먹이의 정상 성분보다 생분해성이 훨씬 더 낮기 때문에 호흡과 분비 과정을 통해 제거될 가능성이 낮다. 그 결과 DDT를 포함한 염화탄화수소와 중금속 같은 일부 화학물질은 먹이사슬을 따라 이동하면서 농도가 증가할 수 있다. 이 현상을 생물증폭이라 한다.

동화된 먹이량(A)은 [(성장 + 번식) + 호흡 + 분비]에 사용한 먹이량이다.

$$A = F - (\text{NUF} + \text{Fe}) \qquad \text{식 (4-22)}$$

많은 유기독성화합물의 동화효율은 높다(90% 초과). 즉 배설물을 통한 손실이 적다. 다행히도 중금속의 동화효율은 낮다. 먹이 속에 있는 중금속의 5~10% 정도만 동화된다. 그러나 아주 천천히 분비되고 호흡을 통해 제거되지 않기 때문에 중금속은 여전히 생물증폭이 높은 물질에 속한다.

염화탄화수소를 포함한 많은 유기화합물의 생물증폭이 특히 큰데, 그 이유는 이들 물질이 (1) 동화효율이 높고, (2) 생분해성이 아주 낮으며, (3) 지방조직에 용해되어 분비속도가 아주 느리기 때문이다. [표 4-2]는 이러한 특성을 다양한 무생물 및 생물 요소에 나타나는 DDT 농도를 비교해 제시한다. 인간은 먹이사슬의 최종 단계에 있기 때문에 지방 조직의 DDT 농도가 비교적 높다. 생물체 내 독성물질의 농도(Tox)는 간단한 미분방정식을 이용해 다음과 같이 대략적으로 나타낼 수 있다.

표 4-6 1980년대 중반 유럽 일부 국가의 음식에 포함된 전형적인 납 농도(mg kg습중량⁻¹).

음식 종류	영국	네덜란드	덴마크
우유	0.03	0.02	0.005
치즈	0.10	0.12	0.05
육류	0.05	<0.10	<0.10
어류	0.27	0.18	0.10
계란	0.11	0.12	0.06
버터	0.06	0.02	0.02
식용유	0.10	–	–
옥수수	0.16	0.045	0.05
감자	0.03	0.1	0.05
야채	0.24	0.065	0.15
과일	0.12	0.085	0.05
설탕	–	0.01	0.01
청량음료	0.12	0.13	–

$$\frac{d\text{Tox}}{dt} = \text{호흡과 먹이를 통한 일일 섭취량} - k\text{Tox} \qquad \text{식 (4-23)}$$

여기에서 k는 1차 분비계수를 말한다.

총 1일섭취량은 주변 공기에 있는 독성물질의 농도와 호흡을 통한 섭취효율을 곱한 값과 먹이 내 농도와 동화효율을 곱한 값을 더해 구한다. 분비는 1차반응을 따르는 것으로 가정하는데, 대부분의 경우 잘 들어맞는다. 우리가 먹는 음식에 독성물질이 들어 있음을 보여주기 위해 [표 4-6]에 음식별 납 농도를 제시했다. 이 표에 제시한 농도는 1980년대 중반 자료(즉, 무연휘발유의 사용이 아직 의미있는 효과를 내기 이전의 자료)를 이용했다.

식 (4-23)은 생물의 무게와 나이가 증가함에 따라 독성물질의 농도가 증가하는 이유를 설명해준다. 어류의 무게와 독성물질 농도의 관계를 [그림 4-8]에 나타냈다. Tox = (호흡과 먹이를 통한 일일섭취량)/k이기 때문에 식 (4-23)으로부터 정상상태(dTox/dt =0)의 농도를 구할 수 있다. 수은, 납, 카드뮴처럼 가장 독성이 강한 중금속을 포함한 많은 독성물질의 계수 k값은 작다. 이것은 Tox 농도가 증가하고 정상상태에 가까운 농도가 되는데 여러 해가 걸린다는 것을 의미한다.

생태계의 생활 조건을 평가하려면 독성물질뿐만 아니라 생명에 필수적인 물질의 농도에서 나타나는 모든 불균형을 정량화하는 것도 중요하다. 물론 이것은 지역 및 소지역뿐만 아니라 지구적 차원에서도 마찬가지다. 많은 독성물질이 넓은 지역에 퍼져 있으며,

표 4–7 라인강의 금속 유량 및 라인강의 금속농도와 북해의 금속농도 비율

금속	라인강 (톤 yr⁻¹)	라인강의 농도 북해의 농도
Cr	1,000	20
Ni	2,000	10
Zn	20,000	40
Cu	200	40
Hg	100	20
Pb	2,000	700

중금속과 살충제의 농도가 전 지구적으로 증가하였다. 지구적 오염문제와 지역적 오염 문제 사이의 관계와 희석작용이 이러한 관계에서 차지하는 역할은 라인강의 중금속 농도와 북해의 중금속 농도 사이의 비율을 보여주는 [표 4-7]을 통해 제시했다. 라인강의 납 농도는 북해의 농도보다 700배나 높다.

4.8 복잡성, 다양성, 안정성

◉ 복잡성

지구에는 수많은 생물종이 있으며(10⁷ 차수 수준), 개체수는 10²¹ 차수에 이른다(물론 이 숫자들은 아주 불확실한 값이다). 같은 종에 속하는 생물들은 유사성이 아주 높지만 각 호모사피엔스(*Homo sapiens*)가 자신의 이웃과 다르듯이 모든 생물은 다른 모든 생물과 다르다. 구성요소의 수가 늘어날수록 복잡성이 증가하는 것은 분명하지만 구성요소의 수가 복잡성을 측정하는 유일한 지표는 아니다.

1몰은 6.02×10^{23}개의 분자로 이루어져 있다. 그러나 물리학자와 화학자는 분자수가 많은 데도 불구하고가 아니라 분자수가 많기 때문에 압력, 온도, 부피에 관한 예측을 할 수 있다. 그 이유는 모든 생물은 서로 다르지만 분자들은 본래 동일하기 때문이다(산소, 질소, 이산화탄소 등 몇 가지 유형의 분자만 있을 뿐이다). 분자들 사이의 상호작용은 무작위로 일어나며, 전체 시스템의 평균값은 쉽게 계산할 수 있다. 따라서 분자들에 대해서는 통계적 방법을 적용할 수 있지만 숫자가 훨씬 적은 생물에게는 적용할 수 없다. 생태계 또는 전체 생태권은 복잡성 측면에서는 '중간 정도 숫자'의 구성요소를 갖는 시스템

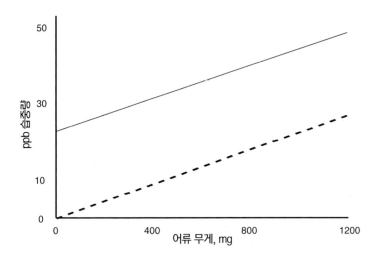

그림 4-8 어류의 무게가 증가함에 따라 나타나는 어류 내 살충제 잔류량의 증가. 위쪽 선은 총잔류량이고, 아래쪽 선(대시선)은 DDE의 농도만 나타낸다(Cox, 1970).

이다. 여기에는 대부분의 시스템이 포함되며, 중간 정도 숫자의 서로 다른 구성요소와 이들 구성요소 사이의 구조적 상호관계라는 특징을 가지고 있다.

● 다양성

생태계의 종다양성지수는 얼마나 많은 종이 있는지 나타내려는 시도이다. 초기의 종다양성지수 가운데 오랫동안 사용되고 있는 지수는 다음과 같다.

$$D = \frac{s}{1000개체}$$ 식 (4-24)

$$D = \sum \frac{n_i}{N} \quad \text{(Simpson 지수)}$$ 식 (4-25)

여기에서 s는 관찰된 종수, n_i는 i종의 개체수, N은 총개체수이다. 이들 단순한 지수가 가지고 있는 문제는 풍부도만을 측정한다는 것이다. 균등도나 평등성을 포함하기 위해서는 쉐논-위버(Shannon-Weaver)(더 적절하게는 쉐논-위너(Shannon-Wiener)) 다양성지수(H)를 사용해야 한다.

$$H = -\sum \frac{n_i}{N} \ln \frac{n_i}{N}$$ 식 (4-26)

여기에서는 자연로그(ln)를 사용한 식을 제시했지만 밑이 2인 로그와 밑이 10인 로그도 사용할 수 있다. 쉐논-위너 지수라고 해서 문제가 없는 것은 아니다. 항상 동일한 채집 노력을 투입하는 한 단순히 출현한 종의 숫자(s)를 다양성을 나타내는 지표로 사용하자는 의견도 있다.

◉ 다양성과 안정성

생물종의 수가 아주 많으면 생태계에서 가능한 연결 및 관계의 수가 엄청나게 늘어난다. 그러나 구성요소와 연결 숫자가 많은 모델이 단순한 모델보다 반드시 더 안정한 것은 아니다(May, 1981). 1960년대와 1970년대에 생태계의 안정성과 다양성에 대한 뜨거운 논의가 진행되었으며, 생물종 다양성이 인간에게 주는 가치에 관한 최근의 논쟁으로 인해 이에 대한 토론이 다시 시작되었다. 생태적 안정성은 교란이 있을 때 변화에 저항하는 생태계의 능력을 말한다.

안정성과 다양성 사이에 (단순한) 관계가 존재하지 않는다는 것이 지배적인 이론이었다. 자연에서 아주 안정하면서도 단순한 생태계를 찾을 수 있으며, 불안정하면서 아주 다양성이 높은 생태계도 발견할 수 있다. 메이(May, 1981)는 r-선택이 비교적 예측불가능한 환경 및 단순한 생태계와 관련이 있는 반면, K-선택은 비교적 예측가능한 환경과 생물학적으로 복잡한 군집과 연관이 있다고 주장했다.

교란에 대한 생태계의 반응은 안정성 개념과 연계해 많은 논의가 이루어졌다. 그러나 이러한 논의는 대부분 아주 복잡한 조절 및 되먹임 기작을 고려하지 않았다. 안정성에 관한 개념인 복원성은 교란이 발생한 뒤에 '정상으로' 되돌아가려는 생태계의 능력으로 알려져 있다. 이 개념은 방정식이 정상상태로 되돌아 갈 수 있을지 살펴보는 수학적 논의에 관심을 더 기울인다. 그러나 실제 생태계의 관점에서 볼 때 이 개념의 단점은 분명하다. 생태계는 결코 동일한 지점으로 되돌아가지 않는 연성시스템이다. 이 생태계가 가능한 수준 가운데 가장 높은 수준에서 기능을 유지할 수는 있을 테지만, 다시 이전과 동일한 농도에서 동일한 생물적, 화학적 구성요소를 이용해 그렇게 할 수는 없다. 종조성이나 먹이그물은 변할 수도 있고 변하지 않을 수도 있지만, 최소한 같은 특성을 가진 동일한 생물이 나타나지는 않을 것이다. 게다가 동일한 조건이 다시 나타날 것이라고 간주하는 것은 현실적이지 않다.

생태계가 스트레스를 받은 뒤에 회복하는 경향을 가지고 있다는 점에서 생태계는 복원성이라는 특성을 가지고 있음을 알 수 있다. 그러나 정확히 동일한 상황이 다시 나타날 것이라는 의미로 볼 수 있는 완전한 회복은 결코 일어나지 않을 것이다. 동일한 외부요소의 조합 —환경이 생태계에 미치는 영향— 이 다시 나타나지 않을 것이며, 나타난다고 하더라도 그 사이에 내부요소 —생태계의 구성요소— 가 변화해 이전의 내부요소와 같은 방식으로 반응하지 않을 수도 있다. 따라서 복원성은 현실적이면서 정량적인 개념이 아니다.

이 개념이 현실적으로 사용된다면 정량적이지 않고, 예를 들어 수학에서처럼 정량적으로 이용된다면 현실성을 잃어버린다. 복원성이 어느 정도까지는 생태계의 탄력성을 포함하지만, 실제로 생태계는 탄력적이기보다는 유연하다고 할 수 있다. 정확히 동일한 상태로 되돌아가기 위해 노력하기보다는 변화하는 외부요소가 부과하는 문제에 대응하기 위해 생태계가 변화할 것이다.

저항성은 폭넓게 적용되는 안정성에 관한 또 다른 개념이다. 저항성은 외부 요소가 변화할 때 변화에 저항하는 생태계의 능력이다. 그러나 이 개념은 더 명확하게 정의할 필요가 있으며, 실제 생태계에서 일어나는 반응에 대처하기 위해 다차원적으로 고려할 필요가 있다. 생태계는 환경 조건이 변화하면 항상 변화할 것이다. 문제는 무엇이 얼마나 변화하는가이다.

웹스터(Webster, 1979)는 영양염류 재순환 속도에 대한 생태계의 반응을 모델을 이용해 조사했다. 그는 영양염류 유입량에 비해 재순환량이 증가하면 안정성 여유가 감소하고, 평균 반응시간이 빨라지며, 저항성이 증가[즉, 더 큰 완충능력(정의는 아래를 참고)]하고, 복원성은 감소한다는 것을 발견했다. 저장량과 교체율이 증가해도 정확히 동일한 관계가 나타났다. 그러나 재순환과 교체율이 모두 증가하면 반대 결과가 나왔는데, 안정성 여유가 증가하고, 반응시간은 더 빨라지며, 저항성은 감소하고, 복원성은 증가했다.

오닐(O'Neill, 1976)은 종속영양생물이 저항성과 복원성에 미치는 영향을 조사해 종속영양생물의 생체량이 조금만 변화해도 시스템이 평형을 다시 회복하고 교란을 상쇄한다는 것을 발견했다. 그는 생태계의 반응을 설명하는데 안정성 개념을 적용할 때 많은 조절기작과 공간적 이질성을 고려해야 한다고 주장했다.

이러한 연구들은 가장 넓은 의미에서의 생태계 안정성과 종다양성 사이의 관계를 찾기가 아주 어려웠던 이유를 보여준다. 우리는 생태계의 영양상태 때문에 다양성이 달라진다는 것을 알고 있다. 호수에서는 인 부하량이 증가하면 다양성이 감소하는 것이 관찰되었지만(Ahl and Weiderholm, 1977; Wederholm, 1980), 아주 부영양화된 호수는 아주 안정하다.

[그림 4-9a]는 스웨덴의 여러 호수에 대한 통계분석 결과를 보여준다. 이 그래프로부터 종수와 엽록소-a 농도(μg L^{-1})로 측정한 호수의 부영양화 사이에 상관관계가 있음을 알 수 있다. 무어 등(Moore et al., 1989)은 캐나다 온타리오의 비옥한 습지와 비옥하지

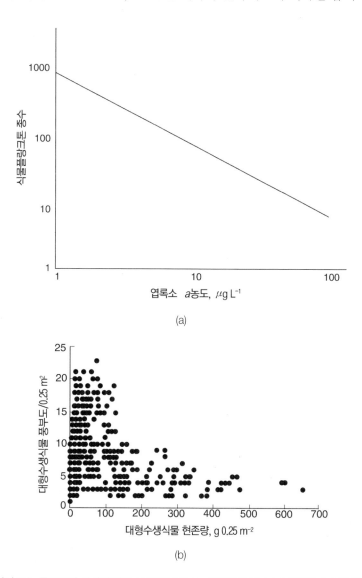

(a)

(b)

그림 4-9 다양성 또는 풍부도와 생산성 척도 사이에 나타나는 역관계의 예. (a) 스웨덴의 호수를 대상으로 식물플랑크톤 종수(다양성의 척도인 풍부도)와 조류 생체량(엽록소 a)으로 나타낸 부영양화 사이의 관계, (b) 캐나다의 여러 습지에서 나타난 대형수생식물 종풍부도와 생체량(대형수생식물의 생산성을 타나내는 척도) 사이의 관계 (Moore et al., 1989).

않은 습지(습지 식물의 현존량으로 측정)를 대상으로 한 연구에서 비슷한 결과를 얻었다. 이들은 생체량과 영양염류 이용도가 낮은 곳에서 종풍부도가 가장 높고, 생산성이 높은 곳에서 종풍부도가 가장 낮다는 것을 발견했다([그림 4-9b] 참조). 위슈와 캐디(Wisheu and Keddy, 1992)는 다양성이 낮은 부들(*Typha*) 초본습지가 이 지역의 핵심 습지라고 했는데, 이 습지는 자원이나 스트레스에 관련된 문제가 있는 조건에서만 안정한 시스템과 차이가 있었다. 영양염류 농도가 높을 때 가장 안정했지만 다양성은 가장 낮았다.

● 완충능력

요르겐센(Jørgensen, 1982, 1988, 1994, 2002)은 완충능력(β)을 다음과 같이 정의했다.

$$\beta = \frac{\Delta(\text{외부변수})}{\Delta(\text{상태변수})}$$ 식 (4-27)

외부변수는 폐수 방류, 강수, 바람 등과 같이 시스템이 작동하도록 하는 외부 요소이며, 상태변수는 토양의 인 농도, 1m³의 호수물에 들어 있는 동물플랑크톤의 양 등과 같이 시스템의 상태를 나타내는 내부 변수이다. 위에서 살펴본 바와 같이 완충능력 개념은

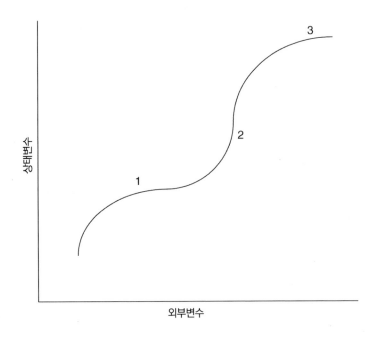

그림 4-10 상태변수와 외부변수 사이의 관계는 완충능력을 보여준다. 1번과 3번 위치는 완충능력이 크고, 2번 위치에서는 작다.

그 정의상 모델링처럼 정량화를 가능하게 하는 부분이 있다. 또한 이 개념은 외부변수의 변화에 반응해 일부 변화가 생태계에서 항상 일어난다는 것을 인식하기 때문에 실제 생태계에 적용할 수 있다. 문제는 환경 조건(외부변수)의 변화에 비해 이 변화가 얼마나 클 것인가 하는 것이다.

상태변수와 외부변수의 모든 조합을 고려해야 하기 때문에 이 개념은 다차원적 측면에서 다루어져야 한다. 이는 한 가지 유형의 변화에 대해서도 각 상태변수에 대응해 많은 완충능력이 있다는 것을 뜻한다. 생태적 안정성과 완충능력은 아주 유사한 개념이지만, 생태적 안정성에는 생태적 완충능력에 나타나는 다차원적인 특성이 없다.

외부변수(시스템에 대한 영향)와 상태변수 사이의 관계([그림 4-10] 참조)는 시스템의 상태가 선형관계인 경우는 거의 없으며, 완충능력은 일정하지 않다는 것을 나타낸다. 따라서 어떤 조건에서 완충능력이 작은지 또는 큰지 알아보기 위해 외부변수와 완충능력 사이의 관계를 밝히는 것이 복원 및 조성 사업에서 중요하다.

4.9 발달과 진화

생태계는 항상 변화한다. 단기간의 변화는 발달 또는 천이라 하고, 생태계는 장기간에 걸쳐 진화를 통해 변화한다.

● 발달과 성장

생태적 발달은 외부 요소의 동적인 변화 때문에 나타나는 시간에 따른 생태계의 변화로, 생태계가 이에 반응할 시간은 충분하다. 여기에는 적응, 종조성의 변화를 포함하는 다양한 과정들이 포함된다. 천이라는 용어는 생태계의 종조성이 외부 요소의 변화에 의해 달라지는 현상을 설명하는데 사용한다. 오덤(Odum, 1969, 1971)이 제시한 속성을 바탕으로 성숙한 생태계의 특성을 [표 4-8]에 나타냈다. 이 표는 발달이 미약한 생태계와 아주 잘 발달한 성숙한 생태계에서 나타나는 천이의 특성을 구분해 제시한다. [표 4-8]에 제시한 특성은 수십년 동안 주로 육상생태계의 생태계 발달을 설명하기 위해 사용되었으며, 오늘날까지도 여전히 타당한 지표들이다.

성장 형태는 생태계의 변화를 설명하기 위한 또 다른 방법이다. 홀링(Holling, 1986)

은 성장 형태를 다음과 같이 세 가지로 구분했다.

1. 물리적 구조(생체량)의 성장 : 태양복사에너지 형태로 유입하는 에너지를 더 많이 붙잡을 수 있지만, 유지(호흡, 증발)에 더 많은 에너지가 필요한 성장. 이 성장 형태에서는 생체량과 생물체 내 영양염류량은 증가하고 P/B비는 낮아진다.

2. 네트워크의 성장 : 이 성장 형태는 에너지와 물질의 순환이 더 증가하는 것을 의미한다. 복잡한 순환구조, 잘 조직화된 형태, 되먹임 조절 성장이 여기에 속한다.

3. 정보의 성장(더 많은 유전자를 가진 식물과 동물의 증가) : 에너지 효율이 더 높고, 크기는 더 커지며, 더 많은 정보를 갖도록 r-전략에서 K-전략으로 바뀌는 변화. 이 성장 형태는 수준 높은 정보, 좁은 범위의 특화된 생태적 지위, 크기가 큰 생물,

표 4-8 생태 천이의 초기 단계와 성숙 단계 사이의 차이

속 성	초기 단계	후기 또는 성숙 단계
에너지		
P/R	≫ 1 또는 ≪ 1	1에 근접
P/B	높음	낮음
생산량	높음	낮음
비엔트로피	높음	낮음
단위시간당 엔트로피 생성	낮음	높음
엑서지	낮음	높음
정보	낮음	높음
구조		
총생체량	작음	큼
무기영양염류	생물체 외	생물체 내
생태적 다양성	낮음	높음
생물다양성	낮음	높음
조직 형태	조직화 미흡	잘 조직화
생태적 지위	넓음	좁음
생물의 크기	작음	큼
생활사	단순	복잡
물질순환	열림	닫힘
영양염류 교환 속도	빠름	느림
선택과 항상성		
내부 공생관계	미발달	발달
안정성(외부 교란에 대한 저항성)	미흡	양호
생태적 완충능력	낮음	높음
되먹임 조절	미흡	양호
성장 형태	빠름	되먹임 조절

* 출처: E.P. Odum (1969).

긴 수명, r-전략에서 K-전략으로의 변화를 포함한다.

홀링(Holling, 1986)은 재생(주로 성장 형태 1), 이용(주로 성장 형태 2), 보존(주요 성장 형태 3), 창조적 파괴의 순서로 생태계가 발달한다고 주장했다. 마지막 단계인 창조적 파괴도 3가지 성장 형태에 들어맞지만 추가적인 설명이 필요하다. 창조적 파괴 단계는 내부 요소나 외부 요소가 작용한 결과이다. 생태계의 성장 형태는 외부 요소에 의해 결정되는 지배적인 환경 조건을 따라야 하기 때문에 외부 요소(예를 들어 태풍, 화산활동)에 대해서는 더 설명할 필요가 없다.

창조적 파괴가 내부 요소의 결과라면 의문은 왜 시스템이 스스로를 파괴하는가 하는 것이다. 이를 설명할 수 있는 한 가지 이유로 보존 단계에서 대부분의 영양염류가 생물체 내로 이동하고, 이로 인해 열역학적 평형에서 더 멀어지기 위해 또는 다윈의 표현을 빌리면 생존 확률을 높이기 위해 필요한 새롭고 더 나은 대안을 시험하는데 이용할 수 있는 영양염류가 없다는 것을 들 수 있다. 홀링도 창조적 파괴에 대해 언급하면서 이를 은연중에 제시했다. 따라서 새로운 해결책이 이용가능할 때 유기영양염류를 새로운 해결책을 시험하는데 사용할 수 있는 무기영양염류로 분해하는 것이 생태계에 장기적으로는 유리할 것이다. 창조적 파괴 단계는 장기적인 관점에서 나머지 세 발달 단계와 3가지 성장 형태를 더 효과적으로 이용할 수 있는 방법으로 간주할 수 있다.

⑧ 진화

반면 진화는 유전자풀과 연관되어 있다. 진화는 외부 요소의 동태와 유전자풀의 동태 사이에 나타나는 관계의 산물이다. 외부 요소는 생존 조건을 꾸준히 변화시키고, 유전자풀은 항상 생존 문제를 해결하기 위한 새로운 해결책을 찾아낸다. 생태계는 아주 동적인 시스템이다. 생태계의 모든 구성요소, 특히 생물요소는 꾸준히 움직이고 이들의 성질은 끊임없이 변화하는데, 이것이 생태계가 동일한 상태로 절대로 되돌아가지 못하는 이유이다. 게다가 생태계 내의 각 위치는 다른 모든 위치와 다르고, 이에 따라 다양한 형태의 생명에게 서로 다른 조건이 나타난다.

이러한 거대한 이질성이 왜 지구에 그렇게 많은 생물종이 있는지 설명해준다. 말하자면 '모두'를 위한 생태적 지위가 있고, 누구나 자원을 이용하는데 가장 적합한 생태적 지위를 찾을 수 있을지 모른다. 두 생태계 사이의 전이지역인 추이대는 생명 조건의 변화가 특별한 곳으로, 종종 종다양성이 높게 나타난다. 추이대에서는 외부 요소와 내부 요소가 현저한 구배를 가지고 있어 두 요소 사이의 관계를 더 명확하게 파악할 수 있기 때문에 최근에 생태학자들이 추이대 연구에 많은 관심을 가지게 되었다.

다윈의 이론은 종 사이의 경쟁을 설명하고 생태계의 지배적인 조건에 가장 적합한 종이 생존할 것이라고 언급했다. 달리 말하면, 다윈의 이론은 생태계의 구조와 종조성에 나타나는 변화를 설명할 수는 있지만 곧바로 정량적으로 적용할 수는 없다. 생태계의 모든 종은 어떻게 지배적인 조건에서 생존하거나 심지어 성장하는 것이 가능할까 하는 의문에 직면한다. 지배적인 조건은 종에 영향을 미치는 모든 요소(즉, 다른 종들이 만들어 낸 것들까지 포함한 모든 외부 요소와 내부 요소)로 간주할 수 있다. 이것이 공진화를 설명하는데, 한 종의 특성에서 일어나는 모든 변화는 다른 종의 진화에 영향을 미칠 것이기 때문이다.

생태계에 나타나는 모든 자연적인 외부 요소와 내부 요소는 동적이다. 즉, 조건은 꾸준히 변화하며, 항상 현재의 조건에서 우점하는 종보다 새롭게 나타나는 조건에 더 적합

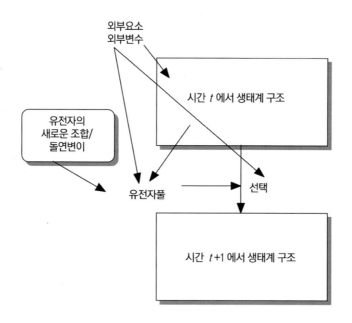

그림 4-11 외부 요소가 어떻게 꾸준히 종조성을 변화시키는지 보여주는 개념 모델. 어떤 종조성으로 변화할지는 유전자풀이 결정하며, 유전자풀은 돌연변이와 유성생식을 통한 유전자의 새로운 재조합 때문에 계속 변화한다. 그러나 생태계의 발달은 더 복잡하다. '외부 요소'와 '선택'을 연결하는 화살표는 생물종이 자신의 환경을 변화시키고 이에 따라 선택 압력을 바꿀 가능성을 나타낸다. 생태계 구조와 유전자풀을 연결하는 화살표는 생물종이 어느 정도까지는 자신의 유전자풀을 바꿀 가능성이 있다는 것을 나타낸다(Jørgensen and Bendoricchio, 2001; 저작권 2001; Elsevier Science의 허락 아래 재인쇄).

하다면 그 자리를 차지하기 위해 준비 중인 종이 많다. 가지각색의 생물종은 생태계가 이용할 수 있는 특성의 조합이 많다는 것을 나타낸다. 의문은 이러한 종들 가운데 현재 조건에서 가장 잘 생존하고 성장할 수 있는 종은 무엇이고, 어떤 종이 다른 조건에서 생존과 성장에 가장 적합한가 하는 것이다. 종이 생존하려면 이들 조건에 맞는 유전자 또는 발현형질(특성을 뜻함)을 가지고 있어야 한다. 그러나 시험에 이용할 수 있는 자연적인 외부 요소와 유전자풀은 무작위로 또는 우연히 변할 수도 있다.

새로운 돌연변이(우연히 만들어진 오류)와 유성생식(유전자가 혼합되고 뒤섞인다)이 어떤 종이 현재의 지배적인 조건에 가장 적합한가 하는 의문을 푸는데 필요한 새로운 재료를 꾸준히 공급한다. [그림 4-11]은 이러한 생각을 나타내고 있다. 외부 요소는 어느 정도 무작위(예를 들어 기상 또는 기후 요소)로 꾸준히 변화하며, 어떤 요소는 비교적 빠르게 변화하기도 한다. 생태계를 구성하는 종은 이용가능한 종 가운데서 선택되며, 유전자풀이 이를 나타낸다. 유전자풀은 다시 천천히 그렇지만 확실히 무작위로 또는 우연히 변화한다. [그림 4-11]에 나타낸 선택은 [표 4-1]에 제시한 계층구조의 4단계와 5단계를 포함한다. 이는 빈도분포에 따라 지배적인 조건에 가장 적합한 특성을 가진 생물종에 대한 선택이다.

인간에 의한 외부 요소의 변화(즉, 인위적 오염)는 새로운 문제를 초래했다. 이는 이러한 변화에 적합한 새로운 유전자가 하루아침에 만들어지지는 않으며, 대부분의 자연적인 변화는 이전에 수없이 많이 일어났고 유전자풀은 자연적 변화에 대응하기 위한 적절한 준비가 되어 있기 때문이다. 유전자의 범위는 대부분의 자연적 변화에 대응할 수 있지만, 인간이 만든 변화는 생태계에는 새롭고 아직 시험해보지 않은 것들이기 때문에 유전자풀이 여기에 모두 대응할 수는 없다.

4.10 시스템 이론

과거 수십년 동안 일반시스템과 생태계의 조직 및 발달의 본질을 열역학적 관점에서 설명하려고 시도한 생태계 이론들이 등장했다. 생물계는 열역학적 평형에서 멀어지는데 사용할 수 있는 여러 가지 경로를 가지고 있기 때문에 생태계가 발달하기 위해 어떤 경로를 선택할 것인지 아는 것이 생태학에서는 아주 중요하다. 이것이 생태계 발달의 특징적인 과정을 설명하는 열쇠이다. 1981년 켄터키의 루이빌에서 열린 국제학술회의인 '에너지와 생태 모델링'의 논문집에서 이러한 이론의 창시자들이 자신들의 이론을 요약해 제시하고 있다(Mitsch et al., 1982). 요르겐센(Jørgensen, 2002)은 이 이론들과 다른 이론들을 더 자세히 소개했다.

◉ 엔트로피 최소화와 소산구조

엔트로피는 무질서이다. 열역학 제2법칙에 따르면 우주에서 엔트로피는 끊임없이 비가역적으로 증가한다. 에너지 변환을 포함하는 과정은 에너지질의 저하(무질서)가 일어나지 않는다면 자발적으로 진행하지 않을 것이다. 물론 일반적으로 에너지가 유입하는 생명과 시스템은 이와 같은 엔트로피 생성을 거꾸로 되돌려 '혼돈으로부터 질서'를 만들 수 있다(Prigogine, 1982). 프리고진은 엔트로피 생성을 최소로 하는 경향이 있다는 이론(Prigogine, 1980)과 소산구조 이론(Prigogine, 1982)을 제안했다.

이 이론들은 비평형 정상상태에 있는 선형시스템에 적용되었으며, 평형으로부터 멀리 떨어져 있는 시스템에는 적용되지 않았다. 프리고진은 평형에서 먼 상태에서는 열역학 제2법칙에도 불구하고 소산구조라고 하는 새로운 구조가 나타날 수 있다고 주장했다. 프리고진(1982)의 표현을 옮기면 "평형 세계는 항상성의 세계이며, 시스템이 변동을 제거한다. 그러나 평형에서 멀리 떨어진 상태에서는 변동이 점점 커져 시스템 전체에 퍼질 수 있다. 변동으로 인해 시스템에 새로운 공간-시간 구조가 나타날 수 있다."

◉ 최대 일률의 원리

볼츠만(Boltzmann, 1905)은 "생명 현상은 일을 할 수 있는 능력을 향한 투쟁"이라고 했으며, 로트카(Lotka, 1922)는 생태계의 발달을 설명하기 위한 목표함수로 최대 일률을 사용할 것을 제안했다. 일률은 단위시간당 에너지 흐름량으로 정의하며, 단위로 J/yr나 kilowatt를 사용할 수 있다. 두 사람의 원리는 오덤의 최대 일률의 원리에 밑바탕이 되었다. 최대 일률의 원리는 에너지 흐름을 유용한 일에 최대로 투입하는 시스템이 다른 시스템과의 경쟁에서 살아남는다고 주장한다(Odum, 1983).

열역학 제2법칙을 '시간의 화살'이라고 하는 것과 비슷하게 오덤과 핑커튼(Odum and Pinkerton, 1955)은 처음에 최대 일률 개념을 '시간의 속도 조절자'라고 표현했다(Hall, 1995a). 일률이 쓸모없는 열이나 파괴적인 전쟁에 낭비된다면 유용한 일은 일어나지 않는

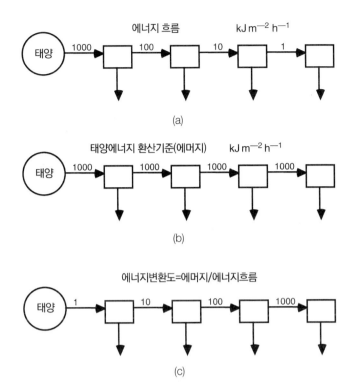

그림 4-12 에머지 개념. (a) 먹이사슬을 따라 나타나는 에너지 흐름, (b)동일한 먹이사슬에 나타낸 태양에너지 기준 에너지(에머지) 흐름, (c)(a)와 (b)를 이용해 계산한 에너지변환도는 에너지 흐름을 에머지 흐름으로 변환하는데 사용할 수 있다.

다. 그러나 시스템이 유용한 목적에 에너지를 최대로 사용하기 위해 되먹임하고 자기설계 하는 구조를 갖추기 시작하면 이 시스템은 다른 시스템과의 경쟁에서 살아남을 것이다.

최대 일률이 최대 평균 효율을 의미하는 것이 아니라는 점을 인식하는 것이 중요하다. 최대 일률은 에너지 흐름이 최대가 되도록 하는 최적 효율을 의미한다. 최대 일률의 원리를 다룬 많은 예나 연구는 〈*최대 일률 : 오덤의 사상과 적용*〉(*Maximum Power : The Idea and Applications of H.T. Odum*, Hall, 1995b)에 잘 나와 있다.

오덤(1996)은 에너지의 질을 설명하는 또 다른 목표함수로 에머지(emergy)를 제안했 는데, 에머지는 '에너지 기억(energy memory)'을 줄여 표현한 용어이다. 에머지는 실제 에너지량이 아니라 어떤 대상 또는 생물의 에너지 기억, 즉 이들을 만드는데 들어간 에 너지를 말한다. 구성요소를 만드는 데는 에너지(궁극적인 에너지인 태양에너지로부터 유 래한) 비용이 든다. 만약 1J의 전기에너지를 만드는데 1,000J의 태양에너지가 들어간다면 전기에너지는 1000의 에너지변환도를 가진다([그림 4-12] 참조). 한 단위의 동물플랑크톤을 만드는데 10 단위의 식물플랑크톤이 필요하다면 식물플랑크톤 에너지를 기준으로 동물플랑크톤의 에머지를 구하기 위해서는 동물플랑크톤의 에너지에 10을 곱해야 한다. 요르겐센(1994)은 자료와 관측 결과를 이용하는 현실적인 생태계 모델에 기반해 계산할 경우 엑서지와 에머지 사이에 훌륭한 상관관계가 있음을 보여주었다.

❸ 엑서지 최대화

엑서지(exergy)는 한 시스템이 주변 환경과 열역학적으로 평형상태에 도달했을 때 할 수 있는 일의 양(즉, 엔트로피가 없는 에너지)으로 정의된다. [그림 4-13]에 이를 나타냈다. 엑서지는 보존되지 않는다. 엑서지가 보존되는 경우는 엔트로피가 없는 에너지가 전달될 때뿐인데, 이것은 에너지 전달이 가역적이라는 것을 뜻한다. 그러나 실제 세계에서 일어나는 모든 과정은 비가역적이며, 이는 엑서지가 사라졌다(그리고 엔트로피가 생성되었다)는 것을 의미한다. 엑서지 손실과 엔트로피 생성은 동일한 현상, 즉 모든 과정은 비가역적이며 불행히도 항상 일을 할 수 있는 에너지 형태가 일을 할 수 없는 에너지 형태(환경 온도에서 나타나는 열)로 일부 사라진다는 것을 다른 관점에서 설명한다.

정보는 엑서지를 담고 있다. 볼츠만(1905)은 우리가 실제로 보유하는 정보(시스템을 설명하는데 필요한 정보에 대비되는)의 자유에너지는 $kT \ln I$로 나타낼 수 있다는 것을 보여주었다. 여기에서 I는 시스템의 상태에 관한 정보이며, k는 볼츠만 상수(1.3803×10^{-23} J molecules^{-1} deg^{-1})이다. 이것은 1비트의 정보는 $kT \ln 2$만큼의 엑서지를 가지고 있다는 것을 의미한다. 한 시스템에서 다른 시스템으로 정보를 전달하는 일은 종종 엔트로피가 거의 없는 에너지 전달이다.

시스템의 엑서지는 주변 환경과 시스템 사이의 차이 —생태계나 환경계와 이들의 환경에 대해 가정할 수 있는 것처럼 압력과 온도 차이가 없다면 자유에너지의 차이— 를 나타낸다. 물론 시스템이 주변 환경과 평형상태에 있다면 엑서지는 0이다. 시스템이 평형상태로부터 멀어지는 유일한 방법은 일을 하는 것이고 시스템에 이용가능한 에너지는 그 능력의 척도이기 때문에 시스템과 주변 환경 또는 열역학적 평형의 별칭인 무기물질의 수프를 구별해야 한다. 따라서 시스템이 열역학적 평형으로부터 얼마나 멀리 떨어져 있는지 나타내는 척도로 이용가능한 에너지(즉, 엑서지)를 사용하는 것이 합당하다.

요르겐센과 메어(Jørgensen and Mejer, 1977, 1979), 메어와 요르겐센(1979), 요르겐센(1982, 2002)은 엑서지 최대화를 다음과 같이 설명했다. 엑서지 흐름이 있는 시스템은

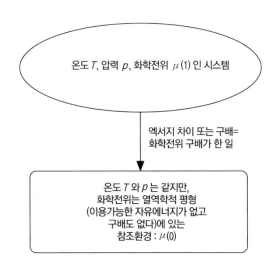

그림 4-13 엑서지는 한 시스템이 참조 상태(예를 들어 주변 환경 또는 생태적 맥락에서 종종 이용하는 의미의 상태)와 평형에 도달할 때 이 시스템에서 얻을 수 있는 일의 양으로 정의된다. 일을 할 수 있는 능력(엑서지)은 양(열에너지의 경우 엔트로피, 압력에 의한 일은 부피, 화학적 일에서는 농도 또는 몰수)과 두 시스템 사이에 나타나는 이 양의 차이를 곱해 구한다(Jørgensen and Bendoricchio, 2001; 저작권 2001; Elsevier Science의 허락 아래 재인쇄).

열역학적 평형으로부터 멀어지려는 경향을 보일 것이며, 이 엑서지 흐름을 이용할 수 있는 구성요소 및 과정의 조합이 더 많이 제공된다면 시스템은 가능한 많은 엑서지를 저장할 수 있게 하는 조직을 선택하는 경향을 보일 것이다. 시스템을 통한 에너지(엑서지) 흐름은 시스템이 열린계이거나 최소한 격리되어 있지 않아야 한다는 것을 의미하며, 이 흐름은 시스템이 생존하기 위해 필요하다. 또한 시스템의 엑서지 흐름은 질서정연한 구조(Prigogine의 소산구조)를 형성하는데 충분하다.

⊛ 르샤를리에 원리

또 다른 열역학적 원리는 르샤를리에 원리의 확대판으로 간주할 수 있다. 생체량의 생성은 다음의 식으로 나타낼 수 있다.

$$\text{에너지} + \text{영양염류} = \text{더 많은 자유에너지와 조직을 가진 분자} \qquad \text{식 (4-28)}$$

시스템에 에너지를 공급한다면 르샤를리에 원리에 따라 평형은 에너지를 이용하는 방향으로 이동할 것이다. 이것은 더 많은 자유에너지와 조직을 가진 분자가 만들어진다는 것을 뜻한다. 더 많은 반응경로가 제공된다면 가장 큰 도움(즉 에너지를 가장 많이 사용하고 이를 이용해 가장 많은 내재자유에너지를 가진 분자를 만드는)을 주는 경로가 이

가설적인 열역학 법칙을 따라 선택될 것이다.

유기물질의 산화(예를 들어 Schlesinger, 1997나 Mitsch and Gosselink, 2000을 참고)는 산소, 질산염, 이산화망간, 철(III), 황산염, 이산화탄소에 의한 산화의 순서로 일어난다. 이는 산소가 있다면 항상 산소가 질산염에 우선하고 질산염은 이산화망간에 우선하는 등의 관계가 있다는 것을 의미한다.

⊕ 우세도

울라노위츠(Ulanowiez, 1997)는 우세도(ascendency) 개념을 이용해 생태계의 발달에 대해 다음과 같은 가설을 제안했다. 압도적인 외부 교란이 없을 경우 생명계에서는 우세도가 증가하는 것이 자연적인 경향이다. 우세도는 생태계, 정확히는 모델 생태계에서 일어나는 흐름에 대한 척도이다. 생태계의 통과흐름이 크고 흐름의 네트워크가 복잡할수록 우세도는 증가한다.

요르겐센과 벤도리치오(Jørgensen and Bendoricchio, 2001)는 모델의 우세도와 엑서지 지수 사이의 상관관계가 높다고 결론지었다. 이는 놀라운 일이 아닌데, 우세도 계산의 근거인 네크워크는 여기에 나타나는 생물요소가 가진 협력하고 상호관계를 구축하는 능력의 결과이기 때문이다. 따라서 한 구성요소에서 다른 구성요소로 물질 또는 에너지의 전달을 포함하는 네트워크는 구성요소의 크기와 구성요소에 포함된 정보를 간접적으로 반영한다.

⊕ 생태계 이론의 형태 형성

생태계의 발달은 [표 4-8]에 나타낸 오덤(1969)의 생태 천이에 대한 설명에 부합하는 3가지 성장 형태로 구분할 수 있다.

1. 물리적 구조(생체량)의 성장 : 태양복사에너지 형태로 유입하는 에너지를 더 많이 붙잡을 수 있지만 유지(호흡, 증발)에 더 많은 에너지가 필요한 성장.
2. 네트워크의 성장 : 이 성장 형태는 에너지와 물질의 순환이 더 증가하는 것을 의미한다.
3. 정보의 성장(유전자가 더 많은 더 고등한 식물과 동물) : 에너지 효율이 더 높고, 크기는 더 커지며, 더 많은 정보를 갖도록 r-전략에서 K-전략으로 바뀌는 변화.

　　요르겐센(2002)은 위에서 설명한 생태계 이론과 각 이론이 제시하는 3가지 성장 형태에 대한 목표함수 사이의 관계를 자세하게 비교했다. 여기에서는 이론들 사이에 차이점이 있기는 하지만 더 연구할 만한 가치가 있는 뚜렷한 유사점도 있다는 정도만 언급해도 충분할 것이다.

생태공학과 생태계 복원

제5장
생태계의 설계 원리

5장에서는 생태공학에 적용될 수 있는 여러 가지 설계원리를 소개한다. 여기서 소개하는 설계원리는 4장까지 설명한 생태계 이론에서 유래되었거나 일반 생태학에 기초한 것이다. 생태계의 설계원리는 생태공학이나 생태계 복원을 환경관리에 이용할 경우에는 반드시 적용되어야 한다.

초기의 저서 〈*생태공학*〉(Mitsch and Jørgensen, 1989)에서는 13가지 생태학적 개념이 제시되었다. 이 개념은 생태기술의 기본 설계원리로서 역할을 했고 생태공학을 소개하는 실질적 접근법을 제공했다. 1989년의 13가지 개념과 이후의 의견을 통해 19가지 생태계 원리를 아래에 소개한다. 이 원리는 생태공학뿐만 아니라 생태계 복원에도 똑같이 적용되어야 한다. 모든 원리는 생태학에 적용되는 시스템 개념에 기초를 두고 있으며 일부는 4장에서 보다 상세하게 설명했다. 각각의 원리에 대한 적용사례는 3장에서 소개한 생태공학과 생태복원을 적용할 수 있는 다양한 영역에서 찾을 수 있다.

1989년의 13가지 설계원리는 오래전에 발표된 여러 저술의 도움으로 이루어진 것이었다. 스트라스크라바(Milan Straskraba, 1993)의 연구에서는 생태기술의 7가지 원리가 발표되었고 이를 바탕으로 생태계를 관리하기 위한 17가지 법칙을 수립했다. 스트라스크라바의 법칙은 보편타당한 범용 법칙이어서 생태공학과 생태복원의 범주를 넘어선 환경관리에 적용될 수 있다. 베르겐(Bergen, 2001) 등은 추가적으로 5가지의 원리와 발견 그리고 제안을 제공했고, 질레위스키(Zalewski, 2000b) 또한 생태계의 설계에 적용 가능한 생태수리학적 개념을 소개했다.

생태공학과 생태계 복원은 생태학에 기초를 두어야 한다는 것이 전체를 지배하는 기본원리이다. 일부의 생태학 이론은 생태공학과 생태계 복원의 실제 적용과정에서 정확성을 충분히 확보하지 못한 경우도 있지만 여기에서 소개하는 원리는 현장 확인을 통해 확고한 증거를 가지고 있는 생태학적 개념에 기초를 둔 것이다. 19가지 생태계 설계원리는 생태학적 증명을 위해 60인년(person-year)의 연구자와 연구기간이 결합되어 최선의 노력을 기울인 대표작이므로 원리에 대한 지속적인 입증과 확장이 계속되어야 한다.

원리 1. 생태계의 구조와 기능은 생태계의 외부변수에 의해 결정된다.

생태계는 질량과 에너지를 외부 환경과 상호교환한다. 인간의 영농활동처럼 인위적인 외부변수와 농업생태계의 상태는 밀접한 관계를 가지고 있지만 모든 생태계는 개방되어 있으므로 이 역시 주위의 다른 생태계 역시 영향을 받게 된다. 집약농업은 잉여의 영양염과 살충제를 인근의 생태계에 배출한다. 이러한 현상을 비점원오염이라 한다. 비점원오염의 저감을 위해서는 광범위한 생태공학적 접근법이 요구된다.

호소생태계에 유입되는 하천수의 영양염 농도를 줄이기 위해 인공습지와 저수지를 이용하는 방안은 시스템 생태학적 원리가 생태기술에 어떻게 적용되는지를 보여준다. 외부변수인 영양염부하가 줄어들게 되면 그에 따라 부영양화가 반드시 감소될 것으로 예상된다.

중국 학자들은 외부변수가 생태계의 구조만큼 중요하지 않다고 주장하고 있어 이 원리에 대해 많은 토론을 해왔다. 생태계의 구성요소에는 생태계에 내재하는 기능을 변경시키는 되먹임 작용이라는 계층구조가 존재한다는 점에서 인정할 만한 주장이다. 그러나 생태계 전체의 궤적은 결국 외부변수에 의해 결정되어지며 특히 생태계가 외부의 영향에 의해 구조와 기능을 자기설계하는 능력이 있다면 더욱 그럴 수밖에 없다.

원리 2. 생태계에 유입되는 에너지와 이용가능한 물질의 양은 제한된다.

원리 2는 물질과 에너지의 보존법칙에 기초를 두고 있다. 생태계에 유입되는 주된 에너지는 태양에너지로서, 농축되어 있지 않고 매우 분산된 에너지원이다. 인류는 화석연료와 같은 다른 형태의 에너지를 보조에너지로 사용할 수 있지만 지속가능하게 이용할 수 있는 유일한 에너지원은 태양에너지다.

대체에너지원을 사용하면 태양에너지를 사용하는 것에 비해 생태계를 보다 쉽게 예측할 수는 있지만 이러한 보조수단은 지속적으로 이용할 수는 없다. 유사한 예로 영양염을 제거하기 위해 인공습지를 조성할 때 토양 속에 영양염이 제한되기 때문에 식물의 성장을 위해 비료사용이 제안되기도 한다. 비료사용으로 인한 영양염을 제거하기 위해 인공습지를 조성하는 모순을 여기서 깊이 생각해보자.

원리 3. 생태계는 열린 시스템이며 에너지를 소산시키는 시스템이다.

생태계는 외부로부터 에너지의 지속적인 유입에 의존한다. 원리 3은 생태계에 열역학 제2법칙이 적용된 것이다. 생태계는 에너지보존의 법칙을 따르는 것처럼 열역학 법칙을 포함한 과학적 기본법칙을 따라야 한다. 유입된 에너지는 생태계의 유지, 호흡, 증발산 작용에 필요한 에너지를 충당하는데 이용된다.

원리 4. 오염방지와 생태계 복원을 위한 가장 전략적인 방법은 한정된 수의 인자를 고려하는 것이다.

생태계가 항상성을 가지기 위해서는 생물학적 기능과 외부변수의 화학적 조성이 일치해야 한다. 생물의 생화학적 기능은 생물의 화학적 조성을 결정한다. 물론 그 농도는 고정된 값이 아니라 일정한 범위를 가진다. 이 원리는 생태계를 통한 질량의 흐름은 생화학적인 화학양론에 반드시 일치해야 한다는 것을 의미한다. 레드필드(Redfield)비(4장 참조)를 인정할 경우 생태계를 통한 영양염의 흐름은 일반적으로 평균 41 : 7 : 1의 비를 나타낸다. 습지식물이 10g의 인을 흡수했다면 410g의 탄소가 고정된다는 것을 예상할 수 있다. 만약 그렇지 않을 경우 과잉의 영양염은 주변 생태계로 유출되어 그곳의 자연적인 균형과 작용에 영향을 미친다. 관리가 잘 되고 있는 덴마크의 농장을 조사해보면 농장의 전 과정에 대한 물질수지분석을 통해 오염을 줄이고 자원을 절약하는 것이 가능함을 알 수 있다. 이러한 연구결과는 오염물질의 배출농도를 감소시킬 뿐만 아니라 비용절감까지도 수반한다.

호수와 연안역의 부영양화를 억제하기 위해 시행된 여러 가지 복원사업에서 원리 4를 적용해왔다. 호수와 연안역의 부영양화 현상을 제한 영양소에 착안해 생태학적 해결방안을 설계하는 것은 적절한 접근법이다. 내수면 호소의 경우 일반적으로 인 성분이 제한요소인 반면 연안역의 부영양화는 주로 질소 성분을 고려한다. 상황에 알맞게 복원방법을 선택하면 제한 영양소를 더 많이 줄일 수 있게 되어 최적의 결과를 얻는다.

마찬가지로 생태계가 복원될 경우 복원된 자원에 대해 중점적으로 고려하는 것이 중요하다. 광산이 복원될 경우, 복원에 이용된 번식식물을 어떻게 이용할 것인지가 가장 중요한 제한요소가 될 것이다. 습지가 복원될 경우에는 가장 중요한 제한요소는 적절한 수문학적 조건이 된다.

원리 5. 생태계는 어느 정도 항상성 능력을 가지고 있기 때문에 아주 다양한 외부의 변화에 대해 완충작용을 한다.

항상성 능력은 한계가 있기 때문에 이를 초과하면 시스템이 붕괴된다. 생물학에는 여러 가지 항상성 기능이 알려져 있다. 예를 들면 혈액의 pH 유지와 온혈동물의 체온 유지 등이 이에 해당한다. 항상성 능력은 생태학적 완충능력의 개념으로 표현된다. 항상성 능력이 제한되면 완충능력 역시 제한된다. 환경관리를 하는데 완충능력을 알아서 대처하는 것은 아주 중요한 일이며 그렇지 않을 경우 생태계는 급격한 변화를 통해 붕괴될 수도 있다.

원리 6. 물질의 재순환경로를 생태계의 반응속도에 조화롭게 맞추면 오염효과를 줄일 수 있다.

원리 6은 원리 2와 밀접한 관계가 있다. 토양개량제로 하수오니를 사용하는 경우를 살펴보면 원리 6을 명확하게 알 수 있다. 영양염이 농업에 재순환되는 속도는 하수오니의 사용 정도에 따라 결정된다. 하수오니가 육상식물에 의해 이용될 수 있는 속도보다 빨리 공급되면 영양염의 초과로 인해 농경지 주변의 하천, 호소는 물론 지하수를 오염시킨다. 그러나 질산화와 탈질반응에 대한 온도의 영향, 토양의 수리학적 전도도, 토지의 경사도, 식물의 성장속도 등 모든 것이 퇴비 살포 계획에 잘 고려될 경우 영양염이 유실되는 정도는 아주 적거나 주변 환경이 수용할 수 있는 수준을 유지할 것이다. 하수슬러지 퇴비화 계획을 수립할 때 생태계 모델을 이용하면 이러한 결과를 얻을 수 있다.

　농업생태계에서 재순환되는 원소의 종류는 자연에서 일어나는 것에 비하면 훨씬 적다. 지난 수십 년 동안 낙농업은 대부분이 식물생산과 분리되어 이루어졌다. 이러한 낙농업 방식은 원소의 내부순환을 더욱 어렵게 할 뿐만 아니라 내부순환에 대한 경제적 가치도 인정받지 못하여 사람의 주목을 받지 못했다. 인간은 비교적 값싸고 사용하기 편한 화학비료가 유실되는 것을 당연한 것으로 받아들이고 계속적으로 비료사용을 증가시켜 비료유실을 보충하는 악순환을 반복했다.

원리 7. 가능한 모든 곳에서 펄스현상이 나타나는 시스템이 되도록 설계하라.

매일 똑같은 생태계는 거의 없다. 대부분의 생태계는 기후가 변화하는 계절변동, 계절이나 연도에 따른 건기와 우기, 홍수기와 갈수기, 심지어는 인간이 발생시키는 계절적인 교란까지도 겪는다. 최소한 자연에서 발생되는 펄스현상만으로도 생태계는 펄스현상에 의한 안정성과 자연의 펄스현상체계(H. T Odum, 1982; W. E. Odum et al., 1995; E. P. Odum, 2000)라는 원리를 가지고 있다. 연안습지는 매일 두 번의 조석간만 차이를 겪지만 여전히 생산적일 뿐만 아니라 안정적이다. 저지대 삼림은 계절에 따라 침수되기도 하지만 여전히 주변 지역에 비해 보다 더 생산적이다. 펄스현상의 특성을 가진 생태계는 상대적으로 일정한 특성을 가진 생태계보다 훨씬 생산적이고 생물학적 활성도 크며 화학적 순환도 활발한 경우가 있다.

브라질 카네네이아(Cannaneia) 하구에 적용한 생태공학 사례를 보면 펄스현상의 효과에 대해 잘 이해할 수 있을 뿐만 아니라 생태공학적으로 이를 이용하는 것이 어떻게 가능한지를 보여준다. 하구를 따라 자리잡고 있는 섬 주변의 해변과 인근의 연안역은 생산력이 아주 높은 홍수림 습지로 이루어져 있고 전체 하구는 어류와 갑각류의 중요한 산란장 역할을 한다. 근처에는 생산력이 높은 농지가 위치하고 있어 상류의 범람을 방지하기 위해 수로가 조성되었다. 이로 인하여 상류의 농민과 하구의 어민들 간에 분쟁이 야기되었다. 왜냐하면, 상류의 농민들은 범람 방지를 위해 수로가 항상 개방되기를 바라고 하구 어민들은 하구의 염분 감소를 막기 위하여 수로가 폐쇄되기를 원하기 때문이다. 특히 하구의 홍수림 습지는 적절한 염분 농도가 아주 중요하기 때문에 수로의 상시 개방은 심각한 염분 감소를 초래한다.

하구는 조석에 노출되어 최소한의 염분 농도를 보유하면서 양호한 수질을 유지하게 되었다. 분쟁의 해결은 조석이라는 펄스현상의 효과를 이용하는 생태공학적 접근법으로 가능할 수 있었다. 수로에 수문을 건설해 가장 적절한 시기에 담수를 내보낼 수 있게 되었고 담수를 가능한 빨리 바다로 내보내는데 조석이 이용되었다. 조석이 하구로 유입될 때는 수문을 폐쇄하여 염해를 피할 수 있었다. 조석의 펄스현상은 필요할 때마다 선택적으로 여과됨으로써 최적의 상태로 관리를 할 수 있게 되었다.

원리 8. 생태계는 자기설계시스템이다.

자연의 자기설계능력을 이용하면 할수록 시스템을 유지하는데 필요한 에너지 비용이 적게 든다. 대부분의 공학기술과 경관관리는 자연의 자기설계 작용에 역행하는 경우가 많다. 전통적으로 공학자는 인공건축물을 설계하기 때문에 "자연이 할 수 있는 것은 아무것도 없다"라고 생각한다. 그러나 농지의 경우 살충제를 사용하지 않고 자연의 법칙에 따르도록 버려두면 생물다양성이 훨씬 높아진다.

자기설계라 함은 생태계 수준에서의 적응을 뜻한다. 생태계에서 생물종의 특징은 일반적으로 생물을 지배하는 환경에 따라 변화된다. 이러한 변화는 다음 세대를 위해 지배 환경에 가장 적합한 우점적 특성을 상속하거나 서로 다른 내성으로 인해 생물종의 전체적 또는 부분적인 교체 형태로 나타난다. 주변의 기회종들이 새로운 돌발환경에 보다 적응할 수 있는 특성조합을 가지고 있을 경우 이들 종으로 인계된다. 생태계의 자기조직화 특성은 주변 환경이 변할 때 생태계의 종조성이 그에 따라 순응하는 변화로 이해할 수 있으며 환경변화가 인간 활동의 결과일 경우도 마찬가지다.

자기설계시스템은 격렬한 변화나 심지어 무질서한 혼돈이 발생하기 전에 미리 정교하게 조절할 수 있는 수단을 제공하지만 현대농업과 같이 인위적으로 집중 관리되는 시스템은 살충제를 사용해 화학적으로 병충해 조절을 시도한다. 이러한 정교하지 못한 인위적인 방법은 예상보다 훨씬 큰 해를 초래한다. 예를 들면 해충을 먹는 포식자가 해충보다 더 많이 살충제에 영향을 받는 경우이다. 분명한 결론은 역할을 잘하고 있는 자연의 조절작용을 훼손하지 않는 것이며 다시 말해 생태계 내의 자연현상을 유지하는 것이다.

수서생태계에서 자기설계원리를 적용한 예로서 호수를 복원하기 위해 인공습지를 조성하는 경우를 들 수 있다. 유입되는 하천의 영양염의 일부분을 제거하기 위해 습지를 설치하면 호수는 스스로 자기설계를 해 부영양화의 정도를 감소시킬 수 있다. 인공습지 역시 자기설계를 계속하게 될 것이다. 인공습지를 인위적으로 관리하지 않아도 되도록 생태적으로 설계되었다면 생물종 다양성(복잡성)과 영양염 제거효율이 점차적으로 증가할 것이다.

원리 9. 생태계의 과정은 환경관리를 할 때 반드시 고려할 시간과 공간의 특징적인 크기를 가지고 있다. 환경관리를 할 때는 생물 다양성 유지를 위해 일정한 공간 분포의 특성이 가지는 역할을 반드시 고려해야 한다. 원리 9를 위배할 정도로 습지의 배수와 벌목을 대규모로 할 경우 결국 사막화를 초래한다. 습지와 숲은 토양의 습도를 높게 유지해주고 강수량의 유출을 조절한다. 식물이 제거되면 토양은 태양광에 직접 노출되고 건조하게 되어 유기물의 산화를 촉진한다. 과도한 농경지 개발은 야생 동식물이 생태학적 적소를 찾아가는 것을 방해한다. 이들 생태학적 적소는 농경지와 다소 보존된 자연녹지가 반복되어 분포하는 형식에 있어 중요한 요소이다.

이러한 문제를 해결하기 위한 방안에는 자연경관의 생태통로로서 또는 농업과 다른 생태계 사이의 생태천이 지대로서 관개수로와 수로의 양안에 관목을 조성하는 방법이 있다. 휴경지는 자연녹지 분포에 기여하는 형태로 계획되어야 한다. 조석을 이용해 담수를 바다로 가능한 빨리 이동시키는 원리 7의 사례 또한 생태공학의 적절한 시간과 공간을 이용하는 원리를 설명하는데 이용할 수 있다.

원리 10. 생태계의 자기설계능력을 유지시키는 데는 생물종 다양성이 가장 중요하다.

화학적 다양성과 생물학적 다양성은 생태계의 완충능력과 자기설계능력을 좌우한다. 그래서 다양한 영역의 완충 효과는 인위적인 오염의 영향에 대처하는데 이용된다. 생물다양성은 완충능력에 중요한 역할을 하며 생태계가 자기설계능력을 이용해 다양한 범위의 발생 가능한 혼란에 대한 시스템의 대처도 중요한 역할을 한다.

외부변수와 상태변수의 어떤 조합에도 대처할 수 있는 매우 다양한 완충능력에 대한 예를 들 수 있다. 혼작을 하는 농장의 경우는 생산력이 높을 뿐만 아니라 초식곤충에 의한 공격과 같은 교란에 대해 영향을 적게 받는다. 다양한 식물종으로 복원된 광산지역은 질병에 보다 잘 대처할 수 있다. 다양한 종으로 식종된 습지는 예상치 못한 몇 종을 우점종으로 선택할 수도 있다. 먹이연쇄조절을 통해 호수를 복원하는 경우는 일반적으로 생물다양성과 어느 정도의 완충효과를 증가시키게 된다.

원리 11. 생태계 추이대는 세포막처럼 중요하다.

생태공학은 추이대의 중요성을 고려해야 한다. 자연은 서로 다른 생태계 사이에 유연한 천이를 위해 생태계 추이대를 형성한다. 생태계 추이대는 주변 생태계로부터 바람직스럽지 못한 변화를 흡수할 수 있는 완충지대로 고려될 수 있다. 인류는 농지나 주거지와 같은 인공생태계와 자연생태계 사이의 경계를 설계할 때 자연생태계로부터 이러한 개념을 배우고 이용해야 한다. 예를 들면, 연안지역의 환경관리를 위해 대두되는 주요 쟁점 중의 하나가 강 하류의 습지와 하천변의 숲을 이용하여 농경지로부터 유출되는 질산염을 흡수하게 하는 것이다(Mitch et al., 2001).

일부 국가에서는 인간 거주지와 호안 또는 해양생태계 사이에 완충지대를 설치하도록 하고 있다(덴마크에서는 50m이며, 경작지와 하천 또는 호수 사이에서도 적용하고 있다). 호수관리에 있어 수변지역을 보호하는 것도 이러한 역할에 대한 좋은 예이다. 고밀도의 대형식물로 이루어진 건강한 수변지역은 오염물질이 호수에 도달하기 전에 오염물질을 흡수하게 된다. 마치 세포막이 세포를 위해서 있는 것처럼 수변지역은 호수를 위해 존재한다.

원리 12. 주변 생태계와의 연결관계가 항상 이용되어야 한다.

생태계는 분리, 독립될 수 없다. 생태계를 유지하기 위해서는 에너지의 유입이 필요하기 때문에 반드시 개방시스템이어야 한다. 농업시스템과 자연시스템의 연결관계를 보면 농경지로부터 자연으로 살충제와 영양염이 전달된다. 그러므로 농업시스템에서 살충제와 영양염의 이동과정을 고려한 적절한 시비계획을 수행함으로써 살충제와 농약이 거의 완전히 이용될 수 있도록 하는 대책이 강구되어야 한다.

생태계의 관리는 모든 생태계가 분리된 세부 시스템이 아니라 상호 연결되어 있는 시스템으로서 항상 고려되어야 한다. 이러한 개념은 해당 지역뿐만 아니라 주변 지역을 포함해 지구적인 효과까지 고려되어야 함을 의미한다.

원리 13. 생태계의 각 구성요소는 서로 연결되어 상호작용하여 연결망을 형성하므로 생태계를 개발할 때는 직접효과뿐만 아니라 간접효과까지도 고려해야 한다.

생태계는 모든 것이 서로 연결되어 있는 통합체이다. 그러므로 생태계의 구성요소에 대한 적은 영향도 해당 생태계의 모든 구성요소에 대해 직·간접적으로 영향을 미치게 되어 있다(즉, 전체 생태계가 변화될 것이다). 어떤 경우에는 간접효과가 직접효과보다 더 중요한 경우가 나타날 수도 있다(Patten, 1991). 생태기술은 간접효과도 반드시 고려해야 한다. 직접효과만 고려한 관리는 때로는 실패할 수도 있다. 초식곤충에 대한 살충제 사용이 육식 곤충에도 뚜렷한 영향을 미쳐 오히려 초식곤충이 증가하는 반대의 결과를 초래한 예가 많다.

도시하수와 농업배수를 정화하기 위해 습지를 조성하면 비버나 거위 그리고 다른 동물이 모여든다. 그러나 습지 주변에 수로를 만들어 배수를 하게 되면 비버에게 해가 되고 수변구역에 식생이 없으면 거위가 이상 증식하게 된다.

수서생태계에서 독성물질을 저감시키기 위해 생태기술을 적용할 경우 원리 13이 반드시 고려되어야 한다. 먹이연쇄를 통해 독성물질이 생물에게 농축되는 것은 생태계 구성요소 간의 상호연결성에 대한 결과이다. 사람이 소비하는 어류에 독성물질이 높은 농도로 생물농축되는 것을 방지하기 위해서는 수서생태계에서 독성물질의 기준 농도를 훨씬 낮게 설정하는 것이 필요하다.

원리 14. 생태계는 각각 발전해온 고유의 역사를 가지고 있다.

자연이 생태계에게 수백만년 동안 부과한 문제를 해결하기 위하여 생태계의 구성요소들이 지속적으로 선택되어 왔다. 미숙한 생태계에 비하여 성숙한 생태계가 높은 다양성을 가지는 것은 이 원리의 또 하나의 중요한 특징이다. 따라서 생태공학을 적용할 때 성숙한 생태계의 구조를 반드시 참고해야 한다. 긴 역사를 가진 생태계는 짧은 역사를 가진 것에 비해 자신의 자연환경에서 나오는 배출물질을 보다 잘 처리할 수 있다. 달리 말하자면 생태계는 하룻밤에 이루어진 것이 아니라는 것을 이해해야 한다. 홍수림 습지나 광산의 산림복원 지대를 즉석에서 조성하게 되면 금방 실망하게 된다. 생태계는 발전하는데 시간이 걸린다. 미국에서는 경험적으로 습지의 조성과 복원이 5년 안에 성공적으로 작동해야 한다고 하지만 대부분의 경우 생태적으로 건전한 관행은 아니다(NRC, 2001). 때로는 수십년이 걸리기도 한다.

원리 15. 생태계와 생물종은 지리학적 경계에서 가장 취약하다.

생태계의 조성과 복원을 시도할 경우 생물종의 환경적 내성이 양극단보다 중간 범위에 존재한다면 조성과 복원된 시스템은 완충능력이 증가된다. 그러므로 생태계를 다룰 때는 이 원리에 따라 포함시키는 생물종의 선택에 신중을 기해야 한다. 생태학적으로 건전한 계획은 이 원리를 적용해야 하며 지리학적 경계에 있는 생물종의 사용을 피하게 될 것이다. 물론 이 법칙은 육상과 수서생태계 모두에 중요하다.

원리 16. 생태계는 계층구조적 시스템이며 보다 큰 자연환경의 일부분이다.

관목숲, 습지, 연안, 추이대, 생태학적 지위 등과 같은 자연생태계의 다양성을 유지하는 것은 중요하다. 다양성을 구성하고 있는 모든 요소는 전체 자연생태계의 건강에 기여한다. 여러 가지 작물을 혼작하는 복합농업은 단일작물을 집중적으로 재배하는 산업화된 농업보다는 이 원리를 쉽게 따른다. 왜냐하면 계층구조를 만드는데 사용할 수 있는 요소가 보다 많이 있기 때문이다. 수서생태계에는 수심이 얕은 연안역, 저층역, 표층혼합층, 심수층을 포함하는 다양한 서식처가 서로 다른 생지화학적 역할과 먹이사슬의 역할을 가지고 있다. 이들 서식처는 산소, pH, 영양염, 수온의 관점에서 알맞은 환경을 만들어 각각의 서식처에 적합한 다양한 생물(계층구조에서 다음 하위 단계)을 유지시킨다.

원리 17. 물리적 과정과 생물학적 과정이 상호작용한다. 물리적이고 생물학적인 상호작용을 이해하고 적절히 해석하는 것은 중요하다.

이 원리는 생태수문학(Zalewski et al., 1997)에서 유래되었으며 새로운 적용가능한 법칙을 만드는데 수문학적 과정과 생물동역학이 통합되었다. 질레위스키(Zalewski)와 웨이건(Wagen, 2000)은 이 원리를 사용하는 실례를 설명했다. 어류 산란기에 수위를 조절해 치어의 과잉밀도를 효과적으로 줄일 수 있기 때문에 식물성 플랑크톤을 여과할 수 있는 동물성 플랑크톤을 높은 농도로 유지할 수 있다. 초여름에 $1m^2$당 5개체 이하의 유어 밀도로 낮춤으로써 동물성 플랑크톤의 농도는 12~16mg/L로 안정화 되었다. 이 농도의 동물성 플랑크톤은 조류를 80%까지 줄일 수 있기 때문에 독성조류의 대번식을 충분히 피할 수 있다.

앞에서 언급한 바와 같이 조석을 적절히 이용해 담수를 외해로 빨리 수송하는 예는 이 원리를 응용하는 또 하나의 예이다. 습지와 하천 홍수터의 생물다양성을 증가시키기 위해 배수방식을 조절하는 방법 또한 시도되었다. 식생수로의 유속은 대형 식물의 성장 조건에 영향을 미치고 침수식물은 다시 유속, 난류, 마찰력과 같은 흐름의 특성에 영향을 미친다. 자연시스템은 수문학적 변화나 생태계의 구조에 대한 변화를 수동적으로 받아들이지는 않는다.

미치(Mitsch)와 고센링크(Gosselink, 2000)는 습지시스템과 습지의 수문학적 조건을 조절하는 악어, 비버, 오리, 사양뒤쥐 등 각양각색의 생물들을 설명했다. 일부 생태학자들이 이들과 같은 환경조절 생물을 생태기술자라고 불렀던 것은 재미있는 일이다(Jones et al., 1994, 1997 ; Alper, 1998). 하지만 이들 학자는 생태공학(여기서는 인간이 생태계에 영향을 미친다) 분야가 이 시기에 발전하고 있다는 사실을 전혀 모르고 있었다.

원리 18. 생태기술은 상호작용하는 모든 부분과 과정을 가능한 통합하는 시스템적 접근법을 필요로 한다.

이 원리는 생태계에 대한 전체론적 관점을 고수한다. 시스템은 부분 이상이며 생태계는 독립적인 특징을 가지고 있다. 생태기술을 적절히 이용하기 위해서는 생태계에 대한 전체론적 관점이 요구된다. 대부분의 경우 모든 가능한 환경관리 대책에 대한 충분한 전체상을 얻는데는 생태계 모델의 개발이 필수적이다. 이 원리는 잘레위스키(Zalewski, 2000b)에 의해 정립된 생태수문학 개념의 한 부분이다. 생태수문학에서는 모든 생태계의 특성을 이용해 전체적이고 통합된 접근법의 사용이 강조되고 있다.

듀뷰나크(Dubnyak)와 팀첸코(Timchenko, 2000)는 호소에서 산소농도와 조류의 천이가 호수의 수리동역학 과정과 계절적인 기후변화에 의해 변하는 것을 보여주었다. 그러므로 수리동역학과 생태과정의 동역학 사이의 상호작용을 이용해 수질을 시간의 함수로 최적화 하는 것이 가능하다.

원리 19. 생태계의 정보는 생태계 구성 조직 내에 저장된다.

구성 조직은 엔트로피를 감소시키기 위해 이용된 에너지 유입의 결과이다. 이러한 구성 조직은 생물뿐만 아니라 자연경관의 물리적 구조도 포함한다. 크기는 구성 조직의 중요한 특성 중의 하나이다. 생물의 크기는 생명의 주요한 많은 특징을 결정한다. 이들 특징에는 성장속도, 운동속도, 서식공간의 범위 등이 해당된다. 생물을 둘러싸고 있는 구성 조직은 생물의 필요를 만족시킬 수 있는 최소한의 크기를 확보하여야 한다.

제2부
생태공학의 적용

생태공학과 생태계 복원

제6장
호소복원

6장에서 설명하는 대부분의 복원방법은 호소의 부영양화를 감소시키는데 적용된 방법이다. 부영양이라는 단어의 의미는 일반적으로 "영양염이 풍부하다"는 뜻이다. 나우맨(Naumann)은 1919년에 빈영양과 부영양의 개념을 소개했다. 빈영양호는 플랑크톤을 적게 함유하며 부영양호는 많은 플랑크톤을 함유하는 호수로 구분했다. 유럽과 북아메리카의 호수는 지난 10년 동안 도시화와 인구 1인당 영양염 발생부하의 증가로 부영양화가 급속히 진행되었다.

이번 세기 동안 화학비료의 생산은 기하급수적으로 증가했고 많은 호수의 인산농도는 이러한 증가를 반영한다. 부영양화라는 용어는 주로 질소와 인과 같은 영양염이 인위적으로 물에 유입된다는 의미로 널리 사용되고 있다. 항상 그렇지는 않지만 부영양화는 일반적으로 바람직하지 못한 것으로 여겨진다.

6.1 호소의 영양상태

부영양화된 호소의 녹색은 탁도를 증가시키기 때문에 안전한 수영이나 보트타기를 방해한다. 특히 심미적인 관점에서 엽록소(chlorophyll)의 농도는 $100mg/m^3$를 초과해서는 안 된다. 그러나 생태학적 관점에서 볼 때 가장 치명적인 영향은 조류사체의 분해로 야기되는 수온약층 아래의 저층에서의 산소 감소이다. 부영양호는 하계 동안 표층에서

그림 6-1 연간 2회의 전도현상이 일어나는 호수의 여름철 성층현상. 표층, 저층, 호안지대가 나타나 있다. 수심이 깊은 온대지방의 호수에서 하계에 발생되는 대표적인 상황으로서 수심에 대한 수온과 산소의 변화를 나타낸다.

는 산소농도가 높게 나타날 수도 있지만 저층에서는 낮은 농도의 산소로 말미암아 어류가 폐사할 수도 있다([그림 6-1] 참조). 이와 반대로 유료 낚시터로 이용되는 얕은 연못의 경우 영양염의 증가는 조류가 어류군락의 직·간접적인 먹이를 생성하기 때문에 이익이 될 수도 있다.

담수식물이 성장하기 위해서는 대개 16~20가지 필수원소가 있어야 한다([표 6-1] 참조). 4 장에서 설명한 것처럼 일반적으로 필수요소 중의 한 원소가 생태계에서 상대적으로 필요한 제한요소가 된다. 호소의 경우 부영양화에 관한 최근의 관심사는 인과 질소의 급격한 증가에 관한 것이다. 정상적인 상태에서 인과 질소는 상대적으로 낮은 농도로 나타난다. 두 원소 중에서 인이 호수의 부영양화에 대한 주요소로 여겨진다. 왜냐하면 이전까지 대부분의 호수에서 인이 조류의 성장 제한 요소였으나, 지난 수십년간 인의 사용량이 급증했기 때문이다. 제한요소로서 인의 중요성이 [그림 6-2]에 나타나 있다. 여러 호수를 대상으로 인의 농도에 대해 조류의 최대농도를 μg Chlorophyll a/L 단위로 표현해 상관그래프로 나타냈으며 그 상관성을 분명하게 보여준다.

표 6-1 담수식물의 습중량에 대한 평균조성

원 소	식물함량(%)	원 소	식물함량(%)
Oxygen	80.5	Chlorine	0.06
Hydrogen	9.7	Sodium	0.04
Carbon	6.5	Iron	0.02
Silicon	1.3	Boron	0.001
Nitrogen	0.7	Manganese	0.0007
Calcium	0.4	Zinc	0.0003
Potassium	0.3	Copper	0.0001
Phosphorus	0.08	Molybdenum	0.00005
Magnesium	0.07	Cobalt	0.000002
Sulfur	0.06		

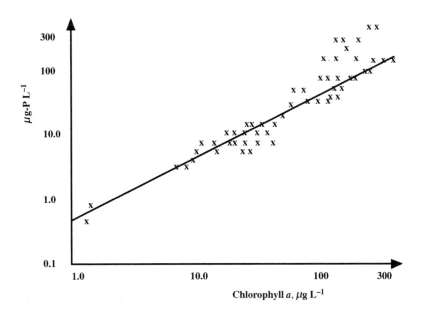

그림 6-2 영국과 덴마크의 15개 호수에 있어 하계조류의 최대 생체량과 인산인 농도와의 상관관계

동아프리카의 많은 호수는 과거의 집중적인 침식으로 인해 토양의 질소가 고갈되었기 때문에 질소가 제한요소이다. 최근에는 질소보다는 상대적으로 인을 많이 함유하고 있고 폐수의 배출로 인해 인의 농도가 급격히 증가됨에 따라 질소가 호수의 조류성장에 제한이 될 수 있다. 조류는 인에 비해 질소를 4~10배 많이 이용하는 반면 폐수는 통상적으로 인에 비해 질소를 단지 3배 정도만 함유한다. 더우기 질소는 인보다도 적은 양으로 호수에 축적되며 상당한 양이 탈질작용(질산이 질소기체로)에 의해 대기로 방출된다.

주요 원소들은 모든 물질순환 과정에 관계한다. 물질순환 과정에는 부영양화를 결정하는 과정이 포함된다. 식물플랑크톤의 성장이 부영양화의 가장 중요한 과정이며 식물플랑크톤 성장을 조절할 수 있는 상호작용을 이해하는 것이 가장 중요하다. 이를 위해 전체 순환과정을 고려하는 것이 요구된다. 호수의 질소와 인 원소에 대한 순환이 [그림 4-3]에 설명되어 있다. 호수의 질소와 인 순환에는 각각 22개와 19개의 과정이 상호작용하고 있음을 알 수 있다.

● 부영양화 과정

부영양화 현상은 다음과 같이 단계적으로 진행된다. 빈영양 수괴는 대개 N/P비가 10 또는 그 이상을 가지며 이는 식물성 플랑크톤이 필요로 하는 것에 비해 질소보다 인이 부족함을 의미한다. 하수가 호소로 유입되면 N/P비는 감소한다. 도시하수의 N/P비는 3 : 1이므로 식물성 플랑크톤이 필요로 하는 양에 비해 질소가 인보다 적게 될 것이다.

도시하수는 일반적으로 30mg-N/L와 10mg-P/L의 조성을 한다. 이러한 상황에서 과도한 조류의 성장을 억제하기 위한 최선의 방법으로서 하수 중의 질소를 제거하는 것이 꼭 필수적인 것은 아니다. 왜냐하면 상대적으로 질소가 부족하면 물질수지에 의해 질소를 고정하는 조류가 질소를 호수로 방출하는 것과 같은 억제할 수 없는 현상이 나타날 수도 있기 때문이다.

부영양화된 호소의 해결 방안을 결정할 때는 먼저 영양염에 대한 물질수지를 확립해야 한다. 물질수지를 알면 어떤 때는 하수 중의 질소 제거를 통한 효과보다도 질소를 고정하는 남조류와 강수현상 그리고 지류로부터의 유입 등이 이미 물질수지에 훨씬 많은 기여를 하고 있음을 알 수 있다. 반면 인은 가끔은 95% 이상이 될 정도로 대부분이 하수로부터 유입되기 때문에 물질수지에 따라 하수에서 질소보다는 인을 제거하는 것이 보다 좋은 관리 방안임을 알 수 있다. 따라서 어느 영양염이 제한되는가보다는 어느 영양염이 가장 쉽게 조류의 성장을 제한하느냐가 중요하다.

호수는 기초생산력에 따라 빈영양, 중영양, 부영양 순서로 분류된다. 빈영양호는 일반적으로 수심이 깊고 표층보다는 저층이 대부분을 차지한다. 호안의 식물은 거의 없고 생물종의 수는 많을 수도 있지만 부유생물의 밀도는 낮다. 생산력이 낮기 때문에 저층의 산소 고갈은 일어나지 않는다. 영양염의 농도는 낮고 부유생물의 대량 증식은 거의 발생하지 않기 때문에 투명도가 높다. 생산력과 투명도 사이의 대체적인 상관관계가 [그림 6-3]에 나타나 있다. 여기서는 투명도(m단위)와 최대생산력(g-C/m^3/day)과의 관계를 보여준다. 투명도는 식물성 플랑크톤의 생산력뿐만 아니라 무기현탁물질(니질)과 물의 색깔(휴믹산이 풍부한 호수는 갈색을 띠기도 한다)에 의해 달라지기 때문에 이런 상관관계는 항상 적용될 수 있는 것은 아니지만 대부분의 호수에서 투명도는 주로 식물성 부유생물에 의해 좌우된다. 부영양 호는 일반적으로 수심이 비교적 얕고, 식물성 부유생물의 농도가 높기 때문에 대개 투명도가 상대적으로 낮다. 호안의 식물이 풍부하며 여름과 봄에 특징적으로 조류의 대량 번식이 발생한다.

빈영양호와 부영양호 사이의 또 다른 특징적인 차이는 수심에 대한 광합성 변화의 종단면도에서 나타난다. 부영양호([그림 6-4]의 3번선)는 표층에서 수심 0~1m 범위에서 대부분의 광합성이 일어나지만 빈영양호의 경우 광합성은 적게 하지만 전체 수심에 골

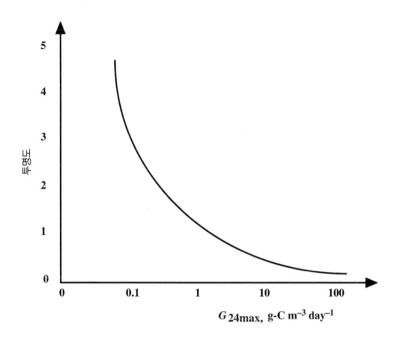

그림 6–3 수층에서 탄소의 생산성에 대한 함수로서 호수의 투명도

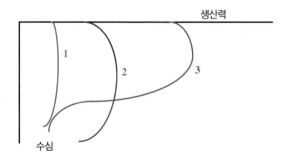

그림 6–4 호수의 영양상태별 수심에 따른 식물성 플랑크톤의 단위체적당 생산력 : (1) 빈영양 (2) 중영양 (3) 부영양

고루 분포되어 일어난다. 중영양호의 경우는 양극단의 중간 정도에 위치한다.

⊗ 부영양화 모델링

부영양화 모델링을 고려하는 것은 부영양화 과정이 영양염 감소를 통해 가장 쉽게 조절될 수 있음을 의미한다. 이러한 목적으로 여러 가지 과정을 고려하는 수많은 부영양화 모델이 개발 되었다(Jørgensen,1976, 1981, 1992; Orlob, 1981; Jørgensen and Bendoricchio, 2001).

　호수의 영양염 제한에 대해 평가할 수 있는 가장 간단한 모델 중의 하나가 *볼랜바이더*

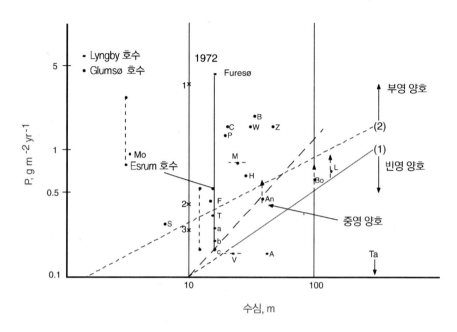

그림 6-5 세계의 여러 호수에 대해 인의 유입과 수심에 대한 볼랜바이더 도표. a, b, c는1972년의 Glumsø 호수 (Jørgensen et al., 1973), Lyngby 호수, Esrum 호수의 부하량에 대해 각각 90, 95, 99%의 인의 유입부하량을 줄인 것에 해당한다. A, Aegerisee; An, Lac Annecy; B, Baldeggersee; Bo, Bodensee; F, Furesoe (1954); G, Greifensee; H, Halwillersee; L, Lac Leman; M, Lake Mendota; Mo, Lake Moses; P, Päffikersee; T, Türlersee; Ta, Lake Tahoe; V, Vänern; Lake Washington; Z, Zürichesee.

도표(*Vollenweider plot*, Vollenweider, 1969)이며 이 모델은 동역학적 생태계 모델에 비해 사용하기가 훨씬 간단하다. 하지만 이 모델은 식물성 부유생물군집의 동역학, 연간변동, 바닥저질, 저질과 수체와의 상호작용 등에 대한 고려를 할 수 없다. 따라서 현재 상태에서 적용가능한 제어기작에 대해 개략적인 그림만을 제공할 뿐이다.

*볼랜바이더 도표*는 [그림 6-5]에 나타나 있으며 인의 부하(g/m²/yr)와 수심과의 관계를 나타냈다. 다이아그램은 빈영양, 중영양, 부영양 호수에 해당되는 3개의 영역으로 구성되어 있다.

질소에 대해서도 같은 도표를 만들 수 있다. 인보다도 질소부하량을 줄이는 것이 보다 좋은 관리 방안인지를 인과 질소 2개의 다이어그램을 비교하면 개략적으로 알 수 있다. 이후에 *볼랜바이더*(1975)는 유입, 유출, 침강에 의한 순손실 등을 고려하고 성층이 이루어진 호수의 경우 보정인자를 이용해 이러한 문제를 개선했다. 그러나 이러한 개선이 필요한 경우에는 동력학적인 생태계 모델을 이용하는 것이 차라리 나을 수 있다. *볼렌바이더 도표*는 초기 단계의 개략적인 접근으로서 이용되어야 한다.

6.2 복원기술

복원을 위한 가장 중요한 방법이 아래에 수록되어 있으며 각각의 적용방법에 대한 간단한 설명, 장점, 단점 등이 소개되어 있다. 여기에는 적용가능한 모든 방법이 나열되어 있으나 서로 비교하면 일부 방법은 다른 방법에 비해 보다 생태적이고 지속가능한 방법임을 명백히 구분할 수 있다.

◉ 폐수의 유로변경

호소를 복원하기 위해 유입되는 폐수의 유로를 변경해 배제시키는 방법이 널리 이용되어 왔으며 때로는 폐수처리를 대신하기도 했다. 현재 사용되고 있는 처리방법에 비하면 미처리된 폐수를 생태계에 방류하는 것은 허용되기 어렵지만 모든 상황을 고려할 때 나름대로의 건전한 원리를 가지고 있다.

그러나 모든 중요성을 정량화해 고려하는 것은 생략되기 쉽다. 폐수의 유로변경은 처리과정의 여러 단계를 줄일 수 있지만 폐수처리 전체를 대신할 수 없다. 왜냐하면 바다로 방류하더라도 부유물질을 제거하기 위한 최소한의 물리적 처리를 해야 한다. 호수의 부영양화가 가장 큰 문제일 경우 폐수의 유로변경은 긍정적인 효과를 가져오기도 한다. 그러나 폐수 역시 일종의 담수원으로서 고려되어야 한다. 폐수가 해양에 유입되면 다시는 회복될 수 없다. 호수에 저장될 경우 적절한 처리를 하면 여전히 잠재적인 담수원이 된다. 부영양화된 물을 음료수 기준으로 정화하는 것이 해수의 담수화보다 훨씬 경제적이다.

유로변경을 통한 폐수 배제는 다른 수용가능한 수서생태계(호수, 강, 피요르드, 만)로 대량의 유출수를 보낼 수 있을 때만 가능하다. 폐수처리장을 점점 크게 건설하는 것이 일반적인 경향이지만 이는 생태적으로 건전하지 못한 해결책이 될 경우가 많다. 폐수는 여러 단계의 처리를 거치지만 일반 생태계에 비해 여전히 많은 양의 오염물질을 함유한다. 또한 한 지점에서 방류되는 양이 많을수록 환경영향은 더 커진다.

폐수를 처리하는 전체 비용의 측면에서 볼 때 하수관망의 비용이 크다면 여러 개의 소규모 처리장으로 개별 방류구를 가지는 편이 더 바람직하고 경제적인 해결책이 될 수도 있다. 유로변경을 통한 폐수 배제는 건전한 생태학적 원리에 기초한 생태공학적 방법으로는 맞지 않지만 수많은 성공적 적용 사례가 육수학 논문에 보고된 바 있다. 유로변경

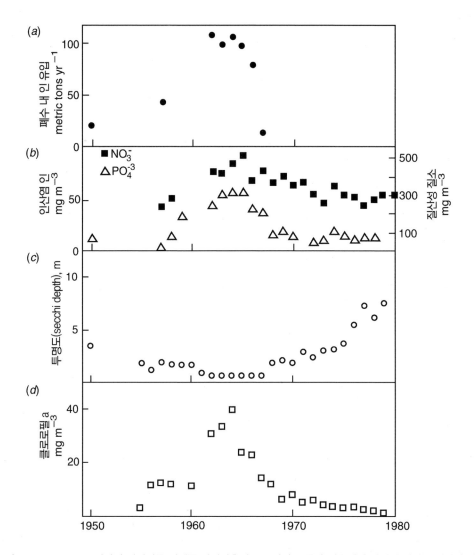

그림 6-6 1950~1980년까지 워싱턴주 시애틀 워싱턴호의 유로변경을 통한 폐수배제 방식에 의한 부영양화 제어. 1963~1968에 걸쳐 하수를 근처의 푸젯해협으로 우회. (a) 폐수 중 인의 유입, (b) 인산과 질산염, (c) 투명도 수심, (d) 7월과 8월 표층 10m에서의 엽록소 a(Edmondsen and Lehman, 1981; Laws, 1993).

을 통한 폐수 배제 방법으로 호수를 복원한 사례로 가장 많이 인용되는 경우는 아마도 워싱턴주 시애틀에 있는 워싱턴 호수의 복원일 것이다.

1960년에 호수에 유입되던 폐수가 푸젯(Puget) 해협으로 유로가 변경되었고 그 결과 워싱턴호는 즉각적인 수질개선이 일어났다([그림 6-6] 참조). 물론 폐수배제와 함께 다른 수원으로부터 영양염 농도가 낮은 물을 유입시킬 수 있다면 호수는 보다 빨리 회복될 수 있다.

● 표층 퇴적물의 제거

퇴적물의 제거는 부영양화가 심한 호수나 독성물질로 오염된 항구와 같은 지역을 복원하는 과정에 이용될 수 있다. 이 방법은 매우 조심스럽게 적용해야 하며 비교적 소규모 생태계에 적용될 수 있다. 퇴적물은 고농도의 영양염과 미량금속과 같은 많은 독성물질을 함유한다. 폐수처리가 계획대로 실행된 이후에도 퇴적물 속의 영양염과 독성물질이 퇴적물과 수체 사이의 교환작용 때문에 생태계의 복원을 방해할 수 있다. 혐기성 상태에서는 이러한 교환작용은 한층 더 가속화된다.

혐기성 상태의 교환작용은 주로 인에 대해 관찰된다. 왜냐하면 인산철은 황화물과 반응해 황화철을 형성하고 인산염을 방출한다. 폐수처리계획이 도입되기 전에는 처리되지 못한 폐수가 유입되었기 때문에 퇴적물 속에 고농도의 오염물질이 축적된 경우도 있다. 이러한 경우는 물의 정체시간이 적당히 조절되더라도 생태계를 회복시키는 데는 여전히 오랜 시간이 걸린다.

표층 퇴적물의 제거는 기계적 방법이나 진공흡입 방식으로 이루어질 수 있다. 그러나 이 방법은 비용이 많이 들기 때문에 비교적 소규모 시스템에 국한해 적용된다. 표층퇴적물을 제거한 사례로 잘 알려진 곳은 스웨덴의 트루머(Trummer) 호수이다. 이곳에서는 40cm의 표층퇴적물이 제거되었다. 호수의 투명도는 상당히 개선되었지만 유역의 강우유출수에 포함된 인산인으로 인해 다시 악화되었다. 표층퇴적물을 제거한 후 강우유출수 등에 대한 처리 등이 적용될 경우 보다 좋은 결과를 얻을 수 있다.

● 대형 수생식물의 제거

대형 수생식물의 제거는 하천에서 널리 적용되고 있으며, 선박에 영향을 미칠 경우 일부 호소에서도 적용되고 있다. 원칙적으로 대형 수생식물이 부영양화에 대한 결과로 초래된 경우에는 어디서든지 이 방법이 이용될 수 있다. 영양염에 대한 물질수지가 반드시 세워져 전체 영양염 유입과 비교해 이 방법의 효과를 평가해야 한다. 모든 경우에 식물의 파편 조각을 수거하는 것이 고려되어야 한다. 이와 동시에 유입폐수의 영양염에 대한 사전 제거 또한 고려되어야 한다.

● 불활성물질을 이용한 퇴적물의 피복

불활성물질로 퇴적물을 피복하는 것은 표층퇴적물을 재기하는 방법에 대한 하나의 대체 방안이다. 이 방법은 퇴적물과 물 사이에 영양염이나 독성물질의 상호교환을 막아주는데서 착안한 것이다. 폴리에틸렌, 폴리프로필렌, 유리섬유스크린이나 점토 등이 퇴적물의 표층을 피복하는데 이용된다. 이 방법은 표층의 퇴적물을 제거하는 방법보다는 비용이 적게 들지만 여전히 고비용으로 인해 일반적으로 적용이 제한되고 있다. 아주 드문 경우에 적용되고 있으며 이 방법에 대한 보다 보편적인 평가는 아직 결여된 상태다.

환경문제 해결을 위해 자연을 이용한다는 생태공학 설계원리에 기초하면 인공합성물질의 이용은 생태학적으로 한계가 있다. 점토는 다소 자연적이기는 하다. 아울러 이러한 접근법은 원인치료보다는 대증요법에 불과하다.

⚙ 호소 저층수의 펌핑

[그림 6-7]은 저층수를 펌핑해 이온교환하는 방법을 설명한다. 이 방법은 호소나 대형 연못에서 표층수가 부영양화 되는 원인을 줄이는데 효과적이며 보다 장기간에 걸쳐 이용될 수 있기 때문에 전반적으로 뚜렷한 효과를 나타낸다. 이 방법의 효과는 표층과 저층에서 영양염의 농도가 얼마나 차이가 나느냐에 따라 달라진다. 호소에서는 뚜렷한 성층이 이루어지면 농도 차이가 발생하는 것이 일반적이다. 반면 이 방법은 성층이 존재하는 기간만 유효하다(대부분의 온대지방 호수의 경우 5월부터 10~11월까지). 그러나 저층수는 표층수에 비해 5배 이상 농도가 높기 때문에 어떤 경우든 이 방법을 적용하면 영양염 수지에 막대한 영향을 미친다.

저층수는 수온이 낮고 산소가 부족하기 때문에 수온약층이 아래로 이동하면 혐기성이 될 수 있는 면적이 줄어든다. 이러한 현상은 퇴적물로부터 영양염이 용출되는데 간접적인 영향을 미친다. 호소 아래에 방류되는 지류가 있을 경우 이 방법만으로는 적용이 불

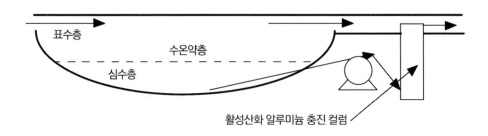

그림 6-7 저층수의 펌핑과 이온교환 방법의 적용. 점선은 수온약층을 가리킨다. 인을 제거하기 위해 저층수는 활성산화알미늄으로 처리된다.

가능하다. 이러한 경우는 하류로 방류되기 전에 저층수로부터 인을 제거해야 한다. 저층수의 인 농도는 폐수와 비교할 때 대개 0.5~1−0mg/L로 저농도이기 때문에 화학적 침전으로 제거하기는 힘들다. 그러나 이온교환방법은 적용가능하다. 왜냐하면 이온교환기의 처리능력은 처리수의 부피보다 제거된 인의 총량과 유입량에 의해 결정되기 때문이다.

주로 호주, 슬로베니아, 스위스의 많은 호수가 이 방법에 의해 상당한 농도의 인을 저감시키면서 복원되었다. 일반적으로 표층에서의 총인농도의 감소는 저층수의 펌핑에 의해 제거된 총인의 양과 이 방법이 사용된 시간에 비례한다. 이 방법은 비교적 비용이 적게 들고 상대적으로 효과적이다. 그러나 하류수계가 있을 경우 방류하기 전에 저층수의 인을 반드시 제거해야 한다.

◉ 인의 응집

호소에 황산알루미늄이나 염화철을 투입해 응집을 촉진시키면 결과적으로 표층수로부터 인을 침전시킬 수 있다. 수산화칼슘의 경우는 폐수의 침전제로서 훌륭하지만 침전효과가 pH에 의존하며 9.5 이상이 되어야 하기 때문에 사용할 수 없다. 일반적으로 이 방법은 다음의 2가지 이유로 추천되지 않고 있다. (1) 모든 응집체(flocs)가 침전되어 퇴적물 속의 인으로 동화된다는 보장이 없고, (2) 다음 단계에서 퇴적물로부터 인이 다시 용출될 수 있기 때문이다.

◉ 물의 강제순환과 폭기

수온약층을 파괴시키기 위해 물을 강제순환시키는 경우가 있다. 수온약층이 파괴되면 혐기성수역이 형성되지 않기 때문에 퇴적물로부터 인의 용출도 예방된다. 호소에 공기를 불어넣는 방법은 혐기성 상태를 예방하는 보다 직접적인 방법이다. 오염이 심각한 강과 하천에도 혐기성 상태를 피하기 위해 공기를 불어 넣는 방법이 이용된 적이 있다. 덴마크의 할드(Hald) 호수에서는 공기 대신 순산소가 이용되었다. 산소가 유입된 이후로 할드호수의 수질은 영구적으로 개선되었다. 그러나 다른 대부분의 경우 그 효과는 그다지 크지 않았으며 저층수의 펌핑과 같은 다른 방법과 마찬가지로 영구적이지도 못했다.

◉ 수문학적 조절

수문학적 조절은 홍수방지를 위해 광범위하게 적용되어 온 방법이다. 최근에는 이 방법을 호소와 습지의 생태계를 변화시킬 수 있는 방법으로도 생각한다. 영양염의 연간 유입량이 같을 경우 호소의 체류시간이 줄어든다면 영양염 농도의 감소로 인해 부영양화가 줄어든다. 댐을 이용해 조절되는 수심의 역할은 보다 복잡하다. 수심의 증가는 부영양화의 감소에 긍정적인 효과를 주지만 동시에 체류시간이 늘어나므로 일반적으로 모델의 사용 없이 전체 효과를 정량화할 수 없다. 습지의 생산성은 수위와 밀접한 관계가 있기 때문에 수문학적 조절을 통해 습지생태계를 효율적으로 관리할 수 있다.

◈ 비료관리

영양염을 고농도로 함유한 물이 호소에 유입되는 자체를 억제하는 것이 부영양화를 예방하는 최선의 정책임은 말할 것도 없다. 농업과 임업의 경우 주위 환경으로 영양염이 유실되는 것을 줄이기 위해 비료를 관리하는 방법이 이용될 수 있다. 식물이 영양염을 이용하는 데는 여러 가지 요인이 작용한다[온도, 토양의 습도, 성분조성, 식물의 성장속도(이는 또한 여러 인자에 의존한다), 영양염의 화학종 등]. 최근에는 컴퓨터를 활용해 앞에서 언급한 모든 요인을 포함하는 모델을 이용할 수 있으며, 가까운 장래에는 컴퓨터에 의해 관련된 모든 정보를 근거로 한 비료사용 계획이 수립될 것이다. 이러한 현상은 생태경제적 관점에서 비료관리의 최적화를 보다 실현가능하게 할 것이다.

남조류의 대량 번식은 상당 부분이 호수의 N : P비에 의해 결정된다. N : P비가 5보다 적으면 적어도 50% 정도의 발생이 남조류 생성에 의한 것이다. 2 이하의 낮은 비에서는 거의 100% 남조류에 의한 대량 번식이 관찰된다. 인의 주 오염원은 대개 폐수이기 때문에 N : P 비는 어느 정도까지 조절이 가능하다. 화학적 침전으로 처리수에 함유된 인의 농도는 1mg/L, 심지어는 0.1mg/L까지 쉽게 감소시킬 수 있다. 남조류의 대량 번식을 방지하기 위해서는 N : P비가 7 이상으로 적당히 유지될 수 있도록 가능한 모든 방법(비료관리, 폐수처리, 기타 다양한 복원방법)을 적용해야 한다.

◈ 영양염의 제거장소로서의 습지나 저류지

비점원 오염이 특히 문제가 되는 곳일 경우 영양염을 제거하기 위한 장소를 설치하는 것은 호수복원에 대한 적절한 생태학적 접근법이다. 이 방법은 10장에서 상세히 설명한다.

수산화칼슘을 이용한 중화

산성비가 심각한 영향을 미치는 지역의 하천과 호수의 경우는 낮은 pH를 중화하기 위해 수산화칼슘이 보편적으로 이용된다. 스웨덴의 경우 하천과 호소의 산성화를 중화시키기 위해 매년 약 1억 달러를 소비한다.

살조제

과거에는 비교적 소규모 호수의 경우 황산구리와 같은 다양한 구리염이 살조제로서 많이 이용되었다. 하지만 구리의 일반적인 독성 때문에 현재는 거의 사용되지 않는다. 구리는 퇴적물에 농축되어 장기간 호수를 오염시킬 수 있다. 구리의 영향은 조류의 종에 따라 본질적으로 다르다. 남조류의 경우 일반적으로 구리 이온에 가장 민감하다.

미치와 칼텐번(Mitsch and Kaltenborn, 1980)은 일리노이 호수의 표층에서 조류의 대사에 대한 현장측정을 수행했다([그림 6-8] 참조). 살조제를 처리한 호수와 대조 호수 사

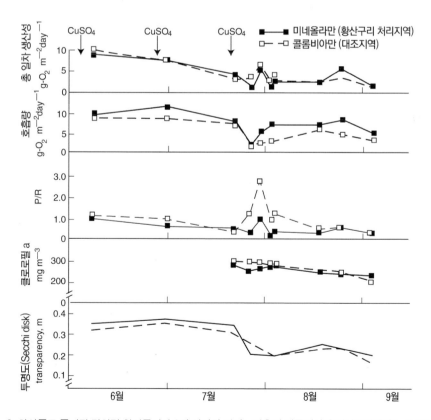

그림 6-8 화살표로 표시된 것처럼 황산구리가 3회 처리된 일리노이호의 생물대사(총생산력과 호흡), 생산과 호흡률, 엽록소, 투명도 수심. 유사한 수심의 대조만이 대조지역으로 이용되었다(Mitsch and Kaltenborn, 1980).

이에 큰 차이는 없었지만 황산구리를 처리한 후 약 1주일 정도 지난 한 시기 동안 총생산력은 감소되는 것으로 나타났다. 처리 후 10~14일이 지나자 대사에 대한 처리효과는 사라졌다.

● 호안식생녹화

호안의 식생을 이용한 녹화는 소규모 호수의 경우 비용효과적인 방법으로 채택될 수 있다. 소규모 호수의 경우 주변 지역의 면적에 비해 호수 면적이 상대적으로 적기 때문이다. 대규모 호수를 복원할 경우에는 호수의 면적에 비해 식생을 이용한 그늘을 만들 수 있는 가장자리의 면적이 상대적으로 적기 때문에 비교적 효과가 적다.

● 먹이연쇄조절

호수에 따라 인의 농도가 다르지만 대개 50~150μg/L 범위인 경우 호수의 복원방법으로 먹이연쇄조절이 이용될 수 있다. 해당 농도 범위에서는 2가지의 생태학적 구조가 생길 수 있다 ([그림 6-9] 참조).

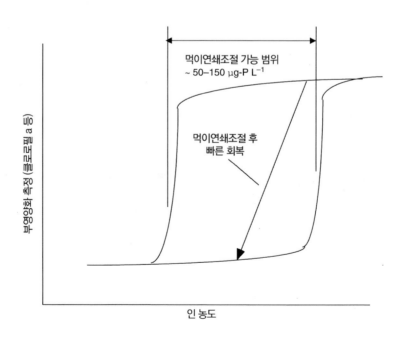

그림 6-9 생물조절로 인한 총인농도와 클로로필 a 측정을 통한 영양염 농도와 부영양화 사이의 변이. 먹이연쇄조절의 효과는 인의 농도가 대개 50~150 μg/L 범위에서만 나타날 수 있다. 인의 농도가 150 μg/L 이상일 경우는 성공적인 효과를 기대하기 힘들다(de Bernmdi 와 Giussami, 1995, Jørgensen과 de Bernmdi, 1998).

초기에 인의 농도가 낮은 상태에서 점차 증가할 경우 동물성 플랑크톤의 섭이 작용에 의해 식물성 플랑크톤 농도를 비교적 낮게 유지할 수 있다. 육식성 어류 또한 동물성 플랑크톤을 먹이로 하는 어류를 포식함으로써 동물성 플랑크톤이 먹히는 정도를 상대적으로 낮출 수 있다. 인의 농도가 약 120~150μg/L 범위에서는 동물성 플랑크톤의 섭이 작용에 의해 식물성 플랑크톤의 농도를 더 이상 조절할 수 없게 된다. 또한 나일 농어나 창꼬치와 같은 육식성 어류는 탁도가 증가함에 따라 시야가 좁아져 동물성 플랑크톤을 먹이로 하는 어류를 포식할 수 없어 그 수가 증가해 동물성 플랑크톤이 보다 많이 포식되는 결과를 초래한다. 달리 말하면, 동물성 플랑크톤과 육식성 어류에 의해 조절되는 생태학적 구조가 식물성 플랑크톤 그리고 동물성 플랑크톤을 포식하는 어류에 의한 조절 체계로 변화가 일어난다.

인의 농도가 높은 상태에서 점차 감소할 경우 초기에는 식물성 플랑크톤과 동물성 플랑크톤을 먹이로 하는 어류가 우점하는 생태학적 구조를 갖는다. 그러나 이 구조는 인의 농도가 약 50μg/L 정도로 감소할 때까지 유지될 수 있다. 그러므로 인의 농도가 약 50~150μg/L 범위에서는 2가지의 생태학적 구조가 존재할 수 있다. 육식성 어류를 방류해 동물성 플랑크톤을 먹이로 하는 어류를 제거함으로써 식물성 플랑크톤을 손쉽게 줄일 수 있는 먹이연쇄조절은 인의 농도가 단지 이 범위일 때만 적용가능하다(de Bernardi and Giussami, 1995).

인의 농도가 150μg/L 이상일 때 먹이연쇄조절을 적용하면 일반적으로 일시적인 수질개선은 나타나지만 호수의 생태학적 구조는 빠른 시간 내에 인이 고농도일 때의 구조인 식물성 플랑크톤 그리고 동물성 플랑크톤을 포식하는 어류에 의해 조절되는 생태학적 구조를 이루게 된다. 먹이연쇄조절이 2가지의 생태학적 구조가 가능한 인의 농도 범위에서 적용된다면 비교적 경제적이고 효과적인 방법이다.

드 베르나르디와 기우싸미(de Bernardi and Giussami, 1995)는 여러 가지 형태의 먹이연쇄조절에 관한 포괄적인 연구를 발표했다. 먹이연쇄조절은 시스템의 안정성을 변화시키지 않고 비교적 높은 생물다양성을 유지시킬 수 있는 동시에 높은 생물다양성은 생태계의 기능에는 변화를 주지 않고 미래의 예기치 못한 변화에 적응할 수 있도록 생태계의 능력을 증진시킨다(May, 1977).

먹이연쇄조절이 성공한 경우는 많이 있지만 단지 인의 부하를 동시에 줄여주고 총인 농도가 150μg/L 이하인 경우였다. 벤도르프(Benndorf, 1990)는 인의 부하가 0.6~

$0.8g/m^2/yr$보다 적은 경우에만 먹이연쇄조절의 일관된 반응을 예견할 수 있다고 밝혔다. 이러한 설명은 대부분의 경우 [그림 6-9]에 나타난 결과와 완전히 일치한다. [그림 6-9]에 나타난 결과는 파국이론(Bendoricchio, 1988)과 부영양화 모델의 목적함수로서 엑서지를 이용해 이론적으로 설명된다(Jørgensen and de Bernmdi, 1998).

사례연구
독일, 바우첸(Bautzen) 저수지

인의 농도가 너무 높은 호소에 적용할 경우 먹이연쇄조절이 실패한 결과를 독일의 바우첸 저수지의 경험을 통해 알 수 있다. 인의 부하는 $7\sim17g/m^2/yr$로 산정되었다. 1975년에 저수지가 조성되었고 창꼬치 군집이 빠른 속도로 성장했다. 1976년부터 낚시가 허용되었고 2년 후 창꼬치 군집의 1/10이 감소했다. 1977년 저수지에서 양식한 큰 농어류를 방류해 먹이연쇄조절을 시작했고 동시에 어획을 제한했다. 1980, 1981, 1982, 1984, 1988년에 연간 20,000~80,000마리의 큰 농어류가 더 방류되었다. 동물성 플랑크톤을 먹는 일반농어는 큰 농어류에 의해 줄어들었지만 완전히 제거되지는 않았다. 1980년 이후 조류의 생체량이나 총인 농도의 감소는 관찰되지 않았다.

이탈리아의 아노우(Annoue) 호와 덴마크의 쇠비가드(Søbygaard) 호의 결과는 독일과 대조적으로 조류생체량과 총인에 있어 확실한 개선이 이루어졌다. 동물성 플랑크톤의 농도는 두 호수 모두 현저하게 증가했고 동시에 식물성 플랑크톤의 농도는 감소했다. 두 호수의 경우는 생태학적 구조에 대한 동력학모델이 이용되었다(Jørgensen and Bernmdi, 1997; Jørgensen, 2002).

⊗ 생물을 이용한 제거

부레옥잠(*Eichhornia crassipes*)과 기타 대형 수생식물들은 많은 열대 호소에서 골칫거리로 취급된다. 이러한 문제를 줄이기 위해 여러 가지 방법이 시도되었다. 지금까지 시도된 방법 중 최선책은 생물을 이용한 제거방법으로서 딱정벌레를 이용하는 방법이다. 이 방법은 빅토리아(Victoria) 호에서는 부분적으로 성공했다. 그러나 다른 관점에서 보면 물이 수생식물의 엉킨 매트를 통과할 때 대형 수생식물은 영양염을 여과한다. [그림

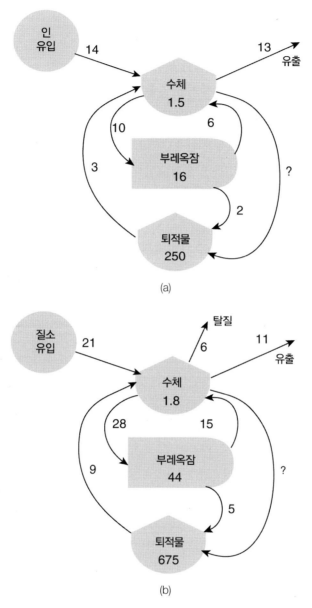

그림 6-10 중앙 플로리다의 호수 상류에 위치한 21-ha 부레옥잠 습지에서 (a) 인, (b) 질소의 유출입과 보유량. 탈질작용은 영양염 수지에서 추정했다. 인과 질소의 보유량은 g/m², 유출입량은 g/m²/month 단위이다(Mitch, 1977).

6-10)에서 보는 바와 같이 플로리다의 고농도 영양염습지에 있어 부레옥잠과 같은 부유식물은 영양염 흡수수단으로서 중요한 역할을 한다.

중금속의 제거공정에 생물이 이용된 적이 있다. 민물담치를 이용하여 카드뮴을 제거할 수 있다(Jana와 Das, 1997; Das와 Jana, 1999). 민물담치(*Lamellidens marginalis*)는 건중량 1g당 3~8mg의 카드뮴을 축적할 수 있음을 밝혀냈다.

◉ 수심이 얕은 호수의 침수식물에 의한 복원

수심이 얕은 호수는 침수식물이 영양염을 흡수하기 때문에 식물성 플랑크톤의 농도가 낮은 맑은 물의 상태를 유지할 수 있다. 그러나 이러한 현상은 인의 농도가 약 $250\mu g/L$ 까지에서만 가능하다(Scheffer et al., 2001). 이 농도 이상이 되면 식물성 플랑크톤이 다시 우점한다. 식물성 플랑크톤이 한번 우점하면 인의 농도가 $250\mu g/L$ 이하로 감소될 때도 식물성 플랑크톤의 우점은 지속된다. 그러다가 인의 농도가 약 $100\mu g/L$ 정도에서 침수식물이 다시 출현한다.

침수식물 우점과 식물성 플랑크톤이 우점하는 2가지 상태는 [그림 6-9]의 먹이연쇄조절과 유사한 이력현상을 나타낸다. 다만 이 경우 인의 농도는 $100\sim250\mu g/L$ 범위이다. 특히 이 현상은 터키의 모간(Mogan) 호와 같이 수심이 얕은 호수의 생태적 구조에 대한 동력학모델의 결과와 잘 일치한다(Zhang et al., 2002). 이러한 결과는 식물성 플랑크톤이 우점하고 수심이 얕은 호수의 침수식물에 의한 복원은 인의 농도가 $100\sim250\mu g/L$ 범위에서만 가능하지, $250\mu g/L$ 이상에서는 장기 효과를 얻는다는 것이 불가능함을 의미한다.

6.3 복원방법의 선택

특별한 경우에 적용할 수 있는 복원방법을 일반적으로 추천하는 것은 불가능하다. 대부분의 복원문제는 부영양화와 관련이 있기 때문에 각 경우에 따라 부영양화 모델을 이용해 복원방법에 대한 효과를 평가해야 한다. 또한 어느 방법이 가장 경제적으로 오염현상을 줄일 수 있는지를 결정할 수 있도록 효과와 비용에 대한 비교도 해야 한다. 달리 말하면 비용-편익 분석을 실시하는 것이 필요하다. 복원방법을 적용한 결과를 평가하기 위해 부영양화 모델에는 다음과 같은 수정과 가감이 수행되어야 한다.

1. 외부 변수를 변화시켜 영양염 유입을 변화시킬 경우 그에 따른 수리학적 체류시간의 변화를 고려하여야 한다.

2. 표층퇴적물의 제거는 결과적으로 퇴적물이 인과 질소를 적게 함유한다는 것은 물론 퇴적물로부터 수층으로 이들 영양염의 용출률이 변화한다는 것을 의미한다.

3. 대형 수생식물의 제거는 수확된 식물이 함유하고 있는 인과 질소를 제거한 것에 해당된다.

4. 불활성물질을 이용해 퇴적물을 피복하는 것은 표층퇴적물의 제거와 같은 효과를 가지지만 대부분의 경우, 특히 수심이 깊은 호수에 있어서는 경제적인 면에서 보다 알맞은 방법이다.

5. 저층수의 펌핑은 물을 유출시키기 때문에 저층수의 농도가 표층수의 농로도 치환되고 많은 양의 영양염이 제거된다. 물론 고농도의 영양염이 하류에 미치는 영향 유무를 조사하는 것이 필요하다. 만약 호수 아래에 다른 지류가 있을 경우 영양염을 반드시 제거해야 한다. 영양염 제거는 여러 가지 방법으로 할 수 있다. 예를 들면 인의 경우 활성산화알루미늄을 이용한 흡착, 황산알미늄, 염화철(III), 다중알루민산염을 이용한 침전 등이 적용될 수 있다. 이 방법은 단지 성층을 이루고 있는 호수와 성층을 이루고 있는 기간만 적용이 가능하다.

6. 수층에서 인을 응결시켜 침전시키는 것은 인이 일단 수층에서 퇴적층으로 제거됨을 의미한다. 일반적으로 이 방법은 수차례 반복하는 것이 필요하다.

7. 저층수의 순환과 폭기는 퇴적물로부터 수층으로 인과 질소가 용출되는 정도가 변화된다는 것을 의미한다. 호기성 상태에서는 혐기성 상태에 비해 일반적으로 용출률이 낮으며 특히 인의 경우는 더욱 그렇다.

8. 수문학적 변화는 외부변수인 수리학적 체류시간이 변함을 의미한다.

9. 비료관리와 비점원오염을 처리하기 위해 습지를 조성하는 것은 영양염 유입의 감소를 의미한다. 모델에서 영양염 유입을 표현하는 외부 변수가 그에 알맞게 변화된다.

10. 산화칼슘의 투입은 단순히 호소수의 pH 변화를 의미한다.

11. 살조제의 사용은 부영양화 모델에서 식물성 플랑크톤의 사망률을 증가시킨다. 호수에 황산구리와 같은 독성화합물을 직접 살포하는 것은 바람직하지 않다.

12. 호안의 식생을 이용해 호수를 그늘지게 하는 것은 광합성 작용을 변화시킨다. 모

델에서 외부 변수인 일사량이 그늘효과에 비례해 감소된다.

13. 먹이연쇄조절은 인의 농도가 대략 50~150µg/L인 경우에 좋은 효과를 가진 비용 적절한 방법이 될 수 있다.

복원방법을 선택하기에 앞서 비용-편익 분석이 반드시 이루어져야 한다. 또한 복원방법을 시행하기 전에 앞에서 간단히 제시된 것과 같이 표층퇴적물이 제거된 트루멘(Trummen) 호수의 경우와 비교할 때 오염부하를 동시에 줄여줄 수 있는 방법을 결정하는 것도 중요하다. 다른 오염부하가 있으면 다시 오염 상태로 돌아가게 된다. 비용-편익을 분석하기 위해서는 여러 종류의 모델이 이용되어야 한다. 부영양화 현상에 초점을 맞출 경우 제시된 여러 복원방법에 대해 편익을 분석하는 데는 부영양화 모델이 유용하다.

다음의 사례연구는 다소 복잡한 부영양화 모델이지만 이 모델은 실제 상황에 맞게 최적화하였으며 가용한 실제 자료를 이용하였다. 모델을 통해 해결할 의문 사항은 다음과 같다. 얼마나 기초생산력이 감소하는지? 얼마나 투명도가 증가하는지? 예를 들면 먹이연쇄조절은 매력적이고 비용이 알맞은 방법인 것처럼 보이지만 대략적으로 인의 농도가 50~150µg/L 범위에서만 이용될 수 있는 반면 표층퇴적물 제거는 인의 모든 농도 범위에서도 매우 효과적일 수 있으나 비용이 엄청나게 많이 소요된다.

사례연구
덴마크 호수에 대한 복원방법의 비교

[표 6-2]는 요르겐센(1976), 요르겐센과 벤토리치오(2001)가 제안한 모델을 이용해 덴마크의 글름소(Glumsø) 호수의 복원을 위한 5가지 방법의 비용과 효과를 비교한 결과이다. 호수의 용적은 약 500,000m³이다(수심 2m, 표면적 약 25ha). 이 호수는 부영양화가 심해 1983년부터는 유입되던 폐수를 호수하류의 서스(Sus) 강으로 유로를 변경시켰다. 1983년 이전까지 기초생산력은 약 1000~1100 g-C/m²/yr였지만 1983~1988년 동안에는 약 500 g-C/m²/yr까지 감소되었다. 호수의 체류시간은 약 6개월이기 때문에 1983~1988년까지 5년 동안 약 10회의 교환이 일어난 것을 알 수 있다. 같은 기간 동안 투명도는 춘계와 하계 조류의 대량 번식기에 18cm이던 것이 약 60cm까지 증가되었다. 클로로필 a의 최대농도는 약 850µg/L에서 폐수의 유로변경으로 인해 약 360µg/L까지 감소했다.

표 6-2 덴마크 글름소 호수의 복원방법에 대한 비교

방 법	기초생산력 (g-C m⁻² yr⁻¹)	클로로필 a의 최대농도 (μg L⁻¹)	투자비용	연간 운전비용
복원 전 상태	500	360	–	–
퇴적물 피복	320	350	1	0
표층 퇴적물 제거	320	350	3.5	0
인의 침전	460	360	0.6	0
비점원 오염제거를 위한 습지	210	270	1.0	15
25% 체류시간 감소	400	350	0.6	20

기초생산력과 클로로필의 최대농도는 부영양화 모델을 이용해 예측했다.

이러한 결과에 고무되어 지역사회는 다양한 복원방법을 고려하게 되었다. 복원방법에 대한 효과는 부영양화 모델을 이용해 비교했다. 모델로 계산된 복원 후 3년차의 조사결과가 [표 6-2]에 요약되어 있다. 먹이연쇄조절 방법은 인의 농도가 적용할 수 없을 정도로 높아 적용하지 못했다.

제7장
강과 하천의 복원

하천복원은 이제 경관 생태복원의 가장 최근에 관심을 많이 받고 있는 분야가 되었다. 사람들은 지난 수세기 동안 강을 길들이거나 통제하는데 노력을 들여왔다. 이러한 노력은 수로를 만들거나 경관에서의 배수를 진척시키고, 또한 물을 도시 및 농공용수로 공급하고 폐기물들을 하류 어디쯤으로 옮기기 위함이었다. 이제 선진국에서 강을 통제하려는 노력은 그 반대로 진행되고 있는데 댐의 제거, 수로의 곡선화, 강변의 안정화들이 주로 고려되는 점들이다.

아주 드문 예를 제외하고 이제 강과 하천은 자연 본래의 모습과 많이 다르다. 강의 수로 자체는 변하지 않았다 할지라도, 도시와 댐, 제방, 위어(weir) 등과 같은 통제 구조물들로부터의 흐름들은 강의 흐름을 바꾸었고, 그로 인해 전세계적으로 흐르는 물의 생태적 조건들을 완연히 바꾸어 버렸다. 극적이고 기대치 않았던 영향을 낳았던 강의 변화의 고전적인 예를 들어보자면, 나일강에 건설된 아스완댐, 남부 플로리다의 키시미(Kissimmee)강의 직강화, 로스앤젤리스 같은 대도시의 간헐 하천을 콘크리트로 발라버린 것 등을 들 수 있다. 또한 전세계적으로 산업화된 강들의 오염들을 들 수 있는데, 예로는 미 동부의 오하이강, 유럽의 라인강, 뫼즈(Meuse)강, 탬즈강과 루르(Ruhr)강들의 경우를 들 수 있다.

하천복원에 특화되어진 성과물로는 미국 정부에서 간행한 〈하천통로복원〉(Federal Interagency Stream Restoration Working Group, 2001) 지침서가 있고, 하천복원에 대해 편집된 책들(e.g., Boon et al., 2000), 미 국립연구원의 보고서인 〈수생태계 복원〉

(NRC, 1992)의 한 장인 〈강과 하천들〉(The Rivers Handbook Vol. 2, Calow and Petts, 1994)의 여러 절들, 유럽의 강 복원에 대한 여러 논문집들(Hansen, 1996; Hansen and Madsen, 1998; Hansen et al., 1998) 등이 있다.

강변생태계에 대한 설명은 그 일부가 지금 이 장에도 포함되어 있지만 미치와 고센링크(2000)의 〈습지〉(Wetlands)라는 책에 포함되어 있다. 또한 강의 복원에 대한 특집호가 〈생태공학〉 국제저널(Nelson et al., 2000; Lefeuvre et al., 2002)과 〈BioScience〉라는 국제저널(hart and poff, 2002)에 출간되었다. 강의 생태학에 대한 책으로는 1970년에 나온 하네스(Hynes)의 책과 1975년에 나온 휘톤(Whitton)의 책이 있다. 강의 지형학(river geomorphology)의 대가는 루나 레오폴드(Luna Leopold)이고 바이블이라 할 수 있는 책은 레오폴드(Leopold) 등(1964)이 집필한 〈Fluvial Processes in Geomorphology〉이다.

7.1 강의 유역

강이나 하천의 연구와 복원의 가장 기본 단위는 그 하천의 유역 혹은 수계(집수역(catchment) 또는 유역분지(drainage basin))에서 출발한다. 공통적으로 쓰이는 다양한 표현이다. 더 큰 강들은 대략 지형학적으로 3가지 구역을 가지고 있다. 침식, 저장 및 수송, 침전물 퇴적이다([그림 7-1] 참조). 침식이 일어나는 구역은 차수가 낮은 하천의 원류쪽에 주로 위치하며, 이 구역은 고도가 높은 곳에 주로 있고, 강의 유역이 산악지대에서 시작하면 그 강의 경로가 가파르고 직선화하는 경향이 있다. 그런 흐름의 물에 의해 파여져 그 계곡은 종종 V자 모양이 된다. 가파른 강둑은 좁은 수변–강기슭 지대를 갖는다. 범람빈도와 기간은 강우 정도에 따라 굉장히 다양하다.

지질학적인 것이 부합하면 어떤 원류지역은 상당히 넓고 평평한 초지를 포함하는 경우가 있는데 고산습지가 나타나기도 한다. 저장과 수송 구역은 침식 구역 바로 밑에 나타난다. 이렇게 차수가 중간쯤인 하천들은 주로 토사, 영양염류와 물의 운송체가 된다. 이런 하천들은 어느 정도 경사가 가파르고 직선화된 V자나 U자 모양의 수로들을 가지는 경우가 많은데, 거친 침적토를 퇴적시키면서 좁은 범람원을 형성한다. 퇴적물은 종종 에

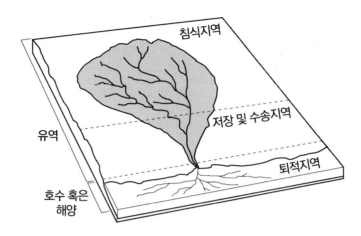

그림 7-1 유역시스템에서 3가지의 주요 지형학적 지대(Faber et a., 1989; Mitsch and Gosselink, 2000로부터 다시 그림 copyright 2000; John Wiley & Sons, Inc.의 허락 아래 재인쇄).

너지가 큰 범람의 경우 교란된다. 강의 범람은 변칙적이며 유역의 크기, 경도, 그 지역의 강수량에 따라 달라진다. 퇴적 구역은 차수가 크고 경사가 완만하다. 침전물의 퇴적이 앞서 설명한 두 구역에서 보다 훨씬 더 많이 일어나고, 계곡의 경사는 완만하다. 이러한 이유로 넓은 범람원이 형성되며 구불구불하고 돌아가는 수로의 형성이 가능해진다. 침전물들의 크기는 수로에서의 거친 등급부터 범람원 주변의 미세한 등급까지 다양하다. 강기슭 지대는 주로 계절적으로 범람이 되는데, 봄에 한번 혹은 몇 번의 긴 범람을 받는 특징을 가진다. 강의 하류 끝으로 가면 강들은 대부분 편평하고 너른 계곡들로 빠져나가고, 거기서 수로가 서로 연결되고, 물의 흐름은 종종 수로의 형태를 벗어난다. 이런 침적 하천들은 연안지대의 특성이며 강어귀-삼각주로 흐른다.

⊛ 하도

수계가 하천의 밀도로 묘사될 수 있는 반면 수계 내에서 하천과 강들은 하천의 차수와 길이로 분류되어질 수 있다. 로버트 호튼(Robert E. Horton)에 의해 고안된 시스템에 따르면, 하천차수를 이용하면 어떤 특정 강의 일반적인 크기를 편리하게 묘사할 수 있다. 공식적으로 "여러 지류들의 계층에서 한 하천의 지위에 대한 척도"이다(Leopold et al., 1964). 1차하천은 지류가 없다. 2차하천들은 1차하천만을 지류로 가지고, 3차하천은 1차와 2차 하천만을 지류로 가지게 되고, 계속 이런 식으로 나아간다([그림 7-2] 참조).

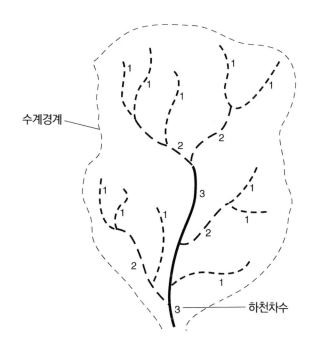

수계경계

하천차수

그림 7-2 수계에서의 하천의 차수(Ward and Eliiot, 1995).

⊛ 하천의 지형학

레오폴드(1994)는 강을 그 안에서 상류 끝의 위치에너지가 점차적으로 수로를 따라 운동 형태로 바뀌고, 그 운동에너지가 그 과정에서 일을 하면서 열로 전환되는 하나의 '운반 기계'로 묘사한다. 여기서 강이 하는 일이라는 것은 토사를 운반하고, 강바닥이나 뚝을 침식시키는 일들을 포함한다. 그 에너지는 -고도 차이에 의한 위치에너지- 태양을 근간으로 하는 강우- 증발산의 수문 순환에 의해 계속 채워진다.

강이 범람원에 얼마나 중요한지, 아니면 범람원이 강에 얼마나 중요한지는 아무리 강조해도 지나침이 없다. 어느 한쪽이 변경되면 또 다른 한쪽도 시간이 감에 따라 변화할 것인데 그 이유는 범람원과 강이 구조의 형성과 해체 사이를 계속적으로 왔다갔다하는 역학적인 균형 상태에 놓여 있기 때문이다. 장기적으로 보면 범람원은 퇴적과 표면침식의 조화로 이루어진 결과이기도 하다.

2가지의 주요 퇴적 절차들이 대부분의 범람원 형성의 주요 원인으로 생각되어지는데, 하나는 강의 안쪽 굴곡면에 일어나는 퇴적(곡류주 point bars)이고 다른 하나는 강둑을 넘어 일어나는 범람으로 인한 퇴적이다. 레오폴드(1964)는 다음과 같이 설명했다 "강이 횡적으로 움직이면서는 곡류주에서는 강둑 아래 혹은 안쪽으로 퇴적이 일어나지만, 강

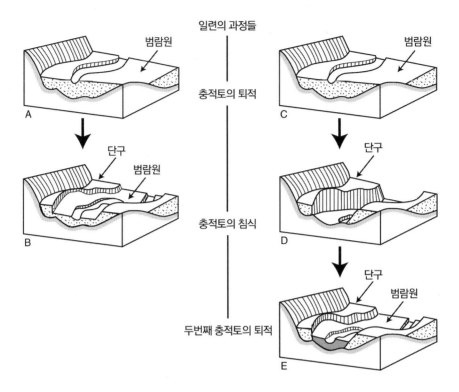

일련의 과정들

충적토의 퇴적

충적토의 침식

두번째 충적토의 퇴적

그림 7-3 미국 남동부 범람원의 주요 지형학적 모습들(Leopold et al., 1964, and Brinson et al., 1981).

이 넘치게 될 때는 곡류주와 근접한 범람원에 거쳐 퇴적이 일어난다." 이러한 결과물로 형성된 범람원은 10~80m 정도의 두께를 가진 충적토로 이루어진다. 예를 들어 미시시피강의 하류쪽을 보면 수천년에 걸쳐 강으로부터 온 충적토가 바닥쪽의 자갈이나 거친 모래부터 표면의 미세 입자물질까지 전개된다(Bedinger, 1981).

범람원의 퇴락은 공급되는 퇴적물보다 유출되는 퇴적물이 많을 때 일어나는데, 이런 상황은 자연적으로는 기후의 변화나 혹은 인공적으로는 상류쪽에 댐을 건설하는 일들에 의해 일어난다. 자연적 기후변화로 인한 범람원의 쇠퇴를 실증할 만한 장기 데이터는 많지 않다. 하지만 댐의 건설로 인해 댐 하류쪽의 하천의 쇠퇴를 입증하는 댐 건설 전후의 연구는 상당히 많이 이루어져 있다(Meade and Parker, 1985). 지질학적 융기가 없이는 강은 서서히 퇴화하는 경향이 있고 '하방침식'은 아주 천천히 일어나므로 횡간의 앞뒤로 움직임은 보통 골짜기를 하도보다 더 넓게 만들 수 있다(Leopold et al., 1964). 이런 과정들은 물론 단기간에 관측하기는 어렵다. 위에 설명한 퇴적과 침식 과정은 범람원의 층서 연구를 통해서만 추론될 수 있다.

[그림 7-3]은 강변의 범람원과 강변대지(테라스) 형성을 A에서 B, C에서 E로 되는 과정으로 보여준다. 퇴락이 일어나고 있으나 원래 범람원이 아직 강으로부터 잘려나가지 않았을 때 그 '버려진' 범람원을 '강변대지(terrace)'라고 한다. 이곳은 충적토로 채워져 있을지라도 단지 최대 범람기 시에만 활동적인 범람원이 된다. 퇴적과 침식은 시간이 감에 따라 서로 번갈아가며 일어나는데, 그림에서 보여지는 C에서 E로의 절차가 그렇다. 세 번째 경우인 역동적인 안정상태가 상류로부터의 침적토의 유입으로 인한 퇴적이 하천의 하방침식 혹은 퇴락과 평형을 이룬다면 가능할 수 있다.

7.2 강변생태계

강, 하천 혹은 어떤 다른 수체의 기슭 혹은 변으로 번역되는 수변 구간은 수체 근방의 땅을 말하는 것이다. 즉 최소한 주기적으로라도 범람의 영향을 받는 땅을 말한다(Mitsch and Gosselink, 2000). 생태학자 오덤(E. P. Odum, 1981)은 riparian zone(이 책에서는 '강변지대'라고 칭한다)을 인간의 가장 필수적인 자원인 물과, 인간의 정주 공간인 땅 사이의 전이대라고 묘사했다. 존슨(Johnson)과 맥코믹(McCormick, 1979)은 강변생태계의 정의를 다음과 같이 내렸다.

> 이러한 것을 토대로 강변생태계는 수생태계나 지하수계에의 근접성 때문에 지하수위가 높은 생태계이다. 이 생태계는 주로 수생태계와 육상생태계 사이에 전이대로 나타나지만 그만의 특징을 가진 토양과 식생들을 보유한다. 건조함, 지형적인 높낮이 및 범람으로 인한 퇴적토 등이 높은 지하수위의 정도와 그와 연결된 강변생태계에 영향을 미친다. 이 생태계는 가장 일반적으로는 미국의 동부와 중부에서는 흔히 볼 수 있는 강변의 저지대 숲과 범람원 숲으로 또한 서부에서는 강둑 식생대로 많이 나타난다. 강변생태계의 특징은 높은 종다양성, 종밀도, 생산성이다. 육상, 강변, 수생태계 사이에서는 에너지와 영양염류 및 생물종들의 끊임없는 교류가 계속적으로 일어난다.

강변생태계는 강이나 하천이 최소한 아주 가끔씩이라도 그 수로를 벗어나 범람이 일어나거나 수로의 사행에 의해 식물이 정착해서 자랄 수 있는 지역이 생겨나는 곳이면 어디든지 찾을 수 있다. 건조한 지역에서는 강변식생은 항류 혹은 영구하천의 범람원뿐만 아니라 간헐하천을 따라서도 나타난다. 대부분의 비건조 지역에서는 범람원과 강변역은 일단 지하수 충전이 일어나 건기에도 계속적인 물의 흐름이 있는 영속적 하천을 따라 나타난다(Leopold et al., 1964).

강변생태계는 넓은 충적토 계곡으로 수만km에 달하는 넓은 땅으로 나타나기도 하고, 건조한 지역에서는 강둑을 따라 형성된 좁은 식생띠로 나타나기도 한다. 브린슨(Brinson et al., 1981) 등은 "물과 비옥한 충적토"를 육상생태계와는 다른 강변생태계의 주요인으로 꼽았다. 또한 다른 생태계와 구별되는 강변생태계만의 특징을 다음 3가지로 요약했다.

1. 강변생태계는 일반적으로 강이나 하천과의 근접성으로 인해 선형적인 형태를 취한다.
2. 어떤 습지생태계보다도 훨씬 많은 에너지와 물질들이 주위 환경으로부터 수렴되고 강변생태계를 통과한다. 즉 강변생태계는 열린계(open system)이다.
3. 강변생태계는 기능적으로는 상·하류 생태계들과 연결되어 있으며 육상(경사 위쪽) 및 수생태계(경사 아래쪽)와는 횡적으로 연결되어 있다.

7.3 강변생태계의 생태학

생태학자들은 생태적 기능의 관점에서 강을 검토해왔고, 유수계를 2가지의 다른 방식으로 묘사하고 있다. 하천 연속성 개념(River Continuum Concept : RCC)은 강과 하천을 따라 종적으로 달라지는 생태와 연결된다. 이 개념은 미국의 낮은 차수의 하천들을 중심으로 발달되었다. 횡적인 연결, 즉 범람원으로 강으로부터의 횡적 연결에는 관심을 두지 않고 있다. 반면 강의 범람 맥동설(Flood Pulse Concept : FPC)은 아마존강과 그 지류들에서 이루어진 연구에 기초를 두고 있으며, 하천흐름의 계절적 형태의 중요성과 강과 범람원 사이의 횡적 교환의 중요성을 강조한다.

◉ 하천의 연속성 개념

하천의 연속성 개념은 1980년대 초에 개발된 이론인데, 발견되는 생물상의 강과 하천의

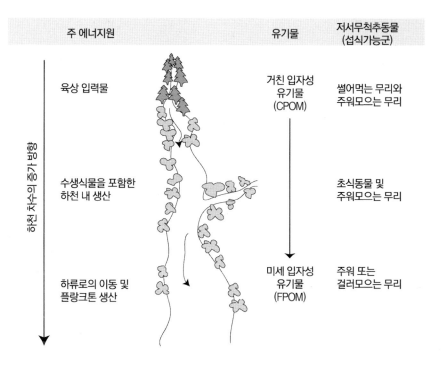

주 에너지원		유기물	저서무척추동물 (섭식가능군)
육상 입력물		거친 입자성 유기물 (CPOM)	썰어먹는 무리와 주워모으는 무리
수생식물을 포함한 하천 내 생산			초식동물 및 주워모으는 무리
하류로의 이동 및 플랑크톤 생산		미세 입자성 유기물 (FPOM)	주워 또는 걸러모으는 무리

그림 7-4 강의 연속성 개념으로 작은 1차 하천이 큰 강으로 전이되는 과정을 보여주고 있다. 왼쪽 컬럼은 육상, 하천 내, 상류 에너지원이 수중 먹이사슬에 가지는 상대적 중요성을 의미하며, 오른쪽 컬럼은 무척추동물 중 서로 다른 섭식군들의 상대적 중요성을 보여주고 있다(Johnsonton et al., 1995로부터 다시 그림).

길이 방향으로 나타나는 패턴을 설명한다(Vannote et al., 1980; Minshall et al., 1983, 1985). 이 이론에 따르면 하천의 상류에서 대부분의 유기물질들은 육상에서 유입된다([그림 7-4] 참조). 생산과 호흡의 비율(P/R ratio)이 1보다 작으며(이는 그 하천이 종속영양적임을 말한다), 무척추의 수서곤충군 중 써는무리(shredders)와 줍는무리(collectors)들이 대부분의 생물상을 차지한다. 생물종 다양성은 낮은 온도와 충분치 않은 빛과 영양소에 의해 제한적이다. 유기물은 하류로 이동하면서 그 크기가 작아진다. 강의 중간 구역에 오면 더 많은 빛이 유용하게 되고, 식물성 플랑크톤이 번성하며, 생물다양성이 최고에 이른다. 이때 생산과 호흡의 비는 1보다 크다. 상류로부터의 유입된 유기물은 이제 크기가 잘다(fine). 그러나 서로 엉켜진 강 구간들이나 범람원이 넓게 발달된 곳에서는 그 강둑의 서식처가 꺾인 가지나 베어진 나무들을 공급해 유속을 둔화시켜 다양성을 증진시키는 유기쇄설물 댐 등을 형성케 한다. 증가된 범람원으로부터 공급된 거친 유기쇄설물은 먹이의 다양성과 종속영양계를 증진시키며, 이때 생산과 호흡의 비율은 1보다 작다.

이렇게 육상으로부터 유입된 물질들은 상류로부터 내려와 잘게 걸러진 물질들보다

영양소가 많다. 박테리아들도 이 유기물들의 농도와 기원에 반응을 보인다. 박테리아 대사효소의 대립유전자 빈도는 그 서식처와 상관관계를 나타냈다(McArthur, 1989). 이 말은 어떤 특정 서식처, 즉 범람원과 하천의 구역에서 박테리아의 종구성과 유전전 선택 압은 범람원과 하천 사이의 연결과 상호작용의 함수라는 것이다. 여기에는 유기물질 입력의 시기, 양, 질, 원천이 어디냐를 포함한다. 마지막으로 차수가 높은 하천에서 천변 낙엽의 입력은 소수다. 그리고 탁도가 생산성을 낮춘다. 그러므로 시스템은 다시 종속 영양 상태가 되며 (P/R < 1) 다양성은 종종 낮게 나타난다.

하천의 연속성 개념과 함께 하는 2가지의 주요 표현들이 있다(Johnson et al., 1995). 영양소 혹은 자원의 연속적 변형이 그것들이다. 이것들의 의미는 유기물, 탄소, 영양소들과 같은 자원들이 잠깐 저장되었다가 하류로 내려가면서 방출되는 것을 말하는데, 그 과정에서 유기물이 무기물로 분해되었다가 다시 흡수되어 유기물이 되는 과정 전체를 칭한다. 차수가 아주 낮은 상류 하천에서는 이 변형 길이는 길다. 한편 차수가 높은 큰 하천에서는 영양소 변형은 짧은 편이다. 즉 영양소가 재빨리 변형된다. 범람원 후배쪽의 저류지(backwater)나 우각호(oxbow) 및 범람원이 강 생태계의 기능에 얼마나 중요한지가 RCC에서는 간과되어 있다. 불연속성 개념(serial discontinuity concept)이라는 개념이 워드(Ward)와 스탠포드(Stanford)에 의해 1983년과 1995년에 각각 개발되었는데, 여기에서는 범람원과 댐 등 일반적으로 횡적인 차원이 강 시스템의 기능에 가지는 영향들을 살피고 있다. 여러 갈래의 하천들은 종종 가장 낮은 종다양성을 보이는데, 이런 시스템에서 전형적으로 일어나는 토사들의 이동 때문이다. 그에 반해 사행천의 경우에는 가장 높은 종다양성을 보이는데, 그것은 물로부터 생물들이 자주 횡적으로 너른 범람원을 이동하고 또한 강-범람원 복합시스템의 공간적 이질성이 높은 탓이기도 하다.

◉ 범람 맥동설 개념

범람 맥동설(Flood pulse concept : FPC) 이론은 강의 생태를 설명하는 또 하나의 이론으로 상류에서 하류로의 연속성을 강조하는 강 연속성 개념 이론과 더불어 강을 연구하는데 중요한 개념이다(Junk et al., 1989). 지난 100년 동안 산업화가 이루어지면서 대부분 대량농업을 위해 높은 제방을 쌓고 댐을 건설하고 강과 하천들을 직강화 함으로써 자연적 물흐름이 크게 변화해왔다. 자연적으로 범람이 되던 땅에 물을 빼내고 농사를 지으면서 세계 많은 곳의 범람원은 강과 완전히 분리되어져 온 것이었다. 이런 과정을 통해

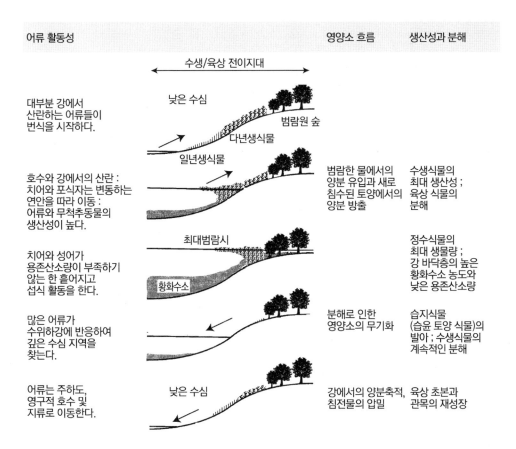

어류 활동성   영양소 흐름   생산성과 분해

대부분 강에서
산란하는 어류들이
번식을 시작하다.

호수와 강에서의 산란 :
치어와 포식자는 변동하는
연안을 따라 이동 :
어류와 무척추동물의
생산성이 높다.

범람한 물에서의
양분 유입과 새로
침수된 토양에서의
양분 방출

수생식물의
최대 생산성 ;
육상 식물의
분해

치어와 성어가
용존산소량이 부족하기
않는 한 흩어지고
섭식 활동을 한다.

정수식물의
최대 생물량 ;
강 바닥층의 높은
황화수소 농도와
낮은 용존산소량

많은 어류가
수위강에 반응하여
깊은 수심 지역을
찾는다.

분해로 인한
영양소의 무기화

습지식물
(습윤 토양 식물)의
발아 ; 수생식물의
계속적인 분해

어류는 주하도,
영구적 호수 및
지류로 이동한다.

강에서의 양분축적,
침전물의 압밀

육상 초본과
관목의 재성장

그림 7-5 강과 범람원에 대한 강의 맥동설 (FPC)은 하나의 강이 우기와 건기를 통해 겪는 5개의 특정 기간들을 보여주고 있다(Barley et al., 1995로부터 다시 그림).

많은 경우, 강과 범람원의 다양한 생명과 생산을 가능케 하는 원동력인 범람의 맥동 (flood pulse)이 변형되거나 사라져 버린다. 앞서 설명한 것과 같이 범람의 맥동 개념은 강과 범람원 사이의 횡적인 에너지와 물질 순환에 대한 이해를 기반으로, 강의 생태를 횡적으로 범람을 통해 물로 연결되어지는 범람원과 함께 확장된 땅으로 이해하는 중요한 개념이다. 강과 범람원 사이의 물질 및 생물의 이동 정도를 결정하는 것이 범람의 맥동인 것이다. 매년 수심이 높아졌다 낮아졌다 하는 규칙적인 흐름의 반복은 강과 범람원의 동식물이 적응해온 근본적인 '생태학적 리듬'이다. 이 리듬의 특성을 이해하는 것은 서구에서 지난 100년간 많은 규제들로 바뀌어온 강물의 흐름을 복원하는데 기초가 된다.

이 개념은 RCC의 한계를 반박하는데, 1)RCC 이론은 낮은 차수의 온대하천을 중심으로 개발되었다는 점, 2)RCC는 대부분 영속적이고 정수역인 서식처에만 한정적으로 적용된다는 점이다. FPC에서는 강과 범람원 사이에 일어나는 교환이 강과 바로 옆 범람원 지역의 생산성에 결정적인 역할을 한다고 본다. 마름과 젖음이 반복적으로 진행되면서 물이 들고 나는 강변 연안대의 생산성이 최적화되고, 인근의 숲과 생산된 물질들의 분해도 활성화 된다. 베일리(Bayley, 1995)는 정체된 수위를 가진 물에서보다 강-범람원 시스템에서 일반적으로 훨씬 높은, 다양한 종의 어획량이 생산된다고 주장했다([그림 7-5] 참조).

7.4 강복원 기술들

덴마크에서의 강과 하천의 복원 경험에 기초에 한센(Hansen et al., 1996) 등은 강 복원을 다음의 3가지 유형으로 분류했다([그림 7-6] 참조).

1. 물길 구역의 재건
2. 물길 구역 사이의 연속성 복원
3. 강계곡의 재건

[표 7-1]은 위의 분류에 따른 특정 유형의 복원사업들을 보여준다. 실질적으로 최고라고 평가된 강 복원의 실례를 보면 인간의 활동으로 인해 야기된 생태적 문제를 해결하는 데 주안점을 둔 프로젝트들이다. 여기서 그중 몇 가지를 살펴본다.

❸ 댐과 하천의 장애물 제거

강을 복원한다고 하면 가장 먼저 일반적으로 떠올리는 것이 인간이 건설한 댐이나 하천의 여타 장애물들을 제거해 물의 자유로운 흐름을 복원하는 것이다. 물론 이런 시설들은 운송, 홍수조절, 방앗간, 냉각호, 휴양 및 전기생산 등의 유용한 이유들을 위한 것임에도 불구하고 이제 이런 이용들의 많은 부분이 불필요하게 되었다. 반면 댐의 생태학적인 영향들은, 예를 들어 강 하류의 에너지 패턴을 바꾸고, 물고기 이동경로를 망치고, 생산력이 높은 육지를 침수시키거나, 토사역학을 변경시키고, 심지어는 보기에도 흉측한 경관을 만들기도 하는 것들, 전세계적으로 많은 집단들로부터 댐의 철거를 요구하기에 이르렀다. 댐은 하천에 부정적인 많은 영향들을 줄 수 있는데, 댐으로 인해 채널의 형태나 물

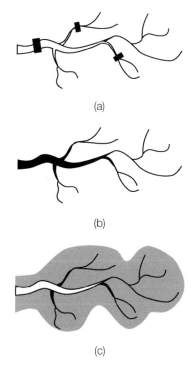

그림 7-6 전반적인 프로젝트의 목적을 중심으로 3가지 유형의 강 복원을 나타낸 그림. (a) 유형 1, 물길구간들, (b) 유형 2, 구간들 사이의 연속성, (c) 유형 3, 유역의 복원(Hansen et al., 1996).

흐름의 패턴이 바뀌고, 그에 따라 토사 이동도 바뀌고, 수질이 바뀌며, 조류와 대형 무척추군집들이, 또한 상주하거나 이주하는 물고기 군집들이 교란을 받는다. 강은 상류에서 일어나는 절차들이 하류에 바로 직접적으로 영향을 주는 종적으로 연결된 시스템이다. 또한 생물리학적인 근거들에 의해 밝혀졌듯이 하류에서 일어나는 일이 상류에 영향을 미치기도 한다. 예를 들면 프링글(Pringle, 1997)의 연구에서 보듯이 유전자 흐름이 축소되고, 군집구조가 바뀌며, 영양소 순환이 변경되는 일 등이 그것이다.

물을 저장하기 위해 댐을 만드는 것은 인간의 자연스런 본능일지 모른다. 보고된 바에 따르면 전세계적으로 4만 5천 개의 대형 댐들이 존재한다(WCED, 2000). 여기서 대형댐은 높이가 15m 이상 되거나 300만m³의 물을 가둘 수 있는 용량을 일컫는다. 미 육군공병단의 조금 다른 '대형'에 대한 정의에 의하면(높이가 1~8 m 이상, 혹은 18,500m³ 이상) 미국에만 7만 6,500개의 조절가능한 댐 구조물이 존재한다. 물론 이 숫자는 추정되는 200만 개의 너무 작아서 미 연방정부의 목록에서 빠진 소형 댐들은 제외한 숫자다(Poff and Hart, 2002).

표 7-1 강 복원 유형의 사례들

유형 1 : 물줄기 복원
　　강 구간의 곡류화
　　더 나은 서식처를 만들기 위한 암거화된 하천구간의 개방
　　2단계 횡단면도 조성
　　호수를 물길과 새로 혹은 다시 연결시킴
　　황토 혹은 부유물 침전지를 물길과 연결시킴
　　돌이나 자갈의 배치
　　인공 어류 은신처 조성
　　다른 시설물들의 배치
　　물흐름 조절기 건설
　　사구 건설
　　나무와 덤불식물의 식재
　　나무와 덤불식물의 제거
　　인공바닥 및 제방의 건설
　　인공바닥 및 제방의 제거
　　울타리, 관수 지역 등등
유형 2 : 강 구간의 연속성 복원
　　장애물을 여울로 대체
　　장애물을 사행구간으로 대체
　　장애물을 대체할 수 없는 지역에는 우회여울을 조성
　　장애물을 대체할 수 없는 지역에는 여울 조성
　　어류의 자유로운 이동을 위해 암거화된 하천구간의 개방
　　지하 배수로에서 물이 떨어지는 부분의 안정화 (낙하 맨홀의 제거 등)
　　지하 배수로의 수심을 더 깊게 하거나 수류 차단시설을 크게 함
　　지하 배수로 출구/다리에서의 낙차의 안정화
　　어도/어류를 위한 장치가 있는 수문 건설/제거
　　과거 정기적으로 말라버리던 하천의 완전한 복원
　　과거 정기적으로 말라버리던 하천의 일부 복원
　　정기적으로 마르는 하천구간의 흐름을 유지하기 위하여 양수함
　　수달 통로 건설
유형 3 : 하곡의 재건
　　지하수위와 범람의 빈도가 다음에 의하여 높아짐
　　• 물길을 다시 곡류화함
　　• 하상을 높힘
　　• 초지나 습지로의 배수 종결
　　• 댐 건설
　　• 초지 수적관수
　　• 물길을 좁힘
　　하곡에 호수/연못/ 습지 등의 건설/재건설
　　하곡에서의 식생 관리

출처 : Hansen et al (1996).

　　선진국에서 댐의 철거는 지난 10여년 동안 기하급수적으로 증가했다. 미국에서 1990
년대에만 180개의 댐들이 철거되었으며 2001년 한해에 30개가 더 제거되었다(Poff and
Hart, 2002). 이들 대부분의 댐들은 그 영향에 대한 과학적 연구가 거의 없이 제거되었

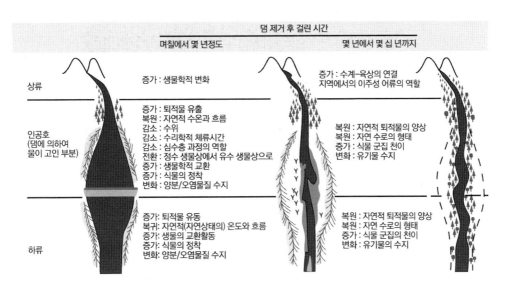

그림 7-7 댐 제거가 강의 상류, 물이 머무는 중류, 하류에 미치는 잠재적 영향을 보여준다. 단기적(며칠에서 몇 년) 및 장기적 영향(몇 년에서 몇 십년)을 각각 나타낸다(Hart et al., 2001).

다. 과학적인 연구가 이루어진 경우에도 대부분이 대학의 한 학과에서 연구과제로 이루어진 정도였지 전체론적인 접근의 연구는 드물었다. 하트(Hart, 2002) 등은 지난 연구들의 정량적보다는 정성적인 접근과 반복의 부족, 원인과 영향이 종종 잘못 가설화된 점을 지적했는데, 이는 비생물적 요소, 즉 토사이동이나 수온 등의 환경적 요인들에 대한 연구 부족에 기인한 것이었다.

댐의 제거를 통한 강의 복원은 즉각적으로 수문을 바꾸지만 그 후 오랜 시간에 거쳐 식생, 어류, 무척추군집들을 변화시킨다. 그런 영향들은 댐이 있던 자리에, 댐 아래쪽에, 댐호의 상류에서도 일어난다. 이런 변화들은 [그림 7-7]에 요약되어 있다.

댐의 제거 방식이 항상 이로운 것이라는 점을 평가하기에 충분한 연구들 중에 완료된 것들이 별로 없다. 사실 어떤 생태학자들이나 자원 관리자들은 정수 환경을 선호하며 댐 제거를 논박했다. 그래서 댐의 철거는 영향을 받게 될 모든 강과 하천에 대한 완전한 연구와 함께 이루어져야 한다. 상류, 하류, 사회적인 측면을 다 고려해야 한다. 댐의 철거를 종종 그 댐이 있는 지역적인 영향에 국한해서 보는데, 그것이 수계 전체에 제공할 수 있는 이득의 관점에서 행해져야 한다. 댐을 제거함으로써 도시 하천들은 댐이 있을 때보다 더 수위가 들쑥날쑥해져 하류에 큰 범람을 야기할 수 있다. 이러한 주의점들을 상기한다면 강으로부터 댐의 제거는 중요한 이익을 가져다 줄 수 있다.

사례연구

댐의 제거, 마나토니강, 펜실베이니아

필라델피아의 과학원은 펜실베이니아 남동부에 위치한 팟츠타운(Pottstown) 부근의 마나토니 크리크강 댐 철거 후 투자된 강변 복원에 의한 생태적 영향 연구를 했다([그림 7-8] 참조). 이미지는 댐의 철거와 [그림 7-9]에서와 같이 댐 부근의 즉각적인 여파를 보여준다. 프로젝트는 다음의 4가지 요소로 되어 있다.

1. 댐의 제거
2. 기존 인공호 내에 새로이 정착된 강변통로를 복원한다.

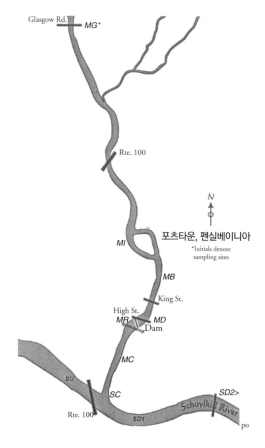

그림 7-8 펜실베이니아 포츠타운 근처의 마나토니강. 댐 제거가 작은 하천에 미치는 영향에 대한 연구가 이루어진 곳이다. [그림 7-9]는 댐 제거 전후의 모습을 보여준다(위의 지도의 필라델피아의 자연과학학술원 산하 패트릭 환경연구센터의 도움으로 다시 그림).

그림 7-9 펜실베이니아 마나토니강의 댐 제거의 시각적 효과들 (a) 제거 전의 댐, (b) 댐 제거 후 댐이 있던 자리의 모습(2000년 11월)을 킹스트리트 다리에서 본 모습, (c) 댐 제거 전, (d) 댐 제거 직후, (e) 댐 제거 21개월 후(2002년 4월). (American University의 karen L. Bushaw-Newton의 허락으로 재인쇄).

3. 다학제간 연구로 마나토니 크리크강의 물리, 화학, 생물학적 변화를 측정하고 프로젝트 성공을 평가한다.

4. 일반인을 교육하고 수계복원의 한 방법으로서 댐 제거 기술을 전수한다.

마나토니강은 238km²의 수계를 가지고 있으며 슐킹(Schuylkill)강으로 흐르고 다시 델라웨어 강으로 흐른다. 2만 2천여 명으로 추정되는 인구를 가진 팟츠타운은 수계 안의 주요 도심지이다. 유역 내 대다수의 토지 사용들은 산림과 야외활동(56%), 농업(41%), 도심개발(3%)이다. 마나토니에 있는 낮은 높이의 댐은 (low-head dam) 1850년쯤 슐킹강의 합류지점에서 약 500m 상류에 건설되었다 ([그림 7-8] 참조). 돌과 콘크리트로 이루어진 댐은 대략 높이 2~5m, 길이 30m다. 물은 댐에서 약 800m 상류까지 가두어졌다. 어류가 이동할 수 있는 어도나 다른 구조는 건설되지 않았다. 1999년 펜실베이니아 환경처는 댐을 '고아'(버려진 것)라 명명하고 2000년 8월~11월에 거쳐 제거했다. 필라델피아에 있는 패트릭자연과학원은 댐이 제거되기 전, 제거 도중, 제거 후를 비교함으로써 댐의 다양한 장소인 상류와 하류에 실험을 진행하고 있는 중이며 몇몇 작은 지류생태계의 구성물질을 분석하고 있다. 조사된 분야는 지형학, 하천수, 퇴적물화학, 먹이사슬, 용존 유기물, 조류, 담수 홍합, 무척추동물, 어류, 강변식생 등을 포함한다.

● 하도복원

많은 이유로, 특히 배수가 빠른 경관에서는 하천이 사행천에서 직강하천으로 변화해왔다. 우리는 이제 이런 변화가 상당한 오염을 발생시키며 유지하기 어려운 시스템을 조성

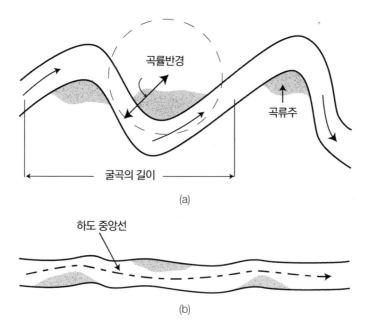

그림 7-10 다양한 정도의 사행을 가진 하도들 (a) 사행천, (b) 하도 중앙선이 약간의 사행을 가진 직강하천(Leopold, 1994).

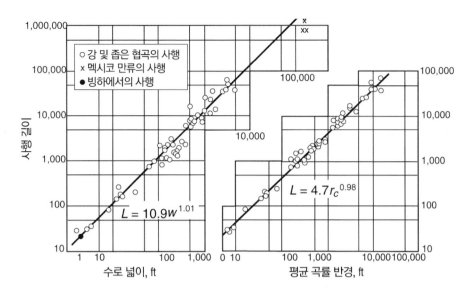

그림 7–11 사행길이와 (a) 하도 넓이, (b) 굴곡의 평균 반지름 과의 관계들(Leopold 1994).

하는 것을 인식한다. 세계의 몇몇 지역에서는 직강하천이 원래 모습으로 복원되거나 에너지를 분산시키는 자연적인 모양으로 만들어졌다.

강이 직선으로 존재하는 경우는 거의 없으며 대개 곡선을 이루고 있다. 구불구불한 하천은 파장과 곡률이 있는 사인 곡선과 같은 패턴을 가지고 있다([그림 7-10a] 참조). 직강하천이라도 하도의 중앙선, 하천에서 물이 가장 빠르게 지나는 경로선을 살펴보면 사인 곡선과 같은 형태를 이루고 있음을 알 수 있다([그림 7-10b] 참조). 하천에서 물이 굽이쳐 흐르는 사행구간의 오목한 부분에는 곡류주가 발달하며, 하도 중앙선이 강변과 가장 가깝게 접촉하는 부분에서는 가장 심한 침식이 일어난다. 강의 사행의 파장은 강폭과 매우 강한 양의 상관관계를 보이며 전세계에 걸쳐 놀랄 만큼 유사한 직선 형태로 묘사된다.

$$L = 11w$$ 식 (7–1)

$$(L = \text{파장}, \; w = \text{강폭})$$

곡률은 다음과 같은 등식으로 표현할 수 있다.

$$L = 5r_c$$ 식 (7–2)

$$(L = \text{파장}, \; r_c = \text{반지름})$$

사례연구
플로리다의 키시미강 복원

키시미강 유역은 미국의 플로리다에 있으며 키시미강-오키초비호수-에버글레이드를 하나의 체계로 보며 그 체계의 북쪽 부분에 위치한다. 강은 키시미 호수에서 남쪽으로 흘러 오키초비 호수에 다다른다. 키시미강은 원래 오키초비 호수까지 166km가 구불구불하게 되어 있었는데, 강이 흐르면서 94%의 범람원이 연중 50% 이상 범람이 일어난다. 1961~1971년까지 166km의 긴 강은 9m 깊이로 파내어지고, 기본적으로 연장길이 90km와 넓이 100m인 운하로 직강화되었다. C38으로 이름 붙은 이 운하는 6개의 유량조절기를 사용해 홍수의 흐름을 조절했다. 강과 범람원의 복합생태계가 수심이 깊은 여러 개로 연결된 저수지화 되어버린 것이다. 이로 인해 약 12,000~14,000 헥타르의 범람원 습지가 소멸됐으며 그로 인해 키시미강의 어류와 야생동물의 가치가 현격히 떨어졌다. 수문학적 특성을 완전히 바꾸어버린 직강화의 물리적인 영향은 키시미강과 범람원 습지를 파괴하고 키시미강 생태계의 물고기와 야생동물의 가치를 하락시켰다([표 7-2] 참조). 각 저수지의 하류 끝에 위치한 범람원은 침수된 채로 남았지만 수로화 이전에 있었던 수위 변동은 완전히 사라져 버렸다.

이런 직강화 혹은 운하건설에 의한 물 흐름이 작아지거나 없어짐은 특히 물상추(*Pista strationtes*)와 부레옥잠(*Eichhornia crassipes*) 같은 외래 식생이 수로에 침입하는 결과를 낳았다. 두꺼운 유기물질의 축적(최대 1m까지)은 강 내의 생물학적 산소요구량(BOD)을 증가시켰다. 운하와 나머지 수로에서는 수위가 낮고 유량이 적어져 만성적으로 낮은 용존산소(DO)에 잘 적응하는 플로리다 동갈치(Florida gar)와 보우핀(bowfin : 물 밖에서도 오랫동안 죽지 않는 아메리카산 큰 물고기) 같은 물고기들이 큰입베스와 같은 낚싯감 물고기들을 대체해 버렸다. 날도래류와 하루살이와 같은 큰 강 생태계에 전형적인 무척추동물의 종류가 정수 생태계에 흔한 종들로 대체되었다(Toth, 1995).

1970년대 초기, 물새의 월동지로서 범람원의 활용은 90% 이상 줄어들었다. 역사적으로 매우 중요한 시각적인 요소로서, 섭금류의 새(백로, 학) 개체군은 감소했고, 이는 황로(*Bubulcus ibis*)에 의해 대체되었다. 안정된 수위와 줄어든 흐름 또

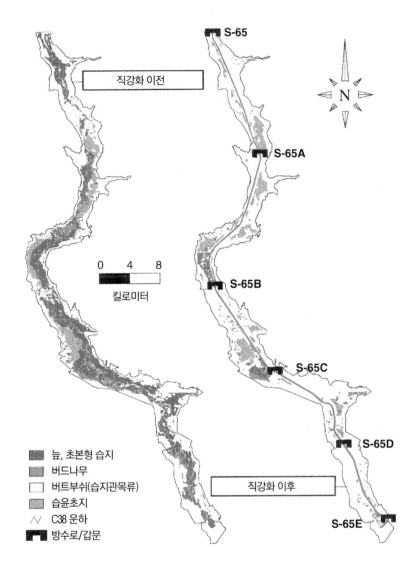

그림 7-12 키시미강의 직강화와 강변생태계에 그 후 일어난 변화(Toth et al., 1995).

한 강과 범람원 사이의 교환을 감소시켰다. 물이 빠지는 기간 동안에 범람원에서 강으로의 유기물질, 무척추동물, 먹이를 구하는 물고기의 침입은 감소되었다. 또한 안정된 수위는 다 자란 동물들이 알을 낳고, 먹이를 찾는 서식지를 크게 감소시켰고, 게다가 범람원에서 물고기 치어들의 은신처도 줄어들었다. 1976년, 플로리다 입법부는 키시미강 복원 법률을 통과시켰고, 이것은 몇몇 주요 복원과 계획 프로젝트를 낳았다. 키시미강의 복원계획은 초기 강의 직선화 비용의 8배가 들 것이고, 이는 완성하는 데 15년이 걸릴 것이다. 현재 복원계획에서 상류 유역 프

표 7-2 남부 플로리다의 키시미강의 직강화로 인한 습지의 변화

습지 유형	직강화 이전 (헥타르)	직강화 이후 (헥타르)	퍼센트 변화
늪 (초본형 습지)	8,892	1,238	-86
습윤 초지	4,126	2,128	-48
관목 습지	2,068	1,003	-51
삼림 습지	150	243	-62
기타	533	919	-72
	15,769	5,531	-65

출처 : Toth et al., (1995).
수로화는 1962~1971년 사이에 되었으며 이로 인해 166km의 사행하던 강이 연장길이 90km, 10m 깊이와 100m 넓이를 가진 운하로 바뀌어 버렸다

로젝트는 수위를 높이기 위해 유량 조절 구조물을 이용할 것이고, 하류 유역 프로젝트에서는 키시미호수와 오키초비호수를 잇는 수로를 메워 물이 원래 수로를 통해 흐르게 할 계획이다. 복원을 하게 된 몇 가지 중요한 이유들을 열거하자면, 직강화로 인해 키시미강의 수위변화가 사라지고 그로 인해 범람원 습지들이 더 이상 범람이 되지 않고, 오키초비 호수의 수질이 악화된 것들이다.

1980년대 말에 개발된 키시미강의 초기 복원시범 사업은 4가지 주요 구성요소로 이루어졌다.

1. 1,100 헥타르의 습지에 계절적인 수위 변화를 회복하기 위한 저수지의 수위 변동 스케줄을 설정하는 것.
2. 물의 흐름을 원래의 구불구불한 강과 범람원으로 다시 되돌림으로써 되메움(backfilling)의 효과를 모의실험하기 위한 3개의 유체 위어(C38)를 가로질러 건설하는 것.
3. 물의 흐름이 있는 습지 시스템의 조성.
4. 되메움, 홍수조절 가능성, 퇴적과 관계된 이슈들의 공학적 해결책들을 평가하기 위한 수리-수문 모델링 연구.

기대했던 대로 이 시범사업은 범람원의 제한된 부분을 수로화 이전의 범람 패턴으로 바꾸는데 성공했다. 수위 변동과 역류효과는 과거의 범람빈도의 25%까지 범람빈도를 증가시켰으며 전반적으로 범람원 전체에 대한 범람 증가라는 결과를 낳았다. 죽거나 부식된 유기 식물 물질은 C38운하로 씻겨나감으로써 남은

수로 내의 과거 상태와 비슷한 모래기질이 복원되었다. 식물 군락들은 이들이 범람원에서 적절한 수문학적 조건을 가지면, 이들 스스로 다시 성장할 수 있다는 것을 보여주었다. 무척추동물, 물고기, 물새 모두 시범사업에서 긍정적인 반응을 보였다. 이 모든 경우에서, 각종의 많은 종류와 수가 증가했다. 시범사업의 결과는 키시미강 생태계 구조와 기능의 복원 가능성을 확인했다. 이 결과들을 기반으로 키시미강의 환경적인 복원 목적과 구체적인 목표들이 계속적으로 만들어지고 있다. 강이 완전히 이전 상태로 복원하는 것에 대한 관심은 여전하지만 사실 강 전체를 수로화 이전 상태로 복원하는 것은 운하화 중에 일어난 유역토지의 개발 때문에 거의 불가능하다. 이 프로젝트의 어마어마한 비용은 노동비용뿐만 아니라 땅 인수비용에 의한 것이다. 키시미강 유역 내의 복원 프로젝트를 수행할 땅의 주인은 그들의 토지에 대한 '후한 보상'을 요구할 것이기 때문이다.

사례연구
덴마크 스케른 강 복원 사례

1990년대 초반부터 덴마크에서는 강의 복원 활동이 활발했다. 주트랜드(Jutland) 반도의 서중부에 위치한 스케른 강은 반도의 11%가 넘는 지역을 따라 흐른다. 스키에른강의 물의 흐름은 덴마크에서 가장 크다. 여지껏 최대 규모였던 덴마크의 한 배수 프로젝트로 인해 젖은 목초지 4000헥타르가 경작지로 바뀌고, 굽이치던 스키에른강 하류 일부가 직강화 되었다. 1980년대 후반에 이르러서는 강은 북해에 접한 링코빙 피요르드(Ringkobing Fjord)를 향해 실질적으로 직선화되고 말았고, 그로 인해 수천 헥타르에 이르는 습지, 목초지, 강 서식지가 사라졌다([그림 7-13] 참조).

직강화된 강에는 제방이 건설됐고, 운하도 만들어지고, 또한 육지로부터의 물을 빠르게 하류로 이동시키기 위해 펌프들이 설치되었다. 이 공공사업 프로젝트의 비용은 30밀리언 데니쉬크론(Dannish kroon : Dkr 덴마크 화폐단위)이었고 (미화로 약 360만 달러), 곡물들이 과거 습지대였던 곳에서 이제는 잘 자랄 수 있기 때문에 처음에는 농촌 지역사회에서부터 성공적인 사업으로 간주되었다.

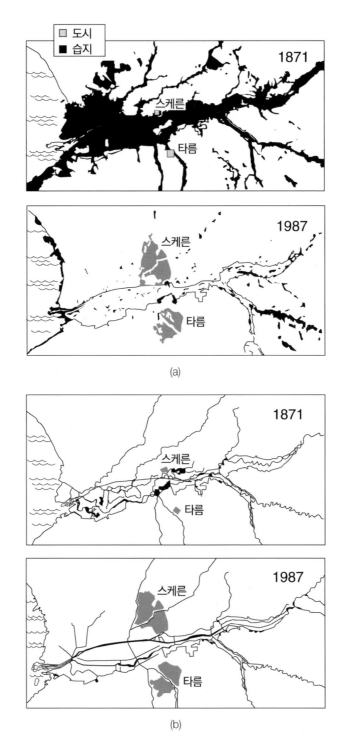

그림 7-13 1871~1987년 사이에 덴마크 서쪽의 스케른 강을 따라 이루어진 (a) 초지 및 습지, (b) 수로의 변경 (Danish Ministry of Environment and Energy, 1999).

하지만 인공화된 강으로 인해 환경에는 엄청난 피해가 일어나고 있었다. 강의 자정 능력은 줄었고, 피요르드(Fjord) 하류쪽은 영양염과 퇴적물들로 오염되었고, 물이 빠져버리고 있는 습지들은 이탄의 산화로 인해 가라앉기 시작했다. 몇몇 지역에서는 1m 이상 가라앉았다. 이 상황은 북유럽에서 강에 대한 인간의 간섭 중에서도 가장 심한 예로 묘사되었다(덴마크 환경 및 에너지부, 1999).

위와 같은 배수사업이 있은 후 몇 년 되지 않아 또 다른 배수사업이 필요했다. 이에 덴마크 정부는 1998년, 스케른 강 하류의 복원사업법을 요청하는 대다수의 공공사업법안을 통과시켰다. 이 프로젝트에서 덴마크 화폐 단위로 254밀리언의 예산이 책정되었다. 이 프로젝트는 강의 세 구역에 대해 3단계로 실시되었다. 프로젝트가 완료되었을 때 1960년대에 배수된 지역의 반인 2200헥타르에 달하는 목초지와 습지가 복원될 것이다. 이런 경우의 강 복원은 다음과 같은 사항이 요구된다.

1. 가능한 모든 곳에 강의 사행 (구불거리는 곡선)을 복원하라([그림 7-14] 참조).
2. 강에 인접한 목초지가 다시 범람될 수 있도록 제방을 제거하라.
3. 복원프로젝트 구역 밖의 지역인 농지가 범람되는 것을 방지하기 위해 강에서 멀리 떨어진 곳에 제방으로 프로젝트 구역을 설정하라.

● 범람원 생태계의 복원 및 조성

강의 범람원은 강의 수로만큼이나 중요한 강 시스템의 중요한 한 부분으로 여겨져야 한다. 미국 동부 지역에서 강들은 대략 3년에 2번 정도의 빈도로 범람원을 범람시킨다(Leopold et al., 1964). 적절한 수분 함량을 지닌 기후에서 전형적인 넓은 범람원은 다음과 같은 여러 특징을 가지고 있다([그림 7-15] 참조).

1. 강의 수로가 범람원 전역을 사행해 통과하며, 그러는 동안 충적토의 운반, 침식 및 퇴적작용이 일어난다(7장 1절 참조).
2. 수로에 근접해 있는 자연 제방들은 범람이 수로의 둑을 넘을 때 퇴적된 입자가 큰 토사들로 구성되어 있다. 자연제방은 강쪽으로는 가파르게 경사지고 범람원으로부터는 완만하게 떨어져 있다. 또한 자연제방들은 범람원에서 가장 높은 해발고도

(a)   (b)

그림 7-14 덴마크 스케른강 복원사업의 2001년 7월 모습. (a) 복원사업을 시행하기 이전의 직강화된 수로, (b) 최근 복원한 사행 구간(W. J. Mitsch 사진 제공)

를 가지고 있다.

3. 곡류주(point bar)들은 강의 수로가 꺾일 때 커브의 볼록한 부분에 퇴적물이 쌓여 형성된다. 퇴적물이 곡류주에 쌓여감으로써 강의 구불구불한 커브의 반경이 증가하는 경향이 있으며 하류를 향한다. 결국 곡류주는 식물들이 자랄 수 있게 하며, 그로 인해 범람원의 한 부분으로서 안정화되어 간다.

4. 사행흔적(Meander scrolls)은 강에서 굽은 볼록한 지역에서의 등성이와 침체된 곳을 의미한다. 물줄기의 흐름이 범람원을 가로질러 횡적으로 이동하면서 포인트바에 의해 생성된다. 이러한 지형의 타입은 종종 불쑥 튀어나온 등성이와 움푹 들어간 도랑지형(ridge and swale topography)이라고 일컫는다.

5. 우각호(호주어로는 빌라봉이라 한다)는 영구적으로 물을 담고 있는 수체이며 사행 구간으로부터 떨어져나옴으로써 형성된다. 이런 우각호에는 수심이 깊은 늪지(swamp)나 담수 초본습지(marsh)가 형성되는데, 이들은 범람 기간 동안에는 강과 실질적으로 연결되고, 강 수위가 낮은 기간에는 강으로부터 완전히 고립된다.

6. 구하도(slough)는 죽은 물의 지역으로 미앤더 스크롤 안쪽으로 강기슭을 따라 형성된다. 깊은 물의 습지는 또한 영구적으로 범람되어 있는 구하도에 형성될 수 있다.

7. 배후습지(Back swamp : 강 수로와 직접 연결된 범람원으로부터 멀리 떨어져 형성

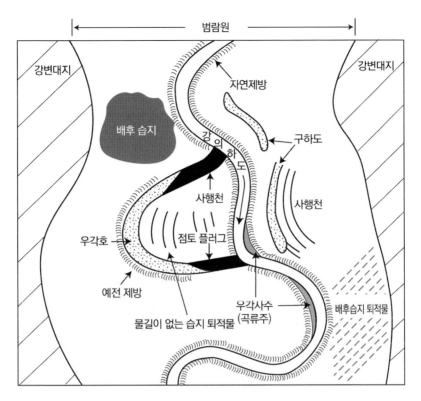

그림 7-15 강 범람원의 여러 모습들(Leopold et al., 1964, Mitsch and Gosselink 2000에서 다시 그려짐. 저작권 2000, John Wiley and Sons, Inc.의 허락 아래 재인쇄).

*점토 플러그 : 사행천의 잘려진 부분에 형성된 검은색의 유기퇴적물

　된 습지)는 자연제방과 계곡의 벽면이나 테라스 사이에 형성되며 입자가 작은 퇴적
　물들이 쌓인 것이다.

8. 단구(Terraces)는 버려진 범람원들이며 강의 충적토가 쌓임으로써 형성되는 것이
　지만 수문학적으로는 현재의 강과 연관성이 없다.

　[그림 7-16]에 나타난 것처럼 생태복원은 생태계의 많은 기능들을 복원하려는 목표를
가지고 있다. 범람원의 복원은 다음 여러 가지 이유로 이루어질 수 있는데 (1) 범람원 그
자체의 생태학적인 특징을 강화하기 위해, (2) 범람으로 인한 물이 하류로 흘러갈 수 있
는 장소를 제공하기 위해, (3) 근접한 고지대로부터 범람원으로 들어가는 물과 강으로부
터 범람된 그 물 자체, 이 3가지 모두의 수질을 증가시켜주기 위해, (4) 강의 먹이사슬에
기본이 되는 유기탄소를 제공하며, 서식지 구조물의 일환으로 대형 유기쇄설물을 제공
하기 위해, (5)저유량의 기간 동안 강의 유량을 보조하기 위해서 등이다. 지금부터는 강

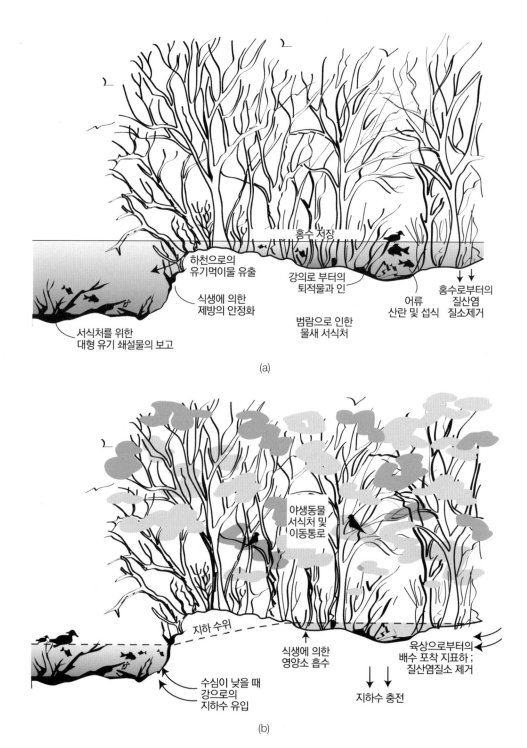

그림 7–16 강과 하천에 근접한 강변 산림생태계의 기능과 가치들을 나타내는 그림으로 (a) 식생 비성장기 시의 상태, (b)식물생장기의 모습이다(Mitsch and Gosselink, 2000).

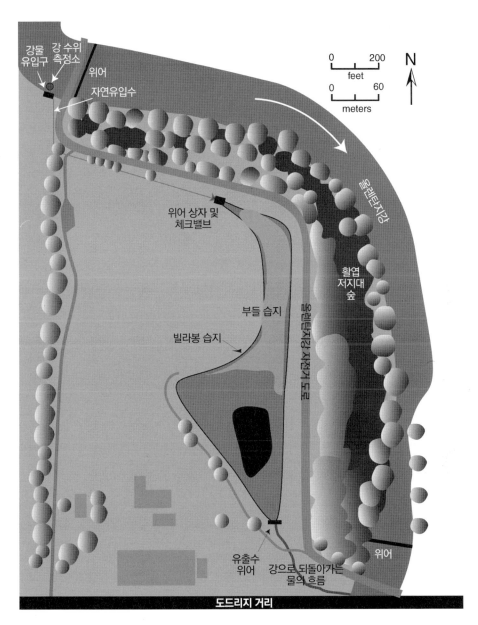

그림 7-17 오하이오 주립대학 캠퍼스 내에 있는 올렌탄지 습지연구공원에 조성된 3헥타르의 강변우각호습지(빌라봉이라고도 불림)와 5헥타르의 복원 중인 저지대 활엽수림의 모습.

변 생태계의 조성 및 복원의 3가지 연구사례를 소개하고자 한다. 2개는 오하이오의 한 곳에서 또 다른 하나는 프랑스 중부에서의 사례이다.

강 시스템에서의 범람원 동역학의 복원은 강 수로의 복원만큼이나 중요하며, 때로는 더 중시된다. 미국 오하이오주 수도인 콜럼버스 시에 올렌탄지 습지공원(Olentangy

River Wetland Research park)에서의 두 프로젝트는 생태계 조성과 복원 프로젝트의 예로 자기설계에 의지하는 생태기술적 접근의 예를 잘 보여주고 있다. (1) 강변 우각호습지의 조성과 (2) 강변숲의 복원이 그것이다.

사례연구
미 중서부의 우각호 조성사례

1996년 여름, 3헥타르 크기의 빌라봉(습지를 뜻함)이라 불리는 강변습지가 올렌탄지 습지공원에 건설되었는데 이는 담수우각호 형태의 습지로 주기적으로 오하이오 중부의 올렌탄지강의 범람으로 인해 물이 유입된다. 강의 수위가 습지의 수위보다 높으면 강물이 체크밸브(check valve)를 통해 습지로 유입된다. 강의 수위가 다시 낮아지더라도 이미 습지로 들어온 물은 설치된 체크밸브로 인해 강으로의 역류는 방지된다. 유입된 강물은 습지를 통과해 궁극적으로 수문조절장치인 위어를 통해 다시 올렌탄지강으로 되돌아간다. 다음의 식이 이 습지의 물수지를 결정하기 위해 이용되었다.

$$\frac{\Delta V}{\Delta t} = S_{in} + S_{out} + G_{in/out} + P - ET \qquad \text{식 (7-3)}$$

여기서 $\Delta V/\Delta t$는 시간에 따라 습지의 물부피이며, S_{in}는 유입되는 강물, S_{out}는 습지를 떠나는 지표수, $G_{in/out}$는 지하수 교환, P는 강수량, ET는 증발산이다.

식 (7-3)에 나타나는 대부분의 매개변수들은 간단한 현지 조사 장비 및 일련의 계산을 통해 얻을 수 있다. 표면에서의 유입 및 유출량은 왕 등(Wang et al., 1997)에 의해 개발된 수식을 따라 구할 수 있다. 지표수의 유입은 습지 내 물수위에 준한 강의 수위의 함수이며 다음 식으로 추정된다.

$$S_{in} = 1 - 8447ah^{1/2} \qquad \text{식 (7-4)}$$

여기서

$$a = 0.7372D + 1 - 387D^2 - 0.39993D^3$$

= 유입 파이프의 단면적 (ft²)

$$= \max (0, \min (L_r - L_m, \ L_r - 0.6D - 723 - 5))$$

$$h = L_r - L_m$$

D는 위어박스에 있는 파이프에서의 수심이며 [=$\min(d, \max(0, \ L_r - 723 - 5))$]; L_r은 강수위(해발고도, ft), =$723 + L_s$(수위계수치, ft), L_m은 습지 내의 물 높이(해발고도, ft); h는 물의 흐름을 일으키는 수압차이다. 지표유출수의 공식은 다음과 같다.

$$S_{out} = 10 - 16h_0^{1.436} \qquad\qquad 식\ (7\text{-}5)$$

여기서

$$h_0 \begin{cases} L_m - 724.2 & L_m > 724.2 \\ 0 & L_m \leq 724.2 \end{cases}$$

1년 동안 강과 습지의 수위의 변화는 [그림 7-18]에 나타나 있다. 습윤한 기간은(표 7-3) 법률적으로 습지로 정의되기 위한 임계치(식물생장기 중 7~21일)보다 유의하게 높은 수치이다(NRC 1995). 빌라봉의 수위는 일반적으로 늦은 겨울에서 이른 식물생장기까지 높으며([그림 7-19a] 참조), 늦은 여름과 가을철에 낮은데([그림 7-19b] 참조) 이는 미국 중서부 지역의 습지의 일반적인 경향과 일치한다. 강의 범람은 습지생태계에 영양분, 퇴적물, 종자 및 작은 동식물 등을 공급

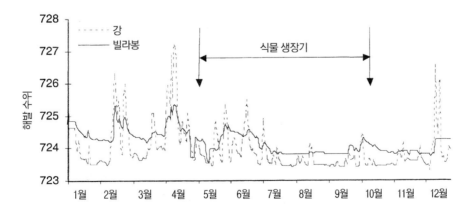

그림 7-18 2001년 중부 오하이오의 강변습지의 수위 형태와 인접한 올렌탄지강의 수위 형태. 주목할 것은 2~6월까지는 수위 맥동들이 활발하나, 7~12월 초까지는 범람이 거의 없는 것을 알 수 있다. 이 조성된 습지는 생장기 동안에 충분한 만큼의 범람으로 미국에서 법적인 습지의 정의에 부합한다.

표 7-3 오하이오주 콜럼버스에 위치한 올렌탄지습지연구공원에 조성된 우각호 습지. 2000년 2개의 다른 식물생장기간에 따른 습윤 일 수와 습윤면적

식물 생장기	습윤 면적 당 습윤 일 수		
	68	72	82
2000년 4월 20일 – 10월 19일	140	91	0
2000년 5월 1일 – 10월 31일	140	75	0

출처 : Zhang and Mitsch (2001).

표 7-4 올렌탄지습지연구공원에 조성된 우각호 습지의 1999~2001년까지의 수질 측정치로 범람한 강물이 습지로 유입될 때의 측정치

매개변수	연도	유입 수[a]	유출 수[a]	제거율 (%)
수용성 생물학적	1999[b]	36 ± 3 (19)	24 ± 2 (89)	33
유효인(SRP)	2000[b]	62 ± 6 (42)	26 ± 3 (60)	56
(μg–P L^{-1})	2001[c]	46 ± 5 (39)	11 ± 2 (19)	74
질산태질소	1999[b]	5.15 ± 0.27 (19)	3.43 ± 0.16 (102)	33
(NO$_3$ + NO$_2$)	2000[b]	4.60 ± 0.30 (43)	4.05 ± 0.69 (69)	12
(mg–N L^{-1})	2001[c]	4.07 ± 0.28 (40)	0.92 ± 0.19 (19)	77
탁도	1999[b]	94 ± 10 (16)	42 ± 3 (137)	55
(NTU)	2000[b]	146 ± 14 (27)	74 ± 9 (50)	49

출처 : Mitsch and Zhang (2002).
[a] 평균 ± 표준오차 (표본 수)
[b] 범람 시 사람이 직접 강물을 샘플링 함
[c] 자동 샘플러에 의한 표본 추출

한다. 따라서 이 습지는 여러 생지화학적 과정들이 일어날 수 있는 습윤토양뿐만 아니라 알맞은 습지 생물의 서식지를 제공한다.

　이 우각호 조성으로 수질도 상당히 개선되었는데, 특히 2001년 동안 일어난 범람 시기에 더욱 그러했다([표 7-4] 참조). 범람 시기 동안 수용성, 생물학적 유효인은 74%가 감소했으며, 질산태 질소는 77%가 감소했다. 빌라봉의 식생군집의 발달이 유입지역에서 유출지역까지 영양분 경사를 잘 보여준다. 유입되는 곳 근처에는 양분이 높은 곳을 선호하는 부들식생이 발달했다([그림 7-16] 참조). 물이 부들군락을 통과하면서 습지중간부에 도달하면 유속이 감소된다. 이후 다양한 종류의 사초식물들과 계획된 식생들이 습지 경계에, 유출부쪽으로 나타난다. 이런 식생군락들의 성공은 부분적으로는 1997년 식재의 결과이기도 하다.

(a)

(b)

그림 7–19 올렌탄지 강변습지의 (a) 우기, (b) 건기 중의 수위(사진 W.J. Mitsch).

사례연구
미 중서부의 수변저지대 숲 복원 사례

범람를 막기 위해 강을 따라 종종 인공 제방이 건설되는데, 이것은 의도적으로 하천수가 범람원으로 들어오지 않고 수로 안에서만 흐르게 하기 위함이었다. 그 결과 물이 범람원에 닿지 못하게 할진 몰라도 하류 어느 지역의 침수로 이어진다. 오하이오의 올렌탄지강에서는 제방을 제거함에 따라 5헥타르 면적의 저지대 활엽수림의 부분적인 복원이 수행되었다([그림 7-17, 7-20] 참조). 저지대 숲의 복원은 오하이오도로공사(Ohio Department of Transportation)와 공동으로 수행되었는데, 콜럼버스시의 고속도로 건설에 따라 2헥타르의 삼림습지의 손실이 발생해 이를 대체하기 위한 목적이었다.

복원 프로젝트는 산림지역 근처에서 몇 년 간 수집한 하천 상태의 정보를 평가함으로써 시작되었다. [그림 7-21a]는 1994~96년의 31개월 동안 범람원의 땅 높이에 맞게 제방의 높이를 낮출 수 있었다면 11번의 범람이 있을 수 있었음을 나타낸다. 이 기간 동안 제방의 높이에 다다르는 범람이 단 한번 발생했는데, 이는 100년 주기의 범람이다. 만약 제방이 제거된다면 매년 3~6차례 저지대 숲에 범람이 허용될 것이라는 것을 예측할 수 있었다.

모든 제방을 제거하는 것은 비용 및 환경에 대한 고려를 했을 때 불가능하다. 실질적인 복원은 2000년 6월 오하이오도로공사와 함께 제방의 네 군데를 끊어냄으로써 이루어졌다. 불도저로 너비 6m, 높이 2m 크기의 복원 입구가 조성되었다. 제방의 끊어낸 부분들은 인공제방이 건설되기 전, 원래 범람원의 자연제방의 밑까지 잘라냈는데, 이것은 제방 이전 산림습지가 가지던 수문을 회복하기 위한 것이었다. 2000년 6월~2002년 9월까지 25개월 동안 7번의 독립적인 범람이 발생했는데, 이는 복원사업 이후 더 많은 범람이 발생했다는 것을 의미한다([그림 7-21b] 참조).

범람한 물이 제방이 잘려진 부분을 따라 들어오면서 하천과 범람원 사이에 물과 퇴적물, 식물의 씨앗 등의 교환이 이루어졌다. 이 프로젝트는 초기 단계에 있으며(이 책이 출간된 2004년을 기준으로 그렇다. 현재는 프로젝트가 끝난 상태로 연구를 위한 생태적인 모니터링은 계속되고 있다-옮긴이), 이러한 복원작업은 수십년에 걸쳐 식생의 특징과 숲의 생태를 변화시킬 것이다. 하천은 범람원과

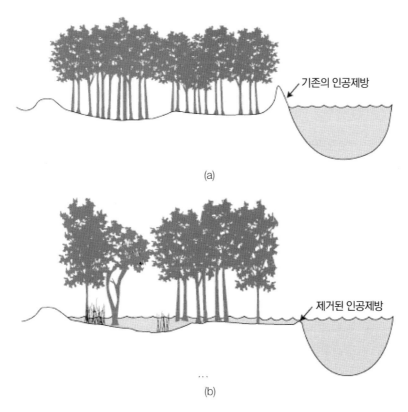

그림 7-20 올렌탄지습지연구공원에서 2000년에 행해진 저지대 활엽수림 복원의 개념도. (a) 산림이 복원 전 인공제방에 의해 강으로부터 분리되어 범람이 일어나고 있지 않는 상태, (b) 복원 후 제방이 제거되어 저지대 범람이 일어나고 있는 상태를 보여준다.

의 명백하고 중요한 물질 교환을 통해 유익해진다. 또한 하류의 범람이 감소하고, 하천과 숲의 생태적 개선, 수질의 개선 및 하천의 먹이사슬의 개선을 통해 인간도 유익해진다.

제방 위의 마른땅에서 자라던 나무는 부분적이지만 제방을 헐어냄으로써 그 제방이 잘려지고 물이 들고 나는 부분에서 죽어갔다. 나무가 죽음에 따라 나무 고사체들로 이루어진 암초가 쓰러진 나무들로 인해 제방이 잘린 네 군데에 각기 발달됐는데, 이는 강에 어류 서식처를 제공하는 역할을 한다.

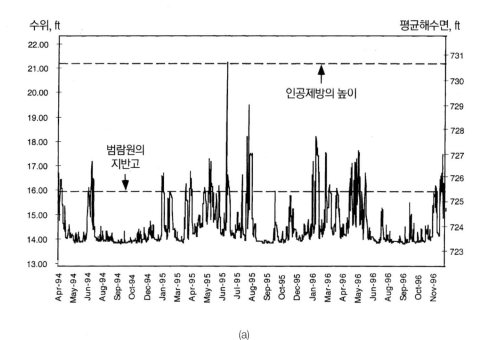

(a)

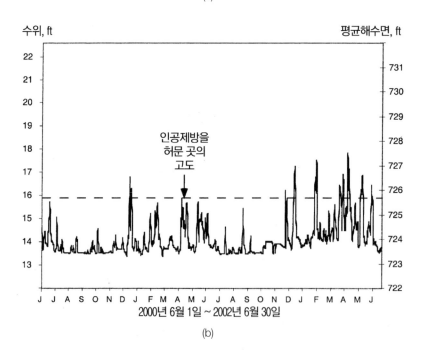

(b)

그림 7-21 복원대 저지대 활엽수림과 올렌탄지습지연구공원에 인접한 올렌탄지강의 수위 변화. (a) 복원 계획 단계의 데이터. 이 31달 동안의 기간 동안 단지 한번의 인공제방의 높이에 준하는 범람이 일어남. 그림은 또한 범람원의 지표를 보여준다(인공제방보다 1~7m 아래이다). 제방이 부분적으로 헐어졌다면 11번의 독립적인 저지대 범람이 일어났었을 것이다. (b) 복원 후의 데이터. 2000년 6월 제방이 헐어졌고 그 후 25개월 이내에, 7번의 독립적인 저지대 범람이 일어났다.

(a)

(a)

그림 7-22 (a) 제방을 헐어낸 후에 저지대 활엽수림에 일어난 범람의 상태, (b) 물이 강으로부터 저지대범람원으로 헐어낸 제방의 부분을 통해 흘러 들어오고 있다.

사례연구
강의 옛 수로에 범람맥동을 복원한 프랑스의 사례

중부 프랑스의 뷰레기뉴-코돈(Bregnier-Cordon) 평야에 있는 론(Rhone)강 근처의 버려진 한 수로의 복원에 대한 장기연구가 1993년 이래로 실시되어왔다([그림 7-23], Henry and Amoros, 1995; Henry et al., 2002). 1980년대 초반, 상류에 댐이 지어진 이후로 그 수로는 물이 빠지고 빠른 육상화에 노출되었다. 수로의 준설은 처음에 자갈 바닥에 있는 미세한 유기 퇴적물들을 제거하고 이로 인해 인접한 강과 지하수와의 연결성을 증대시키기 위함이었다. 범람의 맥동도 역시 강의 수로로부터 재도입되었다([그림 7-24] 참조).

복원된 수계에서 수생식물에 대한 주성분 분석을 이용한 5년 동안의 연구 결과는 인접한 수로와 비교평가 되었는데([그림 7-25] 참조) 그 둘은 큰 차이를 보였다. 댐 건설 이후 말썽이던 부영양화 종들(예를 들어 *Ceratophyllum demersum*, *Lemna* spp.)은 그 일부가 복원사업으로 인해 중영양종들(예를 들어 *Berula erecta*, *Callitriche platycarpa*, *Groenlanda densa*)로 대체되었다. 복원된 수로에서는 지하수 공급의 증가와 유기 퇴적물의 제거가 이루어지면서 이러한 부영양화종의 감소가 분명하게 나타난 것이었다. 그런데 이러한 추세가 장기적으로 지속될지는 의문이다. 왜냐하면 유기퇴적물은 다시 쌓이기 시작할 것이고 영양염 농도가 높은 무기 퇴적물들이 인근 강으로부터 계속 범람을 통해 유입될 것이기 때문이다(Henry et al., 2002).

7.5 강 복원의 성공 평가 방법

강 복원사업의 성공을 평가하는 데는 여러 가지 방법이 있다. 모두 그 나름의 장단점을 가지고 있다. 첫 번째로 그리고 가장 쉽게 할 수 있는 방법은 전과 후의 복원 상태를 비교하는 *복원전후 비교연구*이다. 이 접근법의 문제는 그런 변화들이 복원 작업 때문에 일어

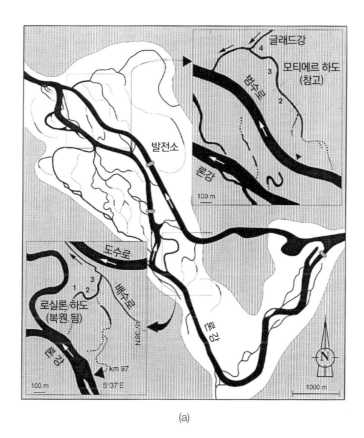

(a)

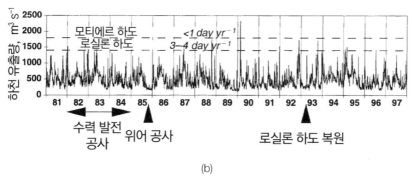

(b)

그림 7–23 중부 프랑스 론강의 브레기뉴―코돈 구간. (a) 복원된 로실론 수로와 참조 수로이며 복원 전 로실론 수로의 특징들을 가지고 있는 모르띠에 수로의 위치, (b) 론강이 두 곳을 범람했을 때의 강의 유출량(Henry et al., 2002, 저작권 2002, Elsevier Science의 허락 아래 재인쇄).

나는 것인지, 아니면 복원 없이도 일어난 일인지를 증명할 수 없다는 것이다. 콜카 (Kolka, 2000) 등은 비교할 만한 참조시스템 없이, 단순 사업 전과 후를 비교하는 연구 행태는 복원사업의 성공 또는 실패 여부를 평가하는 게 아니라 생태계 상태의 변화를 단

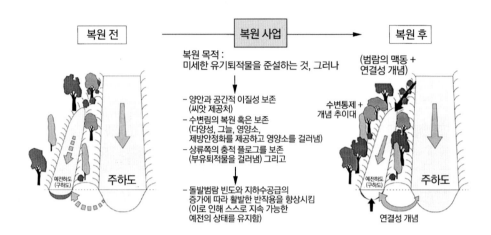

그림 7-24 론강 수로 복원의 개념도와 목적들(Henry et al., 2002, 저작권 2002, Elsevier Science의 허락 아래 재인쇄).

순하게 평가하는 것이라고 주장했다.

두 번째 방법은 복원되지 않은 곳과 비교하는 방법이다. '복원된' 하천 또는 강의 구역을 복원이 안 된 곳(unrestored reference)과 비교하는 것이다. 만약 그 복원이 성공적이라면 그 두 시스템의 비교는 결과적인 차이를 보일 것이고, 복원된 시스템은 복원되지 않은 시스템보다 생물학적, 물리적 지표로서 더 우수하게 나타날 것이다. 이것은 병을 치료받고 있는 병든 사람과 질병을 계속적으로 보유하고 있는 집단들을 비교하는 것과 유사하다. 이 접근이 프랑스 론강의 복원사업 평가에 적용된 방식이었다(Henry et al., 2002).

세 번째 방법은 복원된 하천에서 물리, 화학, 생물학적 지표들을 측정해서 기존에 알려져 있는 그 지표들의 '기준들'과 비교하는 것이다(Stein and Ambrose, 1998). 이것은 강과 하천의 건강의 척도로 본질적으로 수질기준이나 생물학적 지표들을 사용하는 것이다. 이것은 그 환자의 상대적 건강 상태를 결정하기 위해 혈압이나 체온을 측정하는 것과 비슷하다. 이것은 사람의 건강 정도를 결정하는 가장 일반적인 접근이자, 아마도 생태학적 건강을 평가하기 위한 가장 평범한 방법일 것이다.

복원된 생태시스템을 평가하기 위한 가장 인정받는 방법은 대상 지역에서 아무런 영향도 받지 않고 자연의 최고 상태를 그대로 유지하고 있는 곳을 참고시스템으로 정해 그 시스템과 비교하는 것이다. 이 경우 바람직한 시스템이 비교할 대상이 되고, 다양한 생태지표들이 비교에 이용된다. 이러한 비교는 복원 전과 후, 2가지 경우에 다 적용가능하

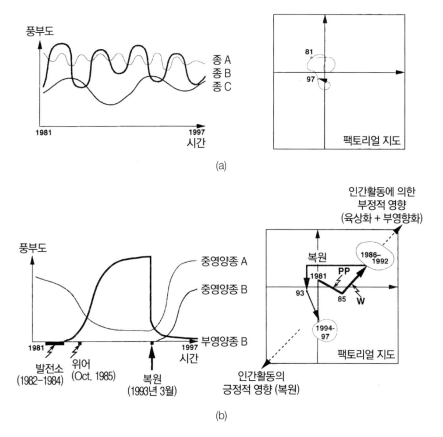

그림 7-25 론강의 (a) 참조수로, (b) 복원된 수로의 수생식물 풍부도를 비교한 것이다. PP : 수력발전소 설치 W, 위어건설. 1993년에 복원된 수로에서 유기퇴적물을 제거하고 지하수의 유입을 증가시킴으로써 복원이 향상되었다(Henry et al., 2002, 저작권 2002, Elsevier Science의 허락 아래 재인쇄).

다. 바로 위에서 설명한 마지막 방법은 최근 개발로 인해 파괴되거나 훼손된 습지를 복원하는 습지완화(wetland mitigation) 프로젝트의 결과를 평가하는데 종종 사용되는 것과 같은 방법이다(Wilson and Mitsch, 1996; Rheinhardt et al., 1997; Stein and Ambrose 1998; NRC, 2001).

강의 구간들은 독립적이지 않고 길이 방향으로 서로 연결되어 있는 시스템이므로 강복원 프로젝트의 결과는 비슷하게 좋은 상태를 유지하고 있는 강과 하천과 비교되어야 한다. 그런데 그런 상태를 유지하고 있는, 유사한 차수와 지형학적 특징을 가진 강이나 하천을 찾기가 어렵기도 하다. 결국 최종적으로 복원의 효과를 적절히 평가하기 위해서는 상당 부분 전문가들의 판단이 필요하다. 지표와 참고시스템들은 단지 그 판단을 도울 뿐이다.

제 8 장
습지의 조성과 복원

습지손실률과 습지가 사라지고 난 후에야 알게 된 습지의 여러 가치로 인해 전세계적으로 많은 습지생태계의 조성과 복원이 이루어져 왔다. 건조 지역과 비식생 지역에서의 습지 조성과 복원은 습지 자원의 감소 추이를 멈추게 하면서 심미적, 기능적 경관을 제공할 수 있는 훌륭한 기회이다. 습지 조성과 복원은 기존에 존재하고 있는 배수 시설을 이용해 만든 농지의 담수 늪과 같이 비교적 간단한 방법부터 플로리다 에버글레이드, 유럽의 다뉴브강 삼각주와 같이 대규모의 복원 작업까지 포함할 수 있다.

습지 조성과 복원에 대한 원리와 실질적인 기술에 대한 이해는 이 분야를 직업으로 삼고자 하는 사람에게 요구되는 자격 요건이다. 이 중 자연습지의 기능에 대한 지식은 이 책의 한 장에서 모두 다루기에는 너무나도 정교한 내용이다. 만일 이 분야에 관심이 있다면 먼저 습지 생태학 전문가가 될 것을 권장한다.

이 장의 내용 중 일부는 전세계적으로 습지 교과서로 쓰이는 〈습지〉(*Wetlands*) 제3판 (Mitsch and Gosselink, 2000)로부터 왔다. 특정한 종류의 습지와 기능에 대해서는 그 책을 참고하기 바란다. 1990년대 초에 출판된 몇몇 책들은 여전히 중요하다(Kusler and Kentula, 1990; Kentula et al., 1992; NRC, 1992). 이제 담수초본식생 습지(Galatowitsch and van der Valk, 1994; Hammer, 1997; Mitsch and Bouchrad, 1998), 산림습지 (Clewell, 1999), 이탄습지(Price et al., 1998)를 포함해 각기 다른 종류의 습지에 대한 조성 및 복원에 대한 총론이 존재한다. 미들톤(Middleton, 1999)은 범람의 맥동과 교란생태학의 중요성에 근거해서 설명했으며 스트리버(Streever, 1999)는 세계 각지의 지역적 특성에 대한 개론과 사례 연구들을 제시했다. 미국의 습지 조성, 복원에 대한 정책과 기술에 대한 비판도 미국연구위원회(National Research Council)의 간행물로 출간되었다. 연안 지역 습지의 조성과 복원은 9장에서 다루며, 수질 정화용 습지는 10장에서 설명한다.

8.1 세계적 습지의 확장과 손실

습지는 산성습원(bog), 알칼리성습원(fen), 초본우점습지(marsh), 목본우점습지(swamp), 늪(mire) 등의 여러 이름으로 알려져 있다. 습지는 모든 기후와 대륙에서 발견되며 특히 열대, 아한대 지역에 많이 분포한다([그림 8-1] 참조). 전 세계에는 약 700~ 900만km² (육지 면적의 5~6%, Mitsch and Gosselink 2000)의 습지가 존재하며 90% 이상의 습지 는 내륙 담수 습지이다. 초본류가 자라는 습지, 나무 위주의 습지, 이탄습지와 같은 담수 습지는 이 장에서 주로 다룰 습지 종류이다.

전 지구적으로 습지가 얼마나 빨리 사라지고 있는지는 알 수 없다. 정확한 기록이 없 는 습지가 너무 많고 대부분 인류 역사에 걸쳐 육화되었다. 적어도 다음과 같은 가정은

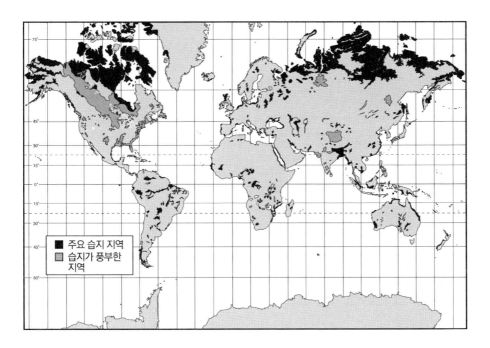

그림 8-1 전세계의 습지들(Mitsch and Gosselink, 2000, 저작권 2000, John Wiley and Sons의 허락 아래 재인쇄).

표 8-1 세계 여러 지역의 습지손실률

지 역	손실률 (%)	참고문헌
북미		
미국	53	Dahl, 1990
캐나다		National Wetland
대서양 연안 갯벌과 염습지	65	Working
5대호 하부 – 세인트 로렌스 강	71	Group, 1988
대초원의 웅덩이나 저습지	71	
태평양 연안 하구 습지	80	
오스트랄라시아 (오세아니아의 서남부)		
호주	>50	Australian Nature
스완해안평야 (Swan coastal plain)	75	C　onservation
뉴사우스웨일즈 해안	75	Agency, 1996
빅토리아	33	
머레이강 유역	35	
뉴질랜드	>90	Dugan, 1993
필리핀 망그로브 습지	67	Dugan, 1993
중국	60	Lu, 1995
유럽	>90	Estimate

출처 : Mitsch and Gosselink (2000).

가능하다. (1) 습지는 전 지구적으로 매우 빠른 속도로 사라지고 있다. (2) 이미 50% 이상의 습지는 지구상에서 사라졌다(Dugan, 1993). 습지가 사라지는 정도가 기록되어 오고 있는 여러 지역이 있다([표 8-1] 참조). 유럽인이 미국에 정착한 후 약 50% 가량의 습지가 손실되었다는 것은 상당히 정확한 수치이다. 마찬가지로 뉴질랜드에서 90%의 습지 소실도 꽤 정확한 기록이다. [표 8-1]에서 보는 것처럼 중국의 60%의 습지 소실은 250,000km² 에 달하는 자연 습지의 현재 추정치에 근거한 것이며, 논과 같은 인공습지를 포함한 총 습지 620,000km² 중에서 환산한 값이다.

8.2 　정의들

습지 조성 및 복원과 관련해 자주 사용되는 여러 가지 용어들이 있다. 정확한 정의가 중요함에도 불구하고 의미의 혼동이 자주 발생한다. 브래드쇼(1996)는 "우리가 무엇을 논의하는지에 대해 분명해야 한다"고 강조했다. 습지 복원은 인간의 행위에 의해 파괴되었거나 변형된 습지를 그 이전의 상태로 되돌리는 것을 의미한다. 습지는 수문학적으로 변형되거나 손상되었을 수도 있기 때문에 복원은 이전 식생을 되찾기 위해 수문학적인 복원을 동반한다.

습지 조성은 본래 마른 땅이었거나 얕은 물에 잠겨 있던 곳을 인간의 힘으로 습지를 만드는 것을 의미한다. 습지증진(wetland enhancement)은 존재하고 있는 습지의 하나 또는 그 이상의 기능을 인간의 활동으로 증진시키는 것을 뜻한다. 조성된 습지의 한 종류인 인공습지는 이전에 마른 땅이었던 곳을 습지로 조성해 폐수의 수질을 정화하기 위한 목적으로 만들어진 것을 뜻한다. 이런 습지는 또한 수처리습지 혹은 정화습지라고도 부른다. 수질 정화를 위해 만들어진 습지는 10장에서 다룬다.

8.3　습지 조성 및 복원을 위한 이유

현재 자발적인 습지의 복원 및 조성을 위한 많은 노력이 있다. 습지 조성과 복원에 대한 관심은 이토록 가치있는 서식지를 많이 잃어왔고, 지금 이 시간에도 계속 잃어가고 있다는 사실에 기반한다. 간혹 관심은 자발적이지 못하고 피할 수 없는 이러한 손실에 대해 습지 대처를 요구하는 미국의 습지총량제와 같은 정부 정책에 대해 관심으로 이어진다. 현재까지 90 % 이상의 습지가 손실된 뉴질랜드의 경우는 초본식생 습지와 또 다른 종류의 습지를 복원하기 위해 북쪽 섬 와이카토(waikato)강 유역과 남쪽 섬인 크리스트처지의 인근 도시에 많은 노력을 기울이고 있다.

호주 남동부에서는 머레이달링(Murray-Darling) 수계의 복원, 특히 강변 빌라봉의 복원이 중점적으로 이루어져 왔고 호주 남서쪽에는 연안대 습지의 조성과 복원이 활발히 일어나고 있다. 지금 습지 복원과 조성은 광범위한 스케일로 제안되거나, 행해지고 있는데 더 이상의 습지생태계의 악화를 방지할 목적으로 하거나(미국 플로리다 남부의 에버글레이드 국립공원), 혹은 수산업을 보호하기 위해(미국 델라웨어만), 또는 토지의 손실을 감소시키기 위해(미국 루이지애나 미시시피 삼각주), 연안수의 심각한 부영양화 현상을 해결하기 위해(스칸디나비아 발틱해, 미국의 미시시피강이 흘러 들어가는 멕시코만) 등 다양한 이유가 존재한다.

습지서식지를 대체하는 것

미국의 습지 보호 규정은 고속도로의 건설, 연안 배수 및 매립 또는 상업적 개발로 인한 습지의 손실을 대체하기 위한 습지의 조성, 복원 또는 향상을 요구하는 법적 절차를 이끌어냈다. 이것은 원래 자연습지의 손실을 경감하기 위한 과정으로서 주목되어진다. 이렇게 탄생한 새로운 습지는 '완화습지'라 일컫는다. 아마도 더욱 적절한 용어는 대체습지이어야 할 것이다(그 예로 강변습지의 경우는 7장에서 설명했다). 대체습지는 적어도 손실된 습지와 같은 크기로 대체된다.

　종종 완화율이 적용되어지는데 그로 인해 손실된 면적보다 더 많은 면적으로 조성되거나 복원되어진다. 예를 들어 2 : 1의 완화율 습지라면 개발에 의해 손실된 습지의 매 헥타르마다 2헥타르의 습지가 복원되거나 조성되어질 것을 요구한다. 미국에서는 습지의 손실이 정말 성공적으로 완화되어질 수 있는지 또는 사실상 불가능한 일인지에 대한 상당한 논쟁이 있는 것이 사실이다(NRC, 2001, 이 시기로부터 10년이 다시 지난 2011년 지금은 그동안의 습지완화정책이 효율을 일정 정도 거두면서 계속 발전하고 있다-옮긴이).

　미 육군공병단의 습지총량제가 제대로 실효를 거두고 있는 것 같다([그림 8-2] 참조). 1993~2002년까지 추산된 결과를 보면 연간 8100헥타르의 습지와 관련된 대지가 수질청정법의 습지 완화 시행령 때문에 얻어졌다. 이 숫자는 연간 9700헥타르의 습지 훼손 및 손실에 대한 허가증을 발행하고, 그것의 완화로 연간 17,800헥타르의 습지 조성, 복원, 증진 혹은 보존이 이루어진 결과이다. 그러나 이렇게 습지 면적이 늘어난 것에 대해 그저 좋아할 수만은 없는 2가지 이유가 있다.

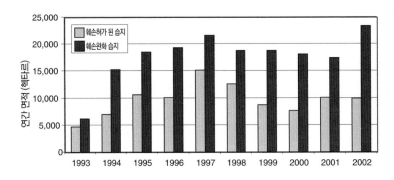

그림 8-2 미 공병단의 404 준설 및 메움 허가증 프로그램을 통해 1993~2002년까지 손실되고, 완화로 인해 얻어진 습지의 대략적 면적. '허가된'이란 뜻은 습지를 훼손하기 위해서는 법적 허가증을 받아야만 가능하기 때문에 그러한 허가 프로그램을 통해 손실된 습지의 면적을 일컫는다. '완화된'은 허가 프로그램에 의해 복원, 조성, 향상, 보전된 습지의 면적을 말한다(데이터는 미 공병단에서 제공).

첫째, 습지의 어떤 기능이 소실되고, 완화사업으로 인해 어떤 기능들이 다시 복원되었는지에 대한 통계치가 거의 없을 뿐 아니라 일반적 수치들만 가지고는 이러한 습지대체가 얼마나 성공적인지를 말하기가 불가능하다는 것이다(NRC, 2001). 둘째, 10여년에 걸쳐 81,000헥타르의 습지를 얻게 된 것은 굉장한 수치로 보일 수도 있지만 정착 이전 시대부터 1980년대까지를 거쳐 미국에서 손실된 4700만 헥타르에 달하는 습지 면적에 비하면 아무것도 아니기 때문이다.

현재 미국에서는 개개인의 농부들에게 그들의 땅에 습지복원을 장려하기 위해 보전프로그램이 실행 중이다. 그동안 미국 농무부 아래의 두 프로그램, 보전협약프로그램(Conservation Reserve Program : CRP)과 습지보호협약프로그램(Wetland Reserve Program : WRP)으로 인해 상당한 면적의 습지가 복원되거나 보호되어왔다. 1997년에 발표된 보전협약프로그램의 가이드라인은 경작이 이루어지는 습지들을 등록하고 복원하는데 중점을 두어왔다. 즉, 작물생산이 이루어지는 습지지만 작물생장기가 아닐 때는 생태적 기능들을 제공하는 습지들을 말하는 것이다. 보전협약프로그램은 또한 특히 수문 복원을 통한 습지 복원을 장려한다.

보전협약프로그램의 참가자들은 농무부와의 자발적인 장기 계약을 통해 침식 가능하거나 환경적으로 민감한 땅을 10~15년 정도 등록하기도 한다. 그 보답으로 참가자들은 매년 임대료와 이러한 보전프로그램을 실행하는데 드는 비용의 50%까지 지불을 받는다. 습지보호협약프로그램은 지주에게 그들의 소유지에 있는 습지를 보호하고 복원하고 강화하기 위해 기회를 제공하는, 더 최근에 설립된 자발적인 프로그램이다.

미국 농무부 산하기관인 자연자원보전청(NRCS)은 지주를 돕기 위해 기술과 재정지원을 제공한다. 습지 및 연결된 대지를 보호, 복원, 향상시키기 위한 습지보호협약프로그램에는 선택할 수 있는 여러 종류가 있는데, 영구적인 것과, 30년 혹은 10년 복원 비용 공유협정 등을 포함한다. 2002년 11월 기준으로 대략 517,000헥타르의 습지와 인접한 대지가 습지보호협약프로그램에 등록되었으며, 대부분 하류 지역인 미시시피강 유역과 캘리포니아, 플로리다에 집중되어 있다.

미국 남동부의 많은 삼림습지들은 놀라운 속도로 손실되어 왔음에도 불구하고 초본식생 습지보다 그 조성이나 복원에 대한 경험이 적다. 산림습지의 조성과 복원은 늪 조성이나 복원과는 다르다. 왜냐하면 산림습지의 복원은 초본류 중심의 수년 걸리는 습지 복원과는 달리 수십년이 걸리며, 복원 결과에 대한 불확실성이 더욱 크기 때문이다.

사례연구
미국 오하이오의 대체습지

미국 오하이오 중부에서 이루어진 5년 동안의 광범위한 연구에 따른 완화 혹은 보상용 대체 습지의 예가 여기에 기술되어 있다. 이 사례연구는 습지 완화의 전형적인 예이다. 왜냐하면 습지 조성 이후 5년간의 모니터링한 가치 있는 자료들이 포함되어 있기 때문이다. 5년은 습지완화의 '성공'을 결정하는데 사용되는 미국 내에서의 표준 기간이다. 모델들이 보통 50년 후, 수질 기능과 산림습지를 평가하는데 사용되는 것과는 다른 점이다. [그림 8-3]의 항공사진은 조성 후 4년간의 습지완화 부지를 보여준다. 그 사업의 목표들 중 하나는 삼림습지를 대체하는 것이었다. 그러나 5년간의 모니터링 기간은 성공 여부를 결정하기에는 충분치 않다.

이 습지를 포함하는 약 260헥타르에 이르는 수계에는 산업공단, 농지, 개인 주거지를 포함하고 있으나 그렇지 않은 지역은 오하이오 주도인 콜럼버스시의 외곽순환도로 안에 있다. 습지로부터의 유출된 물은 수로화된 하천으로 흘러 들어간다. 이 지역의 수문은 고속도로의 건설, 하천의 수로화, 농지의 타일공사, 도시개발에 의해 크게 변화해왔다. 손실된 습지는 연구 부지의 북쪽에 맞닿아 있는, 수로화된 하천변의 옥수수-콩 경작지에 위치한 대략 3헥타르 정도의 습지였다.

상실된 습지의 기능은 거의 기록되어 있지 않았다. 조성습지는 1991년 가을에 공사가 시작되고, 1992년 봄에 식재가 이루어졌다. 옥수수 경작지와 인접해 조성된 습지는 총 크기 6.1헥타르인 2개의 물웅덩이(북쪽과 남쪽. [그림 8-3]에서는 왼쪽과 오른쪽)로 구성되어 있다. [그림 8-3]에서 보이는 초본우점습지(marsh)는 5년 후에 잘 발달되었지만 나무가 자라야 하는 습지지역은 사진에서는 거의 알아볼 수 없는 작은 어린 나무들이 작은 점들로만 보여진다. 이것은 사진에 나타나 있는 삼림수관들의 모습과는 비교도 되지 않는다.

향후 습지 성공의 가장 중요한 전조가 되는 것은 수위 추이다(시간에 따른 수위변화에 대한 기록). 4년 동안의 수위 기록([그림 8-4] 참조)은 습지의 차수가 낮은 하천과 도시하천의 대표적인 맥동이 심한 수위 추위를 보여준다. 이전 연도들과 비교했을 때, 1996년에 하천의 맥동빈도는 증가되어 왔으나 그 강도는 더 커지지는 않아 보인다. 이러한 수문학적 변화들은 그 지역의 증가된 도시 개발을

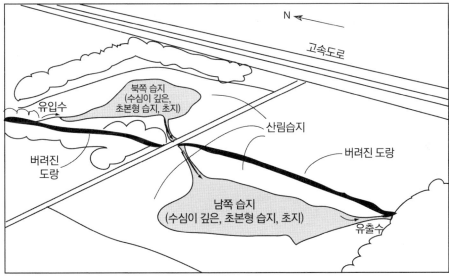

그림 8-3 미국의 도시 및 근교 지역의 작은 습지의 현장 완화. 6.1헥타르 크기의 습지가 1992년 오하이오 콜럼버스시에 건설되었는데 이것은 근처의 훼손된 3헥타르의 손실을 완화하기 위함이었다. 이 사진은 복원 후 4년 후인 1996년에 찍은 것이다. 장기적인 목적인 초본우점 습지 주변에 삼림습지를 개발하는 것이었다. 2개의 웅덩이 주위에 작은 점으로 보이는 것들이 식재된 식생들인 것 같다(Mitsch and Gosselink, 2000, 저작권 2000, Joh Wiley and Sons의 허락 아래 재인쇄).

반영하며 이것은 완화습지가 도시 지역에 건설될 때 주 걱정거리가 된다. 5년 후이 습지는 생산적이며, 계속해서 변화하고 있었고 자연 습지처럼 반응한다.

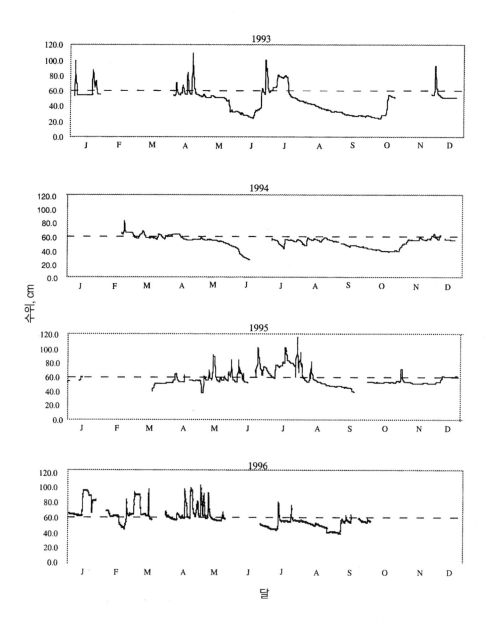

그림 8–4 [그림 8–3]의 완화습지의 시간에 따른 4년 동안의 수위 변화

    식생 피복과 다양성은 건강한 상태였고, 여러 가지 식재되지 않은 종들과 함께 식재된 식생들의 몇몇은 수문학적 변화와 사향쥐들의 초식에 반응한다. 이 습지에서 5년에 걸친 식물의 종 풍부도의 변화에 대한 모니터링 결과는([그림 8–5] 참조) 인상적이다. 첫 해 조사에서 발견된 45종류 중 10종류는 목본류였다. 1993년과 1994년 조사에서 식물의 종 풍부도는 2배로 나타났고 각각 81과 78 종류를 보

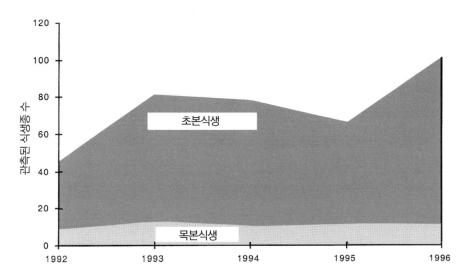

그림 8-5 [그림 8-3]의 완화습지의 5년간의 모니터링 도안 식생종 풍부도. 나무들은 초본류와는 따로 나타나 있다.

여주었다. 1993년과 1994년은 일반적으로 습지 종들 수의 급격한 증가가 일어날 수 있는 낮은 수위가 특징이었다. 1995년에는 식물의 세부 항목에 대한 관심 결여와 높은 수위 때문에 식물군의 수가 66까지 감소했다. 1996년에는 아주 습했던 봄 뒤에 낮은 수위의 성장기가 이어지면서 101종들이 발견되었다.

이 5년간의 식생 패턴은 수문학적 상황과 연결되면서 건강하지만 역동적인 시스템을 암시한다. 개발에 의해 증가된 지표수 때문에 늘어난 하천의 유량이 증가했고 그 후 몇 년간 역동적인 수위변동 상태가 늘어났다. 그 기간 동안 식물군집의 변화들은 습지로 유입되는 하천수 증가의 변화로 인한 수문 조건의 변화와 인간에 의한 수확 및 사향쥐에 의한 초식 활동의 결과를 보여준다. 이것은 물웅덩이 안에서의 약간의 부들과 갈대의 제거를 초래했지만 식생들은 빠르게 대체되었고 종 다양성은 계속해서 높게 유지되었다. 식생은 고지에서 습지에 걸쳐 종단으로 잘 분류되었다. 5년에 걸친 모니터링 기간을 통해 드러난 조류들의 일관된 풍부도 증가로 볼 때 도시 습지로서의 야생동물의 습지 이용은 꽤 좋은 편이었다.

처음 2년간의 범람에서 살아남은 많은 나무들의 대부분은 5년 후에도 살아남아 있었다. 그러나 그 짧은 2년이란 시간 동안 새로운 나무의 씨앗은 거의 찾아볼 수 없었다. 현재 사초 중심의 습윤초원과 산림습지 부분으로 이루어진 이 완화습지가 모두 성장한 나무의 수관들로 뒤덮이려면 앞으로 수십년은 걸릴 것이다. 컴퓨터 시뮬레이션의 예측을 빌리면 이 새롭게 조성된 산림습지가 자연산림습지에 근접하는데 50년쯤 걸릴 것이라 한다(Niswander and Mitsch, 1995). 대부분의 산림습지 복원은 수문과 토양이 대부분 손상되지 않은 부지에서 수행되고 직절한 식물종의 식재를 포함하는 게 일반적이다.

사례연구
플로리다 삼림습지 복원 사례

중부 플로리다의 인 광산 지역 전역에 공학적 기술을 바탕으로 습지를 설치하는 시도가 이루어졌다(M. T. Brown et al., 1992; Clewell, 1999). 광산 복원에 대한 상세 내용은 12장에서 설명한다. 거대한 규모의 삼림습지 생성 프로젝트 중의 하나인 이번 복원은 광산 매립지 위에 61헥타르의 초본형 습지와 삼림습지로 구성되어 있다. 습지종을 대표하는 12종의 5만5천 개의 나무들이 심어졌다(Erwin et al., 1984). 묘목의 생존율은 첫해에 77%였다. 삼림습지 복원에 관한 문헌 중 가장 오랫동안 기록된 역사를 가지고 있는 클레웰(Clewell, 1999)의 문헌을 보면, 인 광산지역을 복원할 때 넓은 지역에 수문학과 토지 복원이 이루어진 후, 1985년 플로리다에 1.5헥타르의 산지습지가 조성되었다고 적혀 있다.

플로리다 주는 이 습지의 나무는 적어도 1헥타르당 998그루 이상의 밀도를 가지고 있다고 명시하고 있다. 식물을 심은 지 11년 후, 10cm 지름이 넘는 나무는 1헥타르 당 697그루가 있다고 조사되었는데 우점종은 식재했던 사이프러스(*Taxodium* spp.)와 개척종인 버드나무(*Salix caroliniana*)였다. 그에 비해 그 지역의 10개의 다른 삼림 습지는 1헥타르당 469그루가 있어, 목표치와 복원된 습지에 비해 상당히 적은 수를 보였다. 11년 뒤 복원된 습지의 기저면적(basal area)은 1헥타르 당 8.3m²로 참조 삼림습지의 약 38%에 해당되었다.

표 8–2 1992~1996년까지 오하이오 중부의 완화습지에서 5년간의 모니터링 기간 동안 관찰된 새들

학 명	일반 명	1992	1993	1994	1995	1996
Agelaius phoeniceus	Red–winged blackbirds	×	×	×	×	
Aix sponsa	Wood duck					×
Anas discors	Blue–winged teal		×	×		
A. platyrhynchos	Mallard	×	×	×	×	×
Ardea herodias	Great blue heron		×	×	×	×
Bombycilla cedorum	Cedar waxwing		×			
Branata canadensis	Canada goose	×	×	×	×	×
Buteo jamaicensis	Red–tailed hawk		×	×	×	
Butorides virescens	Green heron			×	×	×
Cardinalis cardinalis	Northern cardinal		×	×	×	×
Cardoparus mexicanus	House finch					×
Casmerodius albus	Great egret		×			
Cathartes aura	Turkey vulture		×	×		
Chaetura plagica	Chimney swift					×
Charadrius vociferus	Killdeer		×			×
Circus cyaneus	Marsh hawk					×
Colaptes auratus	Common flicker					×
Corvus brachyrnchos	Crow		×	×		×
C. corax	Northern raven			×		
Cyanocitta cristata	Blue jay		×	×		×
Epidonax sp.	Epidonax flycatcher					×
Falco sparverius	American kestrel		×			
Fulica americana	American coots				×	×
Hirundo rustica	Barn swallow		×			×
Hirundo/ Iridoprocne	Swallows				×	
Iridoprocne bicolor	Tree swallow		×			×
Junco hyemalis	Northern junco					×
Lanius sp.	Shrike		×			
Larus delawarensis	Ring–billed gull		×			
Megaceryle alcyon	Belted kingfisher	×				×
Melospiza georgiana	Swamp sparrow	×	×	×		
M. melodia	Song sparrow			×	×	×
Parus bicolor	Tufted titmouse					×
Passerina cyanea	Indigo bunting					×
Philohela minor	Woodcock		×			
Quiscalus quiscalus	Common grackle	×				
Rallus limicola	Virginia rail		×			
Spinus tristis	American goldfinch			×	×	×
Sturnus vulgaris	European starling					×
Turdis migratorius	Robin		×		×	×
Zenaida macroura	Mourning doves	×	×	×		×
Total taxa observed[a]		6	23	16	12	27

[a]매년 조류 조사를 한 사람들이 달라, 해에 따라 판별기술의 차이가 있을 수 있다.

사례연구
플로리다 에버글레이드 습지의 복원

미국에서 가장 큰 습지 지역인 플로리다 에버글래이드 국립공원의 복원은 플로리다 남부의 460만 헥타르를 차지하는 키시미-오키초비-에버글레이드(Kissimmee-Okeechobee-Everglades : KOE) 세 지역에서 분리되어 계획, 수행되었다([그림 1-1] 참고). 미 육군공병단은 에버글래이드 복원에 80억 달러와 20년 이상의 시간이 필요할 것이라 계획했다. 에버글래이드의 문제는 다음과 같은 이유로 발생했다. (1) 주로 농업 유출수로부터의 오키초비호수와 애버글래이드로의 영양염 과부하, (2) 농업과 도시 발달로 인한 서식지 감소, (3) 원래 살던 종을 대신해 부들과 침입종, 외래종의 증가, (4) 미 공병단 또는 다른 기관이 홍수 피해 방지를 위해 만든 확장 수로와 직선화된 강 시스템이 유발한 수문학적 교체, 여러 수질 관리 담당 지역의 관리에 의한 수문학적 교체.

애버글래이드 국립공원의 복원은 또한 현재 우점하고 있는 저영양성의 참억새풀(*Cladium jamaicense*) 군집을 통해 고영양성 부들(*Typha domingensis*)의 퍼짐을 중단시켰다. 부들이 증식하는 중요한 이유는 유역에 있는 농업지역에서 나오는 과다한 인 때문인데, 농업 지역으로부터 나오는 인을 조절하기 위해 빗물 처리 지역(Stromwater treatment areas : STA)이라 불리는 16,000헥타르의 습지를 생성했다. 애버글래이드 영양염 제거 과제라 불리는 1500헥타르의 초기 형태 STA가 1994년 중기부터 진행되어왔다. 하류 습지의 부영양화로부터 피해를 막기 위한 습지 조성 및 복원의 개념을 갖는 이 실험의 초기 결과는 유망했다. 실험 습지의 유역의 인 농도가 지속적으로 $10\mu g$-P L^{-1} 아래로 줄었다.

● 습지를 이용한 하천유역 복원

서식지 복원을 위한 습지의 조성 및 복원과 수질 향상이나 홍수 조절을 위한 습지의 조성 및 복원의 경계는 불분명하다. 사실 대부분의 습지는 이러한 목적 중 2개 이상을 위해 조성, 복원된다. 예를 들면 걸프만의 중요한 해안 오염문제를 해결하기 위해 제안된 수백만 헥타르의 큰 규모의 습지와 강변숲 복원 및 생성이 있다(Mitsch et al., 2001; 아래 사례 연구 참조). 수질 향상을 위한 복원은 수질 향상뿐만 아니라 서식지 복원과 홍수 완화 같은 중요한 장점을 가지고 있다. 비슷한 습지/수역 복원들로 미국 동부의 체세픽(Chesapeake) 만과 스칸디나비아의 발틱해가 논의되고 있다.

사례연구
멕시코만의 빈산소 지대를 위한 해결책

용존 산소가 2ppm 이하인 심층수가 현재 160헥타르에서 200헥타르로 확장된 멕시코만의 루이지애나 해안에는 빈산소성 지역이 발달되어 있다(Rabalais et al., 1996, 1998, 개인적 의견교환 [그림 8-6] 참조). 질소, 특히 질산염–질소가 주원인인데 아마도 유입되는 질소의 80%는 300만 km²에 달하는 미시시피강 유역으로부터 유입되는 것이다(미국의 낮은 48개주 전체 면적의 48%에 해당하는 면적이다). 이런 저산소 지역의 해결은 매우 시급한데, 그 이유는 멕시코만 중심의 어업이 미국 전체 어장의 1/4을 차지하기 때문이다.

멕시코 만으로 가는 질소 흐름을 조절하기 위한 많은 접근 방법이 고려되고 있다. 그들 중 많은 수가 미국 중서부의 토지 이용 방안을 큰 규모로 바꾸는 내용을

그림 8–6 미 중부의 미시시피강 유역과 멕시코만의 일반적인 위치(Mitsch et al., 2001).

포함한다. 그 방법들로는 농업적인 방법(예를 들어, 비료사용 감소와 작물 재배법 변화), 점오염원의 3차 처리(생물적, 화학적, 물리적), 농지로부터 오는 비점오염원을 조절하기 위한 경관복원 하천과 심각주 복원 대기 중의 질소 산화물 조절이 있다. 미국의 중서부 농업에도 적은 영향을 끼치면서 성공할 높은 확률을 갖고 있는 접근법은 경관 복원이다. 멕시코만에 유입되는 질소를 충분히 줄이기 위한 탈질화를 제공하려면, 200만 헥타르의 습지 생성 또는 복원과 약 770만 헥타르의 유역 완충지가 필요하다고 제안된다(Mitsch et al., 1999, 2001). 멕시코만의 복원은 3%의 미시시피강 유역의 복원을 요구한다. 재미있게도 헤이(Hey)와 필리피(Phiilipi, 995)는 1993년 여름에 일어났었던 어마어마한 비용과 손실을 초래한 대홍수의 영향을 완화하기 위해서는 위에 언급한 것과 비슷한 습지복원이 요구된다고 밝힌 바 있다.

---

❽ 이탄지의 복원

이탄지 복원은 비교적 새로운 유형의 습지 복원이다. 이탄지에 대한 초기 복원 시도는 유럽, 특히 핀란드와 독일, 영국, 네덜란드에서 일어났다. 캐나다 및 그 외의 지역에서도 증가하고 있는 이탄 채취로 인해 이탄광산지 복원에 대한 관심이 높아져왔다. 이탄 표면 광산이 복원되지 않고 버려져 있을 때, 그 지역이 2차적인 천이를 통해 원래의 이끼가 주도하는 시스템으로 돌아올 확률은 극히 희박하다(Quinty and Rochefort, 1997). 복원이 성공적일 수 있다는 전망들은 있지만(Lavoie and Rochefort,1996; Wind-Mulder et al., 1996; Quinty and Rochefort, 1997; Price et al., 1998), (1) 지표탄광 활동은 그 지역의 수문에 대한 주요한 변화를 야기하며, (2) 이탄 축적은 엄청나게 느린 속도로 이루어지기에 복원이 진척을 이루는데는 몇 년이 아닌 수십년이 걸릴 것이다.

1960년대와 1970년대에는 퀘벡(Quebec)의 남부지방과 뉴브런스윅(New Brunswick)의 이탄 덩어리 수확(block harvesting)이 진공 수확으로 대체되었는데, 이는 거기에 맞춰 또 다른 방식의 광산복원 방법이 필요함을 뜻한다. 전통적으로 이탄을 블록으로 수확하는 방법은 흙무더기와 도랑 등 다양한 경관을 남기는 반면 진공 수확 방법은 배수로로 테두리를 둘러진 비교적 평평한 표면을 남긴다. 버려진 블록 모양으로 이탄을 수확하던 장소는 진공 수확을 하던 장소보다 비교적 쉽게 이탄 습지에 살던 종이 다시 자라는 것으로 보인다. 진공 수확을 하던 장소는 광업이 끝난 후 수십년이나 그 이상이 지난 후에도 벌거벗은 모양으로 남겨질 수 있다(Rochefort and Campeau, 1997).

8.4 습지조성 및 복원 기술

◉ 일반적 원칙들

습지 복원과 조성에 관여할 때는 다음 2가지의 일반 원칙에서 출발해야 한다.

1. 습지생태학과 그 주요 원칙들(예를 들어, 수문학, 생지화학, 생물적응 및 천이)에 대한 이해는 자연경관의 일부로 습지를 성공적으로 조성 및 복원하기 위해서 필수적이다.
2. 집중시킬 수 없는 자연의 에너지 흐름을 집중시키려, 혹은 바꾸려 하거나 경관이나 기후에 맞지 않는 생물종을 도입하려는 등의 과도한 엔지니어링 접근은 피해야 한다.

모든 습지의 조성과 복원의 경우에 있어 인간의 활동은 최대한 간소하고 자연경관이 가지는 경계 안에 머물러야 한다. 댐, 제방, 위어, 펌프 등에 의존하는 기술적인 접근 방법이 아닌 자연경관에 의해 생성된 습지의 모습 그대로 유지될 수 있도록 디자인해야 한다. 보울레(Boule, 1998)의 말처럼 "단순한 시스템은 자가 조절과 자기관리를 하는 경향이 있다". 습지의 복원과 조성에 적용되는 에코데크놀러지의 일반적 원칙들은 다음과 같다.

1. 최소 유지관리를 위한 자연 스스로의 디자인(self-design)에 의존한 설계를 하라.
2. 자연에너지를 활용하는 디자인을 하라.
3. 수문학적, 생태학적 경관, 기후에 맞는 시스템을 설계하라.
4. 다목적성을 지향하는 시스템을 설계하라, 그러나 하나 이상의 주요 콘셉트를 가지는 것이 중요하다.
5. 시스템에 시간을 충분히 주어라.
6. 형태가 아닌 기능을 위한 시스템을 디자인하라.
7. 직사각형 유역, 융통성 없는 구조와 수로들, 규칙적 형태 등 필요 이상으로 습지 디자인을 과도하게 설계하지 마라.

목표를 정하라

비점오염원의 조절, 야생생물의 서식지, 오수 처리 등을 위한 습지나, 습지들을 설계할 때 그 습지의 전반적인 목적들을 먼저 분명히 하고 시작해야 한다. 예를 들어, 습지는 생태계를 오래 지속시키고 효율적이며 비용이 가장 적게 들게 설계해야 한다. 또한 습지 생성과 복원의 목표 혹은 단계별 목표는 지역 선택 및 습지 설계가 되기 전에 먼저 결정되어야 한다. 만일 1개 이상의 여러 목표들이 선정됐다면, 그래도 그중 한 가지는 가장 주요한 목적으로 선택되어야 한다.

경관 속 어디에 습지를 복원해야 할까?

몇몇 사례에서, 특히 파괴된 서식지를 대체할 때 복원 및 조성습지를 경관 속 어디에 놓아야 하는 것에 대해서는 여러 가지 선택이 가능하다. 자연 상태에서 하천 또는 강의 범람에 의해 유지되는 강변습지의 설계는 강의 범람이 토사와 화학물질들을 습지에 계절적으로 공급할 수 있게 되어 있고 넘치는 물은 다시 그 강이나 하천으로 빠져 나가게 되어 있다([그림 8-7a] 참조). 하나의 강의 주요 부분을 따라서는 자연 혹은 종종 인공제방이 존재하기 때문에 최소한의 건설만으로 그런 습지를 조성하는 것이 가능하다. 그 조성습지는 범람으로 유입된 물과 토사를 붙잡고, 범람이 지나가면 물은 천천히 다시 강으로 빠져나갈 수 있게 디자인될 수 있다. 혹은 범람으로 유입된 물을 여닫이문을 제방에 설치해서 습지 내에 가둬지도록 디자인하는 것도 가능하다.

습지는 하천 자체에 여러 수문조절 장치들을 설치해 하천 내 시스템으로 혹은 하천의 한 지류의 물을 막음으로써 설계될 수 있다([그림 8-7b] 참조). 하천 전체를 막아두는 것은 오직 상류쪽에서만 가능한 일이며 이는 일반적으로 비용 측면에서 효과적이지도 않고 생태학적으로도 그다지 권장할 만하지 않다. 이런 디자인은 특히 범람시에 취약하고 그 안정성도 예측불가능하다. 그러나 한 가지 이런 디자인의 이점은 하천의 그 지점을 지나는 상당량의 물을 처리할 수(깨끗이 할 수) 있는 잠재성이 있다. 이런 디자인에서 수문조절 장치들과 지류의 유지는 상당한 관리를 요한다.

펌프에 의해 유지되는 강변습지는 수문학적으로 가장 예측하기 좋은 조건을 갖게 되지만 장비와 관리 면에서 큰 비용이 든다. 습지 건설의 주목적이 연구 프로그램을 만들어 향후 습지 건설에 필요한 디자인 매개변수들을 결정하기 위한 것이라면 펌프로 유지되는 습지도 좋은 디자인이다. 그러나 다른 목적이 중요하다면 큰 펌프를 사용하는 것은

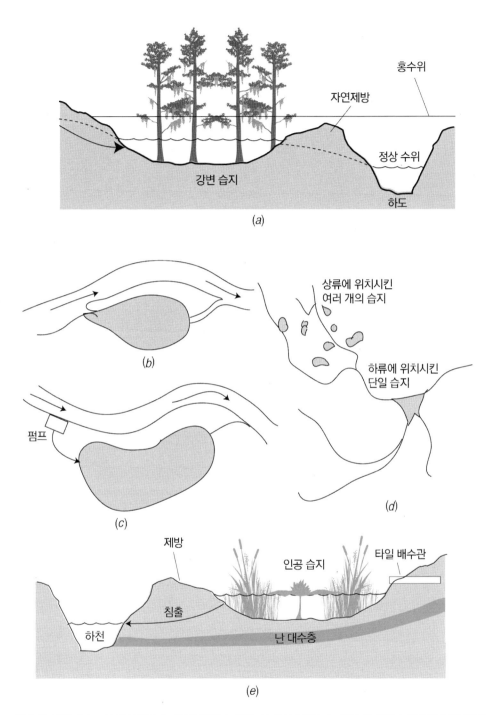

그림 8–7 강변에서 조성 및 복원된 습지들의 경관 속 위치. (a) 육상으로부터 지하수의 유입과 인접 강으로부터 연간 범람맥동을 받는 강변습지, (b) 자연범람으로 유지되는 강변습지, (c) 펌프로 유지되는 강변습지, (d) 여러 개로 이루어진 상류쪽 습지 대 하나의 큰 하류쪽 습지, (e) 타일 배수관을 통해 들어오는 지하수를 받는 습지(Mitsch and Gosselink, 2000, 저작권 2000, John Wiley and Sons의 허락 아래 재인쇄).

부적절하다. 작은 펌프들은 간혹 건기나 가뭄 때 강변인공습지를 유지하기 위해 사용될 수도 있다. 위에서 언급한 연구 목적으로 건설된 대표적인 2개의 강변습지는 일리노이 북동부에 위치한 데스플레인 강변습지(Des Plaines River, Sanville and Mitsch, 1994)와 오하이오 중부에 있는 올렌탄지 강변습지(Olentangy River, Mitsch et al., 1998)이다.

여러 개의 작은 습지를 소하천에 위치시키거나 수계 상류쪽의 도랑을 차단하는 것은, 하류쪽에 몇 개 되지 않는 면적이 큰 습지를 건설하는 것에 비해 장점이 있다([그림 8-7d] 참조). 범람 및 홍수를 저감하기 위한 습지의 유용성은 습지가 하류쪽으로 멀리 위치할수록 증가한다.

[그림 8-7e]는 농업 지역의 타일 배수관으로부터 나오는 물을 이용하기 위해 강변에 조성된 습지의 디자인을 보여준다. 하천 자체는 변경시키지 않고 조성된 습지가 하천의 작은 지류들이나 소웅덩이들, 또한 배수타일로부터 물과 토사, 영양염류 등을 받는다. 타일배수로들의 위치가 확인되고, 손상되거나 상류에서 막혀 강의 지류들로 물이 방출되지 않는다면 타일배수로의 경로를 살짝 바꾸어 습지에 물을 공급하는 수로로 사용하는 것도 가능하다. 종종 타일배수로는 농경지로부터 질산염질소와 같은 높은 화학물질 농도를 가진 물을 운반하기 때문에 위에서 설명한 유형의 습지들은 농지가 주변 경관에서 필요한 서식처를 조성하면서도 일정 형태의 비점오염원을 통제하는 유용한 수단이 될 것이다.

● 부지 선정

습지복원 및 조성 부지 선정을 결정하는 데는 여러 개의 중요한 요인들이 결정적인 역할을 한다. 부지에 대한 목표가 정해졌을 때, 그 부지는 복원 및 조성 목적을 최대한 달성하면서 공사비용이 적절할 수 있는 곳이어야 하며, 복원된 시스템은 일반적으로 예측할 수 있는 방향으로 진행되어야 하고 장기적인 유지비용이 너무 많이 들지 않아야 한다. 부지 선정의 결정 요인들은 다음과 같다.

1. 습지복원은 일반적으로 습지 조성보다 실현 가능성이 높다.
2. 주변 땅의 사용 및 미래계획을 고려해야 한다.
3. 습지의 부지에 대한 세부적인 수문 연구를 진행해야 하며, 여기에는 복원 혹은 조성될 습지와 지하수의 잠재적인 상호작용에 대한 계산이 포함되어야 한다.

4. 자연적인 범람이 잦은 곳에 부지를 선정해야 한다.

5. 토양의 투수성, 토성, 층위학 등을 세세하게 점검하고 특징들을 파악해야 한다.

6. 선정된 부지의 수질에 영향을 줄 수 있는 토양, 지하수, 지표수, 범람 하천 및 강, 조수 등의 화학분석들이 이루어져야 한다.

7. 부지와 부지에 인접한 곳에 있는 종자은행(seed banks)의 생존능력과 그들의 여러 수문조건에 대한 반응을 평가해야 한다.

8. 필수적으로 들어가는 땅 복토재들과 종자, 식재용 식물들이 충분한지, 또한 사회 기반시설(도로와 전기 등)에 대한 접근은 좋은지를 확인해야 한다.

9. 땅에 대한 소유권과 가격을 결정해야 한다.

10. 야생동물과 어업의 향상을 위해서는 습지가 철새 이동통로나 물고기의 산란길 등의 생태통로에 닿아 있는지를 결정해야 한다.

11. 부지의 접근성에 대해 평가해야 한다.

12. 부지가 목표한 것에 부합되도록 충분히 확보되어 있는지 확인해야 한다.

◉ 적절한 수문을 조성하고 유지하는 일

습지의 복원과 조성의 핵심은 적절한 수문 조건을 만드는 일이다. 지하수의 유입은 예측 가능하며 계절적인 수원의 영향을 덜 받기 때문에 종종 바람직하게 여겨진다. 강과 연결된 습지는 계절적인 범람 패턴을 갖는다. 물론 이러한 습지는 범람이 없는 장기간 동안 마를 수 있다. 땅위를 흐르는 빗물(유거수)과 하위 물줄기로부터의 흐름은 어느 정도 예측가능하다. 또한 종종 습지는 고립된 상태로 형성되어 있기 때문에 모기들의 성장 시기를 향상시켜 줄 수 있다. 그렇기 때문에 습지의 설계는 신중하게 고려되어야 한다. 습지의 생존을 위해 수문학이 유지되는 것은 최고의 습지를 만들기 위해 일반적으로 고려되어야 할 사항이다. 그러나 타일배수 체계, 배수로, 강 하부 굴착들 때문에 종종 지역 수문학은 이전 상태와는 다르게 변할 수 있다. 대부분의 생물학자들은 수문학의 상태를 추정하는데 어려움이 있다고 하며, 엔지니어들은 종종 과도한 기술제어 구조들은 상당한 유지 기간이 필요하고, 지속가능하지 않다고 한다.

습지는 경관에 부분적으로 파여져 있는 부분을 둘러싸는 제방을 만들거나 제방 건설 없이 땅을 움푹 파서 웅덩이를 만듦으로서 건설된다. 습지복원이나 조성에 드는 큰 비용은 종종 땅을 굴착하는데 발생하므로 만약 제방을 형성하기 위해 굴착해 파낸 흙을 사용

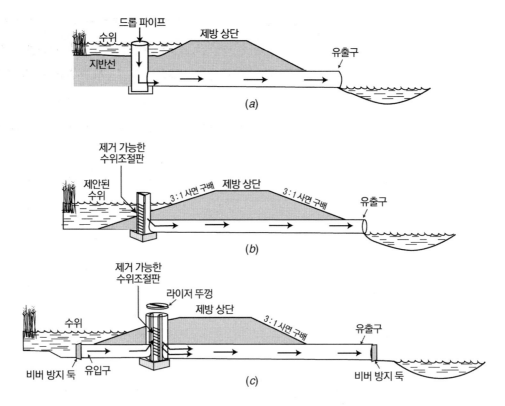

그림 8-8 조성 및 복원된 습지를 위한 통제시스템 디자인. (a) 드롭파이프, (b) 플래쉬보드 라이저, (c) 전체 둥근형 라이저(Massey, 2000로부터 다시 그려짐).

한다면 "많은 돈을 절약할 수 있다"고 건설 공사자들은 말한다. 하지만 세계적으로 제방은 누출 위험 가능성이 크고 사향쥐와 같은 굴을 파는 동물들과 함께 문제시 될 수도 있으므로 제방을 짓는 것 자체가 좋은 생각은 아니다.

습지의 유출수 부분에는 보통 어떤 형식의 제어구조가 종종 필요하다. 그 조절 장치가 습지에서 나가는 물을 조절하는 것이다. 3가지 이러한 장치들을 [그림 8-8]에서 보여준다. (1) 관낙차공 , (2) 수량 조절용 판자, (3) 관낙차공과 저수량 조절용판자의 조합이다. 이것들은 장점과 단점이 있다(Massey, 2000). 관낙차공은 가장 적은 신축성을 가지고 있으나 수위의 조작을 허락하지 않는다. 수량 조절용판자는 더욱 유연하게 수위를 조절할 수 있지만 쉽게 파손될 수 있다. 관낙차공과 저수량 조절용 판자의 조합은 조금 더 안전하며 비버들(beavers)의 통제에 더 용이하지만 비용이 많이 든다.

2가지 조절 장치의 모델은 습지복원이나 습지가 만들어진 곳에서 수위를 유지하는데 사용되며 [그림 8-9]에 나타나 있다. 이러한 2가지 경우의 유출 라이저는 수위에 따라 이동할 수 있는 수위조절장치를 통해 수위 변경이 가능하다. 이러한 여러 장치들은 습지의 수문학에 대한 정확한 정보가 없는 곳에서 사용할 수 있다. 그러나 이러한 타입의 조절 장치들은 몇 가지 문제를 가지고 있다. 식물 잔해의 제거와 수위 조절 장치를 다시 재정비해야 하는 것들이다. 또한 일부사람들이 재미삼아 수위조절장치를 훼손하기도 한다. 라이저와 같은 조절장치들은 비버와 같은 자연의 생태 엔지니어가 쇄석댐을 만들어 수문을 변경시킬 수 있는 곳이기도 하다. 이 경우 수위가 1m 혹은 그 이상 증가해 극적으로 식생 패턴이 변할 수도 있다는 것이다.

습지설계에 있어 최선의 상황은 지역의 지형 자체가 아무런 제어 장치 없이 조성 혹은 복원될 습지가 자연적으로 주변 강이나 하천에 의해 범람될 수 있는 상황이다. 그러나 이러한 경우는 매우 드물다. 믿을 만한 수자원으로 지하수는 지표수보다 계절적으로 수위 유지에 안정적이다. 또한 지하수가 흐르는 습지는 일정하게 더 나은 수질을 가지며, 일반적으로 침전물(궁극적으로 습지를 메워버릴)의 양도 훨씬 적다.

❂ 토양분석

종종 인공습지를 조성하고 복원하기 위해 부지를 선택할 때, 그 땅 소유주에 의해 제한을 받게 된다. 만약 지역이 선택되었다면 과거 습지였던 '습윤토양'에 습지를 복원하는 것이 일반토양에 복원하는 것보다 훨씬 선호된다.

습윤토양은 확실한 색과 화학적 패턴을 나타내는데 그것은 오랜 기간 범람되어 있음에 따라 혐기성 상태로 있었기 때문이다. 광물 습윤토양의 색은 대부분 검은데, 그 이유는 철(iron)과 망간 성분이 환원되어 용존 형태로 바뀌어 토양에서 침출되어 버렸기 때문이다. 대부분의 경우 습윤토양 위에 습지를 개발할 경우에는 3가지 이점이 있다.

1. 습윤토양은 그 지역이 여전히 수문학적으로 복원되어질 수 있다는 것을 나타낸다.
2. 습윤토양은 그 토양에서 자라는 습지식물의 종자은행 역할을 할 수 있다.
3. 습윤토양은 화학적으로 여러 습지의 생지화학 과정들을 향상시키기에 적합하다. 예를 들어, 광물습윤토양은 보통 건조한 광물토양에 비해 높은 유기탄소를 가지고 있다. 이 토양 탄소는 탈질소작용과 메탄올 생성과 같은 생지화학적 습지과정들을 활발하게 해준다.

(a)

그림 8–9 습지에 설치된 수문조절 장치로 (a) 플래쉬보드 라이저

　　그렇지 않고, 그냥 마른토양에 습지를 조성하는 것도 확실히 가능하다. 그리고 오랜
시간이 지나면 범람을 통해 습지가 되어가면서 그 토양들도 높은 유기탄소함량이나 종
자은행과 같은 습윤토양의 특성들이 발달할 것이다. 육상토양이 이러한 상태로 발전하
기 위해 얼마나 오랜 기간이 걸릴지는 알려져 있지 않다. 토양의 종류와 수문조건에 따
라 10년 또는 한 세기 이상이 걸릴 수도 있다.

　　올렌타지 습지에서의 연구에 따르면 습윤토양의 조건이 되는 특성들이 계속되어지는

(b)

그림 8-9 (b) 물의 흐름이 많을 때는 물이 넘쳐 흐를 수 있는 콘크리트로 된 직사각형 위어박스

범람에 의해 불과 습지조성 2년 후부터 나타나기 시작했다([그림 8-3] 참조). 조성된 습지의 토양이 첫 번째 침수가 되기 전에 나타냈던 대부분의 색상(hue)은 밝은 노란 및 주황색(10YR)을 띠었으며, 토양색상의 명도/채도는 3/3~3/4 사이였다. 3에서 4의 채도는 습기가 없는 토양을 나타낸다. 침수 후 약 18개월인 1995년에 3 또는 그 미만의 채도가 일반적으로 나타났다(중앙값=3/2). 지표쪽 토양 샘플에서 평균값은 3/2였고, 아래쪽 토양의 샘플 중앙값은 4/2였다. 침수가 시작된 후 2년이 되는 해인 1996년의 채도는 꾸준하게 2 또는 그 이하를 나타냈다.

육상토양에 습지를 조성할 경우에 종자은행 역할의 부재로 식물 군집의 다양성 개발이 허용되지 않고 대신 부들로만 가득 찬 습지가 되고 만다는 주장들이 제기되어 왔다. 이것은 습지로 전환된 일반 육상지들이 전환 전까지 종종 많은 해 동안 농경지로 이용되어온 탓에 영양염이 고농도로 존재하기 때문이다. 높은 영양 상태는 결국 높은 생산량과

표 8-3 1992~1999년까지 올렌탄지 습지연구공원에 조성된 습지의 토양색도. 채도값(두 번째 숫자)이 2이거나 2보다 낮으면 일반적으로 습지토양으로 간주된다.

연 도	토양 색도 명도/채도
1993 (물을 들이기 전)	3/3~3/4
1994 (1994년 3월 범람을 시작함)	3/3~4/3
1995	3/2~4/3
1996	3/2
1997	2/2~3/3
1998	3/2
1999	3/2

출처 : Data from Deshmukh and Mitsch (2000).
[a]채도 값이 2 이하이면 일반적으로 습지 토양 조건임을 나타낸다.

낮은 다양성을 가진 시스템으로 귀결되기 마련이다. 다시 말해 습지 복원과 조성에서 습윤 토양을 이용하는 주된 이점은 습윤토양이 습지복원에 적합한 수문학적 상태의 지표라는 점이다.

⊛ 식생도입

궁극적으로 유지관리를 적게 할 수 있는 습지를 개발하기 위해서는 습지의 자연적 천이가 이루어지도록 유도하는 것이 필요하다. 그러기 위한 최선의 전략은 가능한 많은 자생종들을 식생이나 파종을 통해 도입해, 자연적인 절차들이 스스로 종들과 군집들을 시간이 감에 따라 솎아내게 하는 것이다. 이러한 접근 방법에 의해 조성 혹은 복원된 습지를 소위 *자기설계습지(self-design wetland)*라 한다. 예를 들어, 초기에는 잡초를 제거하는 등의 약간의 도움을 필요로 하지만 궁극적으로 이런 시스템은 그 스스로의 천이 패턴을 가지고 생존해 나간다. 다른 접근방식으로는 소위 *설계자습지(designer wetlands)*라 불리는 방법이 있는데 이는 특정한 식물을 습지에 심어보고, 그 식물의 성공 또는 실패 여부를 그 습지의 성공 및 실패 지표로 삼는 방법이다.

습지를 조성하고 복원하기 위해 도입하는 식물종들은 위에서 설명한 설계 특성들뿐만 아니라 습지 조성의 목적, 지역, 기후까지 고려해 적용해야 한다. 담수 초본습지에 사용되는 일반적인 식물들은 부들류(*Typha* spp.) 및 사초과 식물들(*Carex* spp., *Scirpus* spp., *Schoeno plectus* spp.)과, 수련(*Nymphaea* spp.) 및 황수련(*Nuphar* spp.) 등과 같은 부유 수생식물이다. 침수식물들은 습지설계에 흔하게 사용되지는 않으며 종종 초기 습지 발전 단계에서 조류 성장이나 탁도로 인해 성장이 저해된다. 산림습지의 복원과 조성은 보통 묘목의 식재를 포함한다. 하지만 산림습지의 경우 나무가 자라는데 많은 시간이 걸리므로 식재가 성공적이었는지를 가늠하는데 수십년이 걸리기도 한다.

습지 설계의 중요한 일반적 고려사항은 초기의 파종이나 식재로부터 자연적으로 습지가 성장하게 할 것인지, 아니면 지속적으로 원하는 식물종을 위한 원에 선정 및 관리가 계속될 것인지이다. 오덤(Odum, 1987)은 많은 담수습지의 경우 야생동물에게 가치가 높은 식물을 식재하는 것은 큰 시간적 낭비라고 주장하면서, 비록 그다지 매력적인 식물종은 아니더라도 교란식물종을 그대로 자라게 그냥 놔두는 것이 좋다고 했다. 레이나르츠(Reinartz)와 와른(Warne)은 식물군집이 형성되어가는 방식은 그 완화습지의 다양성과 가치에 영향을 줄 수 있다는 것을 발견했다. 그들의 연구는 초기에 다양한 식물을 도입하는 것이 조성습지의 장기적 식생 다양성을 증진시킬 것으로 보았다.

이 연구는 위스콘신 남동쪽에 있는 11개의 조성습지에 있는 식물의 자연적인 발달을 검토했는데, 연구에 사용된 그 습지들은 크기가 작고, 고립되어 있는 저지형 습지들이었다. 2년에 걸친 식물 조사가 조성된 지 1~3년 된 습지들에서 이루어졌다. 식물발달은 5개의, 22개 종의 식물이 파종된, 습지들과 비교연구되었다. 자연적인 식물발달이 이루어진 습지들에서는 식물 다양성과 종 풍부도가 습지의 나이, 크기, 이웃한 습지에 가까울수록 증가했다. 자연식생 발달이 이루어진 습지에서는 조성 1년 후 부들의 전체 식생 중 비율이 15% 정도 되었고, 조성 후 3년이 지난 습지에서는 55%까지 증가해 습지가 시간이 감에 따라 단종화되는 경향을 보였다. 그러나 식재가 된 조성습지에서는 2년이 지난 후에도 높은 다양성과 풍부도를 유지하고 있었다. 이 식재된 습지들에서 2년 후 부들이 전체 식생피복도에서 차지하는 비율은 자연적으로 식생발달이 이루어진 습지에서보다 훨씬 낮았다.

식재가 습지 발달에 가지는 효과에 대한 연구는 다년간 오하이오 주립대학의 올렌탄지 습지연구공원에서 이루어졌다(바로 다음에 나오는 사례연구에 상세히 나온다). 이 연구는 10여년이 넘게(2011년 기준으로 거의 20년째−옮긴이) 진행되고 있는데, 처음에 식재가 이루어진 한 습지와 바로 옆에 식재가 이루어지지 않은 같은 크기 및 형태의 또다른 습지가 시간이 감에 따라 발달된 습지의 기능에 있어 분명한 차이를 보여주고 있다. 이 차이의 원인을 초기 식재의 효과로 분석할 수 있다.

⬦ 외래종 및 바람직하지 않은 식물 구분하기

어떤 상황에서 식물들은 보기 좋은 외관이나 야생동물에의 가치에 따라 바람직한 혹은 그렇지 않은 식물로 나눠진다. 갈대(*Phragmites australis*)는 종종 유럽의 인공습지에서 선호되나, 현재는 유럽의 호수와 연못 근처의 습지에서의 많은 고사로 인해 걱정거리이다. 하지만 갈대는 북미 동북부의 대부분 지역에서 위치한 연안담수 및 반염수습지에서는 골칫거리인 침입종으로 여겨진다. 어떤 식물들은 공격적인 경쟁식물인 탓에 습지에서 기피된다. 많은 열대 및 아열대 지방에서는 부유식물인 부레옥잠(*Eichhornia crassipes*) 과 악어잡초(*Alternanthera philoxeroides*)가 원하지 않는 식물로 분류되고, 북미의 동북부, 특히 오대호 연안에서는 새로운 식물종인 털부처꽃(*Lythrum salicaria*)이 습지에서 바람직하지 않은 외래식물종으로 여겨진다.

미국 전체로 볼 때 부들은 어떤 이들에게는 최고의 식물로 간주되고 또 다른 이들에게는 나쁜 식물로 경멸당하는데, 이는 이 식물이 빠른 번식력을 가지고 있지만 야생동물에게는 별 가치가 없다는 데에서 기인한다. 세계의 다른 곳에서는, 부들은 복원된 습지에서 완벽하게 받아들여질 수 있는 식물로 생각된다. 또한 뉴질랜드에서는 여러 종류의 버드나무가 초본형습지 및 다른 형태의 습지를 침략하고 있어 이를 박멸하려는 프로그램이 흔하게 진행되고 있다.

사례연구
올렌탄지강 습지의 식재실험

오하이오 중부에 위치한 올렌탄지강 습지연구공원에서 이루어진 다년간의 연구에서([그림 8-10] 참조) 미치 등(1998)은 영양염류가 풍부한 하천수가 유입되는 1헥타르 면적의 한 인공습지에 13종의 미 중서부 지역을 대표하는 수종의 식생을 식재했다. 똑같은 면적이며 수문학적으로 동일한 또 하나의 습지에는 아무것도 식재하지 않고 대조군으로 두었다. 3년 후 두 습지에서 비슷한 양상으로 큰고랭이가 우점했고 식생 패턴으로 볼 때 유사하다고 판단되었다. 3년 동안 인공 식재한 습지와 식재하지 않은 습지 모두에서 16개 생태 지표(생물학적 지표 8개, 생물리화학적 지표 8개) 중 거의 대부분이 발견되었다([그림 8-11] 참조).

습지 조성 후 2년째 되는 해에는 인공 식재 습지에는 식재하지 않은 습지보다

(a)

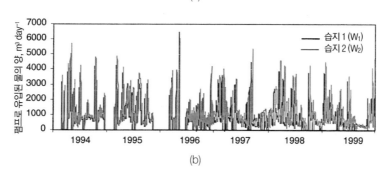

(b)

그림 8-10 (a) 오하이오 주립대학의 올렌탄지 습지연구공원의 소로, 마주보고 있는 1헥타르 크기의 실험용 습지 (1999년에 찍힌 것이며, 식재를 한 지 6년 후다). 식재를 한 습지가 W1으로 사진에서 오른쪽이며, 식재를 하지 않은 습지 W2가 왼쪽이다. (b) 실험의 첫 6년 동안 펌프로 유입된, 강으로부터 습지로의 물의 흐름. 물의 흐름은 통계적으로 두 습지에 첫 6년 동안 똑같았다.

더 많은 식생이 존재했으며, 오직 12%의 지표들만이 비슷한 것으로 나타났다. 3년 이후에도 계속된 연구 결과에 따르면 두 습지는 여전히 비슷한 식생과 식생 면적을 가지는 것으로 나타났다. 즉, 두 습지 모두 식생으로 덮였다. 두 습지가 여러 면에서 서로 같아진 듯 보였다. 그러나 6년 후, 식재된 습지에서는 여러 식생 군집이 지속적으로 유지되었으나 식재되지 않은 습지에서는 부들의 단종화가 나타났다([그림 8-12] 참조). 따라서 식재를 한 지 6년이 지난 후에도 식재의 효과가 여전히 유효함이 발견된 것이다. 식재된 습지는 흑삼릉(*Sparganium eurycarpum*), 매자기(*Scirpus fluviatilis*), 부들류(*Typha* spp.), 스파타이나(*Spartina pectinata*) 등의 군집과 함께 초본식생의 공간적 다양성이 높았다.

이 연구는 4장에서 설명한 높은 생산성의 생태계가 종종 낮은 생산성의 생태계보다 다양성이 낮을 수 있다는 것을 나타낸다([그림 8-13] 참조). 각각의 습지는 6

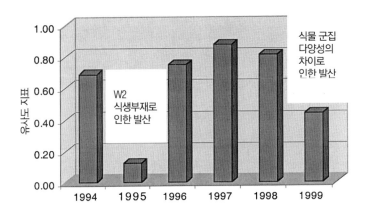

그림 8–11 올렌탄지 연구공원의 두 실험습지(식재하고, 식재하지 않은 두 습지)의 유사성이 6년간 16개의 기능적 지표들을 이용하고 추정된 것이다. 이 기능적 지표들에는 식물생산성, 수질화학, 영양염 저감, 저서무척추 동물의 다양성이 포함되어 있다. 초기 2년차에는 두 습지가 서로 다른 방향으로 갈라져 발달해 나가다가(한쪽 습지에 식재가 되지 않은 이유로), 서로 비슷하게 수렴해간다. 그러다가 다시 달라져 가는 것(식물군집 다양성의 차이에 기인해)에 주목할 필요가 있다.

년 동안 영양염이 풍부한 동일한 하천수가 유입되었다. 식재된 습지는 비록 생산성은 낮았으나, 다양한 식생 군집이 분포했다. 식재되지 않은 습지는 부들로 뒤덮인 단종화한 습지가 되었으나 생산성이 식재된 습지에 비해 50%나 높았다.

전반적으로 6년 후 두 습지 사이에는 초기의 식재 여부에 의한 것으로 여길 수 있는 기능적 차이가 있었다([그림 8-14] 참조). 식재된 습지는 생산성이 높은 부들이 자연적으로 우점하는 곳에만 제한적으로 분포해 6년째에 지상부 생산성이 식재되지 않은 습지보다 43%나 낮았으나 다양성은 높았다. 식재된 습지에서는 지상부 생물량이 낮음에 따라 더 많은 광량이 수면에 다다랐고, 광합성으로 인해 더 많은 용존산소를 발생시켰다. 용존산소가 높은 수생태계는 어류(대부분 *Lepomis* sp.)가 선호했다. 반면 초본 바이오매스가 더 높았던, 식재하지 않은 습지에서는 사향쥐의 개체수가 높았으며(Higgins, 2002) 수중 1차생산성이 낮았고, 따라서 용존산소가 낮았다. 이러한 곳에서는 양서류(대부분 황소개구리)의 개체수와 생체량이 높았으며, 뱀의 개체수가 높았다. 반면 어류의 생체량은 낮았다(Gifford, 2002).

식재는 이렇듯 습지생태계에 영향을 끼친다. 그러나 식재할지 말지에 대한 결정은 그 습지의 원래 목적이 무엇이냐에 달려 있다. 만약 다양성을 지향한다면 식재가 적절할 것이다. 만약 생산성을 기대한다면 식재는 불필요할지 모른다. 습지 조성에서의 식재는 생태계 기능에 장기적인 영향을 끼친다.

⑧ 식재기술들

식생은 뿌리, 근경, 괴경, 묘목, 식생 자체의 이식을 통해, 상업적으로나 아니면 다른 습지에서 얻은 종자를 통해, 근처의 습지에서 종자가 들어 있는 토양을 옮김으로써, 혹은 그 습지와 인근 지역의 종자은행에 의존해서 이루어질 수 있다. 만약 종자은행에 의존하기보다 식재를 고려한다면 묘상에서 얻은 것보다는 야생의 것을 쓰는 것이 바람직하다. 이는 야생에서 자란 것들이 일반적으로 인공습지에서 실제 맞이하게 될 환경 조건에 더 잘 적응되어 있는 것들이기 때문이다.

식생은 가능한 한 근처에서 채취한 뒤 36시간 이내에 식재하는 것이 바람직하다. 만약 묘상의 식생을 구입해 쓴다면, 같은 기후환경에서 자란 것을 특급우편으로 배달시켜야 한다. 브라운(Brown, 1987)은 초본형습지에 식재를 할 경우 빠른 정착과 적절한 종자원

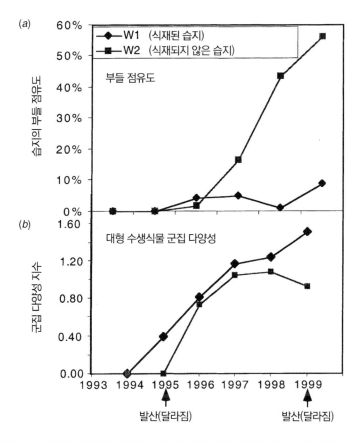

그림 8-12 올렌탄지 습지연구공원의 두 실험습지에서 6년간 대형수행식물의 추이. (a) 부들에 의한 덮혀진 습지면적의 백분율, (b) 두 습지의 군집다양성지수(CDI). 1999년 6년째 되는 해에 두 습지의 다양성이 서로 달라지는 것에 주목하라.

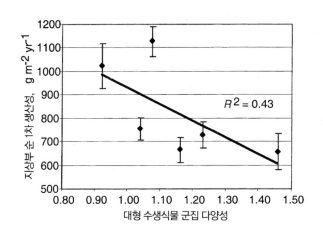

그림 8-13 두 습지의 1997~1999년 사이의 순 1차생산성 대 군집 다양성.

으로서, 그리고 부들과의 경쟁에서의 효율성을 확보하기 위해 충분한 밀도로 식재를 해야 한다고 제안했다. 이는 1헥타르당 2000~5000개까지의 식물 도입을 의미할 수 있다.

정수식물을 식재할 때에는 최소한 20~30cm 길이의 줄기를 가진 식생이 추천됐으며, 식물 전체나 근경, 외경을 통한 식재가 종자보다 활착률이 높았다. 온대 기후에서는 몇몇 식생의 경우 가을과 봄의 식재는 고려될 수 있으며, 일반적으로 봄철의 식재가 성공률이 높다. 왜냐하면 봄은 겨울철 이주 동물에 의한 초식과, 얼음에 의한 새 식물의 피해를 최소화할 수 있는 시기이기 때문이다. 또한 냉해를 최소화한다. 기존 습지에서 채취한 직경 8~10cm 플러그나 코어를 이식하는 것도 성공적으로 쓰인 기술 중에 하나로, 다양한 습지 식생의 씨앗, 줄기, 뿌리 등을 새롭게 복원하거나 조성된 습지에 도입시킬 수 있는 방법이다.

만약 씨앗이나 종자은행이 쓰인다면 몇 가지 주의해야 할 점이 있다. 종자은행의 경우 씨앗의 활착력과 수종이 평가되어야 한다. 인공습지와 비슷한 수문학적 환경을 가진, 가까운 곳에 있는 습지의 종자은행을 사용하는 것이 인공습지의 습지 식생을 발달시키는 데 효율적인 방법이다. 종자은행 식재는 사초과, 보풀, 매자기, 부들 등 다양한 식생에 있어 성공적이었다. 다만 종자은행을 채취한 습지의 파괴 여부도 고려되어야 한다.

만약 습지에 식재를 하기 위해 씨앗을 직접적으로 사용한다면 씨앗이 충분히 발아될 정도로 성숙했을 때 채취되어야 한다. 상용씨앗이 쓰인다면 그것의 순도가 평가되어야 한다. 씨앗은 상용 드릴을 통해 혹은 지표면, 수면, 상공에서 살포할 수 있다. 씨앗 살포는 습지에 지표수가 거의 없을 때 가장 효율적인 방법이 될 수 있다.

8.5 성공 평가

조성습지나 대체습지 혹은 훼손된 자연습지의 상실된 기능을 대체하기 위해 조성된 완화습지의 경우에도 성공 여부를 판단하는데 있어 만족할 만한 방법은 그리 많지 않다. [그림 3-6]은 대체습지에서 성공 여부를 어떻게 평가해야 하는지에 대한 이론적인 방법이 묘사되어 있다. 법적인 측면에서 성공은 손실한 습지와 대체습지의 기능 및 면적과의 비교를 수반한다. 반면 생태적인 측면에서의 성공은 대체습지와 참고습지(같은 조건에서 비슷한 유형의 자연습지 혹은 그 지역 습지의 기능에 있어 '표준'이 될 수 있는 습지)와의 비교를 수반한다(Wilson and Mitsch, 1996). 대체로 성공은 법적인 비교와 생태적 비교와의 결합을 통해 판단될 수 있다. 비록 이 모델은 이상적인 성공 평가를 나타내지만 실제로 성공 평가에 있어 두 방법을 다 사용하는 일은 아직 드물다.

● 성공을 위한 디자인

습지 조성 및 복원에서 성공사례는 분명히 있다. 그러나 한편으로는 기대에 부합하기에는 실패의 경우가 훨씬 더 많다. 어떤 경우, 멸종위기 종의 서식지를 매우 도시화된 환경 내에 만드는 것과 같이 기대 목표 자체가 이치에 맞지 않을 경우도 있었다(Malakoff, 1998). 이러한 경우라면 원래 습지 자체가 손실되지 않았어야 하는 경우다. 만약 기대가 생태학적으로 합리적이라면 습지는 조성 및 복원될 수 있고, 습지의 기능도 대체될 수 있다는 낙관론이 있다. 이제까지의 기록으로 봐서 성공 사례가 드물게 나타난 것은 3가지 요인을 꼽을 수 있다.

(1) 습지를 건설하는 사람들이 습지의 기능에 대한 이해가 거의 없다는 것, (2) 건설된 습지가 충분히 성장해 나가기에는 턱없이 모자란 시간(5년 안에 훼손된 자연습지처럼 복원되어야 하는 점), (3) 자연이 스스로 생태계를 디자인해 나가는 능력에 대한 인식 부족 및 과소평가이다(Mitsch and Wilson, 1996).

습지를 조성 및 복원하기 위해서는 습지에 대한 충분한 이해가 필요한데, 여기에는 식생, 토양, 야생동물, 수문학, 수질, 공학 분야에서의 상당한 수준의 훈련이 요구된다. 담수 습지 복원과 같은 대체습지 프로젝트는 성공이 명백해지기 전까지 5년이 아닌 15~20년 이상의 충분한 시간을 요구한다. 산림습지, 연안습지, 이탄습지의 조성과 복원은 그보다 더 많은 시간을 요구할 수 있다. 이탄습지 복원은 심지어 수십년 이상 걸릴 수 있으

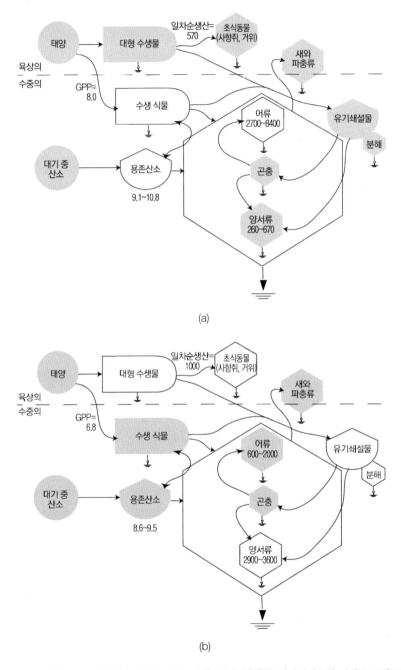

그림 8–14 (a) 식재되고, (b) 식재되지 않은 습지의 6년 후 에너지흐름을 에너지시스템 언어로 그린 그림. 투명한 기호들은 각 습지에서 식재나 자연적인 식생의 도입의 결과로 두드러진 요소들을 보여준다. 순 1차생산성은 연중 m² 당 건중량(g-dry wt m^{-2} yr^{-1})으로 표시되었고, 수중 총 1차 생산은 일간 m² 당 생산된 산소의 무게(g-O$_2$ m^{-2} day^{-1})로 표시되었다. 용존산소는 1999~2000년 사이의 연간 평균값을 1리터의 물에 녹아 있는 무게를 mg L^{-1}으로 표시했다. 2000~2001년 동안 추정된 어류와 양서류 개체군의 추정치는 1헥타르당 개체수로 표시했다(Mitsch et al., work in progress; Gifford, 2002; Higgins, 2002).

며, 산림습지는 일반적으로 평생의 시간이 걸리기도 한다.

우리가 가장 중요하게 인식해야 할 것은 자연이 자기설계, 생태계 발달과 유지의 총지휘관이라는 것이다 인간이 이러한 과정의 유일한 참여자가 아니라는 것이다. 때때로 우리는 성공적인 생태계 복원과 조성을 위해 필요한 자기설계(self-design)와 걸리는 시간을 '어머니 자연과 아버지 시간'이라는 말로 대신한다(Mitsch and Wilson, 1996; Mitsch et al., 1998).

습지과학은 지속적으로 습지의 성공을 예측하는 것에 대한 불확실성을 줄이는데 큰 기여를 할 것이다. 습지 조성과 복원은 이론적 토대 없는 기술만이 아닌 응용 생태과학의 한 분야가 되어야 한다. 과학자는 정량적이고 주의깊게 디자인된 실험들을 통해 식생 밀도나 다양성과 같은 구조들과 생산성, 야생식물의 이용, 유기퇴적물이나 영양염 처리 등과 같은 기능들 사이의 연결을 만들어나가야 한다. 공학자나 관리자들은 자기설계 역할과 지속가능한 구조들의 역할이 강조되는 시스템을 설계하는 것이 장기적으로 볼 때 엄청나게 관리를 요하는 시스템보다 생태학적으로 적합하다는 것을 인식해야 한다.

⑧ 성공적인 습지조성 및 복원을 위한 원칙들의 정리

플로리다의 습지 전문가인 로빈 루이스(Robin Lewis)와 케빈 어윈(Kevin Erwin)은 세계 곳곳에 지난 50여년 간 습지를 복원하고 조성해온 경험을 가지고 있다. 그들은 경험에 근거해 15가지의 주요한 권고 사항(Lewis et al., 1995)을 제시했다. 이는 효과적인 습지의 복원 조성에서 적용될 수 있는 원칙과 지침들이다.

1. 습지 조성과 복원에 대한 제안서는 매우 조심스럽게 검토되어야 한다. 특히 자연 습지 훼손에 대한 허가증을 얻기 위해 자연계를 복원하거나 재조성할 때는 더욱 그렇다.
2. 프로젝트의 모든 단계에서 다양한 학문 분야 전문가들에 의한 계획 및 감독이 필요하다.
3. 지역에 적합한, 측정 가능하며 명확한 목표가 세워져야 한다.
4. 미리 성공가능성을 평가하는데 도움이 될 수 있게 프로젝트의 모든 단계에 대한 상세한 계획이 준비되어야 한다.
5. 만약 프로젝트 중 습지가 훼손된다면, 그러한 변화가 생기기 전에 원래의 습지에서 그곳에 특화된 연구가 수행되어야 한다.

6. 디자인에 있어 특히 습지 수문학에 대한 신중한 주의가 필요하다.

7. 일반적으로 습지는 스스로 유지되는 시스템 및 경관 속에서 영속적이도록 설계되어야 한다.

8. 습지를 설계할 때는 그 습지의 수계, 수원, 그 수계의 다른 습지들, 인접한 육상 및 수심이 깊은 서식처들과의 관계를 고려해야 한다.

9. 완충지, 장벽, 다른 보호 장치들이 종종 필요할 수 있다.

10. 복원이 조성보다 선호되어야 한다.

11. 사후 모니터링과 중간 단계에서의 교정이 가능해야 한다.

12. 어떤 유형의 습지들에 대해서는 장기 모니터링을 할 수 있어야 한다.

13. 습지 조성과 복원에 내재되어 있는 위험요소나 특정 종류 및 기능을 갖는 습지조성 또는 복원의 성공 가능성은, 프로젝트와 프로젝트 설계를 위한 기준들에 반영되어야 한다.

14. 인공적이거나 이미 변화되어 있는 시스템을 회복시키기 위해서는 특별한 방법이 필요하다.

15. 수계 전체의 생태학적 복원과 경관 생태계 관리가 강조될 경우에는 더 높은 수준의 계획이 필요하다.

생태공학과 생태계 복원

제9장
연안복원

전세계의 연안생태계가 놀랄 만한 속도로 사라지고 있으며 오염되고 있다. 연안지역이 아주 빠른 속도로 개발되면서 연안습지, 맹그로브 습지, 백사장이 사라지고, 고층빌딩, 주택단지, 고속도로가 늘어나고 있다. 많은 열대 지역에서 몇년 동안 양식장을 사용한 후 다른 곳으로 이동하는 새우양식장이 수세기 동안 자급자족 문화를 뒷받침했던 지속 가능한 맹그로브 습지를 대체하고 있다. 하구에서는 더 큰 선박을 이용한 해상운송을 위해 준설과 매립이 이루어지고 있다.

미 육군공병단은 수로의 기능을 유지하기 위해 매년 약 2억 7,500만m³의 퇴적물을 준설하고 있는데, 대부분 연안지역에서 이루어지고 있다. 고효율 농업 활동에 의해 과도한 영양염류 −어떤 경우에는 수백km 내륙에서 유래한− 가 연안수역으로 유입해 광범위한 연안해역 부영양화를 일으키고 '사멸지대'를 만들고 있다.

연안으로 유입하는 오염물질 공급원을 최종적으로 제어할 내륙생태계의 복원(복원에 관한 다른 장들 참고)과 훼손된 연안생태계를 복원하는데 사용할 수 있는 기술과 방법이 큰 관심을 끌고 있다. 연안습지와 하구 및 기타 연안생태계를 복원하기 위해 할 수 있는 일이 무엇인지에 대한 검토가 연안 염습지(Broome et al., 1988; Zedler, 1988, 1996a,b, 2001; Broome, 1990; Shisler, 1990)와 맹그로브 습지(Lewis, 1990b,c)를 대상으로 수행되었다. 세이어(Thayer, 1992), 와인스타인과 크리거(Weinstein and Kreeger, 2000), 윌버 등(Wilber et al., 2000)은 다양한 종류의 연안 환경을 복원하기 위한 전략을 제시했다. Wilber 등(2000)은 1988년 1월 사우스캐롤라이나 찰스턴(Charleston)에서 열린 '연안서식지 복원의 목표 설정과 성공 기준'이라는 심포지엄의 초청 발표 자료를 모아 2년 뒤 국제생태공학회지 특별호에 실린 논문을 통해 연안복원을 아주 구체적으로 다루었다.

9.1 연안생태계

연안생태계의 유형을 구분하는 최선의 방법은 연안생태계의 주요 외부변수(예를 들어, 햇빛과 기온의 계절 변화)와 스트레스(예를 들어, 얼음)를 이용하는 것이다([그림 9-1] 참조). 자연 상태의 온대생태계 유형 C에 속하는 염습지의 외부변수는 '광-조석 조건'이고 스트레스는 '겨울철 추위'이다. 산호초는 햇빛이 풍부하며 스트레스 요인과 계절 변화가 거의 없기 때문에 유형 B(자연 상태의 열대생태계)로 구분한다. 나머지 3가지 유형에는 유형 A(넓은 범위의 위도에 나타나는 자연 상태의 스트레스 받은 생태계), 유형 D(얼음에 의한 스트레스가 있는 자연 상태의 극지방 생태계), 유형 E(인간사회와 연관되어 새롭게 나타난 생태계)가 있다. 살충제, 유류 유출 등과 같은 오염 때문에 새롭게 나타난 생태계를 포함하는 유형 E는 습지 분류에 적용해볼 여지가 있는 흥미로운 개념이다.

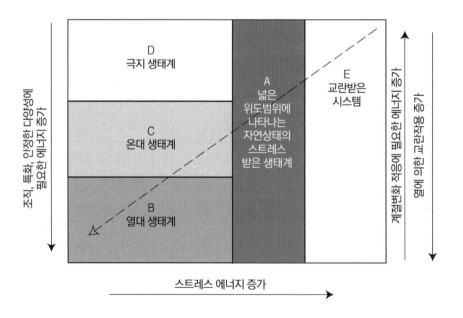

그림 9-1 연안생태계의 분류(H.T. Odum et al., 1974; Mitsch and Gosselink, 2000가 다시 그림; 저작권, 2000; John Wiley & Sons, Inc.의 허락 아래 재인쇄).

외부변수와 스트레스를 이용해 생태계의 유형을 분류하는 것은 생태계를 복원하고 보호하기 위한 생태공학적 방법을 평가하는데 유용한 수단인데, 이는 건강한 연안생태계가 유지되기 위해서는 외부 변수가 온전해야 하기 때문이다.

연안에서 가장 중요한 생태계는 하구이다([그림 9-2] 참조). 하구는 "외해와 자유롭게 연결되어 있고, 해수가 육지에서 유입한 담수와 측정할 수 있을 정도로 희석이 일어나는 반폐쇄성 연안 수체"라고 정의할 수 있다(Pritchard, 1967). 데이 등(Day et al., 1989)은 이러한 하구의 정의가 하구와 유사한 대부분의 생태계를 포함하지만 담수의 유입이 거의 없는 반건조 지역의 연안 수체와 해안퇴적물 때문에 바다와 완전히 격리되는 연안 수생태계는 포함하지 않는다고 했다. 연안생태계는 염분농도가 완전히 바닷물인 생태계(30~35ppt)부터 고염분(18~30ppt), 중염분(5~18ppt), 저염분(0.5~5ppt) 생태계를 거쳐 아직 조석의 영향을 받는 조석 초본습지와 같은 담수생태계로 바뀐다. 자주 복원 대상이 되는 주요 연안생태계를 살펴보면 다음과 같다.

◉ 염습지

[그림 9-2]는 충분한 염분(>5 ppt)과 조석 현상이 있고 외해의 영향으로부터 보호받는 환경에 염습지가 나타난다는 것을 보여준다. 비프팅크(Beeftink, 1977)는 염습지를 "조석 영향 또는 비조석 영향으로 수위가 변하는 염수와 이웃한 충적퇴적물에 나타나는 자연 또는 반자연 상태의 염생식물 초원과 키 작은 관목덤불숲"이라고 정의했다. 염습지는 전세계의 조간대 해안을 따라 중위도와 고위도 지방에서 발견되며, 경사가 급한 해안에서는 폭이 좁고 완만한 해안에서는 그 폭이 수km에 이를 수도 있다. 염습지는 강의 입구, 만, 보호된 연안평원과 석호 주변 등에서 볼 수 있다.

염습지 생태계에는 초본습지에 분포하는 식물, 동물, 미생물 군집과 조석수로, 팬(panne), 하구에 나타나는 플랑크톤, 무척추동물, 어류를 포함하는 다양한 생물요소가 있다. 연안 염습지의 특징적인 공간분포를 [그림 9-3]에 제시했다. 미국 동부 연안평원의 전형적인 염습지([그림 9-3a] 참조)는 거의 대부분 *Spartina alterniflora*로 이루어진 하부염습지를 포함하는데, 육지쪽으로 갈수록 고도가 점차 상승하면서 수로의 경사면에 서식하는 것들은 키가 크지만 자연 제방 뒤에서 자라는 것들은 키가 작다.

종종 하부염습지는 식물이 있거나 없는 연못과 팬이라 불리는 진흙 무식물대를 포함한다. 상부염습지에는 훨씬 더 다양한 생물이 출현하는데, 키 작은 *S. alterniflora*가 *Distichlis*

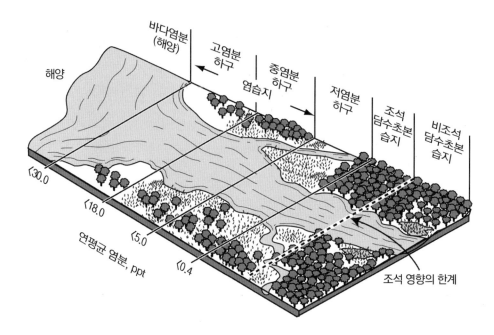

그림 9-2 하구의 염분 경사(Mitsch and Gosselink, 2000; 저작권 2000; John Wiley & Sons, Inc.의 허락 아래 재인쇄).

spicata, *Juncus roemerianus*, *Salicornia* spp.와 섞여 있다. 미시시피 연안과 플로리다 북서부 연안에서는 바다쪽 경계에 *S. alternifloria*가 나타나고, 육지쪽 방향에는 넓은 면적에 걸쳐 키가 크거나 작은 *J. roemerianus* 지대, *S. patens*와 *D. spicata*의 혼합지대가 있고, 그리고 소금이 축적하는 곳에는 *Salicornia* spp.가 서식한다.

유럽에서는 최소한 미국 동부의 염습지와 비교할 때 전혀 다른 염습지가 나타난다([그림 9-3b] 참조). 가장 뚜렷한 특징 가운데 하나는 만조선과 평균만조선 사이의 조간대 지역에 식물이 듬성듬성 나타나 유럽에서는 하부염습지라 부를 만한 것이 실제로는 갯벌이다. 유럽의 염습지에 서식하는 *Spartina* 속 식물은 일반적으로 *S. anglica*나 *S. townsendii*이다.

조석의 영향을 받는 초본습지는 세계적으로 인위적인 배수와 제방 축조, 강우유출량 증가로 인한 염분조건 변화, *Phragmites*와 같은 공격적인 종의 기수지역 침입, 건초농장 조성과 같은 육지화 때문에 사라지거나 크게 훼손되었다. 염습지는 일반인들이 여름별장이나 비행장이 더 적합할 것으로 생각하는 곳에서 자주 발견된다. 전세계의 많은 연안 도시가 수십년 전에 연안 초본습지를 매립해 비행장을 건설했다. 염습지의 복원은 복잡한 일이지만 조석 효과를 복원할 수 있다면 다른 생태계의 복원에 비해 비교적 간단하다고 할 수 있다.

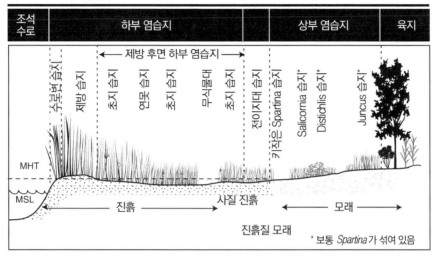

(a)

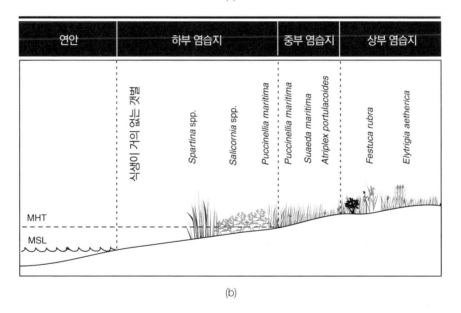

(b)

그림 9-3 염습지 식생의 대상분포. (a) 미국 대서양의 남동연안, (b)북부 유럽(Mitsch and Gosselink, 2000; 저작권 2000; John Wiley & Sons, Inc.의 허락 아래 재인쇄).

🌿 맹그로브 습지

보통 25°N~25°S 사이의 열대 및 아열대 지역에 나타나는 맹그로브 습지는 온대 지역의 염습지와 생태적으로 유사한 습지이다. 맹그로브 습지([그림 9-4] 참조)는 열대와 아열대 해안 조간대의 기수와 염수에서 자라는 염생 수목, 관목 및 다른 식물들이 섞여 있는 곳이다. 이 연안 삼림습지(일부 학자는 맹갈로 부른다)는 통과하기 힘든 미로 같은 목본식생, 깊이를 알 수 없을 정도의 굳지 않은 이탄층, 침수와 염분이라는 이중 스트레스에 대한 수많은 적응 방법으로 유명하다. 연안 염습지와 마찬가지로 맹그로브 습지는 염분이 있는 곳 뿐만 아니라 고에너지의 파도 작용으로부터 적절히 보호받는 곳에서도 발달할 수 있다.

일부 지형학적 특성이 맹그로브 습지를 보호하는데, 여기에는 (1) 보호된 얕은 만, (2) 보호된 하구, (3) 석호, (4) 반도와 섬에서 바람의 영향을 받지 않는 쪽, (5)보호된 항로, (6)사취의 배후, (7)외해의 패류섬 또는 자갈섬의 배후가 포함된다. 맹그로브 습지는 전 세계에 걸쳐 관리되고 있는데, 종종 저강도 어업생산에 의지해 살아가는 지방 문화의 일부분이다.

어떤 지역에서는 연안 개발을 위해 맹그로브 습지의 물을 빼고 파괴하는데, 이로 인해 열대폭풍이 오는 시기에는 폭풍 피해가 증가한다. 세계 여러 곳에서 진행하고 있는 맹그로브 습지 보호 및 복원은 이제 각국 정부의 주요 우선순위에 속한다. 플로리다에서는 주법률을 통해 맹그로브 습지를 보호하며, 이 습지의 파괴나 배수를 금지한다.

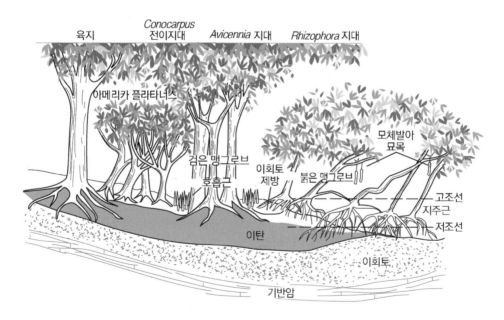

그림 9-4 맹그로브 습지 식생의 대상 분포(Mitsch and Gosselink, 2000; 2000; John Wiley & Sons, Inc.의 허락 아래 재인쇄).

◉ 해초지

수심이 얕은 하구의 퇴적물에는 종종 침수 초본식물이 밀생한다. 만약 이들 식물이 서식하는 곳의 염분이 바닷물에 해당하면 이 식물을 해초라 부른다. 미국 동부의 경우 온대해역에서 연구가 가장 많이 이루어진 해초생태계는 거머리말류(*Zostera* spp.)가 우점하며, 열대해역에서는 거북해초(*Thalassia testudinum*)가 우점한다. 미국 대서양 연안과 태평양 연안의 열대해역에서는 비교적 소수의 속에 해당하는 해초가 우점하는데 *Thalassia*, *Cymodocea*, *Halodule*, *Syringodium* 등이 있다. 해초지는 아주 많은 종류의 연안 어류와 새우류의 서식지로서 귀중한 역할을 한다.

유럽과 미국에서 1930년대에 소모병 때문에 거머리말류 해초지가 전체적으로 감소했다. 그 이후 많은 해초지가 복원되었지만 해초지는 연안생태계 가운데 오염에 가장 취약한 생태계에 속한다. 영양염류 농도가 높으면 수층의 플랑크톤 생산성이 증가하고, 이는 해저에 도달하는 빛의 양을 줄여 해초의 생산성이 감소한다. 영양염류 농도가 높으면 해초에 달라붙는 부착조류가 과다 번식을 하며, 이로 인해 해초의 성장이 방해받는다. 연안지역의 표면유출수나 탁한 강물을 따라 유입하는 많은 퇴적물도 해초지에 큰 영향을 미친다. 해초지의 복원이 가능하기는 하지만 가장 힘든 연안복원에 속한다. 일반적으로 모든 실질적인 복원 −심지어 해초를 많이 식재하더라도− 이 이루어지기 전에 퇴적물 부하나 다른 영향 요인을 줄여야 한다.

◉ 산호초

산호초는 높은 총일차생산성과 생물종 다양성, 효율적인 영양염류 순환, 여러 형태의 공생관계, 심지어 숲에 나타나는 하층 및 수관과 같은 층상구조를 가지고 있기 때문에 다양성과 생산성이라는 면에서 바다의 열대우림에 비유하곤 한다(Hubbell, 1997). 따뜻한 해수에서 자라는 산호는 전세계의 열대지방에 서식하며, 고착성의 단단한 산호 구조가 특징이다. 산호 개체는 $1\sim10cm\ yr^{-1}$의 속도로 자라지만 산호초는 1000년에 $1\sim5m(0.1\sim0.5\ cm\ yr^{-1})$밖에 자라지 못한다. 산호는 산호 내에서 자라는 미세조류(황록공생조류)와 해면동물 같은 아주 다양한 고착성 생물에게 서식지를 제공한다.

생산자(조류)와 소비자(산호, 해면류, 말미잘) 사이의 공생관계는 영양염류 농도가 낮은 산호초 생태계를 아주 생산성이 높은 곳으로 변화시킨다. 또한 산호초가 제공하는 구조물과 풍부한 먹이는 어류와 같은 다양한 이동성 생물을 뒷받침한다. 산호초의 다양성은 믿기 어려울 만큼 높은데 게, 바닷가재, 새우, 바다거북, 해우, 대형 해양조류 등과 같이 산호초를 만들지 못하는 생물들이 서식한다. 산호초는 다음과 같은 5가지 형태로 나타난다(Maragos, 1992).

1. 거초는 해안선과 섬의 바다쪽 최상부 경사면에서 자란다.
2. 보초는 수심이 깊은 석호 때문에 섬에서 분리된 거초를 말한다.
3. 환초는 보초가 둘러싸고 있던 원래의 섬이 침강해 수심이 깊은 석호를 환상의 산호초가 둘러싸고 있는 형태이다.
4. 뱅크초는 과거 10,000년 동안 해수면의 상승에 반응해 성장한 외해의 산호초를 말하는데, 진정한 의미의 보초는 아니다.
5. 원판상초는 환초와 유사하지만 석호를 둘러싸고 있지는 않다.

산호초의 가치는 다양하다. 산호초는 식량 생산을 위한 서식지를 제공하고 생물종 다양성을 유지하는 기능 이외에도 파도와 폭풍으로부터 해안선을 보호하며, 해변에 모래를 공급하고, 어떤 경우에는 모래, 골재, 석재를 얻기 위해 사용된다. 산호초는 구조물의 아름다움과 다양성, 특히 다양한 색깔의 물고기와 유영동물 때문에 전세계 열대지방에서 관광객에게 아주 인기있는 곳이다. 산호초는 태풍, 겨울 동안 비정상적으로 낮은 수온, 따뜻한 해수온, 수로 준설, 선박의 닻 때문에 손상을 입는다. 기후변화와 엘니뇨 같은 지구적 규모의 날씨 변화가 전세계의 많은 산호초에 표백과 기타 손상을 입히는 것으로 밝혀졌다. 많은 양의 퇴적물과 영양염류는 해초지에 영향을 미치는 것과 같은 방식으로 산호초에 해로운 영향을 미치고 있다.

9.2 연안복원기술

◉ 염습지 복원

염습지를 복원하기 위한 초창기 노력은 유럽(Lambert, 1964; Ranwell, 1967), 중국(Chung, 1982, 1989)과 미국의 노스캐롤라이나 연안(Woodhouse, 1979; Broome et al., 1988), 체사피크만 지역(Garbisch et al., 1975; Garbisch, 1977), 플로리다 및 푸에르토리코 연안(Lewis, 1990b,c), 캘리포니아(Zedler, 1988, 2001; Josselyn et al., 1990) 등지

에서 시작되었다. 이러한 연안습지 복원 가운데 일부는 연안개발 사업으로 훼손되는 습지를 대체할 서식지를 조성하기 위해 시행되었다(Zedler, 1988, 1996a).

미국 동부 연안 염습지의 경우 *Spartina* 속 식물인 *Spartina alterniflora*를 습지 복원에 주로 사용한다. 그러나 동일한 종이 북미의 서부연안에서는 침입종이자 반갑지 않은 식물로 취급된다. *Spartina townsendii*와 *S. anglica*는 유럽과 중국에서 염습지를 복원하는데 이용되었는데, 뉴질랜드 같은 나라에서는 *S. anglica*를 침입종으로 간주한다. 염습지의 초본식물은 씨앗의 분산을 통해 쉽게 퍼질 수 있으며, 고조선과 저조선 사이의 조간대 지역에서는 재도입이 시작되면 아주 빠르게 퍼져나간다.

물론 성공적인 연안습지 조성의 구체적인 모습은 장소마다 다르지만 다음과 같은 몇 가지 일반적인 사항은 대부분의 경우에 적용할 수 있다.

1. 식생의 성공적인 활착과 생존하는 식물종을 결정하는 가장 핵심적인 요소는 퇴적물의 고도이다. 복원장소는 조간대 지역이어야 한다.
2. 일반적으로 상부 조간대는 하부 조간대보다 식물의 정착이 더 빠르게 일어난다.
3. 고도가 높은 곳에서 빠른 건조에 취약한 아주 순수한 모래 성분이 아니라면 퇴적물 조성은 식물의 유입에 중요한 요소가 아닌 것으로 보인다.
4. 복원 장소는 높은 파도 에너지로부터 보호될 필요가 있다. 에너지 유입량이 많은 곳에 식생이 활착하도록 하는 것은 어렵거나 불가능하다.
5. 대부분의 복원 장소는 고도가 적절하고 파도 에너지가 크지 않다면 씨앗을 통해 식물이 자연적으로 다시 자란다. 여러 사례에서 살아있는 식물의 풀어 심기가 성공적이었으며, 상부 조간대에서도 파종이 성공적으로 진행되었다.
6. 식물은 습지 복원 후 첫 성장기에 잘 자랄 수 있지만, 퇴적물은 두 번의 성장기가 지난 후에야 안정화한다. 복원한 지 4년 안에 식물이 성공적으로 활착한 습지는 겉으로 보기에는 자연 상태의 습지와 구별하기 힘들다.

일부 초기 연구는 바다와 격리되어 '담수' 환경으로 변한 염습지에 염분을 포함한 조석 조건을 복원하는 것이 중요하다는 점을 강조했다. 이 경우에는 복원이 간단한데, 조석 교환을 방해하는 구조물을 제거하는 것이다. [그림 9-5]에 제시한 예는 코네티컷에 있는 20ha의 염습지인데 둑 때문에 여러 해 동안 조석 혼합으로부터 격리되었으며, 이로 인해 담수 대형수생식물인 *Typha angustifolia*가 우점했다. 1970년대 말과 1980년대 초에 염습지에서 조석 순환이 다시 일어날 수 있도록 하기 위해 규모가 큰 암거를 일부 설치했다.

그 결과 *T. angustifolia*의 면적이 74%에서 16%로 줄어들었으며 *Spartina alterniflora*의 면적은 1% 미만에서 45%까지 증가했다. 기수 조건을 견딜 수 있는 *Phragmites australis*는 기대했던 것과 달리 감소하지 않고, 그 면적이 같은 기간 동안 6%에서 17%로 증가했다. *P. australis*는 주로 염습지의 가장자리에서 발육이 저해된 상태(크기가 0.3~1.5m)로 발견되었다. 비교적 간단한 수문 조건의 변경을 통해 염습지를 복원할 수 있었다.

사례연구
델라웨어만 염습지 복원

미국 동부 연안에서 진행된 대규모 연안습지 복원사업 가운데 하나가 북동부 지역의 뉴저지와 델라웨어에 걸쳐 있는 5,000ha의 델라웨어만 염습지의 복원·개선·보전 사업이다([그림 9-6], [표 9-1] 참조). 관련 학자와 전문가로 구성된 자문단의 자문을 받아 공공전기가스서비스(Public Service Electric and Gas : PSEG)가 진행한 이 사업은 델라웨어만에서 PSEG가 운영하는 원자력발전소의 1회 냉각이 염습지에 미치는 잠재적 영향을 완화하기 위해 추진되었다.

이 사업의 논리는 복원한 연안습지에서 어업생산량을 늘림으로써 1회 냉각이 연행과 충돌을 통해 참어류에 미치는 영향을 상쇄할 수 있다는 것이었다. 이러한 종류의 생태적 교환이 가지고 있는 불확실성 때문에 발전소 냉각수가 참어류에 미치는 영향을 상쇄하는데 필요한 것으로 판단되는 염습지 면적에 안전계수 4를 곱한 면적을 복원 대상 면적으로 설정했다. 델라웨어만 연안을 복원하기 위해 추진한 이 사업은 다음과 같은 3가지 방법을 사용했다.

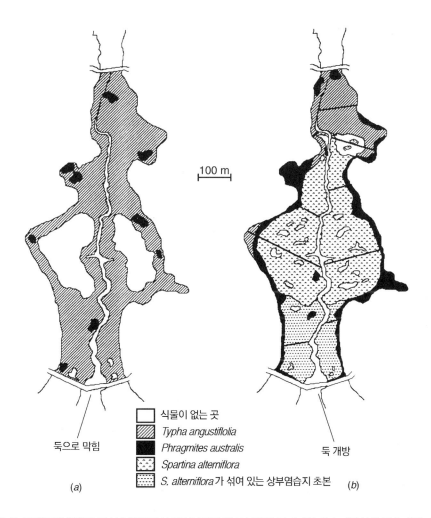

식물이 없는 곳

Typha angustiflolia

Phragmites australis

Spartina alterniflora

*S. alterniflora*가 섞여 있는 상부염습지 초본

둑으로 막힘   둑 개방

(a)   (b)

그림 9–5 둑 때문에 차단된 조석순환이 다시 일어나도록 해서 복원한 코네티컷 염습지의 복원 전후 식생지도. (a) 조석순환을 복원하기 이전인 1976년 식생지도, (b) 1970년대 후반과 1980년대 초반에 조석순환을 복원한 뒤 *Spartina alterniflora*가 다시 나타난 것을 보여주는 1988년 식생지도. 1988년 지도의 선은 식생단면을 나타낸다 (Sinicrope et al., 1990; Mitsch and Gosselink, 2000가 다시 그림; 저작권, 2000; John Wiley & Sons, Inc.의 허락 아래 재인쇄),

1. 침수 조건의 회복 : 가장 중요한 복원 작업은 과거에 둑을 쌓아 조성한 약 1,800ha의 염생건초 농장에 조석 작용에 의한 침수가 다시 일어나도록 하는 것이다. 델라웨어만을 따라 나타나는 많은 염습지가 둑 때문에 만과 격리되었는데, 그 기간이 수세기에 이르는 경우도 있다. 이렇게 만과 격리된 염습지는 '염생건초'를 생산하는 농장으로 사용되었다. 둑의 일부를 허물어 수문 조건을 복원했으며, 이를 통해 염습지를 다시 조성한 조석 수로 및 기존 운

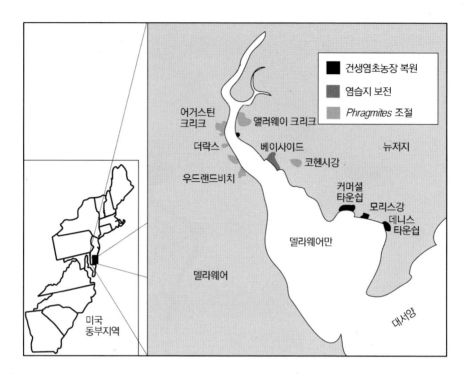

그림 9-6 뉴저지와 델라웨어 사이의 델라웨어만에 복원한 5,800ha의 염습지. 델라웨어만의 습지는 보호지역을 지정하거나, 침수 조건을 회복해 염생건초 농장을 염습지로 복원하고 *Phragmites australis*를 제거해 습지의 상태를 개선했다(Mitsch and Gosselink, 2000; 2000; John Wiley & Sons, Inc.의 허락 아래 재인쇄).

하 시스템과 연결했다.

2. 염습지의 재굴착 : 추가적인 복원을 위해서는 침수 조건에 다시 노출되는 염습지의 조석 수로 가운데 규모가 큰 것들을 다시 굴착함으로써 배수를 원활하게 하고, 이를 통해 조석 순환을 늘려야 한다([그림 1-6a, 그림 9-7] 참조). 이 작업은 과거에 둑을 쌓아 고립된 염습지에서는 특히 중요한데, 바다와 격리된 과거의 조석 수로가 퇴적물로 덮여 있기 때문이다. 초기에 조석 수로를 인위적으로 복원한 뒤 염습지 생태계의 '자기설계'를 통해 더 많은 조석 수로가 나타나고 수로의 밀도가 더 높아질 것으로 기대되었다.

3. *Phragmites*의 우점도 감소 : 델라웨어와 뉴저지에서 진행한 다른 염습지 복원의 경우 둑이 설치되지 않은 2,100 ha의 연안 습지에서 강력한 침입종인 *Phragmites australis*의 면적을 줄여야 했다. 이를 위한 방안으로 수로 굴착, 남아 있는 둑 허물기, 미세 지형 변화, 풀베기, 식재, 제초제 살포 등이 검토되었다.

표 9–1 [그림 9–6]에 소개한 델라웨어만의 8개 염습지 복원지역의 위치, 우점 식생 및 복원 방법

대상지역	유형	복원면적 (ha)	초기 식생	복원방법
뉴저지 데니스타운쉽	둑쌓은 염생건초 농장	149	*Spartina patens*	둑 허물기, 수로굴착
뉴저지 모리스강	둑쌓은 염생건초 농장	459	*S. patens*	둑 허물기, 수로굴착
뉴저지 커머셜타운쉽	둑쌓은 염생건초 농장	1171	*S. patens, Phragmites australis*	둑 허물기, 수로굴착
뉴저지 코헨시강	*Phragmites* 우점	368	*P. australis*	제초제, 처방불 놓기
뉴저지 코헨시강	*Phragmites* 우점	1138	*P. australis*	제초제, 처방불 놓기
델라웨어 앨러웨이 크리크	*Phragmites* 우점	754	*P. australis*	제초제, 처방불 놓기
델라웨어 더락스	*Phragmites* 우점	298	*P. australis*	제초제, 처방불 놓기

출처 : Weinstein et al (2001).

이 연구의 초기 결과는 많은 강연자료, 보고서, 학술지 등을 통해 발표되었다 (예를 들어 Weinstein et al., 1997, 2001; Teal and Weinstein, 2002). 더 최근의 연구결과를 다음에 제시한다.

수력학적인 측면에서 볼 때 조석 교환을 복원한 염습지에서 인위적으로 조성한 조석 수로가 복잡한 조석 수로로 발달한 것은 인상적이다. [그림 9-8]은 새롭게 복원한 염습지 가운데 하나인 데니스 크리크 (Dennis Creek)에서 발달한 수로 구조를 보여준다. 수로의 '차수'가 5 이하에서 18까지 증가했다. 즉, 작은 수로에 수많은 작은 지류가 증가했다. 조석 혼합에 다시 노출된 염생건초 농장 3곳 모두 소규모 지류의 수가 수십 개에서 수백 개로 증가했다. 처음 3년 동안에는 수로 차수가 3에서 9로 빠르게 증가했으며, 그 다음 3년 동안에는 10에서 16으로 급격하게 증가했다([그림 9-8c] 참조, 수로 차수의 정의는 7장에서 설명한 하천 차수 판단 방법과 반대이다. 여기에서는 가장 큰 수로의 차수를 1로 한다). 공사를 통해 초기에 수로를 만들어준 뒤 염습지 생태계의 자기설계를 따라 수로 구조가 발달했다.

침수가 일어나도록 한 염생건초 농장의 전형적인 복원 목표는 *Spartina alterniflora*와 같은 바람직한 식생의 면적 비율을 늘리고, 수면적 비율을 줄이며,

그림 9-7 델라웨어만의 데니스타운쉽에 있는 염생건초 농장의 1995년 복원공사 모습(Ken Strait, PSEG; PSEG, Salem, New Jersey의 허락 아래 재인쇄).

침입종인 *Phragmites australis* 를 제거하는 것이다. 이 연안복원사업의 성공은 법률적, 수문학적, 생태적 제약 조건에 달려 있는데, 성공 여부는 복원한 습지와 자연 상태의 참조습지를 비교해 판단한다. 이와 관련한 초기 결과는 희망적이다 ([그림 9-9], [그림 9-10], [표 9-2] 참조). 과거 둑 때문에 격리되었던 염생건초 농장(데니스타운쉽, 모리스강, 커머셜타운쉽의 복원장소)에서는 *Spartina alterniflora* 와 다른 바람직한 식생의 재활착이 아주 빠르고 광범위하게 일어났다.

데니스타운쉽(Dennis Township)에서는 두 번의 성장기가 지난 후에 복원 면적의 약 64%에서 *Spartina alterniflora* 가 우점했으며, 5년 뒤에는 87%의 면적에서 우점했다([표 9-2] 참조). 데니스타운쉽보다 면적이 2배 더 넓은 모리스강(Maurice River) 강의 염습지는 1988년 초에 조석 순환을 복원했으며, *Spartina alterniflora* 와 일부 *Salicornia* 가 이미 자리를 잡았다. 이곳에서는 네 번의 성장기가 지난 후에 복원 면적의 71%에서 바람직한 식생이 나타났다([표 9-2] 참조). 가장 큰 규모의 염생건초 농장 복원을 진행한 커머셜타운쉽(Commercial Township)의 경우 복원 규모가 데니스타운쉽보다 5배 더 큰데, 식생의 재정착이 만족부터 빠르게 진행하고 있으며 네 번의 성장기가 지난 후에 25%의 면적에 *Spartina* 가 나타났다.

이 연구는 (1) 염습지에서 조석 순환이 일어나는 정도, (2) 복원하는 습지의 면적, (3) 복원 초기에 *Spartina* 와 다른 바람직한 생물종의 존재 등 3가지 요소가 염

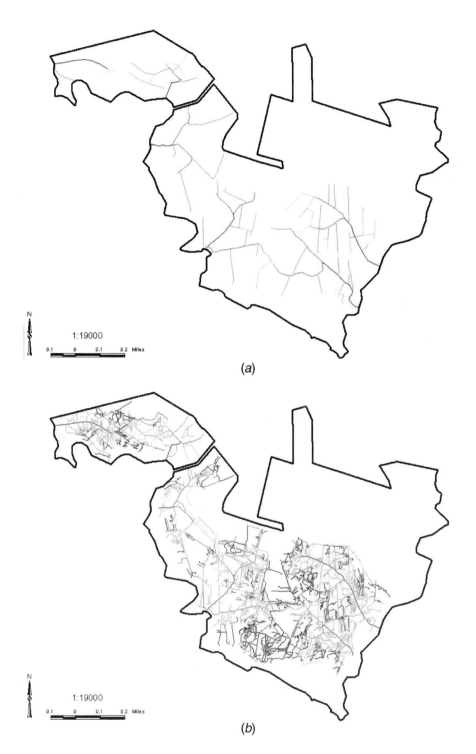

그림 9-8 데니스타운쉽의 염생건초 농장에 복원한 염습지의 수로 밀도. (a) 복원을 시작한 1996년의 수로 밀도, (b) 2001년의 수로 밀도

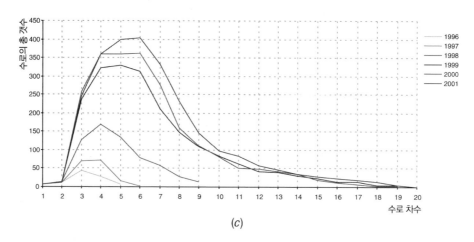

그림 9-8 (c) 1996~2001년 동안 차수별 수로의 총 숫자((a)와 (b)는 URS Corporation, 자료제공 : Ken Strait; PSEG, Salem, New Jersey의 허락 아래 재인쇄).

습지의 복원 속도를 결정한다는 것을 보여주었다. 이들 복원 지역에서는 *Spartina* 의 씨앗이 조석 흐름을 따라 유입하기 때문에 식재가 필요하지 않았지만, 습지와 조석 흐름의 연결성(따라서 복원 지역의 조석 조건과 연관된 적절한 고도의 중요 성)을 복원하기 위한 설계는 아주 중요했다.

자기설계는 식물 씨앗의 확산에 적절한 조건이 만들어질 때 작동한다. 복원한 염습지의 일부 지역, 특히 면적/해안선 비율이 가장 큰 커머셜타운쉽에 광범위하 게 조성한 연못은 일부 장소에 *Spartina* 가 다시 활착하는 것을 방해했다(Teal and Weinstein, 2002). 수로를 추가하거나 조석 작용이 수로를 만들기까지 기다리면 결

그림 9-9 델라웨어만의 데니스타운쉽에 복원한 염습지의 2001년 모습(Ken Strait, PSEG; PSEG, Salem, New Jersey의 허락 아래 재인쇄).

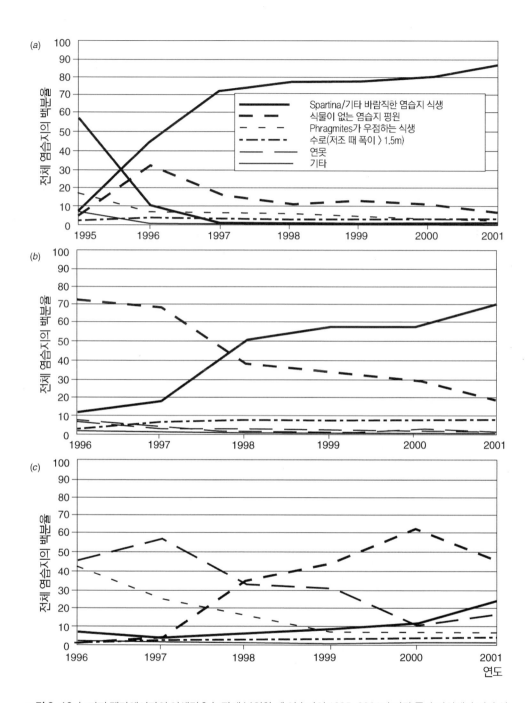

그림 9–10 뉴저지 델라웨어만의 염생건초 농장에 복원한 세 염습지의 1995~2001년 기간 중 습지식생과 기타 식생의 면적 비율 변화. (a) 데니스타운쉽(228 ha), (b) 모리스강 타운쉽(460 ha), (c) 커머셜 타운쉽(1,172 ha). 3곳 모두 *Spartina* 및 다른 바람직한 염습지 식생이 염습지 복원 성공 여부의 지표이다(Ken Strait, PSEG).

표 9–2 복원 공사를 마친 뒤 3~5년이 지난 2001년의 델라웨어만 염습지 현황

대상 지역	복원방법	완공시기	복원 가능한 습지 면적(ha)	바람직한 식생		바람직한 종
				전체면적 백분율	식생 백분율	
뉴저지 데니스타운쉽	둑 허물기, 수로굴착	1996년 8월	228[a]	87	97	*Spartina alterniflora*
뉴저지 모리스강	둑 허물기, 수로굴착	1998년 3월	460	71	96	*S. alterniflora*
뉴저지 커머셜타운쉽	둑 허물기, 수로굴착	1997년 11월	1171	25	78	*S. alterniflora*

출처 : Ken Strait, PSEG, Salem, NJ
[a]초기 *S. alterniflora* 면적은 79ha

국 염습지에서 조석 순환이 발달하고 *Spartina*가 스스로 이 지역에 활착할 것이다.

뉴저지에 있는 1,500ha의 *Phragmites* 우점 염습지와 델라웨어에 있는 1,050ha 염습지의 복원([그림 9–11], [그림 9–12] 참조)은 지상과 공중에서 제초제를 살포함으로써 진행하고 있다([그림 9–13] 참조). 뉴저지의 코헨시(Cohansey)강과 앨

그림 9–11 델라웨어만 상류의 많은 염습지에서 볼 수 있는 전형적인 갈대의 밀생. 염습지는 대부분 지난 40년 동안 갈대가 점령했다(PSEG, Salem, New Jersey의 허락 아래 재인쇄).

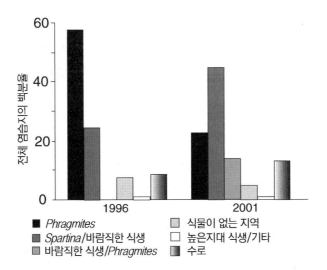

그림 9-12 뉴저지 앨러웨이 크리크(Alloway Creek)의 염습지를 대상으로 갈대를 제거하기 위한 방안으로 제초제와 다른 방법을 적용하기 전(1996년)과 처리 후 5년 지난 뒤(2001년)의 식생점유율(Ken Strait, PSEG).

러웨이 크리크(Alloway Creek)에 있는 염습지에서는 복원사업 초기에 제거하기 힘든 *Phragmites australis*를 불태웠다. 그 결과는 수문 조건을 복원한 곳만큼 희망적이지 않은데, 복원 방법이 훨씬 더 어렵기 때문이기도 하다. 앨러웨이 크리크 습지의 1996년 자료와 2001년 자료를 비교하면([그림 9-12] 참조) 바람직한 식생의 면적이 25%에서 45%로 증가하고, *Phragmites*가 차지하는 면적은 58%에서 22%로 감소했음을 알 수 있다.

소각에 뒤이은 제초제 살포가 모든 염습지에서 *Phragmites*를 완전히 제거하지 못했기 때문에 동일한 작업을 반복할 필요가 있다. 이 지역에서는 *Phragmites*의 조절과 관련해 제초제 살포의 대안으로 풀베기 및 뿌리줄기 절단, *Phragmites*가 우점하는 둑의 사면 경사 완화, 선별적 식재, 염습지 바닥의 미세지형 조성 등을 검토하고 있다.

(a)

(b)

그림 9-13 델라웨어만 염습지의 *Phragmites*를 제거하기 위해 (a) 지상, (b) 공중에서 제조체를 살포하는 모습 (Ken Strait, PSEG; PSEG, Salem, New Jersey의 허락 아래 재인쇄).

와인스타인(2001) 등은 염습지 복원에 관련된 생태학적 원리를 다음과 같이 정리했다.

1. 이해당사자의 합의를 통해 사업의 목표를 명확하게 설정하라. 사업 대상 지역의 특성을 반영해 실현가능한 목표를 설정하라.

2. 새로운 습지를 만들기보다는 훼손된 습지를 복원하라. 델라웨어만에서 복원이 유리했던 요인은 다음과 같다.
   - 적절한 수문 조건과 지형
   - 지류와 수로의 형성
   - 유기물 농도가 높은 퇴적물
   - *Spartina* 번식체의 존재 및 인접성
   - 적절한 염분–염습지의 고도 유지에 필요한 지속적인 퇴적물 공급
3. 경관생태학적 관점에서 복원 대상 지역을 선정하라.
4. 자기설계를 포함한 생태공학 원리를 적용하라.
5. 복원한 습지는 스스로 지속할 수 있는 생태계여야 하며, 적응 관리를 적용해야 한다. 적응 관리는 기대한 효과가 나타나지 않을 경우에만 복원습지를 관리하는 상호작용 과정을 말한다.
6. 복원 습지의 조사 계획을 수립하고 복원 성공을 확인할 때까지 조사해야 한다.
7. 습지 복원의 성공 여부를 판단하는 기준은 (기대범위 내에서) 구조적 요소뿐만 아니라 기능적 요소도 포함해야 한다.
8. 관리계획은 복원습지 때문에 영향받을 수 있는 사람들과 재산권을 고려해 복원지역 바깥에 있는 요소들을 보호해야 한다(예를 들어, 상류지역 홍수, 지하수 염분 침투, 정화조).
9. 가능하다면 복원 습지의 지속성을 확보하고 인근 지역의 재산을 보호할 수 있도록 보존과 관련 있는 규제사항을 반영해 습지를 복원해야 한다.
10. 복원 습지 관리계획은 습지의 지속가능한 이용을 위해 일반인의 접근을 장려해야 한다.

❽ 맹그로브 습지 복원

열대지방의 맹그로브 습지 복원은 적절한 조간대 지역에 식생이 활착할 수 있도록 하는 것이 성공의 열쇠라는 점에서 염습지 복원과 유사한 특징을 일부 가지고 있다. 그러나 비슷한 점은 그것뿐이다. 맹그로브 습지 복원은 열대 및 아열대 지역 전체에서 시도되고 있다는 점에서 세계적으로 더 보편적인 사업이다. 염습지 복원은 주로 북미의 동부 연안에서 시도되었고, 유럽과 북미의 서부 연안에서도 일부 복원 사업을 진행했다.

염습지 복원은 조석을 따라 조간대로 이동하는 해수에 포함된 씨앗에 의지할 수 있지만, 맹그로브 습지 복원은 나무를 직접 식재하는 과정을 포함한다. 베트남 같은 나라에서는 베트남전쟁 당시 살포한 제초제와 연안 지역으로 이주한 사람들이 용재, 연료, 목재, 숯 등을 얻기 위해 맹그로브를 벌목하고 있기 때문에 맹그로브 습지가 줄어들고 있다.

최근 들어 베트남과 다른 많은 열대연안 국가에서 양식장을 조성하기 위해 전례가 없는 속도로 맹그로브 습지를 제거하고 있다(Benthem et al., 1999). 미국과 일본에서 팔리고 있는 식용 새우는 대부분 태국, 인도네시아, 베트남의 맹그로브 습지에 조성한 인공양식장에서 생산한다. 미국과 일본에서 아주 싼 가격에 팔리고 있는 새우는 아주 많은 맹그로브 습지를 파괴했기 때문에 가능하다. 현재 이들 나라에는 맹그로브 습지를 제거한 뒤 조성한 100,000ha 이상의 양식장이 방치되어 있다(R. Lewis, 개인교신, 2001년 7월). 베트남에서는 연안을 보호하고 연안 어업을 유지하기 위해 맹그로브 습지를 복원하거나 보호한다.

필리핀의 경우 1981년 공포한 대통령령을 통해 맹그로브의 벌목을 금지했는데도 1990년대 후반에 여전히 연간 3,000ha의 맹그로브 습지가 사라졌다(연간 2.4% 감소; deLeon and White, 1999). 미국, 일본, 다른 선진국의 막대한 새우 수요는 맹그로브 습지를 파괴하는 원인이 되고 있다. 새우양식장은 황 농도가 독성을 발휘하는 수준으로 축적하기 전까지 5~6년 동안만 이용한 뒤 버려지며, 새로운 양식장을 만들기 위해 더 많은 맹그로브 습지를 파괴한다. 방치한 새우양식장은 맹그로브 습지 복원에 난제를 부여한다.

사례연구
고비용의 맹그로브 습지 복원

루이스(2000)는 맹그로브 습지가 어떻게 기능하는지 기본 생태 현상에 주의를 기울이지 않아 맹그로브 습지 조성·복원이 지연되고 혼란을 초래한 플로리다 남동부 지역의 사례를 소개한다. 이 사업은 플로리다키스(Florida Keys) 제도 입구에 있는 홈스테드(Homestead)와 키라르고(Key Largo) 사이의 1번 국도 확장과 관계가 있었다. 플로리다 교통국은 도로확장사업이 맹그로브 습지에 미치는 영향 때문에 도로 확장으로 나타나게 될 습지 손실에 대해 대체습지를 조성할 의무가 있었다.

이를 위해 선정한 사업은 도로확장사업 지역 주변에서 과거 건설 공사 당시 매립한 맹그로브 습지를 복원하는 것이었다. 이 복원사업은 전문가, 교통국 공무원, 규제기관 관련자들이 참여한 2년 동안의 설계와 검토를 거쳐 타당한 사업으로 결정되었다. 복원사업은 매립토를 제거하고 맹그로브 묘목이 자연적으로 유입하도록 설계했다. 복원의 성공 여부를 판단할 기준은 매립토를 제거한 뒤 2년 동안 복원 면적의 80%를 맹그로브가 덮는 것이었고, 주요 목표 가운데 한 가지는 개방 수면이 필요한 미국산 악어(*Crocodylus acutus*)의 서식지를 복원하는 것이었다.

복원사업의 성공 기준은 달성가능한 것이었지만, 수심이 깊은 곳으로 연결하는 조석 수로가 필요한 악어 서식지 복원 목표와는 맞지 않았다. 또한 그 어느 누구도 맹그로브가 성공적으로 정착하는데 필요한 습지 바닥면의 정확한 경사를 결정할 생각을 하지 못했다. 이것은 복원지역 주변에 있는 맹그로브 군집을 이용해 쉽게 할 수 있는 일이었다.

[그림 9-14]는 복원 지역 부근에 있는 자연 상태의 맹그로브 습지에 나타난 고도 범위에 바탕해 국가수준기준면을 기준으로 바닥면의 경사를 구체적으로 제시한 최종 수정계획을 보여준다. 여기에서 2가지 문제가 중요하다. 첫째, 식물 도입 기술에 대한 과도한 설계를 초래한 실현불가능한 목표인 80% 식생 면적에만 지나친 관심을 기울인 나머지 누구도 맹그로브가 조간대 지역에 있게 될 것인지 알아보기 위해 사업 지역의 고도에 관한 '설계'를 검토할 생각을 하지 못했다. 둘째, 악어를 위한 생물학자와 수문 조건을 설계한 공학자 사이에 의사 교환이 제대로 이루어지지 않았다. 생태학 지식을 갖춘 생태공학자라면 적절한 시스템을 설계했을 것이며, 2년 내에 80% 면적에 맹그로브가 서식하도록 하겠다는 목표는 실행가능하지도 필요하지도 않다는 것을 인식했을 것이다. 자연이 자신의 일을 하기 위해서는 충분한 시간이 필요하다.

● 삼각주 복원

큰 강이 바다와 만나는 곳에 많은 지류를 가진 삼각주가 발달하며, 이런 수로를 통해 강물이 바다로 들어간다. 토양이 비옥한 많은 삼각주는 고대 이집트의 나일강 삼각주부터 현대의 루이지애나 미시시피강 삼각주까지 전세계적으로 생태적, 경제적 측면에서 가

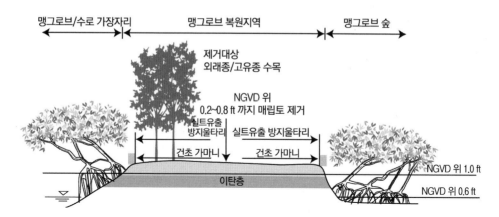

그림 9-14 플로리다 남동부 지역에 있는 해리슨트랙트(Harrison Tract) 대체습지 조성지역의 맹그로브 습지 복원 수정계획. 고도를 나타내는 숫자는 국가수준기준면으로부터 높이를 표시한다(Lewis, 2000을 다시 그림).

장 중요한 지역의 하나이다. 삼각주 지역의 생태자원 관리는 (1) 지질학적 역동성을 고려해 삼각주 생태계 기능의 보호 및 복원, (2) 삼각주에서 호수, 바다, 만 등으로 오염물질이 유입하지 못하도록 하는 오염 관리라는 2가지 목표를 설정해야 한다. 삼각주 복원은 가능하다면 삼각주 생태계 개선 및 연안수질 개선이라는 2가지 목표에 중점을 두어야 한다.

육지 형성이 필수 조건인 경우(다음에 제시하는 사례연구 참고)에 삼각주 복원의 최적 전략은 특히 홍수기에 하천 지류의 발달을 억제하지 않음으로써(또는 장려하고 조성함으로써) 강이 삼각주 형태로 가능하면 넓은 지역에 퇴적물을 운반할 수 있는 능력을 복원하는 것이다. 선박 운항이나 주거 지역 때문에 대규모 하천 지류가 가능하지 않을 경우에는 하천습지의 복원 및 조성과 강물 흐름을 주변 육지로 변경하기 위한 유로 변경이 영양염류와 퇴적물을 잡아두기 위한 최선의 대안이 될 수도 있다.

이를 위해 농경지를 다시 습지로 되돌려야 하는 경우가 있을 수도 있다. 또 어떤 경우에는 야생생물 보호 연못을 보호하거나 강물을 수로에 유지하는 하천 둑의 일부를 조심스럽게 허물어 홍수기에 하천의 측방 흐름이 일어나도록 만들 필요가 있다.

사례연구
루이지애나 삼각주 복원

루이지애나는 전세계에서 습지가 가장 많은 곳의 하나로 36,000km²의 초본습지, 목본습지, 수심이 얕은 호수가 있다. 그러나 루이지애나에서는 연안습지가 자연적인 원인(침강)과 하천둑 건설, 석유 및 가스 시추, 도시 개발, 퇴적물 유입 차단, 기후변화 등과 같은 인위적인 요인 때문에 개방 수면으로 바뀜에 따라 6,600~10,000ha yr⁻¹의 속도로 사라지고 있다. 1990년대 초반 이후 '육지 손실'의 주요 증상인 연안습지 손실을 줄이고, 연안지역 특히 담수 초본습지와 염습지를 늘리는데 많은 관심을 쏟고 있다.

처음에는 1990년 미국 의회가 통과시킨 연안습지계획보호복원법(CWPPRA)이 루이지애나의 습지와 육지 손실에 대한 해결책이 될 것으로 보였다. 이 법에 따라 루이지애나에서 수백만 헥타르의 연안습지 보호·복원·조성을 목표로 하는 종합계획이 수립되었다. 이렇게 수립된 계획들은 봄철 홍수를 흉내내고 침강하는 습지가 복원하도록 새로운 삼각주와 크기가 더 작은 스플레이를 조성하기 위한 미시시피강 강물 및 퇴적물의 유로변경, 평행사도의 복원, 둑·식재·준설토 등을 이용해 많은 소규모 습지를 보호하기 위한 대책 수립 등을 제안했다(Turner and Boyer, 1997).

습지 상태를 개선하고 습지를 조성하기 위한 사업 가운데 일부는 미시시피강 하류의 자연 제방에 크레바스를 만들었다. 이 크레바스들은 강물과 퇴적물이 수심이 얕은 하구로 흘러 들어가 빠른 속도로 초본습지로 변하는 크레바스 스플레이나 소형 삼각주를 만든다. 크레바스의 크기와 수명은 쉽게 예측하기 힘들며, 크레바스는 하천의 자연적인 지형 형성 과정을 흉내내기 때문에 자연적인 방식으로 기능한다. CWPPRA의 규정에 따라 1993년 루이지애나 연안습지 복원계획이 수립되었으며, 연간 약 4천만 달러의 예산을 개별 사업에 투자했다(Louisiana Wetlands Conservation and Restoration Task Force, 1998).

현재 루이지애나에서는 육지 손실을 줄일 수 있도록 해안선을 개량하는 훨씬 더 야심찬 사업인 루이지애나연안지역(Louisiana Coastal Area : LCA) 사업을 추진하고 있다. 추정 사업비가 140억 달러에 이르는 이 사업을 시행한다면 세계에

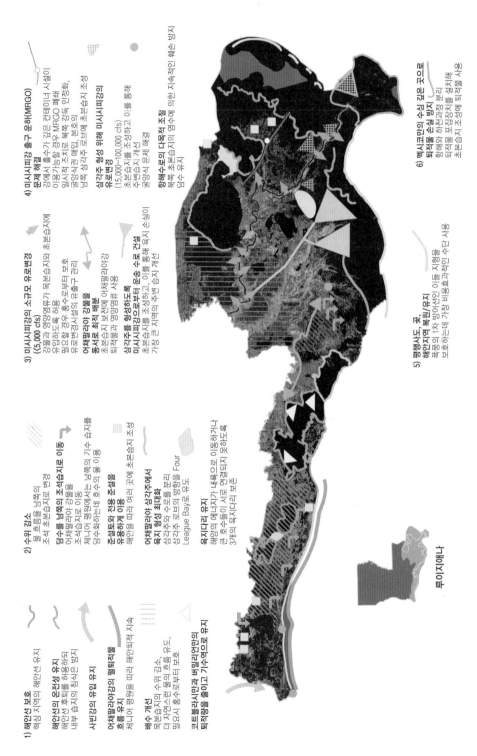

4) 미시시피강 출구 운하(MRGO)
문제 해결
강에서 흘수가 깊은 컨테이너 시설이
이용가능할 경우 MRGO 폐쇄
일시적 조치로 북쪽 경도 인정화,
중앙식생과 매립 본증이
남쪽 염수주 로 모베 초본습지 조성

삼각주 형성을 위해 미시시피강의
유로변경
(15,000~100,000 cfs)
초본습지를 조성하고 이를 통해
주변습지 개선
중앙식 문제 해결

항해수로의 다목적 조절
북쪽 초본습지의 염수에 의한 지속적인 훼손 방지
염수 유지

6) 미시시피강의 수심 깊은 곳으로
퇴적물 손실의 방지
항해의 하천과정 분리
퇴적물 포집장치를 설치해
초본습지 조성에 퇴적물 사용

3) 미시시피강의 소규모 유로변경
(5,000 cfs)
강물과 영양물류가 목본습지와 초본습지에
유입하도록 허용
아체팔라야 강물을
조석습지로
제니아 평원에서는 남쪽의 기수 습지를
담수화하는데 호수의 물을 이용

동식로의 강물을 배출
초본습지 토건에 아체팔라야강
퇴적물과 영양염류 사용

삼각주를 형성하도록
미시시피강으로부터 운송 수로 건설
초본습지를 조성하고, 이를 통해 육지 손실이
가장 큰 지역의 주변 습지 개선

5) 평행사도, 곳
해안지역 복원/유지
북풍이 1차 방어선인 이들 지형을
보호하는데 가장 비용효과적인 수단 사용

2) 수위 감소
물 흐름을 남북으로 변경
조석 초본습지로 변경

해안선의 온전성 유지
해안선 홍퇴를 이용하되
내부 습지의 침식은 방지
조석습지로

담수를 남쪽의 조석습지로 이동
아체팔라야 강물을
조석습지로

사반강의 유입 유지

아체팔라야강의 펄퇴적물
흐름 유지
제니아 평원을 따라 해수의 물 이동

준섬토와 전용 준섬섬
유용하게 이용
해안을 따라 여러 곳에 초본습지 조성

아체팔라야 삼각주에서
육지 형성 최대화
삼각주 토복의 수로를 분리
삼각주 토복의 방향을 Four
League Bay로 유도

육지다리 유지
큰 호수들이 내륙으로 이동하거나
3개의 육지다리 보존

1) 해안선 보호
핵심 지역이 해안선 유지

해안선의 온전성 유지
해안선 홍퇴를 이용하되
내부 습지의 침식은 방지

사반강의 유입 유지

아체팔라야강의 펄퇴적물
흐름 유지
제니아 평원을 따라 해수의 물 이동

배수 개선
목본습지의 수위 감소,
더 자연스런 물의 흐름 유도,
불필요한 홍수로부터 보호

코트블라사민과 베밀리언만의
퇴적량을 줄이고 기수역으로 유지

루이지애나

그림 9–15 루이지애나의 삼각주에서 육지와 습지의 손실을 멈추기 위해 추진하는 사업인 '루이지애나 연안지역'
의 생태계 전략으로 활용가능한 예.

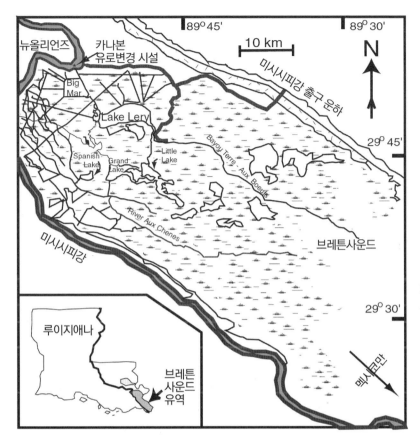

그림 9–16 루이지애나 남동부 미시시피강의 카나본(Caenarvon) 유로변경 시설과 이를 통해 미시시피 강물이 유입하는 브레튼사운드.

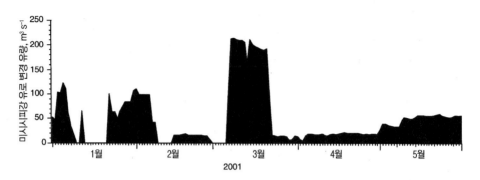

그림 9-17 카나본 유로변경 시설을 통해 미시시피강에서 루이지애나 남동부의 습지로 이동하는 강물의 단속적 흐름(2001년 1~5월, J.W. Day, Jr.의 허락 아래 재인쇄).

서 가장 규모가 큰 생태공학 사업이 될 것이다. 루이지애나연안지역의 임무는 육지가 형성하도록 수십 개의 사업을 추진하는 것인데, 여기에는 핵심 지역의 해안선 보호, 하천유로 변경, 어채팔라야(Atchafalaya) 강과 같은 미시시피강 지류의 기능 최적화, 평행사도의 복원([그림 9-15] 참조)이 포함된다. 미시시피강은 화물 운송에 이용되고 항해 수로가 뉴올리언즈 하류와 멕시코만의 수심이 깊은 해역까지 유지되고 있기 때문에 강물이 인공제방을 뚫고 흐르도록 하면 루이지애나 남부 지역 경제에 아주 큰 피해를 입힐 수 있다. 수문학적으로 복잡한 상황을 고려해 계획을 수립해야 한다.

하천유로 변경은 루이지애나의 삼각주 복원에서 중요한 부분을 차지한다. 루이지애나 삼각주 습지의 면적은 20,000km²를 넘는다. 이들 습지는 삼각주에서 개방 수면을 육지와 습지로 만드는데 핵심적인 역할을 수행하며, 멕시코만의 빈산소 현상을 줄이기 위한 영양염류 제거장소로 아주 중요할 수도 있다(제8장 참고). 카나본 담수 유로변경은 루이지애나의 미시시피강에서 이루어지고 있는 유로변경 사업 가운데 가장 규모가 큰 사업의 하나이다. 유로변경을 위한 구조물은 멕시코만으로부터 131km 상류에 있는 뉴올리언즈 하류의 동쪽 제방에 설치되어 있다([그림 9-16] 참조).

이 구조물은 최대 유량이 226m³ s⁻¹에 이르는 수직 주수문을 가진 5개의 상자형 암거로 구성되어 있다. 담수 방류는 1991년 8월에 시작했으며, 1993년 12월까지 평균 방류량은 21m³ s⁻¹였다. 현재 최소유량과 최대유량은 각각 14m³ s⁻¹,

114m³ s⁻¹이며, 여름철 유량은 일반적으로 최소유량 부근이며 겨울철 유량은 최대유량의 50~80% 수준이다(Lane et al., 1999). 유로변경이 이루어지는 강물 흐름의 전형적인 수문주기를 [그림 9-17]에 나타냈다. 카나본 유로 변경은 담수, 기수, 염수 습지가 있는 1,100km² 면적의 브레튼사운드(Breton Sound) 하구로 강물을 보낸다.

강물이 하구를 통해 흐르면서 나타나는 가장 현저한 특징 가운데 한 가지는 강물이 멕시코만으로 유입하기 전에 브레튼사운드 하구 지역을 통과하면서 조석작용으로 유입하는 해수로 인한 희석을 통해 기대할 수 있는 것보다 더 많은 영양염류가 지속적으로 감소한다는 것이다. 이는 질산염 질소 농도와 염분 사이의 그래프에 나타나 있는데([그림 9-18] 참조), 오목한 그래프는 영양염류가 해수의 희석작용에 의한 것보다 훨씬 더 빠르게 줄어드는 것을 보여준다.

사례연구
오대호 삼각주 복원 예측

과거에는 북미의 오대호를 따라 많은 연안습지가 있었다. 미국의 대서양, 멕시코만, 태평양 해안선 길이와 비교할 때, 오대호의 해안선은 대서양 및 멕시코만의 해안선 길이를 더한 것과 비슷하다. 200년 동안의 집중적인 개발과 도시화로 원래 오대호 습지의 아주 일부만 남아 있다. 한 예로 오하이오와 미시간에 걸쳐 있는 이리호의 서쪽 수역에서는 95%의 습지가 사라진 것으로 추정되는데, 여기에는 이리호의 가장 서쪽에 해당하는 4000km²의 목본습지/초본습지 저지대인 *Great Black Swamp*가 포함된다.

하루에 두 번 규칙적으로 반복하는 조석 현상에 의해 부분적으로 보호를 받는 조석 습지와 달리 오대호의 습지는 습한 해와 건조한 해 사이에 호수의 수위가 1.5m 이상 변동하기 때문에 수위가 낮은 시기에는 매립에 특히 취약하다. 오대호 연안의 초기 유럽인 이주와 뒤이은 미국인 이주 시기, 특히 수면이 낮았던 시기에 습지가 매립되었고 둑이 건설되었다.

오대호 연안의 습지는 다양한 목표와 복원의 성공 여부를 판단하기 위한 여러

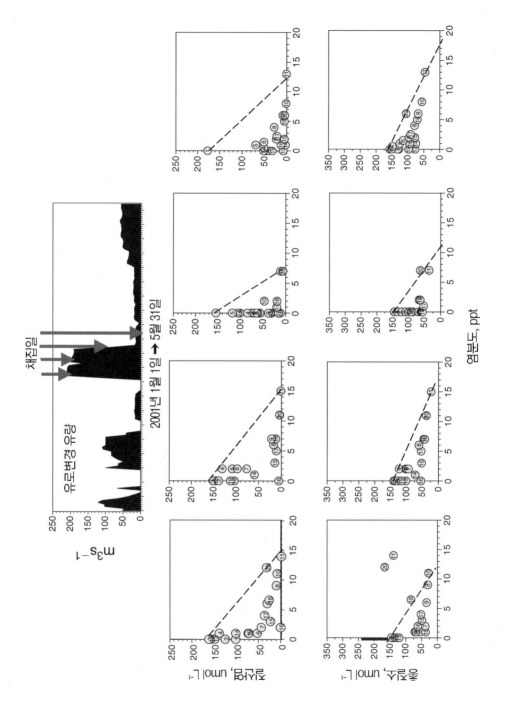

그림 9–18 루이지애나 남부 미시시피강의 카나본 유로변경시설 하류에 있는 브레튼사운드를 통과하는 강물의 영양염류-염분 그래프. 이 그래프들은 질소가 해수의 희석에 의한 것보다 더 빠르게 감소하고 있다는 것을 보여준다. 따라서 브레튼사운드는 미시시피강의 유로변경 때문에 질소와 질산염 제거장소로서 역할을 한다(J.W. Day, Jr.의 허락 아래 재인쇄).

표 9-3 오대호 연안습지 복원의 성공 여부 판단 기준

자주 사용하는 기준
    물새류, 특히 오리류 생산
    식생피도
    외래종 미출현(예를 들어 *Lythrum salicaria*)
가끔 사용하는 기준
    사냥감이 아닌 야생생물의 증가
    잉어 미출현(*Cyprinus carpio*)
    어류 산란 및 섭식
    모피동물 생산량
드물게 사용하는 기준
    유기쇄설물 유출량
    수질 개선

---

* 출처 : Mitsch and Wang (2000).

가지 기준에 따라 복원되고 있다([표 9-3] 참조). 대부분 오대호 습지는 식생의 회복과 뒤이은 야생생물 회복, 특히 수금류를 회복하기 위해 복원한다(Burton and Prince, 1995a,b; Ozesmi and Mitsch, 1997). 최근에 이루어진 일부 오대호 습지 복원은 잉어의 수를 조절하면서 습지를 복원하고, 호수 어류의 산란과 섭식에 습지를 사용하는 데 초점을 맞추고 있다.

미국과 캐나다가 체결한 오대호수질협정과 같은 국제협약은 오대호로 유입하는 하천의 수질 개선이 오대호의 수질관리에 중요하다는 것을 강조한다. 그러나 호수의 수질에 중요한 영향을 미치는 하천의 수질 개선을 주요 목표로 오대호로 유입하는 하천을 따라 습지복원사업을 진행한 경우는 드물다.

미시간 자연자원국은 오대호 연안의 습지복원 사례 가운데 휴런호의 사기노(Saginaw) 만으로 유입하는 쿠아니캐시(Quanicassee) 강 삼각주의 습지 복원을 조사했다([그림 9-19] 참조). 이 강은 과거에는 습지였지만 지금은 감자, 사탕무, 콩, 옥수수 같은 농작물을 생산하는 습지토양 지역을 통해 사기노만으로 유입한다. 쿠아니캐시강의 평균 유량은 11m³ s⁻¹이며, 연간 인부하량은 48톤이다. 이 강은 2,100km² 면적의 사기노만 유역에서 배출하는 총 1,544톤의 인부하량 가운데 약 3%를 차지한다. 조사지역에는 쿠아니캐시강을 따라 131ha, 호수 연안을 따라 564ha의 습지가 있다.

초기 시뮬레이션 모델의 기초 자료로 사용한 복원 대상 지역은 3,120ha, 즉 쿠아니캐시강 유역 면적의 15%에 달했다. 광범위한 습지 복원의 결과 나타나게 될

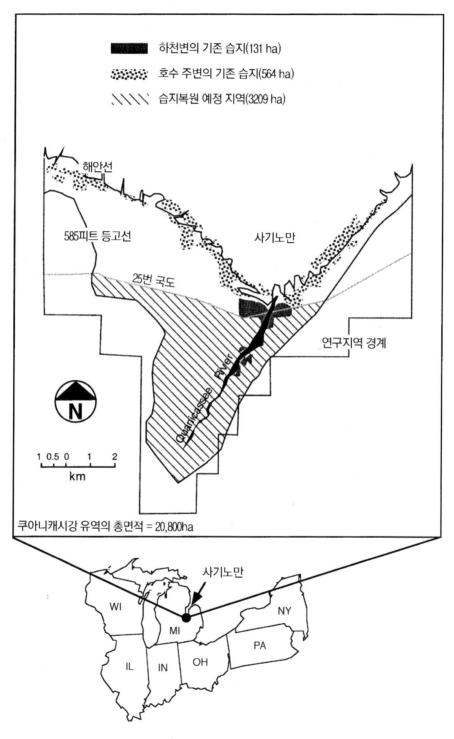

그림 9–19 미시간 북동부 사기노(Saginaw) 만에 있는 쿠아니캐시(Quanicassee) 강 삼각주 습지복원 연구 지역 (Wang and Mitsch, 1998, 그림 1, 71쪽; 저작권 1998; Kluwer Academic Publishers의 허락 아래 재인쇄).

인 제거량을 추정하기 위해 사용한 단순 모델은 볼렌바이더 방법을 따라 만들었다(호수에 적용한 원래 모델에 관한 논의는 제6장 참고). 이 모델은 습지를 '블랙박스'로 다루었으며, 미국 중서부 지역 초본습지에서 여러 해 동안 조사한 자료를 이용해 모델을 검증했다(Mitsch et al., 1995). 이 모델에서 사용한 식은 다음과 같다.

$$\frac{dTP}{dt} = P_{in} - P_{out} - kTP + k_s TP_s \qquad \text{식 (9-1)}$$

여기에서 P_{in}은 인유입량(g day^{-1}), P_{out}은 인유출량(g day^{-1}), k는 인보유계수(day^{-1}), TP는 습지에 있는 인의 양(g), k_s는 인용출계수(day^{-1}), TP$_s$는 토양에 남아 있는 과량 인의 양(g)을 나타낸다. 인 퇴적률 k 값은 0.93day^{-1}인데, 위에서 언급한 검증과정을 통해 추정했다. 토양의 인 용출량을 나타내는 식 (9-1)의 마지막 항은 오랫동안의 집약농업 결과 토양 내에 남아 있는 과도한 양의 인이 수년 동안 복원한 습지의 수층으로 용출하는 상황을 고려해 식에 포함했다.

모델 실행 결과(Wang and Mitsch, 1998)는 유입 유량, 습지 수심, 선행 토양 상태의 상대적 중요도를 보여준다([그림 9-20] 참조). 이 모델은 쿠아니캐시강 유역 면적의 15%(3,120ha)를 습지로 복원한다면 습지와 강 사이에 적절한 수문 연결이 이루어진다고 가정할 경우 유역에서 사기노만으로 유입하는 인의 양을 절반 이상(53%) 줄일 수 있을 것으로 추정했다. 또한 이 모델은 습지를 복원하기 이

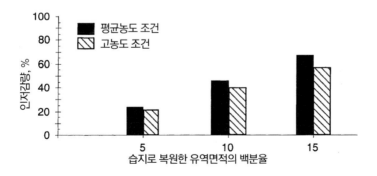

그림 9-20 시뮬레이션 모델로 예측한 미시간 쿠아니캐시강 유역의 습지복원 비율과 총인 감소 비율. 습지의 평균 수심은 30cm로 가정했다. 시뮬레이션에 사용한 2가지 조건은 토양 내 초기 인농도가 평균농도인 경우(10.1gm^{-2} 또는 90lb acre-1)와 고농도인 경우(24.9g m^{-2} 또는 222 lb acre^{-1})이다(Mitsch and Wang, 2000; 저작권, 2000; Elsevier Science의 허락 아래 재인쇄)

전 토양에 있던 인의 양이 초기 몇년 동안 습지의 인 보유에 미치는 영향은 작고 (<15%), 장기간의 효과는 중요하지 않다는 것을 보여주었다.

쿠아니캐시강 유역의 인부하량은 사기노만으로 유입하는 총 인부하량의 3%에 불과하다. 이 만으로 유입하는 인의 조절에 큰 영향을 미치고 만의 부영양화를 제어하기 위해서는 사기노만으로 유입하는 모든 하천 유역에서 유사한 규모의 습지 복원을 함께 추진할 필요가 있다.

● 산호초의 조성 및 복원

외해의 암초는 자연적이건 인공적이건 다양한 수생 군집의 발달에 필요한 구조물을 제공한다. 비록 온대지방의 수생태계에 암초를 조성하기 위한 사업(예를 들어 낚시꾼과 운동경기 팬 모두가 만족하도록 오하이오 클리블랜드의 오래된 미식축구·야구 경기장을 암초 구조물로 투하)이 일부 진행되었지만, 대부분의 암초 복원 사업은 열대지방에서 이루어졌다. 전세계의 열대 연안지역에서 생물학적으로 중요한 생태계인 산호초는 22.5°N~22.5°S 사이에 집중적으로 나타나는데, 아열대 지방과 온대지방의 서부 연안에서는 따뜻한 연안수 때문에 산호초가 더 북쪽에서 발견된다.

해수 중 영양염류 농도가 낮고 파도작용이 활발한 환경에서도 산호초의 외해쪽 경계가 성장하면서 산호초가 자란다. 폭풍, 과도한 영양염류가 초래한 부영양 수체, 산호 질병, 퇴적, 준설과 매립, 남획, 과도한 여가 및 관광 이용이 모두 산호초에 큰 영향을 미친다. 엘니뇨 같은 계절 변동이나 기후변화로 인한 수온 변화도 산호초에 영향을 미칠 수 있다.

산호초는 영향 저감 및 적극적 복원의 2가지 방식으로 복원할 수 있다([표 9-4] 참조). 간단하게 말하면, 영향 저감은 산호초에 영향을 미치는 영양염류, 퇴적물, 어획, 여가 활동을 통제하는 것을 말한다. 이것이 산호초를 복원하는 효과적인 수단(즉, 외부변수의 조절)이지만 많은 경우 산호초는 이미 훼손된 상태이며 인간의 수명 기간 내에는 복원되지 않는다. 적극적 복원은 산호를 이식하는 것이다. 여기에는 산호가 통제된 조건에서 자랄 수 있는 비독성 피복선을 사용하거나 수심이 깊은 곳에 있는 산호를 얕은 곳으로 옮겨와 틈새에 '끼워넣거나' 단단한 표면에 '접착해' 이식하는 것 등이 포함된다(Maragos, 1992).

표 9-4 산호초 복원 기술

기 술	기대 효과
영향 저감	
하수방류 중지	무산소 상태 개선 및 저서조류와 경쟁 감소
온배수 방류 중지	어류와 산호의 열 스트레스 감소
계류부이 시스템	방문객이 많은 산호초에서 닻으로 인한 피해 최소화
산호초 주변에 완충지대 설정	잠재적 피해 최소화
적극적 복원	
산호와 해면동물 이식	산호의 재정착 촉진, 산호초 서식생물에 은신처 제공
	어류 은신처 제공
인공산호초, 산호초웅덩이 또는 방파제 설치	산호초의 해수교환 개선
해류 흐름 변경	
주변 맹그로브나 해초지에 다시 식재	퇴적물과 영양염류 유입 안정화, 생물공급원 제공
선박으로 훼손된 산호초 시멘트로 보호	재정착을 촉진하기 위해 단단한 표면 안정화
질병매개 생물과 산호포식자 제거	사망률 감소

출처 : Maragos (1992).

소규모 복원일 경우 이식이 효과적일 수 있지만 여기에는 2가지 큰 단점이 있다. 첫째, 이러한 종류의 수중 작업은 비용이 아주 많이 든다. 둘째, 한 장소에서 다른 장소로 산호를 이식하는 것은 장기적 관점에서 전체 산호의 증가에 큰 영향을 미치지 못하는 것으로 보인다. 이식은 단순히 산호를 한 곳에서 다른 곳으로 옮기는 것이다. 잠수부가 방수 상자에 시멘트를 담아 잠수해 깨끗한 산호초 구조물 위에 시멘트를 바른 뒤 여기에 산호를 붙임으로써 이식한다. 이러한 이식기술의 장기적인 효과에 대한 연구는 거의 이루어지지 않았으며, 결과도 편차가 심하다(Japp, 2000).

산호초에 영향을 미치는 질병과 질병매개 생물, 포식자를 줄이는 일은 원인과 증상을 동등하게 다루는 질병 치료와 유사하다. 태평양 지역의 산호초에 출몰해 산호를 먹어 치우는 악마불가사리(*Acanthaster*)를 직접 제거하거나 독극물을 사용하는 것은 어떤 경우에는 효과가 있었지만 그렇지 않은 경우도 있었다.

이전에 산호초가 없던 지역에 인공산호초를 조성하는 것은 논란의 여지가 있지만 많은 곳에서 인공산호초 조성 사업을 진행한다. 이는 전세계 연안해역에서 사고로 선박이 침몰하거나 의도적으로 선박을 가라앉힌 곳에서는 대부분 일어나고 있다. 가끔 2차대전후 태평양의 환초에 나타난 난파선과 같이 전쟁이 끝난 뒤에 전체 '해군 함선'을 침몰시킨다. 금속과 콘크리트는 부착조류와 일부의 경우 산호에 훌륭한 기질을 제공하는 것으로 보인다. 이 방법이 가지고 있는 큰 어려움 가운데 하나는 산호초에서 일부 물질을 채취하고자 하는 폭파 전문가부터 많은 수의 낚시어류를 원하는 낚시꾼에 이르기까지 서로 다른 집단이 가지고 있는 의제와 목적이 다양하다는 것이다(Sheehy and Vik, 1992). 또한 이들 산호초가 실제로 어류의 이차생산성을 늘릴 것인지 또는 단순히 다른 곳의 어류를 유인하는 것인지 살 이해하지 못한다.

생태공학을 적용한 다른 예로 목표 생물종에게 최적의 서식지나 수리 조건을 제공하는 구조물을 이용해 인공서식지를 설계하는 것을 들 수 있다. 자연 상태의 물질이 가지고 있는 물리적 특성을 충분히 고려한다면 목표 생물종에 가장 유용한 구조물을 만들 수 있을 것이다. 이는 생물들이 유전 정보에 근거해 자신들에게 가장 적합한 구조물에 부착하기 때문이다. 그 다음에는 자기설계가 이러한 산호초의 중요한 과정이 된다. 인공산호초의 성장을 촉진하기 위해 '추가'하는 생물 물질은 거의 없다. 인간이 물리적 구조를 제공하면 나머지는 자연이 알아서 한다. 쉬이와 비크(Sheehy and Vik, 1992)는 오래된 경기장, 대규모 콘크리트 폐기물 또는 침몰 선박을 이용해 어업 생산을 늘리기 위해 만든 인공산호초와 어류를 유인하는 구조물이 아니라 생태계를 설계하기 위해 특정 수심, 수온, 파도 노출, 수질을 이용하는 사전 제작·설계 산호초를 분명하게 구분한다.

제10장
처리습지

폐수와 오염된 물을 습지를 이용하여 처리하는 것은 인간(우리가 배출하는 폐기물)과 생태계(습지)와의 협력관계 구축을 포함하는 매우 흥미로운 개념이다. 이러한 협력관계 야말로 생태공학의 좋은 예라 할 수 있다. 8장과 9장에서 담수와 연안습지의 조성과 복원에 대한 개념을 다루었는데 이 장에서는 생활하수나 비점오염원 유출수, 그 외 다른 형태의 오염수에 존재하는 불필요한 화학물질을 제거하기 위해 습지를 이용하는 방안에 대해 설명한다.

 자연습지에서는 수많은 화학물질이 배출되거나 제거되며 또한 다른 형태로 변환될 수 있다. 만약 습지에 유입되는 화학물질이나 특별한 형태의 유기 혹은 무기물질의 양이 습지로부터 유출되는 양보다 많게 되면, 이러한 물질을 보유하게 되는 습지는 궁극적으로 오염물질의 제거지(sink)가 된다([그림 10-1a] 참조). 하지만 습지 하류와 인접한 생태계로 습지가 없을 때보다 더 많은 원소나 물질이 습지로부터 배출된다면 습지는 오염물질의 공급원(source)이 되며([그림 10-1b] 참조), 습지에서 유출입 양에 대한 변화는 없고 다만 용존 상태에서 입자 상태로 변환되는 것과 같이 오염물질의 형태의 변화만이 일어나는 경우에 습지는 변환지(transformer)로서 고려될 수 있다([그림 10-1c] 참조).

 습지가 무기물질뿐만 아니라 유기물질에 대한 제거지로서의 역할을 한다는 것이 관찰되면서 1960~70년대의 연구자들은 습지에 대하여 큰 흥미를 갖게 되었다. 1970년대 미국의 연구자들은 폐수를 처리하고 깨끗해진 물을 지하수와 지표수로 되돌리는 자연습지의 역할에 대한 연구가 특히 자연 습지가 많은 지역에서 시작되었다. 이보다 앞서

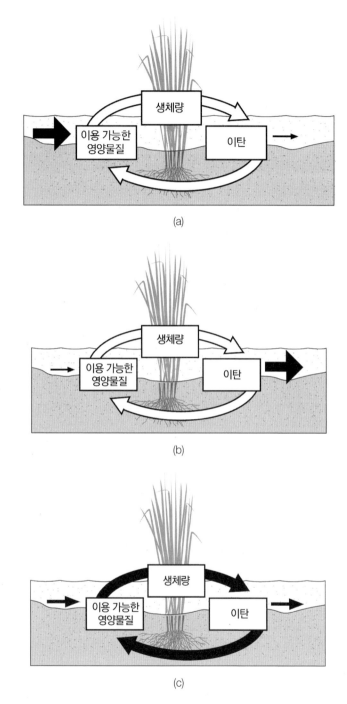

(a)

(b)

(c)

그림 10-1 습지에서 일어날 수 있는 3가지 생지화학적 역할. (a) 제거지, (b) 공급원, (c) 변환지(Mitsch and Gosselink, 2000; 저작권 2000; John Wiley & Sons, Inc의 허락 아래 재인쇄)

유럽에서는 독일 과학자들에 의해 대형수생식물(*höhere Pflanzen*)을 이용한 인공유역에서의 폐수정화에 대한 연구가 수행되었다.

수질정화를 위한 습지의 이용은 자연습지를 활용하거나 인공시스템을 이용하는 2가지 다른 접근으로 시도되었는데 모두 궁극적으로 일반적인 처리습지 분야로 귀착하게 되었다. 처리습지에서는 수질정화를 위해 습지를 조성하는 것과 더불어 생활하수, 소규모의 농촌폐수, 산상광산배수, 매립장 침출수, 도시와 농촌지역의 강우 유출수로부터 배출되는 비점원 오염물질을 포함한 다양한 오염물질의 정화를 위해 습지를 활용하는 것을 모두 포함한다. 비록 처리습지를 이용해 수질을 향상시키는 것이 처리습지의 주요 목적이지만 부가적으로 다양한 동식물의 서식처를 제공하는 것과 같이 이 책에서 설명한 여러 습지 기능 또한 수행한다

이미 처리습지에 대한 많은 연구들이 출간되었는데, 카들레치와 나이트(Kadlec and Knight, 1996)에 의해 발간된 학술서 〈처리습지〉나 카들레치와 그의 동료들에 의해 집필된 국제리뷰보고서(IWA Specialists Group, 2000)는 처리습지에 대한 종합적인 내용을 다루고 있다. 그외에도 처리습지에서 다루는 일반적인 주제(Godfrey et al., 1985; Reddy and Smith, 1987; Hammer, 1989; Cooper and Findlater, 1990; Knight, 1990; Johnston, 1991; Moshiri, 1993; U.S. Environmental Protection Agency, 1993; Reed et al., 1995; Tanner et al., 1999)와 비점오염원을 관리하기 위한 습지(Olson, 1992; Mitsch et al., 2000), 습지를 이용한 매립장 침출수의 처리(Mulamoottil et al., 1999) 등 여러 처리습지 관련 연구들이 학술지의 특별호와 책들의 형태로 발표되었다. 처리습지 시스템을 다룬 이런 논문들은 주로 국제 생태공학회지에 발표되었다. 이 장에서 다루는 많은 내용들은 〈습지〉 제3판(Mitsch and Gosselink, 2000) 중 처리습지에 관한 내용을 정리한 것이다.

10.1 일반적인 접근법

폐수를 처리하기 위해서는 3가지 유형의 습지가 사용된다. 첫 번째는 자연습지를 활용하는 것으로 새로운 습지를 조성하기보다는 현존하는 자연습지에 폐수를 의도적으로 유입시켜 처리하는 것이다([그림 10-2a] 참조). 자연습지를 이용해 폐수를 처리하는 연구는 1970년대 미국 미시간이나 플로리다와 같이 습지가 많은 지역에서 수행되었다. 그 당시

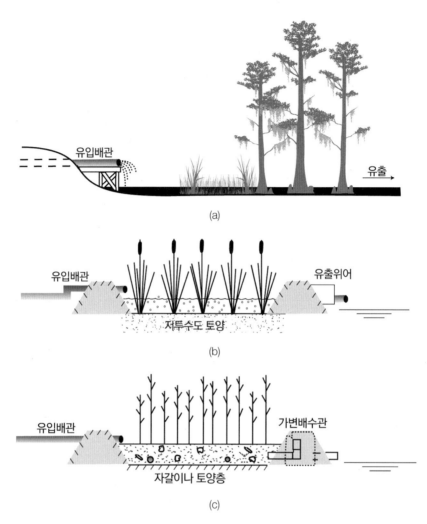

그림 10-2 3가지 유형의 처리습지 시스템. (a) 자연습지, (b) 지표흐름형습지, (c) 지하흐름형 습지(Mitsch and Gosslink, 2000에 수록되어 있는 Kadlec and Knight, 1996 내용을 바탕으로 재구성, John Wiley& Sons, Inc.의 허락 아래 재인쇄).

에는 습지보호에 대한 법적인 장치가 제도화 되지 않았다. 이와 같은 선구적인 연구들은 '자연의 콩팥'인 습지에 대한 일반 대중과 정부 기관들의 관심을 높이는데 기여했다. 이들 연구에 의해 발견된 습지의 중요성은 곧 습지를 보호하기 위한 법률로 제정되었는데, 이제는 이들 법률에 의해 폐수나 오염된 물을 자연습지에 유입하는 것이 금지되고 있다.

인공습지는 자연습지의 대안으로 사용되어지는 습지이다. 지표흐름형 인공습지([그림 10-2b] 참조)는 자연습지를 모방해 조성된 습지로서 연중 혹은 1년 중 대부분의 시기에 습지 내에 물이 정체되어 있기 때문에 특정 습지 생물종에게 좋은 서식처를 제공할 수 있다. 두 번째 유형의 인공습지는 지하흐름형 인공습지로서([그림 10-2c] 참조) 습지라기보다는 폐수처리장과 더 닮은 형태이다. 이들 시스템은 보통 모래나 자갈로 구성되어 있으며 적용할 수 있는 식물은 육상식물에 비해 상대적으로 적은 종으로 제한되어 있다. 갈대(*Phragmites asutralis*)와 같은 대형 수생식물이 식재된 다공성매질에 오염수가 수평적으로 통과하도록 되어 있다. 이러한 시스템에서는 지표면 위로 정체된 물이 거의 없으며 폐수는 다공성 매질을 횡적으로 통과한다.

지표흐름형 처리습지는 1950년대 독일의 막스-플랑크 연구소에서 시작되었다. 시델(Käthe Seidel)은 정수식물, 특히 큰고랭이(*Schoenoplectus lacustris*)를 이용한 실험을 많이 수행했는데, 식물이 세균과 유기 및 무기화학물의 저감에 기여한다는 것을 발견했다 (Seidel, 1964, 1966). 이러한 제거 기작은 막스-플랑크-연구소 기작(*Max-Planc-Institute Process*) 혹은 크레펠트(*Krefeld*) 시스템으로 알려진 대형수생식물 식재 자갈층으로 변형되었다(1994년 Brix에 의해 인용된 1981년의 Seidel and Happl의 연구). 지하흐름형 습지는 유럽에서 갈대(*Phragmites asutralis*)를 식재한 지하흐름 유역시스템으로 발달되었는데, 이들 시스템은 종종 근권법(*Wurzelramentsogung*)이라고도 불린다.

지하흐름형 습지는 이후에도 지속적으로 연구되어 왔는데 특히 네덜란드의 데종(DeJong, 1974)과 덴마크의 브릭스(1987) 그리고 그 외 많은 유럽 과학자들의 연구를 통해 개선되었다. 자유수면 습지가 더 일반적인 북미에 비해 유럽에서는 이와 같이 인공적인 유형의 습지가 관심을 끌게 된 것은 2가지 요인 때문인데 첫째는 유럽에 자연습지가 거의 남아있지 않으며, 남아 있는 자연습지 또한 대부분 자연보호지역으로 보존되고 있다. 둘째는 필요한 공간의 확보가 어려운 유럽의 여건상 적은 토지 면적을 필요한 지하흐름형 습지를 선호하기 때문이다.

● 식생분류

처리습지는 그곳에 서식하는 식생의 생활형에 따라 습지의 유형을 분류할 수 있는데 다음과 같이 초본수생식물을 기준으로 5가지 시스템으로 나눌 수 있다.

1. 부유식물 시스템 [예를 들면 부레옥잠(*Eichhornia crassipes*), 개구리밥(*Lemna* spp.)]
2. 정수식물 시스템 [예를 들면 갈대(*Phragmites australis*)와 부들(*Thypa* spp.)]
3. 침수식물 시스템
4. 삼림습지 시스템

5. 다종 조류시스템, 특히 조류 세정시스템

정수식물만을 주로 사용할 수 있는 지하흐름형 처리습지에 비해 지표흐름형 처리습지에서는 종종 부유식물과 정수식물 및 침수식물 등을 함께 사용한다. 삼림습지를 이용한 처리시스템은 일반적으로 인공습지라기보다는 폐수를 처리하는 자연습지이다. 이러한 삼림습지에는 위에 소개된 다양한 식생 유형들을 모두 포함한 광범위한 식물군집들이 발달된다.

10.2 처리습지의 유형

처리되는 폐수의 일반적인 유형에 따라 처리습지를 분류하기도 한다. 대부분의 처리습지시스템이 생활하수를 정화하기 위하여 사용되고 있기 때문에 종종 기존의 하수처리시스템으로 간주되기도 하지만 도시지역의 강우유출수, 탄광에서 배출되는 산성광산배수, 농촌지역의 비점원 오염물질, 축산 및 양어장 폐수, 산업폐수 등을 처리하기 위해 처리습지를 이용하는 데에도 많은 관심을 갖고 있다.

⊛ 생활하수 처리습지

유럽에서 대부분의 지하흐름형 조성습지는 생화학적산소요구량(BOD)과 부유고형물(SS)뿐만 아니라 무기영양물질을 제거하기 위해 1차 및 2차 처리시설을 대체하기 위한 시설이다. 생활하수를 처리하기 위해 수백 개의 지하흐름형 습지시스템이 유럽(Vymazal., 1998), 특히 영국(Cooper and Findlater, 1990), 덴마크(Brix and Schierup, 1989a,b; Brix, 1998)와 체코(Vymazal, 1995, 1998, 2002) 등에서 건설되었다. 또한 호주(Mitchell et al., 1995)와 뉴질랜드(Cooke, 1992; Tanner, 1996; Nguyen et al., 1997; Nguyen, 2000)에서도 습지를 이용하여 하수를 처리한 예가 많으며 그중 일부는 이미 수십년 전부터 시작되어왔다.

북미에서 생활하수를 처리하기 위한 습지 대부분이 지표흐름형 습지 형태로 조성되었으며 심층 연구들이 플로리다(Knight et al., 1987; Jackson, 1989), 캘리포니아(Gerheart et al., 1989; Gerherat, 1992; Sartoris et al., 2000), 루이지애나(Boustany et al., 1997), 애리조나(Wilhelm et al., 1989), 오하이오(Spieles and Mitsch, 2000a b), 노스다

코타(Litchfield and Schatz, 1989), 앨버타(White et al., 2000)에 있는 습지에서 진행되었다.

폐수를 처리하기 위한 인공습지는 대부분 유기물질, 부유물질, 영양물질의 처리에 효과적이다. 습지가 미량금속이나 다른 독성물질을 조절하는 능력에 대해서는 아직 논란의 여지가 있는데 이러한 논란이 있는 것은 습지가 이들 물질을 보유하지 못하는 것이 아니라 습지토양이나 동물상에 농축될 수 있기 때문이다.

사례연구
미시간 호튼호

1970년대 초반 시작한 두 연구에 의해 수질관리를 위해 지표흐름형 습지를 이용하고자 하는 관심이 촉발되었다. 이 중 하나가 미시간대학의 연구자들이 미시간에 소재한 이탄지(peatland)에서 과연 폐수를 얼마나 처리할 수 있는가에 대해 수행한 연구이다([그림 10-3] 참조). 호튼호의 알칼리성 습원에서 파일럿 규모로 수행된 연구에서 2차 처리된 폐수 380m³ day⁻¹(1일 100,000갤런)을 유입시켰을 때 암모니아성 질소와 총 용존인 등이 습지를 통과한 후 최종 배출구에서 상당한 양이 감소한다고 보고되었다. 동일한 실험에서 염소와 같은 불활성 물질은 습지를 통과하면서 농도의 변화가 관찰되지 않았다.

1978년부터는 그 지역의 전체 폐수발생량인 약 5000m³ day⁻¹까지 유입량을 증가시켜 더 넓은 습지 지역을 통과하도록 했다. 22년 동안 이와 같은 고유량 조건에서 습지를 운영한 결과 폐수에 의하여 영향을 받는 이탄지의 면적이 23ha에서 77ha로 증가했으나([그림 10-3a,b] 참조), 여전히 무기질소와 총인의 제거 효율은 상당히 높은 것으로 나타났다([그림 10-3c,d]).

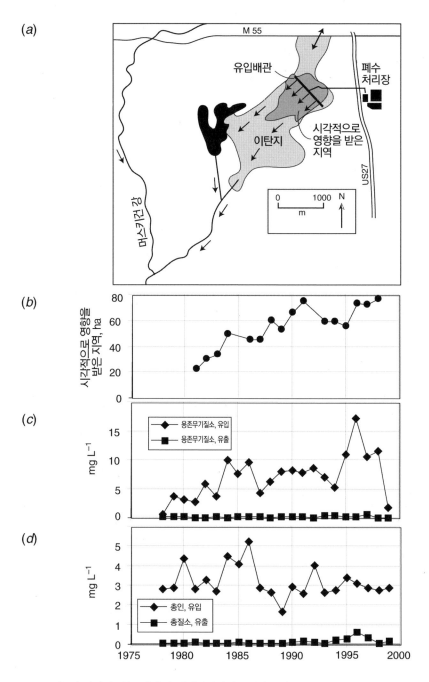

그림 10–3 1978년부터 처리된 하수유출수가 자연이탄지에 유입된 미시간의 호튼호의 처리습지. (a) 1988년에 시각적으로 영향을 받은 지역을 표시한 지도, (b) 1981~88년에 시각적으로 영향이 관찰된 지역의 면적, 주로 식생의 변화가 발생함, (c) 1978~99년의 유입과 유출 용존 무기질소 농도의 변화, (d) 유입과 유출지역에서의 총인농도의 변화(Mitsch and Gosslink, 2000에 수록되어 있는 Kadlec and Knight, 1996과 2000년 1월에 있었던 R.H. Kadlec과의 개인적 의견교환 내용을 바탕으로 재구성, John Wiley& Sons, Inc.의 허락 아래 재인쇄).

⦿ 광산배수 습지

습지는 광산 하류지역에서 광산배수를 처리하기 위하여 자주 사용되어져 왔다. pH가 낮으며 철, 황산염, 알루미늄과 미량금속의 농도가 매우 높은 산성광산배수는 전세계적으로 탄광 지역에서 중요한 수질오염 문제를 일으키는데, 인공습지는 이러한 산성광산배수를 효율적으로 처리할 수 있는 방안 중 하나이다. 아마도 석탄광산 배수를 조절하기 위해 습지를 이용하는 것은 이미 이러한 산성배수가 유출되어 다른 식물들이 자라지 못하는 혹독한 환경에서도 자생하고 있는 부들습지가 관찰된 이후일 것이다. 이런 유형의 처리습지에 대한 전반적인 설계와 적용에 관한 내용은 12장에서 다룬다.

⦿ 도시 강우유출수 처리습지

강우유출수로 인해 발생하는 오염물질을 습지를 이용해 관리하는 것은 습지를 생태공학적으로 활용하는 효과적인 방안이다. 생활하수와는 달리 강우유출수와 비점원 오염물질의 배출은 계절적인 특성을 가지면서 다분히 산발적으로 발생한다. 또한 질적인 변동을 가지고 있으며 계절이나 최근의 토지이용도에 의해서도 영향을 받게 된다. 습지는 도시유출수를 조절하는데 사용될 수 있는 여러 방안 중 하나이다. 이러한 목적을 달성할 수 있는 가장 전형적인 습지 형태로는 강우시에만 물을 갖게 되는 건조저류지와 항상 깊은 물을 가지고 있으며 그 가장자리가 돌이나 바위로 안정화 되어 있기 때문에 실제로 식물이 서식하기는 어려운 습윤저류지가 있다. 도시 지역의 강우유출수를 처리하기 위한 습지가 플로리다(Johengenand laRock, 1993)와 워싱턴(Reinelt and Horner, 1995) 그리고 영국(Shutes et al., 1993)에서 설계되었다.

도시지역의 강우유출수는 지붕이나 주차장과 도로 등 불투수층에서 특히 빠르게 유출된다. 강우유출수를 처리하는 습지의 특징 중 하나는 집중호우가 발생할 경우 처리 효율에 매우 큰 영향을 받는다는 것이다. 일반적으로 강우강도가 높아지고 유량이 증가되면 유입농도가 감소되고 때로는 강우로 인해 습지에서 영양물질이 유출되기도 하기 때문에 습지에서 보유되는 영양염류와 다른 화학물질들의 양을 감소시키는 결과를 가져올 수 있다. 집중강우는 갑작스럽게 또 매우 짧은 기간 동안에 일시적으로 유입되기 때문에 습지시스템의 운영을 특히 어렵게 한다. 처리습지로 유입되는 오염물질들 또한 문제를 일으킬 수 있다. 영양물질이나 유기성 폐기물 외에도 강우유출수가 건설 현장에서 유출될 때에는 많은 퇴적물이 유입되며, 지붕으로부터 유출될 경우에는 상대적으로 낮

표 10-1 강우유출수 습지에서의 평균적인 화학물질 보유율

오염물	제거율(%)
부유고형물	75
총질소	25
총인	45
유기탄소	15
납	75
아연	50
세균수	10^{-2} 감소

* Schueler(1992)의 자료 인용

은 퇴적물이 유입될 수 있다.

습지에 영향을 주는 유역에 주차장이나 고속도로가 있다면 자동차 배기가스, 아스팔트 부식, 도로 염화칼슘, 고무, 유류, 그리스, 금속류 심지어는 큰 쓰레기 등의 유입으로 인하여 습지가 오염될 수 있다. 일반적으로 습지 내로 이런 물질이 유입될 경우 습지에 심각한 영향을 미치게 되므로 이러한 도시쓰레기를 습지에 영향을 주는 유역에서 미리 제거해야 한다. 그렇지 않으면 습지 내에 유입된 후에 이를 처리하기 위해 더 많은 관리가 필요할 수 있다.

1980년대 초반부터 처리습지 시스템에 대한 여러 연구들이 진행되었음에도 불구하고 이들 습지 유형에 대한 설계방법에 관련되어 수행된 연구는 거의 없었다. 쉴러(Shueler, 1992)는 60여 개의 강우유출수 처리습지시스템의 운영 결과를 정리하여 이들 시스템이 갖고 있는 장기 오염정화능을 추정했다([표 10-1] 참조).

퇴적물 보유능은 이러한 습지가 갖는 중요한 장점이지만 만약 습지 상류에 건설현장이 있게 된다면 습지의 퇴적물 정화능은 일시적으로 때로는 영구적으로 위축될 것이다. 몇몇 영양물질과 유기물의 보유가 관찰되었지만 대체로 50% 이상 보유하지는 못하는 것으로 조사되었다. 이상적인 강우유출수 처리습지는 깊은 연못과 초본우점습지를 조합하여 배치하는 것이 적절하다([그림 10-4] 참조). 왜냐하면 깊은 연못은 급격한 강우유출수가 일시적으로 유입할 경우에도 이를 완화시켜 습지가 강우 유출수를 더 효과적으로 처리할 수 있도록 한다. 다수의 초본우점습지들과 작은 유출구를 갖는 깊은 물의 연못들이 있으면 시스템의 효율을 높일 수 있다.

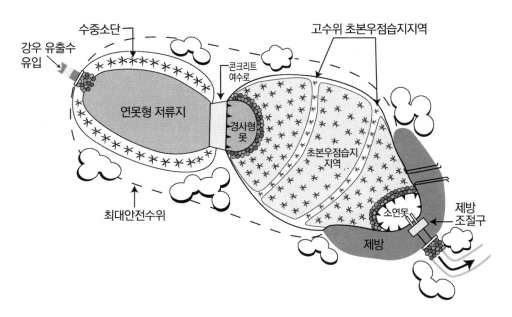

그림 10-4 일반적인 강우유출수 처리습지의 설계(Schueler, 1992를 다시 그림).

🌢 농경지 유출수 처리습지

아직 하수 처리습지에 비해 설계 관점에 대한 이해는 많이 미흡하지만 처리습지를 적용할 수 있는 가장 중요한 분야 중 하나는 바로 농경지에서 지표 혹은 지하유출수의 형태로 배출되는 비점원 오염물질을 처리하는 것이다. 농업 유역에서 이러한 습지의 기능과 효과를 규명하기 위한 연구프로젝트가 호주 남동부(Raisin and Mitchell, 1995; Rasin et al., 1997), 스페인 북동부(Comin et al., 1997), 일리노이(Kadlec and Hey, 1994; Phipps and Crumpton, 1994; Mitsch et al., 1995; Kovacic et al., 2000; Larson et al., 2000; Hoagland et al., 2001), 플로리다(Moustafa, 1999), 오하이오(Nairn and Mitsch, 2000; Spieles and Mitsch, 2000a), 스웨덴(Arheimer and Wittgren 1994; Jacks et al., 1994; Leonardson et al., 1994) 등에서 수행되어왔다.

예를 들면 하천수가 수변 유역에 유출되는 것과 유사하게 수리조건을 조절한 후 동일한 비점원 오염물질을 유입하는 연구가 수년 동안 이루어진 여러 습지들이 있다. 남부 플로리다의 물관리국에서는 1978~86년까지 9년에 걸쳐 하천수의 영양물질을 습지에서 어느 정도 보유할 수 있는지에 대한 연구를 남부 플로리다 키시미강을 따라 위치한 보니 초본우점습지(Bony Marsh)에서 수행했는데 제거된 영양물질의 양은 상대적으로 많지 않았지만 지속적인 질소와 인의 제거가 관찰되었다(Moustafa et al., 1996).

저농도의 비점원 오염물질의 유입을 고려하여, 하천수를 펌핑해 습지로 유입시킨 후 습지에서의 영양물질과 퇴적물 보유에 관한 다년간의 연구를 수행한 일리노이 북동지역의 데스플레인 강 습지연구공원에 조성된 수변습지와 중부 오하이오에 소재한 올렌탄지(Olentangy) 강 습지연구공원에서도 이와 유사한 결과가 관찰되었다. 상우유출수에 의한 영양물질을 조절하기 위하여 조성된 습지 가운데 가장 규모가 큰 습지 중 하나인 에버글레이드 영양물질 제거 프로젝트에서, 1545ha의 크기로 조성된 초본우점습지에서 3년 동안 유입된 82%의 인과 55%의 총 질소의 제거가 이루어졌다(Moustafa, 1999).

사례연구
농경지유출수 처리습지

농경지유출수 처리습지([그림 10-5] 참조)가 1998년 봄 인디언 호수라 불리는 오하이오 북서 지역의 유명한 휴양호수 수 km 상류에 위치한 로간카운티에 조성되었다. 다수의 습지셀로 이루어진 1.2ha 크기의 인디언 호수 습지에는 17ha의 유역으로부터 배출수를 유입시키고 있다. 이중 14.2ha의 농경지에 작물이 열식으로 재배되고 나머지 2.8ha가 숲으로 이루어져 있다. 따라서 습지와 유역의 면적 비율은 14 : 1이다.

인디언 호수 습지의 지표유입 유량은 2000년에 664 cm yr^{-1}로 추정되었으며, 유입되는 양과 거의 동일한 양이 습지 내의 여러 지점을 통해 지하수로 유출된다. 연구가 수행된 2년 동안의 지표수위는 40cm 이상 변화가 있었는데([그림 10-6] 참조), 2차년도에는 머스크랫의 활동으로 인해 한 습지셀에서 30cm의 수위 감소가 실제로 발생하였다. 주요 강우 사상으로 급작스럽지만 단기간 동안에 20cm 이상의 수위 상승이 일어났는데, 이와 같은 강우 현상은 주로 늦은 겨울이나 이른 봄에 발생하였으며, 빠른 유속으로 인하여 습지에서의 체류시간이 감소하였으며 수질정화기능도 저하되었다.

유입된 지표수의 2년간 평균 영양물질의 농도는 질산성 질소가 0.79mg-N L^{-1}, 용존반응성인(SRP)이 0.03mg L^{-1}, 총인(TP)이 0.16mg L^{-1}이었다. 지하수에서 SRP와 TP의 농도는 낮게 나타났으나, 질산성질소는 1.97mg-N L^{-1}로서 습지보다 더 높은 농도로 검출되었다. 건조한 시기와 비교할 때 2000년도 강우 사상시

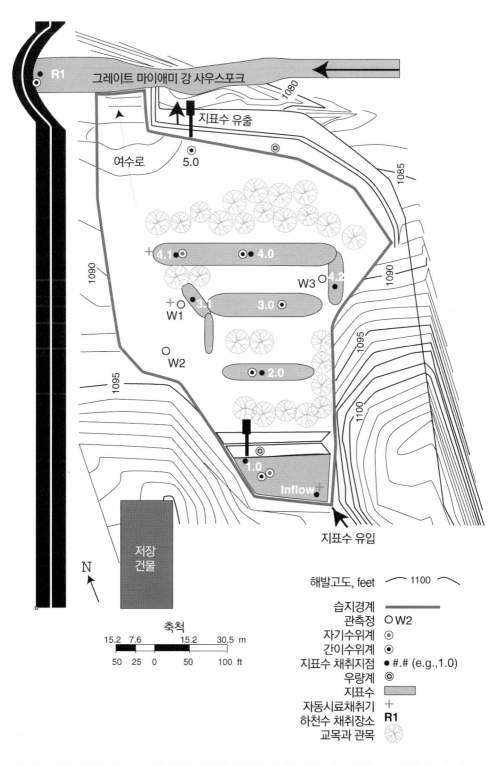

그림 10-5 오하이오 북서 지역 인디언 호수의 농경지유출수 처리습지(Mitsch and Fink, 2001을 다시 그림).

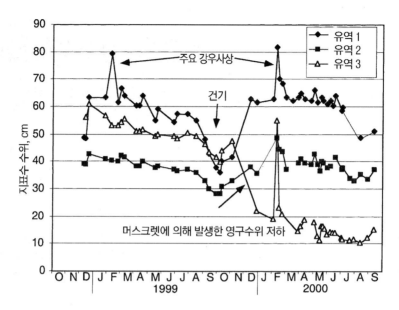

그림 10-6 오하이오 북서지역의 인디언 호수 농업습지에 있는 농장지역 하류의 인공습지에서의 수위 변화. 단기 간의 수위상승 곡선은 강우사상과 수위의 계절적인 변화와 관련되어 있으며 한 습지셀에서 머스크렛에 의한 수위 의 영향이 있었음에 주의하라.

습지에서 SRP와 TP의 배출이 상당히 증가하는 것으로 나타났지만 질산성질소의 농도는 크게 증가하지는 않았다. 전반적으로 습지에서 59%의 총인과 40%의 질산 성질소를 보유한 것으로 조사되었다([표 10-2] 참조). 전체적으로 습지의 설계는, 다수의 습지셀을 가지고 전체 습지와 유역의 비를 14 : 1로 설계된 습지에서 일시 적으로 유입되는 표면 강우유출수와 역시 유입량의 변화는 있지만 지속적으로 유 입되는 지하수를 함께 처리할 수 있도록 적절하게 설계된 것으로 보인다.

표 10-2 오하이오 인디언 호수 농업유출습지의 6개 시료채취 지점에서 유입농도와 비교한 영양물질의 저감율(%).

영양물질 종류	조사지점					
	1.0	2.0	3.0	4.2	4.0	4.1
용존반응성인(SRP)	15	71.7	71	64	49	56
총인(TP)	-41	56	65	48	30	59
질산성질소	34	55	37	43	40	

출처 : Fink (2001).
–는 영양물질의 순배출을 나타낸다. 조사지점은 [그림 10-5]에 표시되어 있다.

매립장 침출수 처리습지

불투수 차수재가 매립장을 통과하는 지하수를 차집하는데 사용된다. 이때 차집되는 침출수는 수질 변화가 크며 일반적으로 암모니아성 질소나 화학적 산소요구량(COD)의 농도가 매우 높다(Kadlec, 1999). 매립장에서 발생되는 폐수는 항상 매립장 운영자에게 문제를 발생시키며, 더 엄격한 수질기준 때문에 고도처리를 필요로 한다. 습지는 분무식관개, 물리화학적처리, 생물학적 처리, 폐수처리장으로의 이송 등과 같은 여러 침출수 처리 방안 중 하나이다. 물라무틸(Mulamoottil, 1999)은 캐나다, 미국, 유럽 등에서 침출수 처리를 위해 조성된 수십 개의 습지 운영결과를 요약해 제시하였다.

농업폐수 처리습지

세계 여러 곳에서는 앞서 설명한 농업지역에서의 비점오염원 외에도 제한된 공간에서의 동물사육, 특히 낙농업 및 소와 돼지 관리 때문에 심각한 수질문제가 발생한다(Tanner et al., 1995; Cronk, 1996; CH2M-Hill and Payne Engineering, 1997). 식량 생산을 증진시키기 위해 한정된 공간에 더 많은 동물을 사육하면서 여기서 배출되는 폐수의 양과 농도 모두 점차 대중과 수질오염관리 기관들의 관심 대상이 되고 있다. 축산농가에서 배출되는 유기물질, 유기질소, 암모니아성 질소, 인과 대장균 농도들이 대부분 하수처리시스템의 농도를 훨씬 초과하게 한다([표 10-3] 참조). 미국 동부 낙농장의 우유공장에서 배출

표 10-3 고농도로 오염된 낙농장의 폐수를 처리하기 위해 조성된 두 습지의 수문과 수질

구 분	코네티컷[a]		메릴랜드[b]	
습지면적(m²)	400		1,1600	
유량(m³ wk⁻¹)	18.8		—	
체류시간(일)	41		—	
	유입	유출	유입	유출
BOD(mg L⁻¹)	2,680	611	1,914	59
총질소	103	74	170	13
암모니아성질소	8	52	72	32
질산성질소	0.3	0.1	5.5	10.0
총인(mg L⁻¹)	26	14	53	2.2
총부유물질(mg L⁻¹)	1,284	130	1,645	65
대장균(no./10 mL)	557,000	13,700	—	—

[a]자료 이용 Newman et al., (2000).
[b]자료 이용 Schaafsma et al., (2000).

되는 폐수를 처리하는 습지의 2가지 사례에서 나타난 결과에서는 암모니아성 질소가 코네티컷에 소재한 습지에서 상당히 증가했으며 메릴랜드에 있는 습지의 경우에는 질산성 질소가 80% 증가하긴 했지만 그 밖의 대부분의 오염물질이 습지 처리 후 상당량 제거되는 것으로 나타났다([표 10-3] 참조). 육상농업에서 배출되는 축산폐기물 외에 태국의 새우 양식장이나 영국의 틸라피아 양어장에서 배출되는 폐수를 처리하기 위해서도 처리습지가 사용되어 왔다.

10.3 습지설계

습지를 설계하는데 있어서 필요로 하는 정확성의 수준은 부지 특성이나 습지 적용 목적 등에 따라 달라진다. 일반적으로 조성 목적을 달성하기 위하여 자연적인 기작을 이용하여 습지를 조성하는 것이 비용도 적게 들며 궁극적으로 더 만족할 만한 결과를 가져올 수 있다. 반면 자연적인 기작을 활용할 수 있도록 설계된 습지는 인위적인 기작을 이용하기 위하여 보다 정밀하게 설계된 습지에서와 같이 습지변화를 예측하기가 어려울 수 있다.

　습지설계 방법은 지역적 특성과 습지 조성 목적에 의하여 주로 영향을 받게 된다. 유럽과 북미의 많은 지역에서는 직사각형 형태의 지하흐름형 습지가 매우 구체적인 설계 기준에 의하여 설계된다. 반면 현재 루지애나 연안에는 폐수로부터 영양염류를 제거하기 위한 3차 처리 목적으로 습지를 이용하기 위한 여러 프로젝트들이 진행되고 있다. 이러한 습지 조성에는 훨씬 더 정교한 생태기술이 필요하기 때문에 다음 장에서 엄격한 습지설계에 초점을 맞추어 설명하도록 한다.

● 수문
습지의 수문은 습지설계에 있어서 중요한 변수이다. 만약 적합하게 조성한 습지에서 수문조건들이 잘 발달하게 되면 화학적, 생물학적 조건들도 따라서 반응한다. 수위추이(변동주기), 수심, 계절적 맥동, 수리학적 부하율, 체류시간 등 처리습지의 수문 조건을 설명하는 여러 가지 변수들이 있다.

침수기와 수심   습지에서의 침수기는 습지가 수심을 갖고 있는 기간을 나타낸다([그림 10-6, 10-7] 참조). 폐수 처리습지는 매일 비슷한 유량의 폐수가 유입되므로 강우가 폐수처리장으로 유입되지 않는 한 계절적으로 수심의 변화가 거의 없다([그림 10-7]의 1995년 자료). 습지의 수위는 습지의 모든 유입과 유출의 조합에 의해 결정되어지는데 수위를 결정하는 중요한 변수로는 총유입량과 유출 환경 등이 있다.

$$\frac{\triangle (d \times A)}{\triangle t} = S_{in} + S_{out} + G_{in/out} + P - ET \qquad \text{식 (10-1)}$$

여기서 $\triangle (d \times A)/\triangle t$는 시간에 따른 습지에서의 물 체적의 변화이며 d는 평균수심, A는 습지표면적을 나타낸다. S_{in}은 폐수의 유입량, S_{out}은 표면유출량이며, $G_{in/out}$은 지하수와 교환(예를 들면 침투), P는 강수량, ET는 증발산량을 나타낸다. 처리습지 조성 초기 단계에서는 새로 발아하는 정수식물이 침수되는 것을 방지하기 위해 수위를 낮게 유지해야 한다.

초기 단계의 습지에서 식생의 활착을 위해 2~3년 동안은 수위에 대한 세심한 배려가 필요하다. 비록 큰 비나 계절적인 범람이 하수처리를 위해 설계된 폐수 처리습지에는 영향을 거의 미치지 않지만(합류식 관거의 경우에는 영향을 받음), 비점원 오염물질을 처리하기 위해 설계된 습지의 성능에는 매우 큰 영향을 미칠 수 있다. 범람과 그밖에 건조 기간을 나타내는 수위 변동주기의 변화는 비점원 오염물질을 처리하기 위한 처리습지의 자연적인 수문 주기로서 이러한 수위의 변동은 당연한 현상으로서 간주해야 한다.

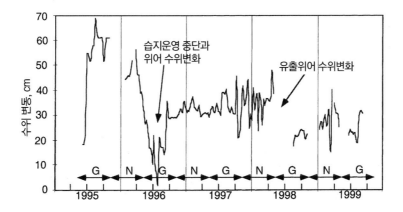

그림 10-7 오하이오 리킹카운티의 지표흐름형 폐수 처리습지에서의 수위변화. 연중 수위 변화는 거의 없지만 유출 위어의 환경 변화에 따라 매년 다른 수위가 유지되고 있음에 주의하라.

수위의 변화는 저질에 존재하는 유기물질의 산화에 필요하며 경우에 따라서는 시스템의 오염물질 보유능을 다시 향상시키기도 한다. 농업지역에서 영양물질을 제어하기 위해 최근에 다수의 습지셀을 갖도록 설치된 처리습지에서의 전형적인 수위 변화를 [그림 10-6]에 설명했다. 명확한 계절적인 수위변동 주기와 겨울과 봄철의 비결빙시기에 발생하는 갑작스러운 수위 상승 등을 보여준다. 더군다나 습지 형태에 있어서 생물의 중요성도 나타내는데, 굴을 파는 머스크랫(*Ondatra zibethicus*)의 활동에 따라 늦은 가을에 수위가 30cm 이상 떨어지는 습지도 있다.

수리학적 부하율   수리학적 부하율(HLR)은 처리습지에서 가장 중요한 변수 중 하나로 다음과 같이 정의된다.

$$q = \frac{Q/A}{100}$$ 식 (10-2)

여기서 q는 유입 수리학적 부하율로서 단위시간당 단위면적에 유입되는 유량으로서 단위시간당 처리면적에 대한 침수깊이와 같다(cm^3 day^{-1}). Q는 유량 (m^3), A는 습지표면적 (m^2)이다. [표 10-4]는 북미와 유럽의 여러 지표흐름형 및 지하흐름형 처리습지에서의 수리학적 부하율을 정리한 것이다. 폐수처리를 위한 지표흐름형 처리습지의 수리학적 부하율은 작은 소도시에서 1.4~22cm day^{-1}(평균 5.4 cm day^{-1})인 것에 비해 지하흐름형 처리습지에서는 1.3~26cm day^{-1}(평균 7.5 cm day^{-1})로 나타났다. Knight(1990)는 수십 개의 폐수처리습지 자료를 검토한 후 이들 습지의 수리학적 부하율이 0.7~50cm day^{-1}의 범위에 있으며, 지표흐름형 습지의 경우에는 2.5~5cm day^{-1}, 지하흐름형습지의 경우에는 6~8cm day^{-1} 의 수리학적 부하율을 갖는 것이 바람직하다고 제안했다.

체류시간   처리습지의 체류시간은 다음과 같이 나타낼 수 있다.

$$t = \frac{Vp}{Q}$$ 식 (10-3)

표 10-4 북미와 유럽에 있는 처리습지의 수리학적 부하율

습지 유형	부하율(cm day^{-1})
지표흐름형 습지($n = 15$)	5.4 ± 1.7
지하흐름형 습지($n = 23$)	7.5 ± 1.0

* Mitsch와 Gosselink(2000)

여기서 t는 이론적인 체류시간(days), V는 습지유역의 체적으로 지표흐름형 습지에서의 물의 체적 또는 지하흐름형 처리습지에서 폐수가 흐를 수 있는 매질의 체적(m³)이다. p는 지하흐름형 습지의 모래나 자갈 등 매질의 공극률로서 지표흐름형의 경우에는 1이다. Q는 습지를 통과하는 유량(m³ day⁻¹)으로 $(Q_i + Q_o)/2$와 같이 유입유량과 유출유량의 산술평균으로 계산할 수 있다.

최적 체류시간(명목 체류시간)은 하수처리습지에서 5~14일로 제안되어 왔는데, 플로리다의 습지 규정에서는 습지의 영구 연못의 부피가 최소한 14일의 체류시간을 가지게 설계하도록 되어 있다. 브라운(M.T. Brown, 1987)은 플로리다의 수변처리습지시스템에서 갈수기에 21일 그리고 습윤기에 7일 이상의 체류시간을 갖도록 제안하였다.

습지를 통과하면서 단락류나 비효과적인 물의 퍼짐 현상이 발생할 수 있기 때문에 식(10-3)을 이용해 체류시간이나 명목체류시간을 계산하는 것이 항상 현실적이지는 않다. 습지에서의 추적자 실험 결과는 처리습지를 설계하기 위해 이론적 체류시간을 과신하지 않는 것이 중요하다는 것을 잘 설명해준다. 동일시간에 습지로 유입되는 물이 모두 같은 시간에 습지에서 유출되지는 않는데 일부는 단락류를 통해 습지를 더 빨리 통과하기도 하며 후미진 지역에서는 이론적인 체류시간보다도 상당히 긴 시간 동안 체류할 수도 있다.

⑧ 습지의 지형

습지를 설계할 때에는 인공습지의 지형에 관련된 여러 가지 요인 또한 고려되어야 한다. 예를 들어 플로리다 습지 규정에 의하면 올랜도 지역에서 인공습지를 조성할 경우에는 호안지역의 수심이 얕은 지역은 수면 아래 60~77cm 깊이 지점부터 6 : 1 이하의 완만한 경사를 가지도록 설계되어야 한다. 경사가 10 : 1 이하로 더 완만할수록 좋다. 평편한 호안지역일수록 정수식물이 서식할 수 있는 적정 수심을 갖는 지역을 많이 확보할 수 있으며 식물이 더 빠르게 정착하고 다양한 종류의 식물군집이 서식할 수 있도록 하며, 예상보다도 더 많은 유량이 유입되거나 처리효율을 높이기 위해 습지의 수위가 높아질 경우에도 식물들이 상부 지역으로 이동할 수 있는 공간을 확보할 수 있다. 습지 바닥의 경사는 유출수를 처리하는 습지의 경우 1% 미만이 바람직하지만 폐수처리를 위한 지표흐름형 습지에서는 유입구에서 유출구까지 0.5% 미만의 더 완만한 경사를 갖는 것이 바람직하다고 제안되었다.

 습지를 조성하는 주요 목적이 영양물질과 퇴적물을 보유하는 것이라면 이를 효과적으로 달성하기 위해서 전체 습지에 대한 흐름 조건들이 반드시 설계되어야 한다. 흐름의 흐름의 단순화를 방지하기 위해 유입 위치를 분산 배치하거나 습지의 배열 형태에 대한 조절이 필요할 수 있다. 스타이너와 프리언(Steiner and Freeman, 1989)은 시스템 내로 물을 의도적으로 유입하는 경우에는 종횡비라고도 하는 길이 대 폭의 비율(L/W)을 최소한 10 : 1 이상으로 하도록 제안했다. 지표흐름형 처리습지에서의 최소 종횡비는 2 : 1에서 3 : 1로 제안되고 있다.

 습지가 깊은 지역과 얕은 지역 등 다양한 깊이를 갖도록 조성하는 것이 바람직하다. 50cm 이상의 깊은 지역은 정수식물이 연속적으로 서식하기에는 너무 깊지만 종종 어류의 서식처로 이용되며, 보유 가능한 퇴적물의 양을 증가시킨다. 또한 이러한 지역에서는 나중에 탈질을 일으키는 반응도 시작되므로 만약 질소 제거가 필요할 경우에는 탈질률 증가에 도움을 줄 수 있다.

 50cm 미만의 얕은 지역에서는 탈질과 같은 화학적 반응을 위해 최대한 토양과 물을 접촉할 수 있도록 하며 다양한 정수식물의 서식지를 제공할 수 있다. 각각의 습지셀을 평행하거나 연속하게 배치해 서로 다른 서식처를 조성하거나 다른 기능을 가질 수 있도록 효과적으로 설계할 수 있다. 교대로 수위를 낮추어 모기를 제거하거나 환원조건을 증대할 수 있도록 하기 위해 습지셀을 평행하게 배치할 수도 있으며 생물학적 기작을 증대시키기 위해 연속해서 배치할 수도 있다.

● 화학물질 부하

습지로 물이 유입되면 습지의 기능에 도움을 주거나 아니면 해로울 수도 있는 화학물질도 함께 유입된다. 농업유역의 경우에 습지 유입수에는 퇴적물이나 농약류 외에도 질소나 인과 같은 영양물질을 포함한다. 도시지역의 습지는 이러한 화학물질 외에도 기름이나 염류와 같은 다른 오염물질들이 유입될 수 있다. 1차처리가 잘 되지 않은 폐수가 습지로 유입될 때는 높은 농도의 영양염류뿐만 아니라 고농도의 유기물과 부유물질도 함께 유입될 수 있다. 습지는 이러한 모든 화학물질에 의하여 종종 영향도 받지만 이런 과정 중에서도 때로는 효과적인 제거지로서의 역할을 감당한다.

설계 그래프　　습지에서 영양염류나 그외 다른 화학물질을 얼마나 보유하는지를 추정하기 위해 사용할 수 있는 가장 단순한 모델은 면적당($g\,m^{-2}\,yr^{-1}$) 또는 체적당($g\,m^{-3}\,yr^{-1}$) 화학물질의 부하율과 보유율 측정 자료를 나타낸 설계 그래프를 이용하는 것이다. 예를 들어 영양물질을 처리하기 위해 습지를 설계할 때 영양염류의 유입량의 변화에 따라 습지가 얼마나 오염물질을 잘 보유할 수 있는지를 아는 것이 필요하다.

북미와 유럽에서의 여러 습지에서 얻은 자료들을 사용해 습지에서의 영양염류 보유 정도를 추정할 수 있다. 예를 들어 [그림 10-8]은 이러한 자료들의 일부를 정리한 것으로서 미국 중서부 습지의 질산성질소부하율과 제거율을 다음과 같이 3가지 방법으로 설명했다. (1) 단위면적당 오염물질 제거량, (2) 질량기준 % 오염물질 제거율, (3) 농도기준 % 오염물질 제거율. 그림의 각 측정 지점은 오하이오의 올렌탄지 습지연구공원이나 일리노이의 데스플레인강 습지시범 프로젝트 가운데 하나의 습지에서 1년 동안 측정한 자료를 나타낸다.

보유율　　습지의 영양염류 보유능을 추정하는 또 다른 방법은 단순하게 여러 많은 연구들과 비교해 그들 습지에서 지속적으로 제거되었던 영양염류의 보유율을 이용하여 추정하는 것이다. [표 10-5]에는 여러 폐수처리습지로부터 얻은 평균 자료들이 제시되어 있다. [표 10-4]의 수리학적 부하율 자료에서 제시한 바와 같이 일반적으로 지하흐름형 습지에 더 많은 양의 폐수가 유입되며 화학물질이나 퇴적물의 유입 또한 많게 된다. 지하흐름형 습지에서 질산성 질소의 평균 보유율이 높은 것은 이들 시스템에서 더 많은 오염물질을 제거할 수 있기 때문이기보다는 지하흐름형 습지에서의 높은 오염 부하율 때문이다. 질산성질소의 보유 백분율이 지하흐름형 습지보다 지표흐름형 습지에서 더 높은 것에 유의하라. 지표흐름형 습지보다 지하흐름형 습지에서 인에 대한 보유 변동 폭이 큰 경향이 있다.

비점원 오염물질을 제거하기 위하여 사용되어진 여러 습지에서의 영양염류 보유율을 정리해 [표 10-6]에 제시했다. 이런 유형의 습지에서의 경험을 바탕으로 영양물질의 보유율을 추정하면 인은 $1{\sim}2\,g\text{-}P\,m^{-2}\,yr^{-1}$, 질소는 $10{\sim}20\,g\text{-}N\,m^{-2}\,yr^{-1}$을 지속적으로 보유할 수 있다(Mitsch et al., 2000; [그림 10-8] 참조). 비점원 오염물질이 유입되는 담수초본우점습지에서 질산성 질소의 보유능은 계절적으로 추운 기후 조건에서 $3{\sim}93\,g\text{-}N\,m^{-2}\,yr^{-1}$, 인의 경우는 $0.1{\sim}6\,g\text{-}P\,m^{-2}\,yr^{-1}$ 범위인 것으로 나타났다. 일부 낮은 보유율을 나타

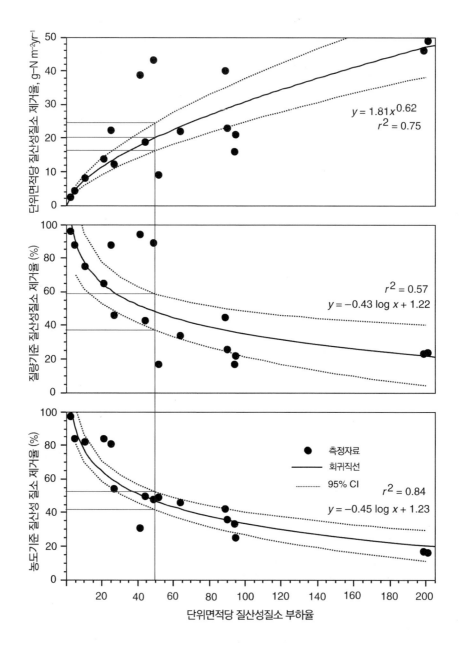

그림 10–8 질산성질소의 부하에 따른 강물 유입 인공습지에서의 질산성질소 제거율. 질소의 보유는 단위 면적당 제거율, 질량기준 질소 제거율, 농도기준 질소 제거율 등으로 나타낸다. 각 자료 포인트는 일리노이의 데스플레인 강 습지나 오하이오의 올냉지강 습지에서 측정한 1년 동안의 자료를 의미한다.

낸 것은 대체로 당시에 습지에 유입되는 영양물질의 양이 적었기 때문이다. 습지에서의 높은 영양물질 보유율은 항상 일어나지 않으며 보통 주기적으로 발생하기 때문에 이러한 자료를 설계 목적으로 사용되는 것은 바람직하지 않다.

표 10-5 폐수 처리습지에서의 영양염과 퇴적물에 대한 제거율과 효율

습지유형 매개변수	부하율 ($gm^{-2} yr^{-1}$)	제거율 ($gm^{-2} yr^{-1}$)	효율(%)
지표흐름형 인공습지			
질산염+질산성질소	29	13	44.4
총질소	277	126	45.6
총인	4.7-56	2.1-45	46-80
부유고형물	107-6520	65-5570	61-98
지하흐름형 인공습지			
질산염+질산성질소	5767	547	9.4
총질소	1058	569	53.8
총인	131-631	11-540	8-89
부유고형물	1500-5880	1100-4930	49-89

Knight (1990)와 Kadlec and Knight (1996) 자료 이용.

경험모델(Empirical Models)　　습지에서의 화학물질 보유능을 추정하는 세 번째 방법은 이론적으로 혹은 현존하는 폐수 처리습지에서 얻어진 많은 자료들을 이용해 경험적으로 결정된 식들을 이용하는 것이다. 그와 같은 모델 중 하나가 카들레치와 나이트(1996)와 다른 연구자들에 의해 물질수지에 기초해 개발된 소위 k-C* 모델로서 다음과 같이 표현된다.

$$q\frac{dC}{dy} = k_A (C - C^*) \qquad\qquad 식\ (10\text{-}4)$$

여기서 C는 화학물의 농도($g\ m^{-3}$), y는 유입구에서 유출구까지의 거리를 기준으로 한 상대거리 비율로서 단위는 없다. kA는 면제거율 상수($m\ yr^{-1}$), C^*는 처리 후의 농도 혹은 배경농도($g\ m^{-3}$)이다. 이러한 식 (10-4)는 습지에서의 오염물질 제거 기작들이 면적을 기초로 설명될 수 있다는 가정을 근거로 세워졌다. 따라서 계수 k_A는 속도의 단위를 가지고 있으며 침전모델에서 사용되는 침강계수와 유사하다. C^*는 화학물질이나 대상 물질의 배경농도를 나타내는데 이는 처리습지에서 처리할 수 있는 최소 농도를 의미한다. 식 (10-4)를 습지 전체 거리에 대해 적분하면 다음과 같이 1차 면적모델로 표현할 수 있다.

$$\frac{C_0 - C^*}{C_i - C} = \exp\left(\frac{-k_A}{q}\right) \qquad\qquad 식\ (10\text{-}5)$$

표 10 – 6 하천이나 비점오염원으로부터 폐수가 아닌 지표수의 오염물질이 유입되는 인공 및 자연습지에서의 영양물질 보유율

습지유형 매개변수	습지 크기 (ha)	제거율 (g–Nm⁻² yr⁻¹)	인 (g–Pm⁻² yr⁻¹)	참고문헌
따뜻한 기후				
에버글레이드 초본우점습지, 남부 플로리다	8000	–	0.4–0.6ᵃ	Richardson and Craft, 1993 / Richardson et al., 1997
보니 초본습지, 남부 플로리다	49	4.9	0.36	Moustafa et al., 1996
에버글레이드 영양물질 제거 프로젝트, 남부 플로리다	1545	10.8	0.94	Moustafa, 1999
복원된 초본우점습지, 스페인의 대서양 삼각주	3.5	69	–	Comin et al, 1997
조성된 농촌 습지, 호주의 빅토리아	0.045	23	2.8	Raisin et al, 1997
추운 기후				
조성습지, 일리노이 북동지역의 고유량 및 자유물 하천 각각 유입됨	2 / 2–3	11–38ᵇ / 3–13ᵇ	1.4–2.9 / 0.4–1.7	Mitsch, 1992; Phipps and Crumpton, 1994; Mitsh et al., 1995
인위적 범람 습초지, 남부 스웨덴	180	43–46		Leonardson et al., 1994
조성습지 수반, 노르웨이	0.035–0.09	50–285	26–71	Braskerud, 2002a, b
소택형 담수 습지 위성턴 북동지역				Reinhelt and Horner, 1995
도시지역	2	–	0.44	Niswander and Mitsch, 1995
농촌지역	15	–	3.0	
도시 하천내 조성습지, 오하이오	6	–	2.9	Mitsch et al., 1998; Nairn and Mitsch, 2002; Spieles and Mitsch, 2002a
조성 하천습지, 오하이오(2)	1	58–66ᵇ	5.2–5.6	
농염습지, 오하이오	1.2	39ᵇ	62	Mitsch and Fink, 2001
농염습지, 일리노이(3)	0.3–0.8	33ᵇ	0.1	Kovaacic et al., 2000
자연 초본 우점습지, 캐나다 앨버타	360	–	0.43ᵃ	White et al., 2000

ᵃ 습지 퇴적층에서 축적된 인을 이용해 추정함
ᵇ 질산성 질소만 고려함

표 10-7 폐수처리습지의 여러물질에 대하여 1차 면적 모델의 식(10.4)에서 식(10.6)까지에 적용되는 변수

처리물질과 습지유형	k_A (m yr^{-1})	C^* (g m^{-3})
BOD		
지표흐름형	34	$3.5 \pm 0.053\,C_i$
지하흐름형	180	$3.5 \pm 0.053\,C_i$
부유고형물, 지표흐름형	1000	$5.1 \pm 0.16\,C_i$
총인, 지표 및 지하흐름형	12	0.02
총질소		
지표흐름형	22	1.5
지하흐름형	27	1.5
암모니아성 질소		
지표흐름형	18	0
지하흐름형	34	0
질산성 질소		
지표흐름형	35	0
지하흐름형	50	0

* 출처 : Kadlec and Knight (1996).
[a]지하흐름형 인공습지와 지표흐름형 인공습지가 각각 적합한 지역의 습지유형으로 주어짐

여기서 C_0은 유출수의 농도(g m^{-3}), C_i는 유입수 농도(g m^{-3}), q는 수리학적 부하율 (m yr^{-1})이다. [표 10-7]은 위의 모델을 이용해 계산한 C_i 와 k_A 두 매개변수의 추정값이 제시되어 있다. 식 (10-5)를 이용하여 모든 매개변수를 잘 표현할 수는 없지만 특정 제 거율을 만족하기 위한 습지 면적을 구할 수 있다. 식 (10-5)와 (10-2)를 이용해 다음과 같은 습지 면적을 계산할 수 있는 식 (10-6)을 유도할 수 있다.

$$A = Q\frac{\ln\left[(C_0 - C^*)/(C_i - C)\right]}{k_A} \qquad \text{식 (10-6)}$$

여기서 Q는 습지를 통과하는 유량(m^3 yr^{-1})이다.

위의 모델을 적용하는데 적합한 자료가 부족하거나 모델이 시스템을 잘 표현할 수 없 다면 유출수의 농도(C_o)에 대한 유입수의 농도(C_i)와 수리학적 부하율(q)과의 경험적 관계만을 이용해 유출수의 농도를 추정할 수 있다. [표 10-8]은 유출수의 농도를 추정하

표 10-8 유입농도나 수리학적 체류시간을 이용해 유출수 농도와 습지의 면적을 추정하는 경험식

처리물질	식	상관계수	분석에 사용된 습지 수
BOD			
지표흐름형 습지	$C_o = 4.7 + 0.173\,C_i$	0.62	440
지하흐름형 토양	$C_o = 1.87 + 0.11\,C_i$	0.74	73
지하흐름형 자갈	$C_o = 1.4 + 0.33\,C_i$	0.48	100
부유고형물			
지표흐름형 습지	$C_o = 5.1 + 0.158\,C_i$	0.23	1582
지하흐름형 습지	$C_o = 4.7 + 0.09\,C_i$	0.67	77
암모니아성 질소			
지표흐름형 습지	$A = 0.1\,Q/\exp(1.527 \ln C_o$ $-1.05 \ln C_i + 1.69)$	0.44 0.63	542 92
지표흐름형 초본우점습지	$C_o = 0.336\,C_i^{0.728}\,q^{0.745}$		
지하흐름형 습지	$C_o = 3.3 + 0.46\,C_i$		
질산성 질소			
지표흐름형 초본우점습지	$C_o = 0.093\,C_i^{0.474}\,q^{0.745}$	0.35	553
지하흐름형 습지	$C_o = 0.62\,C_i$	0.80	95
총질소			
지표흐름형 초본우점습지	$C_o = 0.409\,C_i + 0.122\,q$	0.48	408
지하흐름형 습지	$C_o = 2.6 + 0.46\,C_i + 0.124\,q$	0.45	135
총인			
지표흐름형 초본우점습지	$C_o = 0.195\,C_i^{0.91}\,q^{0.53}$	0.77	373
지표흐름형 목본우점습지	$C_o = 0.37\,C_i^{0.70}\,q^{0.53}$	0.33	166
지하흐름형 습지	$C_o = 0.51\,C_i^{0.10}$	0.64	90

* 출처 : Kadlec and Knight (1996).
[a] C_i,유입농도(g m^{-3}) : C_o,유출농도 (g m^{-3}) : A, 습지면적(ha) : Q, 습지유입유량(m^3 day^{-1}) : q, 수리학적 체류시간 (cm day^{-1})

기 위해 사용될 수 있는 여러 가지 회귀식들을 설명하고 있는데, 이 중에는 면적을 산정할 수 있는 식도 포함되어 있다. 예를 들면 지표흐름형 초본우점 처리습지에서의 처리 후 총인 농도를 추정하는 식은 다음과 같다.

$$C_o = 0.195\,C_i^{0.91}\,q^{0.53} \qquad\qquad 식\ (10\text{-}7)$$

여기서 C_i 와 C_o는 유출수와 유입수의 농도(g m^{-3})이며 q는 수리학적 부하율(cm day^{-1})이다.

기타 화학물질 습지에서의 오염물질의 제거 효율에 대한 평가가 대부분 영양물질과 퇴적물 또는 유기탄소에 대해 이루어지지만 철, 카드뮴, 망간, 크롬, 구리, 납, 수은, 니켈, 아연과 같은 다른 화학물질의 효율을 평가한 문헌들도 상당수 있다. 습지토양이나 습지생물은 이러한 금속류를 어느 정도 보유할 수 있지만 이것이 오히려 습지를 이용하여 화학물질의 제거하는데 중요한 문제가 될 수도 있다. 이러한 문제가 발생하였던 중요한 사례가 관개수로 사용되어진 물이 수년간 초본우점습지에 유입되어지면서 캐스터손(Kesterson) 국립야생동물 보호지구의 생물체 내에 셀레니움의 축적이 발생한 경우이다. 농업용 관개수로 사용된 후 습지에 유입된 유입수의 셀리니움 농도는 세계 여러 하천에서 관측되는 평균 농도 $0.1\mu g\ L^{-1}$보다도 상당히 높은 $300\mu g\ L^{-1}$로 나타났다(Ohlendorf et al., 1986). 결과적으로 캐스터손 습지가 이 지역에 서식하는 어류와 야생동물에게 위험한 것으로 알려져 결국 배수 처리되었다.

◉ 토양

바닥의 상부 토양은 인공 습지의 전반적인 기능을 수행하는데 매우 중요하다([그림 10-9] 참조). 특히 지하흐름형 습지의 경우에는 일차적으로 습지식생의 뿌리를 지지하는 층이며 그 자체가 처리시스템의 일부가 된다. 습지의 저질은 특정 화학물질들을 보유할 뿐 아니라 화학적 변환 반응에 참여하는 미소 혹은 대형식물과 동물들의 서식지가 된다. 습지토양에서의 토성은 지표흐름형 습지와 같이 물이 습지토양 기질의 상층을 흐를 것인가 아니면 지하흐름형 습지에서와 같이 습지토양 기질을 바로 통과할 것인지에 따라 달라진다([그림 10-9] 참조).

일반적으로 지표흐름형 습지의 토양은 단위면적당 오염물질의 제거 효과는 크지 않지만 자연습지의 토양과 더욱 유사하게 설계된다. 이들 토양은 주로 습지식물의 서식기반과 영양물질을 제공하는 중요한 역할을 수행한다. 점토 물질은 습지 바닥의 차수재로서 선호되기는 하지만 뿌리와 근경이 습지토양에 침투하는 것을 어렵게 하며 습지에서 물이 습지식물의 뿌리에 도달하는 것을 방해할 수도 있다. 미사질 점토나 양토가 인공습지의 상부토양으로 주로 사용된다. 사질토양은 지표흐름형 습지에서는 그다지 적합한 토양은 아니다. 지하흐름형 습지의 경우에는 투수도가 높은 토양이 더 바람직하므로 모래나 자갈 또는 투수도가 높은 물질들을 필요로 한다.

인공습지의 하부 토양(일반적으로 근권 아래이며 차수층이라고도 함)의 투수도는 습

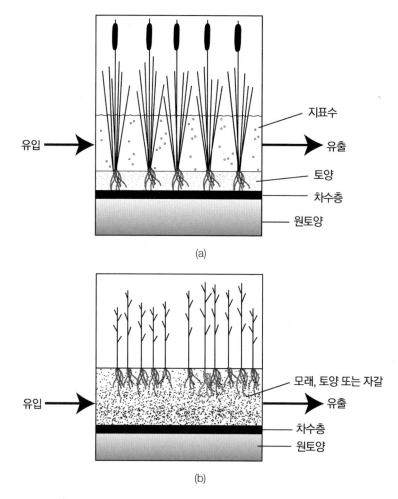

지표수
유입
유출
토양
차수층
원토양
(a)

모래, 토양 또는 자갈
유입
유출
차수층
원토양
(b)

그림 10-9 습지토양의 단면도, (a) 지표흐름형 습지, (b) 지하흐름형 습지(Knight, 1990을 다시 그림).

지가 포화상태나 일정한 수위를 유지할 수 있도록 충분히 낮아야 한다. 원 부지의 하층에 이러한 역할을 할 수 있는 점토가 없다면 물의 침투를 최소화 할 수 있는 점토층을 추가하는 것이 바람직하다. 인공습지에서 차수재로 사용하기 위해 다양한 기질에 대한 연구가 수행되었다. 인공습지에서 차수재로 가장 많이 사용하는 재질은 점토와 점토-벤토나이트 혼합물 또는 폴리염화비닐(PVC)과 고밀도 폴리에틸렌과 같은 합성물질이다(Kadlec and Knight, 1996). 석탄연소폐기물과 같은 재활용 재질을 이용하는 실험도 진행되었다(Ahn et al., 2001; Ahn and Mitsch, 2001). 알려진 바와 같이 칼슘이 풍부한 황세정 폐기물을 사용하면 습지에서의 인보유능을 실제적으로 증가시킬 수 있다(Ahn et al., 2001). 하지만 이러한 차수재의 재질 자체에서 배출될 수 있는 침출수는 알칼리도가 매우 높으므로 사용되는 재질이 습지를 완전히 피복할 수 있도록 주의해야 한다.

지하흐름형 습지를 통과하는 유출수는 토양매질(근권법)이나 바위, 자갈, 모래(갈대 여과대)를 통과할 수 있다. 두 방법 모두 지표에서 15~30cm 아래로 물이 흐르게 된다. 때로는 지하흐름형 습지의 토양기질에 자갈을 첨가해 기질의 상대 투수도를 높일 수 있는데(자갈상), 이는 미생물 활성도가 높은 식물의 근권으로 물이 쉽게 통과할 수 있도록 하기 위함이다. 유럽에서 농촌 지역의 하수 처리를 위해 건설된 수백 개의 습지를 조사한 결과 자갈이 토양과 함께 많이 사용되었으며 이러한 기질의 특성 때문에 갈대(*Phragmites*)를 식재한 인공습지에서의 가장 큰 불확실성이 존재한다고 보고했다(Cooper and Hobson, 1989).

자갈은 규산질이나 석회석이 주성분이며, 석회석보다는 규산질이 인에 대한 보유능이 작은 것으로 알려져 있다. 유럽에서 설계된 지하흐름형 습지에 대한 또 다른 평가는 습지 운영 후 몇 년이 지나면 종종 습지 토양의 수리전도도가 낮아지고 일부가 막히게 된다는 것인데 이럴 경우 실제로는 부분적으로 지표흐름형 습지가 된다(Steiner and Freeman, 1989)

유기물 함량   습지토양의 유기물 함량은 습지의 화학물질 보유능에 매우 중요한 역할을 담당한다. 일반적으로 무기토양은 유기토양보다 양이온 교환 능력이 낮은데 양이온 교환 능력은 전자의 경우 다양한 금속 양이온들에 의해 후자의 경우에는 수소이온에 의해 결정된다. 그러므로 유기토양은 이온교환을 통해 특정 금속과 같은 오염물질을 제거할 수 있으며 탈질반응이 일어날 수 있는 혐기성 조건에서는 유기물질이 에너지원으로 사용됨으로써 습지에서의 질소 제거가 더욱 잘 일어날 수 있도록 한다.

습지토양에서의 유기물 함량은 5~75%의 다양한 범위로 존재하는데 산성습지(bog)나 알카리성 습원(fen)과 같이 이탄이 축적될 수 있는 소택형습지 시스템에서, 무기물의 퇴적이나 침식이 일어나기 쉬운 강변 저지대 수변습지와 같은 무기토양 습지보다 유기물 함량이 더 높다. 습지를 조성할 때 특히 지하흐름형 습지의 경우에는 습지토양을 구성하는 하나의 층으로 퇴비화된 버섯이나 이탄 혹은 분해 잔존물과 같은 유기물 등이 사용된다. 그러나 유기토양의 경우에는 식물의 영양물질 이용률을 낮추며 종종 pH 저하를 유발해 뿌리가 있는 수생식물의 서식지로는 적합하지 않을 수도 있기 때문에 습지를 조성할 때 사용을 꺼려할 수도 있다.

습지토양의 깊이와 층 폐수처리습지, 특히 지하흐름형 습지에서 바닥층의 깊이는 중요한 설계 요인이다. 습지에서 적절한 상부토양 혹은 토양 기질의 깊이는 식생의 뿌리를 충분히 지탱할 수 있어야 하는데 인공습지에서 일반적인 습지토양의 깊이는 60~100cm이다. 몇몇 경우에 있어서는 [그림 10-9]에서 제시한 것보다도 더 세심하게 토양기질 층을 형성해야 한다. 마이어(Meyer, 1985)는 강우유출수를 조절하기 위한 습지에서 차수재로부터 60cm를 1~9cm 크기의 석회석으로, 다음 30cm를 2mm 크기로 부순 석회석을 설치해 pH를 높여 용존 중금속과 인의 침전을 증가시키려 했는데, 그 위의 60cm는 여과를 위한 조립 혹은 중립사를, 상층부 50cm는 유기토양을 갖는 층화된 습지토양 층을 갖도록 제안했다(아래 식생부분 참고).

토양화학 습지토양에서 수생식물의 생장에 필요한 영양조건에 대해 정확한 정보들이 많이 알려져 있지는 않지만 영양물질의 농도가 낮은 점토와 모래 그리고 영양물질의 흡수가 어려운 유기물은 초기의 식물 생장에 문제를 일으킬 수도 있다. 때로는 식물의 활착과 생장 증진을 위해 시비가 필요할 수도 있지만 궁극적으로 습지가 동일한 영양소를 다량 제거해야 하는 역할을 생각하면 시비는 하지 않은 것이 바람직하다. 인공습지에서 식물의 활착을 높이기 위해 시비가 필요할 경우에는 용출이 잘 되지않는 입자상이나 정제 형태의 비료가 유용하게 사용될 수 있다.

침수 혹은 무산소 조건의 토양에서 철은 제2철에서 제1철로 환원되면서 비용존성 인산철의 형태로 고정되어 있던 인이 다시 수체로 용출될 수 있다. 철-인복합체는 침수가 일어난 후 혐기성 조건이 형성되었을 경우에 특히 습지가 농경지로 사용되었던 지역에 조성되었을 경우에 습지 토양 내의 공극수와 습지토양 상층부의 수체로 인을 공급하는 중요한 인 공급원이 될 수 있다. 초기 인공습지에서 일시적인 인의 방출이 일어난 다음에는 습지 토양 내의 철과 알루미늄 함량이 습지의 인 보유능에 중요한 영향을 준다. 다른 조건들이 모두 같다면 알루미늄과 철이 인과 친화력이 있기 때문에 이들 농도가 높은 토양에서 인의 제거가 더 잘 일어날 수 있다.

식생

습지의 조성과 복원을 다루었던 8장에서 제기된 "어떤 식물을 사용해야 되는가?"에 대한 식생 선택에 대한 고민은 처리습지에서도 동일하게 발생한다. 하지만 최소한 한 가지의 중요한 차이점이 존재하는데 습지의 복원과 조성에서는 원칙적으로 다양한 식생의 정착과 서식처를 공급하는 것이 주요 내용인 것에 반해 처리습지에서는 수질을 향상시키는 것이 중요한 목적이 된다.

식물은 인공 또는 복원습지에서 위의 목적 달성의 해결책이 되는데 처리습지에서도 마찬가지이다. 더구나 처리습지에서는 수체 내에 고농도의 오염물질이 지속적으로 포함되어 있어 이와 같은 조건에서 살아남을 수 있는 식물종의 수는 자연적으로 매우 제한적일 수밖에 없다. 지금까지의 경험으로 볼 때 고농도의 영양물질과 생화학적산소요구량(BOD)을 함유한 폐수가 유입되는 습지에서 살아남을 수 있는 식물들은 부들(*Thypa* spp.), 고랭이류(*Schoenoplectus* spp., *Scirpus* spp.), 갈대(*Phragmites australis*) 등으로 상대적으로 식물종의 수는 매우 적다고 알려져 있다. 전세계적으로 갈대가 지하흐름형 습지에 주로 적용되고 있지만 북미의 많은 지역에서는 갈대가 담수와 기수 습지지역에서 공격적인 침입종으로 알려져 있어 많이 사용되고 있지는 않다(9장의 델라웨어만 사례연구 참고).

정수식물은 수심이 30cm 이상 되면 종종 성장에 제약을 받게 되는데 이럴 경우에 지표흐름형 습지에서 온대지방의 경우에는 개구리밥(*Lemna* spp.)이 아열대 열대지방에서는 부레옥잠(*Eichhornia crassipes*)과 물상추(*Pistia* spp.) 같은 부유식물이 습지 표면을 덮을 수 있다. 수련, 개연꽃, 연과 같은 부엽식물이 미관적으로 더 선호되지만 영양물질의 농도가 높은 처리습지에서는 거의 생존하지 못하며 더구나 이런 식물들은 개구리밥이나 사상성 조류에 의해 쉽게 제압된다.

태너(Tanner, 1996)는 뉴질랜드의 중규모 모델생태계로 조성된 자갈상 습지에 인위적으로 낙농폐수를 유입한 후 8종의 정수식물을 대상으로 영양물질 흡수와 오염물질 제거에 대한 비교 연구를 수행했다. 중요한 식물성장 특징을 중심으로 식물들의 생산력을 비교했을 때 줄(*Zizania latifolia*), 왕택광이(*Glyceria maxima*), 갈대(*Phragmites australis*)와 같은 초본류 3종이 전반적으로 높은 점수를 얻었으며, 고랭이류(*Baumea articulata*), 파피루스류(*Cyperus involucratus*), 큰고랭이(*Schoenoplectus validus*) 등이 중간 점수를, 매자기(*Scirpus fluviatilis*), 골풀(*Juncus effusus*)이 낮은 점수를 받아 이들 식물들이 폐수처리습지에서 효과적이지 못할 것으로 조사되었다.

10.4 부지관리

❽ 야생동물 조절

습지에서 야생동물이 증가하는 것은 환영할 일이며 특히 폐수 처리습지에서는 바람직한 현상으로도 간주하지만 인공습지를 효율적으로 관리하기 위해 식물과 동물의 수를 조절하는 것이 필요하다. 북미의 비버(*Castor canadensis*)와 머스크랫(*Ondatra zibethicus*)은 습지의 유입구와 유출구를 훼손시키고, 습지식생을 파괴하며, 둑에 구멍을 내기도 한다(이것이 인공습지의 주변에 가능한 둑을 만들지 않는 것이 좋은 이유 중 하나이다). 동물에 의해 주요 식물의 제거는 특히 식물을 먹이와 우리의 재료로 사용하는 초식성 머스크랫에 의해 발생할 수 있는데 단 몇 주나 몇 개월 만에 식생으로 가득했던 습지가 빈 연못으로 바뀔 수도 있다. 이러한 현상을 다먹어치움(eatouts)이라고 한다. 이런 현상을 일으키는 동물을 직접 제거하지 않고는 이러한 다먹어치움 현상을 방지할 수 있는 방법은 거의 없다.

위에서 언급한 동물 외에도 새로 심은 다년생 식물과 씨앗을 먹어치우는 캐나다거위(*Branta cadadennsis*)와 흰기러기(*Chen* spp.)는 특히 파괴적이다. 따라서 식물을 식재하는 시기도 식물관리를 하는데 중요한 고려 대상인데 특히 이동성 동물들이 식재한 식물들을 다 먹어치울 수도 있는 겨울철에 식물을 식재하는 것을 주의해야 한다. 지금까지 사냥도구를 이용하거나 포도즙 추출액으로 만든 '기피장치'를 인근 지역에 사용하는 것 등이 제안되어 왔지만 효과는 영구적이지 않다. 오랫동안 거위를 관찰해 발견한 가장 쉬운 대처 방법은 아마도 그들이 내려앉은 지역(물)과 풀을 뜯어 먹는 지역(상부) 사이에 다양한 종류의 정수식물들이 자라도록 하는 것이다. 하지만 동시에 국부적으로 머스크랫을 제거해 머스크랫이 이들 식물을 제거하지 않도록 해야 한다.

머스크랫과 비버를 생포해 인공습지 유역에서 이들이 미치는 영향을 완화시킬 수 있지만 이러한 노력에는 시간이 많이 들며 종종 효과도 그리 크게 나타나지 않을 수 있다. 거위에 의한 섭식은 이보다 더 관리하기 어려운데 식물 식재 후에 가장 심각하게 발생한다. 하지만 식생이 잘 활착되고 난 이후에는 거위에 의한 이러한 섭식 효과를 조절할 수 있다. 이와 유사하게 더 깊은 습지가 잉어(*Cypinus carpio*)와 같이 탐탁지 않은 어류들의 서식처로 이용되어 수체의 탁도가 증가되거나 식물이 뿌리째 뽑히기도 한다. 노던 파이크(Nothern pike)와 같은 육식어류를 사용해 잉어류를 제거하려고 하기도 했다. 만약 잉어가 유출수의 수질을 과도하게 악화시키면 습지의 물을 다 배수시키는 것도 필요할 수도 있다. 문제는 이러한 어류를 제거하면 모기관리에 안 좋은 영향을 미칠 수 있다는 점이다.

● 야생동물의 유인

많은 동물들이 습지를 관리하는데 골칫거리가 될 수도 있지만 야생동물들이 인공습지에 유입되는 것은 대중의 지지를 받는 이러한 프로젝트들이 가장 우선적으로 고려될 수 있는 이유이기도 하다. 그래서 조성하는 습지가 다양한 생태계를 가질 수 있도록 모든 시도를 해야 하며 단지 물이 흘러가는 연못과 같이 되어서는 안 된다. Weller(1994)는 습지에서 개방수면과 식생 생장지역의 면적 비가 50 : 50이 되도록 하는 것이 새들을 유인하는데 적합하다고 제안했으며, 초기에 연못 수심을 적절히 조절하여 이런 면적 비율을 갖는 습지를 비교적 쉽게 조성할 수 있다. 또한 살아있거나 죽은 식물들을 이용하거나 섬과 부유구조물 등을 활용하여 다양한 서식처를 만들어주는 것이 바람직하다.

많은 경우 습지 건설 직후에 야생동물의 증가가 나타난다. 애리조나의 핀테일(Pintail) 호수에서 인공습지를 운영한 지 2년 후에 물새의 수가 급격하게 증가되었는데, 오리 둥지의 밀도가 1차년도에 비해 97%나 증가되었다(Wilhelm et al., 1989). 일리노이 북동부 지역의 데스플레인강 습지시범 프로젝트에서도 조류 활동의 증가가 관찰되었다. 습지 건설 이전인 1985년과 습지 조성 후 물을 채운 후 1년 뒤인 1990년을 비교한 결과 철새의 종수는 3종에서 15종으로, 철새의 총 개체수는 13개체에서 617개체로 증가했다. 습지에서 번식하는 새는 8종에서 17종으로, 일리노이에서 멸종 위기종으로 지정된 알락해오라기와 노랑머리찌르레기가 습지 건설 후에 이 지역에 둥지를 틀었다(Hickman and Mosca, 1991).

모기관리

모기관리는 습지가 건설되기 시작하면서 특히 강우유출수나 폐수가 유입될 때 항상 문제가 된다. 습지에서 모기 유충의 성장을 억제하기 위해 수문 조건을 변화(흐르는 물에서 모기 번식이 어려움)시키거나 화학 또는 생물학적 조절제를 사용하여 인공습지에서 모기를 관리할 수 있다. 어류 특히 모스키토피쉬(Gambusia affinis)나 이와 유사한 작은 물고기를 이용해 모기를 제거하는 방안들이 많이 제안되었다. 온대지방에서 깊은 습지 지역을 관리하기 위해 모스키토피쉬나 톱미노, 개복치와 같은 어류를 사용하는 이유는 이들이 겨울철에도 생존해 모기의 유충을 잡아먹을 수 있기 때문이다.

수질이 직접적으로 모기에 긍정적인 효과를 미치는지 부정적인 영향을 끼치는지는 많이 알려져 있지 않지만 수질의 악화는 어류에 영향을 미칠 수 있으므로 모기의 증가에도 매우 중요한 역할을 한다. *Bacillus sphaericus*와 같은 세균 살충제와 *Lagenidium giganteum*는 모기유충의 병원균으로 알려져 있으나 아직 광범위하게 시험되지는 않았다. 제비(Hirundinidae)와 칼새(Apodidae) 또는 박쥐 등지로 사용될 수 있는 상자들을 만들어 놓는 것도 인공습지에서 모기성충을 제거하는데 사용되어 왔다.

병원균

대부분의 폐수 처리습지는 사람과 동물들에게서 배출되는 폐수를 처리하므로, 폐수에 포함되어 있는 병원균에 사람들이 노출이 최소화될 수 있도록 적합한 위생공학기술이 적용되어야 한다. 처리습지는 생물학적으로 풍부한 시스템이며 미생물들의 활동으로 인한 처리공정이 중요한 부분을 차지한다. 분변성 대장균이나 총대장균과 같이 생물학적 오염도를 나타내는 항목이 하수처리습지의 모니터링 항목에 포함되어야 한다. 습지 주변의 우물에서도 시료를 채취해 폐수 처리습지로부터 침투되는 오염수로 인한 인근 식수 공급원의 오염 여부를 면밀히 조사해야 한다.

습지가 기존 폐수처리시스템의 3차 처리시스템으로 사용될 경우에는 소독 시스템에 대한 고려도 필요하다. 염소소독으로 인해 남게 되는 잔류염소는 처리습지에서 큰 문제를 야기시킬 수 있다. 따라서 소독 처리된 물이 습지로 유입될 경우에는 오존이나 자외선 살균과 같은 방법을 사용하는 것이 바람직하다.

◉ 수위 관리

지표흐름형 습지에 있어 수위는 수질의 향상과 식생의 천이에 영향을 미치는 매우 중요한 인자이다. 습지가 조성되면 대부분 하수처리습지는 습지로 유입되는 폐수의 양을 조절하기가 어렵다. 따라서 적합한 수리학적 부하율(HLRs)을 갖기 위해서는 설계시 충분한 습지 수반을 갖도록 하여 습지로 유입되는 유량과 습지의 수심을 먼저 조절할 수 있어야 한다. 대부분의 습지에서는 유출 유량을 조절하기 위해 수로나 유량조절 둑인 위어를 설치하게 되는데, 이러한 구조물들은 수위를 조절할 수 있도록 유연하게 설계되어야 한다. 대형식물은 물이 너무 많거나 또 반대로 너무 적어도 스트레스를 받는다. 30cm 혹은 그 이하의 수심을 유지하는 것이 처리습지에서 사용되는 대부분의 초본 대형식물에게 가장 적합하며 수심이 30cm 이상 되면 식물 생장이 감소할 수 있다.

수심은 식생에도 영향을 미치지만 폐수처리 자체에도 복합적으로 영향을 미친다. 높은 수리부하율과 퇴적물 및 인의 보유와 연관되어 있는 퇴적과 이와 유사한 기작들을 촉진하기 위해서는 깊은 수심을 갖도록 하는 것이 더 유리하다. 수심이 깊으면 인과 퇴적물의 재부상이 감소하며 또한 체류시간도 길어진다. 얕은 수심에서는 습지 토양 상부에 바로 물이 존재하기 때문에 종종 식물성장 시기에 혐기성 조건이나 이와 근접한 조건을 갖는다. 따라서 얕은 수심은 탈질에 의한 질산성질소의 저감에 유리하다. 폐수의 처리에 있어 식생 천이를 함께 고려하는 것이 지속적으로 이런 문제를 해결할 수 있는 방안이다.

10.5 처리습지의 이점과 경제성

처리습지가 기존의 폐수처리 공정보다 건설이나 유지비가 적게 든다고 생각되는 것이 일반적이며 이러한 경제성 때문에 습지에 더 많은 관심을 갖는 것이 사실이다. 하지만 습지 시스템을 건설하기 이전에 주의 깊게 비용 분석을 해야 한다. 새로운 습지의 건설에 소요되는 비용을 추정하기 위해 다음과 같은 항목들이 고려되어야 한다. (1) 공학적 계획, (2) 건설 전 부지 정리, (3) 건설비용(노동, 장비, 자재, 감독, 간접비), (4) 토지비용.

미치와 고셀링크(2000)에 의하여 토지비용을 포함하지 않은 폐수처리습지의 건설비용을 계산하는 식이 개발되었다.

$$C_A = \$196,336 A^{-0.511} \qquad \text{식 (10-8)}$$

여기서 C_A는 단위면적당 습지건설에 필요한 자본비용 ($ ha^{-1})이며 A는 습지면적(ha)이다. 위의 관계식은 1ha의 습지를 건설하는데 거의 200,000달러 가량 소요되지만, 10-ha의 습지를 건설하기 위해서는 ha 당 60,000달러가, 100-ha 습지를 건설하기 위해서는 ha 당 19,000달러가 필요하다는 것을 나타낸다. 이러한 결과는 습지건설에 있어서도 규모의 경제가 작용함을 보여준다.

습지의 운영과 관리비용은 습지의 사용 정도, 습지에 설치한 기계설비, 관거 설치 정도와 복잡성에 따라 달라진다. 습지 운영에 드는 비용에 관한 자료는 거의 없지만 카들레치와 나이트(1996)는 1년에 폐수 처리습지를 유지 관리하기 위해 약 85,500달러 정도의 비용이 들 것이라 추정했다. 이는 175ha의 습지를 관리하는 인건비 50,000달러가 포함되어 있다. 이보다 작은 습지들을 유지 관리하기 위해서 필요한 비용은 1년에 5,000~50,000달러로 여러 요인에 따라 필요한 비용의 차이가 나타날 수 있음을 보여주었다(Kadlec and Knight, 1996). 중력을 이용하여 유출입이 일어나는 습지가 펌프나 관거를 이용해 습지를 유지해야 하는 기계화된 습지보다 관리비가 훨씬 적게 든다.

지하흐름형 습지에서는 습지 설계의 목적인 수질 향상 외에 추가적인 이점이 거의 없지만 지표흐름형 습지에서는 다양한 부가적인 혜택이 제공될 수 있다. 습지의 조성으로 형성된 수환경이 생물들의 서식처로 활용될 수 있다는 것이 중요한 부가적 이점이다. 뉴트리아나 비버, 머스크랫, 들쥐 등 다양한 포유동물과 양서류, 어류 등의 서식처를 제공함과 동시에 지표흐름형 습지는 물새와 섭금류에게도 보금자리를 제공한다.

일부 폐수처리습지에서는 덫이나 사냥과 같은 인간의 이용이 가능하다. 도시 지역에 적합하게 설계된 습지는 사람들이 쉽게 방문해 수질정화에 중요한 역할을 담당하고 있는 습지에 대해 배울 수 있는 곳에 위치한다. 이러한 교육 활동은 습지에 대해 특별한 지식이 없던 사람들에게 특히 효과적이며, 이들 중에는 습지가 결국 그들의 일터가 되는 열렬한 습지 보호론자가 되기도 한다. 자연습지와 인공습지를 이용하여 수질을 관리하는 것은 특히 침하가 발생하여 지대를 높여야 하는 지역에서 이점을 갖는다. 루이지애나의 멕시코만의 침하 지역에 고농도의 폐수가 유입되는데 이때 유입된 영양물질이 습지의 이탄층에 영구적으로 저장되면서 습지 바닥에 매적되어 침하 현상을 완화시킨다. 이러한 경우 폐수의 유입이 시스템을 포화상태로 가지 않고 오히려 지반 침하로 인한 유해한 영향을 감소시키는데 도움을 준다.

10.6 요약

폐수 처리습지는 모든 수질문제를 해결할 만병통치약이 아니라는 것을 명심해야 한다. 과도한 BOD나 중금속을 함유한 폐수와 같이 전통적인 폐수처리 방법을 적용해야 하는 경우가 많지만 오염관리를 위해 전세계적으로 건설되어 왔던 수천 개의 습지는 그들의 가치와 중요성을 입증한다. 습지를 설계하고 건설하는데 기술적 또한 제도적으로 반드시 심사숙고해야 하는 사항들이 많다.

⊛ 기술적 고려사항

1. 야생동물의 서식처를 제공하는 습지의 가치가 처리습지의 건설에 고려되어야 한다.

2. 폐수처리를 위해 습지를 이용하기 위해서는 습지에서 처리 가능한 만큼의 오염물질양과 수리학적 부하량이 유입되어야 한다. 다시 말하면 부하량을 알아야 조성되어야 할 습지의 규모를 결정할 수 있다. 습지에 과부하가 일어나는 것은 습지를 조성하지 않은 것보다 더 나쁠 수 있다.

3. 식생, 지형, 수문, 수질 등 그 지역에 존재하는 자연습지의 모든 특성들이 잘 연구되어 이러한 특성들이 조성될 처리습지에 반영되어야 한다.

4. 습지를 설계할 때 모기관리와 지하수 보호 등 대중의 건강을 보호하기 위한 특별한 주의가 필요하다.

⊛ 제도적 고려사항

1. 습지를 이용할 것인가 보호할 것인가에 대한 잠재적인 갈등이 주기관, 연방기관, 지역단체 등에 의해 발생할 수 있다. 일부는 처리습지를 유익하게 보지만 또 다른 편에서는 오염된 습지 서식지로 보기도 한다. 또한 일부에서는 잠재적인 지하수 오염과 질병 매개체가 될 수 있다고 질문을 제기할 수 있다.

2. 습지를 이용해 폐수를 처리하는 것은 습지 서식처를 제공하고 폐수를 처리해 재이용하는 2가지 목적을 다 이룰 수 있다. 하지만 개발 등에 의해 손실되는 습지의 대체습지로서 처리습지를 조성하는 것은 일반적으로 허용되지 않는다. 복원습지에 비해 처리습지에는 고농도의 오염물질이 유입되고 있으며 지속성도 부족하기 때

문이다.

3. 정부의 많은 허가 과정들은 처리습지를 폐수처리시스템의 대안으로 인식하지 않는
   다. 이러한 경우에는 실험시스템이 먼저 도입되어야 한다. 파일럿 습지를 운영하기
   위한 허가를 얻기 위한 과정에서 요구사항들에 맞게 수정하는 것은 앞으로 폐수 처
   리습지를 도입하는데 발전적이고 효과적일 수 있으므로 필요한 일이다.

습지의 설계가 아주 정밀한 과학은 아니며 새롭게 조성된 생태계에서 일어나는 교란
이나 생물학적 변화들이 우리가 확신할 수 있는 유일한 일들임을 기억하는 것이 유용하
다. 폐수처리습지에 있어서 생태계의 자기설계에 대한 인식없이 기존의 공학적인 접근을
시도하면 나중에 실망할 수밖에 없다. 처리습지가 수질 향상이라는 설계 목적에 따라 제
대로 그 기능을 수행한다면 생물종이나 형태의 변화는 그렇게 중요한 문제는 아니다.

생태공학과 생태계 복원

제11장
생물학적 치유* : 오염 토양의 복원

지금까지 등록된 오염지역의 수는 이미 우려할 만한 수준에 이르렀으며 계속해서 증가하고 있다. 따라서 오염된 환경을 정화하는 분야는 관련 기술의 활용과 기술혁신의 기회가 모두 무르익었다고 할 수 있으며 관련 분야의 성장 또한 빠르게 이루어지고 있다. 오염지역을 치유하기 위하여 소요되는 높은 비용적 부담은 생물학적 치유기술과 같은 생태공학 기술로 관심을 돌리게 했다. 이들 기술은 오염물질을 제거하기 위해 주로 미생물이나 식물을 이용하는 생물학적 처리기작을 이용한다.

생물학적 치유는 기존의 정화기술과 같이 처리를 위하여 오염토양을 이동하는데 소요되는 비용이나 이동 과정 중에 발생할 수 있는 추가적인 위험성이 없는 생태공학적 기술에 근거해 오염문제를 성공적으로 해결할 수 있기 때문에 전통적인 정화 기술보다 더 매력적인 대안이 될 수 있다. 생물학적 치유는 유기오염 물질이나 중금속 오염 지역에 모두 적용할 수는 있지만 적용하는 방법은 다르다. 따라서 이 책에서는 유기화합물질과 중금속 물질에 대하여 생물학적 치유의 실제 적용 예를 각기 구분하여 다른 두 절에서 다룬다.

생물학적 치유기술의 성공 여부는 온도, pH, 산화환원전위, 영양물질의 농도, 오염물질의 특성, 해당 물질을 분해할 수 있는 미생물의 존재 유무, 오염물질의 생물이용가능도와 같은 환경요인과 부지 특성을 포함한 다양한 영향 인자들에 의하여 결정된다.

---

* 일반적으로 bioremediation 을 오염물 중심의 생물학적 정화로 표현하기도 하나 본서에서는 매체인 토양 관점에서 생물학적 치유로 표현한다.

11.1　생물이용가능도

적용하는 생물에 의해 쉽게 이용될 수 있는 오염물질의 양을 나타내는 생물이용가능도
는 생물학적 치유 기술을 적용하는데 있어 매우 중요한 인자이다. 이 장에서는 생물이용
가능도를 결정하는 요인들에 대해 중점적으로 살펴본다.

　미생물세포는 생물학적 분해에 사용되는 촉매반응을 유도하기 위해 에너지를 사용한
다. 따라서 오염물질의 생물학적 이용가능 여부는 유기오염물질의 생물학적 분해율을
조절하는 중요한 인자가 된다. 오염물질의 농도가 너무 낮으면 반응의 유도는 일어나지
않을 것이다. 일반적으로 토착 토양미생물은 성장이 느리며 종종 영양물질의 농도가 낮
은 환경에 노출된다(Kozak and Colwell, 1987). 오염물질의 생물이용가능도가 높을 경
우에는 생물학적 치유기술의 효율이 증가될 수 있으며, 다른 기술에 비해 선호될 수 있
다. 하지만 오염물질의 생물이용가능도는 생물학적 치유 과정 중에 생물들에게 이용될
수 있는 정도를 나타내는 것 외에도 생물에게 미칠 수 있는 유기오염물질과 무기오염물
질의 독성을 결정하기도 한다.

　다음과 같은 3가지 경우가 오염물질의 생물이용가능도에 따라 발생할 수 있다.

1. 생물이용가능한 오염물질의 양이 부족하거나 중요 오염물질의 생물학적 분해율이
   너무 낮아 생물학적 분해를 유도하기 위해 사용되어야 하는 에너지를 보상받지 못
   할 경우 생물학적 분해가 일어나지 않는다.
2. 오염물질의 생물이용가능도가 낮거나 또는 생물학적 분해율이 낮을 경우 미생물
   세포는 성장기보다는 세포 유지 단계인 휴지기에 오염물질을 분해한다.
3. 오염물질에 대한 생물이용가능도와 생물학적 분해율이 모두 충분히 높을 경우에
   미생물 성장기에도 생물학적 분해를 유도할 수 있는 생물이용가능한 오염물질이
   존재하므로 최적의 속도로 치유가 이루어질 수 있다.

　유기오염물질의 생물학적분해도는 오염물질의 화학적 구조에 크게 영향을 받는다
(Jørgensen et al., 1997). 11.2절에서는 이러한 관계를 더 자세히 알아보고 대략적이기
는 하지만 유기오염물질의 분해 정도를 처음에 예측하기 위하여 적용할 수 있는 방법에
대해 설명한다.

중금속의 생물이용가능도는 생물학적 치유 기술의 활용에 영향을 미치는 중요한 인자이다. 중금속의 경우 생물학적치유 과정 중에 분해되지는 않지만 제거는 가능하다. 적용한 생물에 의한 중금속의 흡수가 중금속의 제거효율을 결정하므로 전적으로 생물학적으로 이용가능한 중금속의 양에 달려 있다. 11.3절에 제시된 생태 모델은 이러한 중금속의 제거가 생물이용가능도에 영향을 받는다는 사실을 잘 보여주고 있다.

생물학적치유 속도에 영향을 미치는 많은 영향인자들이 생물이용가능도에 직접적으로 영향을 주고 있다. 그러므로 미국 환경청 연구위원회에서 생물이용가능도가 생물학적 치유에 가장 중요한 결정 요인이라고 결론내린 것은 예상 밖의 일이 아니다(US EPA, 1991). 1993년 국가연구위원회(NRC)의 두 번째 패널에서 〈부지 내 생물학적 치유법 : 언제 효과가 있는가?〉라는 보고서를 발표했다(NRC, 1993). 이 보고서에서는 생태기술과 생태공학 원칙에 기반을 둔 부지 내 생물학적 치유법이 광범위하게 사용되는데 있어서 생물이용가능도가 중요한 제한 요소로 인식되었다.

생물이용가능도에 영향을 미치는 요인들

생물이용가능도는 많은 요인들에 의하여 영향을 받는다.

1. 용해도가 낮으면 미생물 세포가 오염물질을 기질로 이용되는데 제약을 받게 되므로 생물학적 분해에 제한을 받는다(Fogel et al., 1981, Zhang and Miller, 1992). 생물의 세포는 70%~90%가 물로 구성되어 있고 그 세포를 둘러싸고 있는 물에서부터 영양물질을 흡수하여 이용한다. 식물은 생활 기능을 유지하기 위해 필요로 하는 증발산을 하기 위해 물을 흡수한다. 그러므로 오염물질의 흡수와 이동은 오직 물에 용해되는 물질만 가능하다. 만약 생물학적분해 반응을 1차 반응식으로 설명하는 것이 가능하다면, 생물학적 분해속도는 수용액 상의 오염물질 농도에 비례한다. 용해도가 낮은 물질은 수용액 상의 오염물질의 농도가 낮으므로 생물학적 분해가 매우 느리게 일어남을 의미한다.

유기화합물의 용해도와 용해도를 추정하는데 사용할 수 있는 화학물의 구조 간에는 명확한 관계가 있는 것으로 알려져 있다(Jørgensen et al., 1997). 용해도와 옥탄올-물 분배계수 또한 관련성이 있다([그림 11-1] 참조). 옥탄올-물 분배계수가 크면 유기화합물은 친유성을 띠게 되며 물보다는 토양 유기물부분에 흡착되게 된다.

화학적인 부반응이 용해도를 변화시킬 수 있다. 이러한 반응은 특히 유기물질이나 무기물질과 복합체를 형성하면서 용해도가 증가하는 중금속 이온들과 관련이 있다. 휴믹

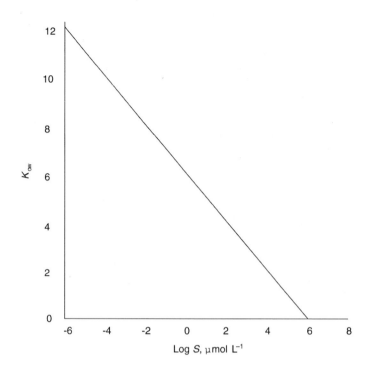

그림 11-1 용해도(μmol L^{-1})와 옥탄올—물 분배계수와의 통계적 관계

산 또는 펄빅산은 금속과 복합체를 형성하며 토양수에서의 금속 용해도에 중요한 영향을 미친다. 다환방향족탄화수소류와 체인수가 18~30개인 알칸계 탄화수소류의 용해도는 2-6μg L^{-1} 정도로 오염 토양에서 자주 발견되는 탄화수소류의 용해도는 낮다. 또한 분자량이 증가할수록 용해도는 감소한다(Jørgensen et al., 1997).

　용해도와 더불어 오염물질이 존재 형태 또한 생물이용가능도에 영향을 미친다. 액체 상태로 존재하는 탄화수소류는 고체 상태로 존재하는 경우보다 생물이용가능도가 높다는 증거들이 많다(Miller, 1995). 이러한 사실은 실제 생물학적 치유를 적용할 때 미생물의 최대성장률이 액상(0.01-1 mg L^{-1})과 고상(1-10 mg L^{-1})일 때 각기 다른 용해도 범위에서 이루어진다는 것을 의미한다. 4장에서 미생물에 의한 분해를 설명하는 미켈리스-멘텐 식에 대해 설명한 바 있다. 낮은 기질농도에서의 미생물 생장은 실제 분해가 모노드 반응식 대신 선형 혹은 농도에 대한 1차식으로 나타나는 것으로도 쉽게 관찰될 수 있다. 25℃와 34℃의 온도범위에서 농도가 400mg L^{-1}인 옥타데칸의 생물학적 분해를 나타낸 [그림 11-2]는 오염물질의 존재 상태가 분해율에 미치는 영향을 잘 설명한다.

　온도가 증가할수록 옥타데칸의 용해도도 증가한다. 하지만 용해도 증가만으로 그림

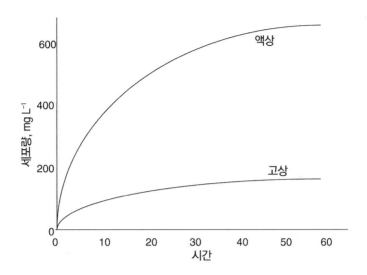

그림 11-2 25℃(고상)과 34℃(액상)에서의 옥탄데칸의 분해율. 34℃에서 생물학적 분해율이 5배 이상 빠른 것을 알 수 있다. 9℃의 온도 차이는 일반적으로 2배 정도의 분해율의 차이를 설명할 수 있으므로 그 이상의 생물학적 분해율의 차이가 발생한 이유는 주로 옥탄데칸이의 물리적 상태(고상과 액상)의 차이에 의한 것임을 알 수 있다.

에서 보는 바와 같은 뚜렷한 생물학적 분해율의 차이를 설명하기는 부족하다. 단지 9℃의 온도 차이로 생물학적 분해율이 5배 이상 증가한 것은 옥타데칸이 고상에서 액상으로 변화되어 생물이용가능도가 높아졌기 때문이다.

많은 연구자들은 계면활성제가 용해도를 증가시키거나(Volkering et al., 1995 참조) 표면장력을 감소시켜(Aronstein et al., 1991) 유기화합물의 무기화를 증가시킨다는 사실을 발견했다. 이러한 계면활성제는 세균이 우선적으로 사용할 수 있는 추가적인 탄소원을 공급할 수도 있지만 계면활성제가 갖는 자체의 독성 때문에 미생물의 성장을 저해할 수도 있다.

물과 혼합되는 일부 유기용제(메탄올 등)는 오염물질의 부용제로 이용된다. 부용제(co-solvent) 시스템은 수용액에서 물이 단독으로 존재할 때보다 극성을 낮추어 결과적으로 용해도와 오염물질의 탈착을 증가시킨다(Knox et al., 1993).

2. 토양고상으로의 오염물질 흡착은 미생물에 의한 생물학적 분해와 식물에 의한 흡수를 저해하는 요인이다. 유기화합물이 고상에 흡착되어 있는 경우에 무기화되지 않는다고 보고되고 있다(Miller and Alexandr, 1991; Greer and Shelton, 1992). 로빈슨 등이 1990년에 수행한 실험에 의하면 흡착된 기질은 분해되지 않기 때문에 장기간 동안의 생물학적 분해는 매우 느리게 일어나는 탈착속도에 의하여 결정된다고 하였다. 이러한 결

과는 물질교환에 대한 속도제한반응(여기서는 주로 탈착)이 토양 고상에 흡착되어 있는 화학물질의 분해에 중요한 역할을 한다는 것을 의미한다.

11.3절에 제시된 모델에서 식물에 의한 중금속 흡수는 토양수에 존재하는 중금속 이온 중 용해되어 있는 부분에서만 일어난다(Jørgensen and Bendoricchio, 2001). 흡착은 토양의 수소이온농도지수(pH), 산화환원전위, 부식질, 점토와 모래의 비율 등에 의해 영향을 받는다. 이러한 영향 인자들과 흡착과의 관계를 모델로 나타낼 수 있다. 만일 유기화합물의 토양 흡착 자료가 없다면 옥탄올–물 분배계수(K_{OW})를 이용해 유기탄소–물 분배계수(K_{oc})를 추정할 수 있다.

$$\log K_{oc}$$

$$= \begin{cases} -0.06 + 0.937 \log K_{OW} & \text{(Brown and Flagg, 1982)} \qquad \text{식 (11-1)} \\ -0.35 + 0.99 \log K_{OW} & \text{(Leeuwen and Hermens, 1995)} \qquad \text{식 (11-2)} \end{cases}$$

유기화합물의 토양과 물에서의 농도비를 나타내는 토양–물 분배계수 K_d는 다음의 관계식 $K_d = K_{oc}f$ 을 이용해 구할 수 있다. 여기서 f 는 토양 내 유기탄소의 비율이다.

흡착 경과 시간에 따라 흡착반응 정도가 다르다고 알려져 있다. 새로 흡착된 물질이 흡착 후 시간이 경과된 물질보다는 화학반응이 일어나기 쉬운 불안정 상태이기 때문에

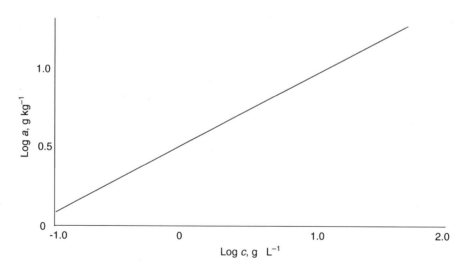

그림 11-3 페놀에 대한 토양의 흡착을 나타내는 프로인드리히 흡착등온식을 로그–로그 그래프로 나타낸 것. a는 토양 내 페놀 농도, c는 물의 페놀농도. 여기서 1.15/3 = 0.383으로 나타낼 수 있는 직선의 기울기는 식 (11.3)에서의 b를 나타내며, $\log k = 0.48$로서 $k = 3.1$이다. 그러므로 그래프로 알 수 있는 식은 $a = 3.1c^{0.383}$이다.

생물학적 이용도가 더 크다. 이와 관련된 수많은 실험에서 흡착 후 시간이 오래 경과할수록 토양구조의 변화가 일어나며 결국 탈착이 점점 느리게 일어나는 것이 증명되었다. 흡착반응은 프로인드리히(Freundlich)나 랭뮤어(Langmuir) 흡착등온식에 의해 각각 다음과 같이 표현할 수 있다.

$$a = \begin{cases} kc^b & \text{식 (11-3)} \\ \dfrac{k'c}{c+b'} & \text{식 (11-4)} \end{cases}$$

여기서 a와 c는 각각 토양과 물에서의 화학물질의 농도이며 k, k', b, b'는 상수이다. 프로인드리히 흡착등온식을 나타내는 식 (11-3)은 로그-로그 도표에서 $\log a = \log k + b \log c$로 표현할 수 있으므로 다시 기울기가 b인 직선으로 나타낼 수 있다([그림 11-3] 참조).

랭뮤어 흡착등온식은 미켈리스-멘텐식과 유사한 형태를 가지고 있다. 만약 $1/a$을 Y축 $1/c$을 x축으로 갖는 그래프를 그리게 되면 직선 식을 얻을 수 있는데([그림 11-4] 참조), 라인웨버-버커 그래프에서는 $1/a = 1/k' + b'/k'c$ 로 표현된다. 따라서 $1/a$이 0이면 $1/c$이 $-1/b'$이 되고, $1/c$가 0이면 $1/a = 1/k'$이 된다. 이 그래프는 미켈리스-멘텐식과 랭뮤어 흡착동온식에 사용되어진 표현 형태를 사용하여 갖고 있는 관찰치를 얼마나 잘 설명할 수 있는가를 평가하는데 사용될 수 있다. b는 주로 1에 가깝고 c의 경우 대부분

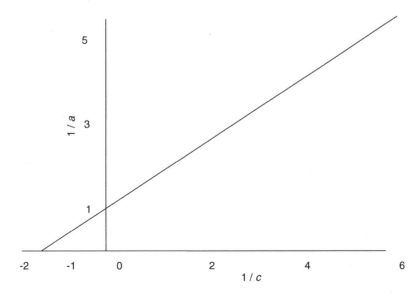

그림 11-4 $1/a$와 $1/c$로 나타낸 라인웨버-버커 그래프. 그래프로부터 $1/b = -(-1.5)$ 또는 $a - c/(c+b')$. 이는 랭뮤어 흡착등온식을 의미한다 : $b' = c/a$(그림에서 $1/k' = 1$이므로 $k' = 1$).

의 환경문제에서 작은 값을 갖는 것으로 알려져 있다. 이러한 사실은 2가지 흡착등온식에서 $a/c = k$에 접근하며, k는 분배계수가 된다는 것을 의미한다. 흡착이 일어나는 토양이 100%의 유기탄소로 구성되어 있다면 k는 K_{oc}로 나타낼 수 있다.

흡착은 식물에 의한 유기오염물질의 흡수를 결정하게 되는데 다음 식을 이용하여 나타낼 수 있다.

$$\text{BCF} = \frac{f_{\text{lipid}} K_{\text{ow}}^{b}}{hf K_{\text{ow}}^{a}} \qquad \text{식 (11.5)}$$

여기서 BCF는 생물농축계수로서 식물과 토양의 농도 비로 표현한다. 여기서 f_{lipid}는 식물체 내 지질 분율, f는 이미 기술했듯이 토양의 유기탄소 비율이며 a, b, h는 모두 상수이다. 식 (11-5)에서 분모는 토양수에 용해되어 있는 유기물질의 비율을 나타내므로, h는 식 (11-1)과 식 (11-2)에 의해 결정되는 상수가 된다. 만약에 식 (11-1)을 사용한다면 x는 안티로그에서 −0.006이 되거나 h=0.99가 된다. 식 (11-1)에서 a는 0.935이며, b는 일반적으로 0에 근접하므로 식 (11-5)는 다음과 같이 (11-6)으로 다시 나타낼 수 있다.

$$\text{BCF} = \frac{1.01 f_{\text{lipid}} K_{\text{ow}}^{0.063}}{f} \qquad \text{식 (11-6)}$$

보는 바와 같이 BCF는 K_{ow}에 거의 독립적이며 주로 f_{lipid}와 f의 비율에 의해 결정된다.

3. 토양의 물리적 성질(공극 크기의 분포)은 생물이용가능도에 중요한 영향을 미친다. 대부분 세균 크기가 0.5~2μm이기 때문에 이보다 작은 미세공극 안으로는 접근할 수 없다. 만약 세균의 접근이 어렵게 된다면 세균의 크기보다 작은 미세공극에서의 생물학적 분해는 일어날 수 없다. 그러므로 생물학적 분해속도는 미세공극에 있는 오염물질이 세균의 접근이 가능한 큰 공극 영역으로 확산이 일어나는 정도에 의해 영향을 받게 된다. 이러한 사실은 큰 분자량을 가지는 유기오염물질에 있어서 특히 중요하다.

현장에서는 흡착과 미세공극으로의 접근 차단에 의한 효과를 구분하기는 어렵다. 왜냐하면 일부 잔여오염물의 생물학적 분해는 2가지 기작에 의해 모두 저해를 받기 때문이다. 스테인버그 등(1987)은 1,2-dibromoethane의 경우 쉽게 분해되는 물질임에도 불구하고 토양에서 19년 이상 존재하고 있다고 보고했다.

4. 미생물의 적응은 유기오염물질의 생물이용도를 증가시키기 위해 미생물이 발달시킨 전략이다. 이 중 하나가 소수성 표면에 세포의 친화도를 증가시키도록 하는 것인데,

이러한 친화도의 증가를 통해 미생물은 소수성기질에 붙어 직접 기질을 흡수할 수 있게 된다. 두 번째 전략은 생물학적 계면활성제의 역할을 할 수 있는 표면활성 물질을 미생물이 생산해 배출하는 것이다(Rosenberg, 1989b; Fiechter, 1992). 이러한 전략들은 미생물이 특정 독성을 가지고 있는 오염물질에 대항하기 위해 생물이용가능도를 증가시키는 미생물의 생화학적 적응을 설명해준다.

미생물군집에 의한 생물학적 적응은 여러 세대에 걸쳐 일어나는데 오염물질이 존재하는 환경에 의하여 영향을 받는 상태에서 살아남고 성장할 수 있는 가장 적합한 미생물이 선택이라는 과정을 통해 미생물의 특성에 변화가 일어난 결과이다. 생물학적 적응은 생물학적 치유에 사용하기 위해 미생물 집단을 준비하는데도 널리 이용된다.

단순한 가정 아래 생물학적 분해가 토양 입자 내에서의 확산과 흡착에 의해 제약을 받는지 아니면 생물학적 분해 속도에 의해 제한을 받는지를 평가할 수 있는 기준을 제안했다(Y. P. Chang et al., 1993). 생물학적 분해의 이러한 제한 기작의 판단은 식 (11-7)에서 무차원수인 q의 크기에 의해 규명된다.

$$q = R\left[\frac{p + K(1-p)/k}{D}\right]^{0.5} \qquad \text{식 (11-7)}$$

여기서 R은 토양입자의 반경, p는 토양의 공극률, K는 흡착분배계수로서 $dK_d/(1-p)$로 나타낸다. d는 용적밀도(g cm^{-3})이며, K_d는 토양-물의 분배계수이다(식 11-2 참고). k는 1차 생분해 반응속도 계수이며 (1/h), D는 토양 공극 내에서의 유효확산계수이다. 만약 q가 작다면 확산은 생분해속도에 비해 덜 중요하며, q가 클수록 강한 흡착 또는 느린 확산에 의해 영향을 많이 받게 됨을 나타낸다.

11.2 생물학적 분해

미켈리스-멘텐식을 이용해 기질 농도에 대한 미생물 생장으로 표현함으로써 생분해를 다음과 같이 정량적으로 표현할 수 있다.

$$\frac{dc}{dt} = -\frac{dB}{Y\,dt} = -\frac{\mu_{\max}Bc}{Y(K_m + c)} \qquad \text{식 (11-8)}$$

여기서 c는 대상 화합물의 농도, Y는 단위농도 c 당 생산되는 생체량, Y(증식계수), B는 미생물농도, μ_{max}는 최대성장률, K_m은 반포화상수이다. 만약 $c \ll K_m$이면 식 (11-8)은 1차반응식으로 표현할 수 있다.

$$\frac{dc}{dt} = -K'Bc \qquad \text{식 (11-9)}$$

여기서 K'은 μ_{max} / YK_m이며, B는 사실상 환경조건에 의해 결정되게 된다. 예를 들어 수생태계에서 B는 부유물질의 존재 유무에 크게 영향을 받게되므로 특정 조건에서 B는 상수로 고려될 수 있다. 이러한 경우 식 (11-9)는 (11-10)으로 나타낼 수 있다.

$$\frac{dc}{dt} = -kc \qquad \text{식 (11-10)}$$

여기서 k의 단위는 시간$^{-1}$로서 생물학적분해 속도를 나타내는데 사용할 수 있다. 생물학적 반감기를 $t_{1/2}$로 나타낸다면 다음 식을 이용해 할 수 있다

$$\ln 2 = 0.693 = kt_{1/2} \qquad \text{식 (11-11)}$$

식 (11-11)은 생물학적 분해를 1차반응이라 가정한다면 생물학적 반감기가 생물학적 분해 속도로 사용될 수 있음을 의미한다. 다른 공정에 비해 생물학적 분해에 관심을 많이 갖고 있는 폐기물 처리장에서는 mg O$_2$/liter로 표현되는 5일 BOD와 이론적 BOD의 비율로서 정의되는 이론적 산소요구량의 비율을 사용할 수도 있다. 또한 BOD$_5$의 분율로도 나타낼 수 있다. 예를 들면 BOD$_5$의 0.7 분율은 BOD$_5$가 이론적 산소요구량의 70%임을 의미한다. 그러나 이러한 비율은 활성슬러지 공정에서 제거되는 유기물의 비율을 나타내기도 한다.

하지만 경우에 따라서 생물학적 분해는 식 (11-8)과 (11-9)로 표현되는 미생물 농도에 영향을 받으며, 많은 경우에 식 (11-9)에서 mg g dw^{-1} day^{-1}로 표현되는 K'가 더 정확하며 유용하게 사용된다.

인공화합물을 생물학적인 방법으로 분해하는데 있어 분해 미생물이 최적의 생물학적 분해율을 갖기 위해서는 수일~한두 달의 적응기를 갖는다고 예측할 수 있다. 생물학적 분해는 초기 생물학적 분해와 최종 생물학적 분해로 구분될 수 있다. 전자는 생물학적인 요인에 의해 화합물의 분자적 구조가 바뀌어지는 변형을 의미하며, 후자는 생물학적 기

작에 의하여 유기물에서 무기물로 변환되며, 반응에 의해 생성되는 물질도 최종 또는 일반 대사 분해물질과 관련되어 있음을 의미한다. 생물학적 분해 속도는 다음과 같이 다양한 단위로 나타낸다.

1. 1차 반응 상수 (day^{-1})

2. 반감기 (days or hours)

3. 1일 동안 그램 슬러지량에 대해 분해되는 양 (mg g^{-1} day^{-1})

4. 1일 동안 그램 미생물량 대해 분해되는 양 (mg g^{-1} day^{-1})

5. 1일 동안 미생물 세포 당 분해되는 기질의 부피 (mL cell^{-1} day^{-1})

6. 1일 동안 그램 생체량에 대해 분해되는 화학적산소요구량 (CODcr) (mg g^{-1} day^{-1})

7. 1일 동안 그램 휘발성 고형물량에 대해 분해되는 기질의 체적 (mL g day^{-1})

8. BOD$_x$/BOD$_\infty$ (x일 BOD와 생물학적으로 완전분해가 일어날 때의 BOD$_\infty$ 와의 비율)

9. BOD$_x$/COD(완전분해가 일어날 때의 유기물량을 COD로 가정한 x일 BOD와 COD의 비율)

생물학적 반응속도에 영향을 미치는 미생물의 수는 수생태계와 토양생태계에 있어 각각의 유형과 위치에 따라 큰 차이가 발생하기 때문에 수체나 토양에서의 생물학적 반응 속도를 예측하기 어렵다. 인공지능은 생물학적 반응속도를 추정하는데 매우 유망한 도구로 사용되어왔다(Kompare, 1995). 하지만 처음에는 화합물의 분자구조와 생물학적 분해 가능성을 이용하여 초기의 대략적인 추정 정도를 할 수 있다. 생물학적 분해율을 추정하는 데에는 다음과 같은 규칙들이 사용된다.

1. 중합체 화합물은 일반적으로 단량체 화합물보다 생물학적 분해가 느리게 일어난다. 분자량이 500~1000 사이에 1점, 1000 이상이면 2점을 부여한다.

2. 지방족화합물이 방향족화합물보다 생물학적 분해가 더 잘 일어난다. 방향고리 1개당 1점을 부여한다.

3. 치환이 일어날 경우 특히 할로겐이나 니트로 그룹에 의해 치환될 경우 생물학적 분해도가 감소한다. 각 치환 당 0.5점을 치환물질이 할로겐이나 니트로 그룹일 경우 1점을 부여한다.

4. 2중결합 또는 3중결함의 경우에 생물학적 분해도가 증가한다(물론 방향고리에서의 이중결합은 포함되지 않는다). 각 2중 혹은 3중 결합 당 −1점을 부여한다.

5. 분자 내 산소와 질소의 교상결합(−O−and−N−(또는 =))은 생물학적 분해도를 감소시킨다. 각각의 산소와 질소의 교상결합 당 1점을 부여한다.

6. 가지형화합물(2차 또는 3차화합물)의 경우 일반적으로 1차 화합물보다 생물학적 분해도가 낮다. 포함되어 있는 각 가지 당 0.5점을 부여한다.

각각의 점수를 합산해 총점수를 가지고 다음의 분류에 의하여 생물학적 분해도를 평가한다.

≤ 1.5점 : 쉽게 생물학적 분해가 일어나는 화합물이다. 생물학적 처리시스템에서 90% 이상 분해된다.

2.0~3.0점 : 생물학적 분해가 가능한 화합물이다. 생물학적 처리시스템에서 약 10~90% 정도 제거될 수 있다. 이론적 산소요구량에 대한 BOD_5의 비율은 0.1~0.9 이다.

3.5~4.5점 : 느리게 생물학적 분해가 일어나는 화합물이다. 10% 미만이 생물학적 처리시스템에서 제거될 수 있다. 이론적 산소요구량에 대한 BOD_5의 비율은 0.1 미만이다.

5.0~5.5점 : 매우 느리게 생물학적 분해가 일어나는 화합물이다. 생물학적 처리시스템에서 제거되기가 매우 어렵다. 수용액이나 토양에서 90%가 생물학적으로 분해되기 위해서는 6개월 이상이 소요된다.

≥ 6.0점 : 난분해성 물질이다. 토양이나 수용액에서의 반감기가 수년에 이른다.

위의 방법으로 얻어진 추정치는 처음에 추정할 수 있는 대략적인 예측값으로서 절대적인 크기가 아닌 상대적인 크기를 나타낸다는 것을 명심해야 한다. 더구나 반응속도는 미생물의 적응기 이후의 속도를 의미하므로 잘 적응된 미생물 종류의 경우 더 빠른 반응속도를 나타낼 수 있다.

예제

분자량이 260이며, 물에 대한 용해도가 4μg/L인 오환방향족탄화수소류에 의해 오염된 토양이 있다. 오염된 토양의 총농도는 5mg/L이며 토양의 유기탄소 비율은 5%이다.

(a) 옥탄올–물 분배계수를 추정하라.

(b) 오환방향족탄화수소의 토양수에서의 분배를 추정하라.

(c) 오환방향족 탄화수소의 토양수에서의 농도는 얼마인가?

(d) 화합물의 생물학적 분해도를 추정하라.

(e) 화합물의 반감기가 2000시간으로 알려졌다. 생물학적 분해에 있어서 1차 반응계수는 얼마인가? 이 값은 (d)에서 추정한 생물학적 분해도와 일치하는가?

(f) 토양에서 탈착이 빠르게 일어나 오직 토양수에 존재하는 오환방향족 탄화수소가 분해된다고 가정했다. 전체 오환방향족 탄화수소(즉 토양수에 존재하는 양과 흡착되어 있는 양)의 90%가 분해되는데 걸리는 시간은?

(g) 식물체에 8%의 지방이 존재한다고 가정한다면 이 예제의 오환방향족 탄화수소로 오염된 토양에서 자란 식물체의 농도는 얼마인가?

풀이 :

(a) 옥탄올–물 분배계수 : $\log K_{ow} = 7.5$(물의 용해도 S = 4 μg/L/260μg/μmol = 0.0154 μmol/L 에 대한 그림11-1에서)

(b) $\log K_{oc} = -0.006 + (0.937 \times 7.5)$

$\qquad\qquad = 7.02$ (식 (11-1)을 이용함)

$\quad K_D = K_{oc}f = 10^{7.02} \times 0.05 = 5 \times 10^5$

(c) 토양수에 있는 양이 매우 적기 때문에 토양수의 농도를

5000μg L^{-1}/(5×10^5)를 이용하여 직접 구하면 0.01μg L^{-1}

(d) 고리가 5개이므로 5점 : 90% 분해에 6개월 이상 소요된다.

(e) $\ln 2 = kt_{1/2} = k \times 2000$; $k = 3.45 \times 10^{-5}$h^{-1} (식 11-11). 두 값이 잘 일치한다.

(f) 10^{-5} mg L$^{-1} \times 3.45 \times 10^{-5}h^{-1} = 3.45 \times 10^{-10}$ mg L^{-1} h^{-1} 또는 3×10^{-6} mg L^{-1} yr^{-1}

토양수의 농도는 일정하므로 분해속도 역시 일정할 것이다.

5mg L^{-1}/(3×10^{-6} mg L^{-1} yr^{-1}) $\approx 1{,}660{,}000$ 년

(g) 생물농축계수 BCF = $1.01f_{lipid}[K_{ow}]^{0.063}/f = (1.01 \times 8/5)(10^{7.5})^{0.063} \approx 5$(식 11-6). 그러므로 $C_{plant} = $ BCF $\times C_{soil} = 5 \times 5$mg L^{-1}. 식물의 밀도를 습중량 기준으로 약 1 kg L^{-1}로 가정하면, 오환방향족탄화수소의 식물체 내 농도는 습중량 기준으로 25 mg kg^{-1}이다.

11.3 식물에 의한 중금속 흡수

식물은 폐기물처리장으로부터의 중금속 퇴적, 대기오염, 하수처리장에서의 발생하는 슬러지의 토양개량제 활용, 비료 사용 등 다양한 경로를 통하여 중금속에 오염된다. 식물을 이용한 생물학적 정화는 항만슬러지의 재사용을 위해 오염물을 제거하는 경우에 종종 사용되었다(Miljøstyrelsen, 2002). 항구에서 발생되는 준설 슬러지는 매우 높은 농도의 중금속을 함유하고 있는데 특히 조류 제거제로 사용되는 TBT(3-buyltin)가 높게 나타난다.

식물을 이용하여 하수슬러지에 포함되어 있는 중금속을 흡수하는 것은 이전에 모델화된 바 있다(Jørgensen, 1993 참조). 이 모델은 다음과 같이 간략하게 설명할 수 있다. 토양의 구성에 따라 다양한 중금속에 대한 분배계수(즉, 총 중금속과 토양수에 용존되어 있는 중금속의 비)를 구할 수 있는데, 분배계수는 다양한 유형의 토양에서 총중금속 양에 대한 용존 중금속의 양을 조사함으로써 알아낼 수 있다.

pH와 토양 내 부식질의 농도, 점토와 모래의 비율간의 상관관계와 더불어 분배계수도 함께 알아낸다. 식물에 의한 중금속의 흡수를 용존중금속 농도에 대한 1차 반응이라 간주한다. 우드와 셸리(Wood and Shelley, 1999)는 산휘발성황화물(AVS)과 유기탄소량을 인공습지 저질의 금속 결합능을 설명하는데 사용했다. 이는 앞에서의 상관관계와 같이 결합된 중금속과 생물 이용가능한 중금속의 비와 거의 같다.

다시 말해 이러한 접근 방법의 기본적인 착안은 식물에 의한 중금속 흡수에 중요한 역할을 담당하는 토양의 금속 결합능을 결정하는 토양 특성 중에서 쉽게 측정할 수 있는 항목을 찾고자 하는 것이다.

토양수에서의 금속 흡수와 더불어 모델에서는 (1) 대기로부터 식물체로 강하한 후 직접 식물이 흡수하는 것, (2) 다른 종류의 오염원 예를 들면 비료살포와 토양이나 수확되지 않은 식물체에 결합된 중금속이 장기간에 걸쳐 다시 유출되는 것을 고려하였다.

사례연구
농경지에서의 중금속 재이용

농경지에서의 납과 카드뮴 오염에 대하여 출간된 자료들은 (1) 오염물질인 중금속이 포함된 비료와 슬러지 사용에 일반적으로 적용 가능한 위해성 평가, (2) 오염지역에서 수확된 식물에 대한 위해성 평가, (3) 중금속 흡수능이 탁월한 식물을 이용한 중금속 오염지역의 정화 가능성을 결정하는데 사용하기 위하여 고안된 모델의 보정과 검정에 사용된다. 이 중에서 (3) 에 대한 모델 적용은 생물학적 치유의 결과를 예측하는데 유용하게 사용될 수 있다.

[그림 11-5]는 카드뮴을 적용한 모델의 개념적인 도해를 나타낸다. 그림에서 보는 바와 같이 Cd-total, Cd-soil, Cd-detrius, Cd-plant 등 4개의 상태변수가 있다. 토양에 존재하는 카드뮴을 나타내기 위해 1~2개의 상태 변수만을 이용하려 했지만 모델 결과와 실측자료를 비교해 수용할 수 있는 결과를 얻기 위해서는 3개의 상태변수가 필요하게 되었다. 이는 토양 내 중금속과 각기 다른 형태로 결합하는 여러 토양 요소들이 존재하기 때문이다(EPA Denmark, 1979; Christensen, 1981, 1984; Cubin and Street. 1981; Hansen and Tjell, 1981; Jensen and Tjell, 1981). Cd-total은 광물질이나 다소 난분해성인 물질과 결합된 카드뮴을, Cd-soil은 흡착과 이온교환에 의해 토양에 결합되어 있는 카드뮴을, Cd-detrius는 다양한 범위의 생물학적 분해도를 가지고 있는 유기물질과 결합된 카드뮴을 나타낸다.

시스템에 영향을 주는 외부변수는 대기강하물(토양), Cd-air(식물), Cd-input이다. 카드뮴에 대한 대기강하는 알려져 있으며 이러한 유입원에 대해 한센과 티젤(Hansen and Tjell ,1981) 및 젠센과 티젤(Jensen and Tjell, 1981)이 제안한 바와 같이 토양(airpoll)과 식물(Cd-air)로 나누어 접근한다.

Cd-input은 [표 11-1]에서 보는 바와 같이 비료와 슬러지, 퇴비 및 다른 오염원들에 의해 유입되는 중금속 부분을 나타낸다. 모델 수행 1일째에 카드뮴의 유입이 있었으며 그 다음 매 180일마다 다시 유입이 있다. 수확되는 식물에 해당하는 생산 또한 맥동 형태로 180일에 첫 번째 수확을 한 후 매 360일마다 수확을 한다.

[표 11-1]에서 보는 바와 같이 전체 식물생체량 중 40%가 수확된다.

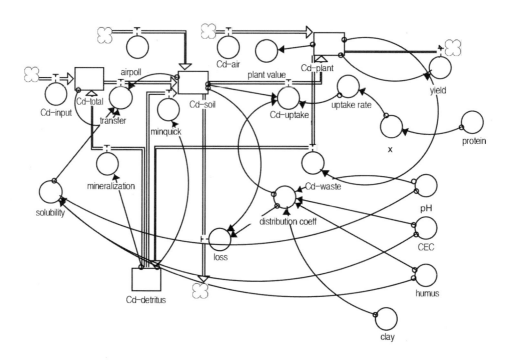

그림 11-5 농경지에서 금속의 거동을 평가하는데 사용되는 모델의 개념적 도해. 사각형은 상태변수를, 복선 화살표는 흐름을, 원은 함수를, 단선 화살표는 되먹임 기작을 나타낸다. 스텔라(STELLA) 언어를 이용한 모델(Jørgenson 과 Bendorrichio, 2001 자료 인용, 저작권 2001, Elsevier Science의 허락 아래 재인쇄).

시스템에서의 카드뮴의 손실은 근권 아래에 존재하는 토양과 지하수로 이동하는 것을 포함한다. 이러한 손실은 요르겐센(1975)에 의해 상관관계가 알려진 토양의 구성 성분과 pH를 이용해 구할 수 있는 분배계수에 연관된 속도계수를 갖는 1차 반응으로 표현할 수 있다. 더 나아가 속도상수는 토양의 수리전도도에도 영향을 받는다. [표 11-1]에 제시된 상수 0.01은 수리전도도의 영향에 의한 것임을 나타낸다.

Cd-total에서 Cd-soil로 변화되는 양은 카드뮴과 결합된 다소 난분해성인 유기물질이 느리게 분해되는 과정 중에 나오는 양을 의미한다. 식물은 용존되어 있는 카드뮴만을 흡수할 수 있기 때문에 식물에 의한 카드뮴의 흡수는 분배계수에 영향을 받는 1차 반응식으로 표현할 수 있다. 또한 식물에 의한 카드뮴의 흡수는 식물종에 따라 달라지는데, 앞으로도 살펴보겠지만 식물 흡수는 계단함수로서 표현할 수 있다. 여기서는 초본류가 성장기일 경우에는 0.0005, 수확한 이후부터 다음 성장기가 시작될 때까지는 0으로 주어졌다. Cd-waste는 식물체에 남아 있

표 11-1 [그림 11-5]에 나타난 금속의 거동예측 모델에서 사용되는 모델식(STELLA 형식)

Cd-detritus = Cd-detritus + dt * (Cd-waste - mineralization - minquick)
INIT(Cd-detritus) = 0.27
Cd-plant = Cd-plant + dt * (Cd-uptake - yield - Cd-waste + Cd-air)
INIT(Cd-plant) = 0.0002
Cd-soil = Cd-soil + dt * (-Cd-uptake - loss + transfer + minquick + airpoll)
INIT(Cd-soil) = 0.08
Cd-total = Cd-total + dt * (Cd-input - transfer + mineralization)
INIT(Cd-total) = 0.19
airpoll = 0.0000014
Cd-air = 0.0000028 + STEP(-0.0000028,180) + STEP(+0.0000028,360) +
    STEP(-0.0000028,540) + STEP(+0.0000028,720) + STEP(-0.0000028,900)
Cd-input = PULSE(0.0014,1,180)
Cd-uptake = distributioncoeff * Cd-soil * uptake rate
Cd-waste = PULSE(0.6 * Cd-plant,180,360) + PULSE(0.6 * Cd-plant,181,360)
CEC = 33
clay = 34.4
distributioncoeff + 0.0001 * (80.01 - 6.135 * pH - 0.2603 * clay - 0.5189 *
    humus - 0.93 * CEC)
humus = 2.1
loss = 0.01 * Cd-soil * distributioncoeff
mineralization = 0.012 * Cd-detritus
minquick = IF TIME 180 THEN 0.01 * Cd-detritus ELSE 0.0001 * Cd-detritus
pH = 7.5
plantvalue = 3000 * Cd-plant/14
protein = 47
solubility = 10^(+6.273 - 1.505 * pH + 0.00212 * humus + 0.002414 * CEC) *
    112.4 * 350
transfer = IF Cd-soil < solubility THEN 0.00001 * Cd-total ELSE 0.000001 *
    Cd-total
uptake rate = x + STEP(-x,180) + STEP(x,360) + STEP(-x,540) + STEP(x,720)
    + STEP(-x,900)
x = 0.002157 * (-0.3771 + 0.04544 * protein)
yield = PULSE(0.4 * Cd-plant,180,360) + PULSE(0.4 * Cd-plant,181,360)

다가 분해산물로 전환되는 부분을 나타내며 이 또한 맥동함수로서 여기서는 수확하는 생체량의 40%를 제외한 전체 식물생체량 60%에 해당한다.

Cd-detrius는 생물학적 분해가 가능한 다양한 종류의 유기물질에 존재하는 카드뮴이라 설명할 수 있는데, 이 모델에서 무기화 부분을 설명하기 위해 2가지의 다른 무기화 과정(하나는 Cd-soil에 다른 하나는 Cd-total)을 사용한다. 모델 적용 첫날에 도시고형 슬러지를 적용하였으며 Cd-soil의 무기화 과정은 처음 180일까지는 빠르며 더 큰 반응속도를 가지고 있다. Cd-total의 무기화 과정은 거의 같은 속도로 일어나지만 카드뮴이 Cd-total로 이동되며, Cd-total에서 Cd-soil

로는 매우 느리게 이동하기 때문에 방출되는 속도는 느린 것으로 간주했다.

한센과 티젤(1981) 및 젠센과 티젤(1981)의 자료를 이용해 모델의 보정과 검정을 수행했다. 모델 수행 단계에서 수용할 수 있는 결과를 얻기 위하여 토양 내 중금속에 대해 3개의 상태변수가 필요한 것으로 나타났다. 도시고형 슬러지를 토양개량제로 사용한 후 2년과 3년 후에 식물체에 있는 중금속의 농도를 정확히 예측하는 것이 특히 더 어려웠다. 이렇게 모델을 사용하는 것을 실험적 수학 또는 모델링이라 하는데, 다른 모델들로 수행한 모델 결과를 이용하여 어떤 모델 구조가 더 적합한지를 추론하는데 사용한다. 물론 실험적 수학의 결과는 모델을 구성하고 있는 여러 기작들을 관찰함으로써 설명할 수 있는데, 여기서는 위에서 주어진 참고문헌들을 참조하면 된다.

검정단계의 모델 수행 결과를 [그림 11-6]에 나타냈다. 그림에서와 같이 관측값과 모델 예측값이 잘 일치하고 있어 이러한 검정을 통해 개발된 모델이 관측치를 잘 설명할 수 있음을 알 수 있다. 하지만 더 다양한 분야에 이 모델을 적용하기 위해서는 더 많은 식물종을 사용하여 실험한 자료가 모델을 평가하는데 필요하다. 여기서 필요로 하는 식물종에 관한 자료들은 특히 식물을 이용하여 오염된 토양에서 중금속을 제거하는데 사용할 수 있도록 중금속 제거능을 가진 식물종들이 포함되어야 한다.

결과적으로 이 연구에서는 모델구조가 다양한 기작에 의하여 중금속과 결합되어 있는 토양의 여러 구성 요소의 결합능을 고려할 수 있도록 하기 위하여 최소한 3개의 상태변수가 있어야 한다고 결론지을 수 있다. 3년간의 실험과 측정을 통해 얻어진 자료를 이용하여 모델의 검정이 수행되었으며, 모델 검정 결과 대기로부터 유입되는 중금속 강하물과 식물체에 남아 있는 중금속이 상당히 큰 부분을 차지하고 있음을 알 수 있었다. 이 모델에서는 토양에서 식물체의 각 부분으로 이동하는 것은 고려하지 않았지만 식물체 여러 부분에서의 중금속 농도를 알아내는 것은 식물을 이용해 중금속을 제거하는 생물학적 치유에 중요하므로 다음 단계에서 개발되는 모델에서는 포함되어야 할 것이다.

이 모델은 매우 복잡하고 많은 기작들을 다루고 있다. 반면에 생태독성학적인 관리모델은 이보다 간단해야 하며 특히 매개변수를 많이 포함하지 않아야 한다. 모델은 분명히 더 개선될 수 있지만 모델을 통해 최소한 식물의 오염 정도와 생물

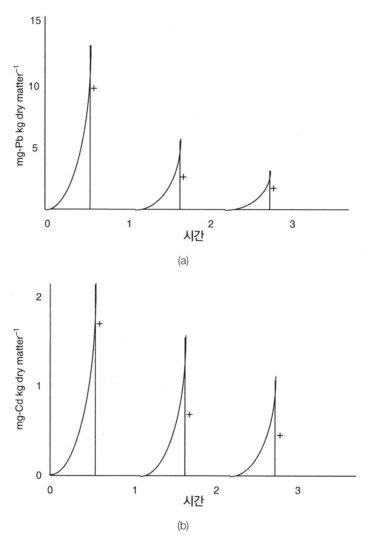

그림 11-6 [그림 11-5]의 중금속 거동 모델을 이용해 얻는 식물체 내 중금속 농도. 모델은 (a) 시간에 따른 드룹의 납 농도변화, (b) 3차와 4차에 수확한 붉은 토끼풀의 시간에 따른 카드뮴 농도를 사용해 검정했다. 플러스 표시는 실제 관측값을 나타내며 곡선은 모델 예측결과를 나타낸다(After Jørgensen and Bendorrichio, 2001).

학적 치유를 오염지역에 적용할 수 있는지를 결정하는 중요한 요인들에 대해서는 일차적으로 대략적인 밑그림을 보여줄 수 있어야 한다. 대부분의 독성-물질 모델을 이용해서는 아주 정확한 결과를 얻는 것은 가능하지 않다. 높은 정확도에 대한 요구가 없다면 다소 큰 안전계수를 사용하는 것이 좋다.

11.4 생물학적 치유를 이용한 유기 독성물질의 제거

20세기 이전에는 자연적으로 발생하는 생물학적 분해 과정이 지구의 표면에서의 유기물질 순환에 매우 적합하도록 일어났다. 다양한 생화학적인 기작을 통해 적절한 분해가 일어나면서 유기물의 축적 때문에 발생하는 환경오염 문제는 거의 일어나지 않았다. 하지만 20세기 들어서면서 인간은 다량의 산업용 화학물질을 합성하고 이를 널리 사용하는데 성공했다. 인구 1인당 화학물질 사용량과 전체 인구수의 동시 증가는 산업용 화학물질의 전체적인 생산 증가를 초래했다.

환경오염 문제는 동시에 분석화학, 전염병학 및 독성학 분야에 있어 전문 지식의 향상을 초래했고 이로 인해 환경오염 문제가 더 잘 규명되게 되었다. 산업용 화학물질은 물론 여러 가지 다른 독성물질의 생산과 파급속도의 증가는 자연적인 생물학적인 기작에 의해 분해되는 속도를 완전히 초과하게 되었다. 오염물질의 양이 지속적으로 증가하는 비정상상태가 나타났으며, 이로 인해 인간의 건강과 생태계 기능에 위협을 가하게 되었다. 생태계의 기능 파괴가 인간의 건강과 생태계의 완전성을 위태롭게 하면서 생물학적 치유기술의 개발은 생태공학 분야의 중요한 사안이 되었다.

일반적인 생물학적 치유 과정을 다음의 6가지 단계로 설명할 수 있다.

1. 대상 지역에 대하여 오염물의 농도분포를 나타내는 지도를 정밀한 분석화학 기술을 활용하여 개발한다.
2. 생물학적 치유기술의 적용 가능성을 실험실 수준에서 평가한다.
3. 현장에서의 정화방법 타당성에 대한 평가를 수행하기 위하여 제거 농도를 계산하기 위하여 주로 모델을 이용한다.
4. 대상 지역에 적합하도록 적응된 미생물 종을 충분하게 배양한다.
5. 현장에 적용한다. 만약 지하수위가 너무 높을 경우에는 일반적으로 낮추어 주어야 한다. 주입관을 토양에 도입해 공기를 공급함으로써 유기물질의 생물학적 분해가 잘 일어날 수 있도록 한다. 오염물질 중에 염소화합물이 있을 경우에는 메탄과 공기의 혼합물을 사용한다.
6. 방사성 동위원소를 이용한 추적자실험이나 중간 대사물질의 감지 또는 미생물의 호흡률 측정 등 다양한 분야에 걸친 분석방법을 활용해 결과를 모니터링한다.

◉ 미생물을 이용한 생태기술적 접근법

21세기에 들어서면서 오염된 환경에 적응된 미생물을 사용하여 생물학적 치유에 적용한 여러 사례 연구들을 얻은 경험들은 생물학적 치유가 유기오염물질의 제거에 성공적으로 사용될 수 있음을 보여주었다. 생물학적 치유기술을 적용할 수 있는 분야를 설명하기 위해 몇 가지 성공적인 생태기술의 적용 예를 제시하였다.

(1) 염소화된 지방족화합물질의 탈염소화(McCarty, 1997),

(2) 대수층에서의 톨루엔과 페놀을 포함한 다양한 유기오염물질 제거(Steffan et al., 1999),

(3) 호기성 토양에서 종속영양세균을 이용한 석유류화합물의 제거(Wilson and Jawson, 1995),

(4) 혐기성 조건에서의 방향족 연료 화합물(톨루엔과 기타화합물)의 제거(Chapelle et al., 1996).

◉ 생물학적 차단벽

독성화합물로부터 지하수를 보호하기 위해 생물학적 치유가 특별히 중요하게 적용될 수 있다. 지하수 오염은 지하수를 이용하는 대중의 건강과 주변 환경 질에 영향을 미치는 중요한 문제이다. 이러한 지하수 오염은 오염이 발생하는 점오염원에서부터 시작하여 지하수의 흐름방향을 따라 이동하는 오염운(contaminant plume)의 형태로 주로 발생한다. 따라서 오염운이 더 이상 이동할 수 없도록 봉쇄하는 것이 중요하다. 현재 사용되고 있는 봉쇄 방법은 시트파일이나 그라우트 커튼을 이용하는 것이다. 이러한 무생물학적 차단벽은 대상 부지의 광범위한 지역에 대해 굴착과 뒷채움 같은 물리적 처리를 필요로 하며 건설비용 또한 많이 소요된다. [그림 11-7]에 제시된 생물학적 차단벽은 물리적 방법의 대안으로서 현장에서 생성되는 미생물 생체를 이용해 차단벽 내에서 오염물질의 생물학적 분해가 적합한 속도로 일어나도록 지하수의 흐름을 조절하도록 한다(Cunningham et al., 1997).

생물학적 치유를 이용할 때에는 인근 지하수원의 오염문제 때문에 종종 환경위해성 평가를 수행하는데, 공극수 내 오염물질의 농도를 환경위해성 평가를 위한 오염농도로 사용한다(Mil|Jøstyrelsen, 2002). 일반적으로 생물학적 치유를 적용하기 전에 , 생물학적 치유를 적용함으로써 발생할 수도 있는 일들을 모두 고려하는 것이 바람직하다(MilJøstyrelsen, 2002).

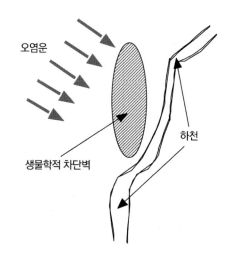

그림 11-7 오염된 지하수 오염운에 의한 인접 강의 오염을 방지하기 위한 생물학적 차단벽의 이용

식물을 이용한 치유법 : 식물을 이용한 토양에서 독성물질의 제거법

식물은 일부 오염지역에서 유기 독성물질을 제거하는데 이용될 수 있다. 식물은 K_{ow}값이 0.5에서 3.0인 비교적 소수성인 유기물질을 효과적으로 흡수할 수 있다. K_{ow}값이 3.0 이상인 소수성 유기물질은 토양과 뿌리에 강하게 결합되어 있기 때문에 식물체로 쉽게 흡수되지 않는다. 식물은 또한 근권 미생물에 의한 오염물질 분해속도를 향상시킬 수 있는데 이는 뿌리에서 근권으로 산소를 공급하여 미생물들이 활동하기에 좋은 환경을 제공할 수 있기 때문이다.

식물 생체량을 증가시키고 근권에서의 미생물 활성도를 높이기 위해 종종 비료를 공급해주는 것이 중요하다. 린과 멘델스존(Lin and Mendelssohn, 1998)은 습지에서의 *Spartina alterniflora*와 *S. patern*에 비료를 사용하여 원유를 성공적으로 제거하였다고 기술했다. 이때 유류의 분해속도는 식물이 있을 때 비료의 공급으로 인해 더욱 향상되었다. 밀요스티렐슨(MilJøstyrelsen, 2002)는 식물의 뿌리가 오염층까지 도달한다면 다환방향족탄화수소(PAHs)가 효과적으로 제거될 수 있다고 했는데 10ppm으로 오염된 토양에서 2년 경과 후에 40%가 제거되었다고 보고했다.

이온교환성 기질을 첨가(1%면 충분함)해 줌으로써 완전히 지력이 고갈된 토양과 황량한 모래에서 식물의 생산성을 증가시킬 수 있다. 솔다토브(Soldatove, 1997) 등에 의하면 이온교환성 기질의 첨가가 황폐화된 토양이나 그다지 정화 효과가 없는 암석에서의 오염물질 정화에도 효과적인 방법이라 결론지었다.

중금속과 독성 유기물질로 동시에 오염된 토양은 중금속으로 인한 독성 때문에 오염 물질의 분해율이 현저히 떨어지기 때문에 정화하기가 더욱 어렵다(Zwolinski, 1994). 이는 다음 절에 제시된 방법들을 이용해 먼저 중금속을 제거한 후 다음에 독성 유기물질을 제거해야 하는 것이 바람직함을 의미한다.

11.5 생물학적 치유를 이용한 중금속의 제거

조류 이용, 미생물을 이용한 생물트랩 사용, 중금속에 내성이 있는 중금속 과축적 식물의 이용 등 3가지 다른 형태의 생물학적 치유기술이 중금속 제거에 적용될 수 있다. 이들 방법들은 오염된 토양이나 오염된 토양으로부터 배출되는 오염된 물을 정화하는 데도 모두 사용될 수 있다. 이 장의 내용은 6장에서 다룬 중금속 오염 호수의 복원과 12장에서 다룰 교란된 토양의 복원에 관한 고찰 부분에서 보완될 것이다. 이 절에서는 토양의 생물학적 치유와 밀접하게 관련된 방법들에 대해 설명한다.

3가지 방법들 모두 이온교환이나 액상추출, 침전, 유리화와 같은 물리화학적 기작을 이용하는 환경기술보다 더 매력적인 대안이다. 높은 농도의 중금속이 생물흡착으로 제거될 수 있다면 대부분의 생물학적 치유 기술은 물리화학적 처리기술보다 상당히 경제적으로 저렴한 방법으로 간주된다.

생물학적 치유에서 금속을 회수하여 재이용하는 것은 산추출법과 같은 방법으로 가능하지만 종종 회수과정에 드는 비용이 회수된 금속의 가치를 초과한다. 물이나 토양에서 중금속을 제거하는 모든 기작들뿐만 아니라 환경기술에 근거한 기작들은 단지 중금속을 농축하거나 처리가 용이한 형태로 변형해 금속의 침전 또는 회수를 쉽게 하도록 하는 것이다. 결과적으로 만족할 만한 방법에 의한 회수나 침전의 문제가 해결될 때까지는 금속의 회수와 재이용에 관련된 문제가 완전히 해결되는 것은 아니다.

⬥ 조류의 사용
해양조류는 다당류, 우론산, 황산화 다당류 등과 같이 중금속과 결합할 수 있는 많은 양의 생물학적 폴리머를 가지고 있는데 이들 생물학적 폴리머의 중금속 흡수능은 매우 높다. 해양조류의 하나인 모자반류(*Sargassum*)는 조류 건중량의 40%에 달하는 금을 흡수할 수 있다(Kuyucak 과 Vole나, 1989). 이러한 해조류는 중금속의 부동화에도 충분히 사용될 수 있는 이점을 많이 가지고 있다. 예를 들면 이러한 해조류를 전처리 없이 충전 컬럼에 사용할 수 있다는 점이다.

조류의 생물학적 흡착은 주로 정전기 인력을 갖고 있으며 복합체 형성에 중요한 역할을 하는 세포벽에서 일어난다. 그러므로 여러 다른 그룹의 조류에 대해 각각의 세포벽의 특성을 아는 것은 생물학적 흡착에 사용될 수 있는 조류를 선별하는데 매우 중요하다 (Schiewer and Volesky, 1995, 1997). 해조류를 주로 구성하고 있는 황산화 다당류에서의 이온교환 특성 또한 중요한데 종종 생물학적 흡착이 일어나는 주요 부분으로 설명되곤 한다.

랭뮤어 흡착등온식은 조류의 중금속 흡착에 사용될 수 있다(Holan et al., 1993)

$$M = \frac{BK(M)}{1 + K(M)}$$
식 (11-12)

여기서 M은 조류의 중금속 농도 (mEq g^{-1}), B는 전체 중금속 결합지점의 수로 사용하는 조류에 따라 다르다. $K(M)$은 금속의 조류에 대한 친화도로서 조류와 금속의 종류에 의해 결정된다.

오염된 토양이나 폐수에는 한 종류 이상의 중금속이 포함될 수 있으며 이들은 서로 같은 금속결합 지점들에 대해 경쟁할 수 있다. 이럴 경우에는 다중 랭뮤어 등온 흡착식이 사용될 수 있다. 두 금속(금속 M_1과 M_2)의 경쟁 흡착을 고려하면, 다중 랭뮤어 흡착등온식은 다음과 같은 형태를 갖는다.

$$M = \frac{BK(M_1)}{1 + K(M_1) + K(M_2)}$$
식 (11-13)

[그림 11-8]에 나타난 바와 같이 pH가 낮을 때가 pH가 높을 때보다 흡착능이 낮다. 이러한 사실은 산추출법을 사용해 해조류에 흡착된 중금속을 회수할 수 있음을 보여준다. 그림에서 pH가 4.5일 때 해조류에 흡착된 중금속은 64mg g^{-1}의 구리에 해당하는 2mEq g^{-1}이며, pH가 2.5일 때 보다 더 높은 흡착능을 보여주는 것에 주목하라. 세포 표면에서의 금속 결합은 매우 빠르게 일어나는 기작이다. 불과 수분 내에 결합이 큰 비율로 이루어지며 완전한 평형은 수시간 안에 도달된다.

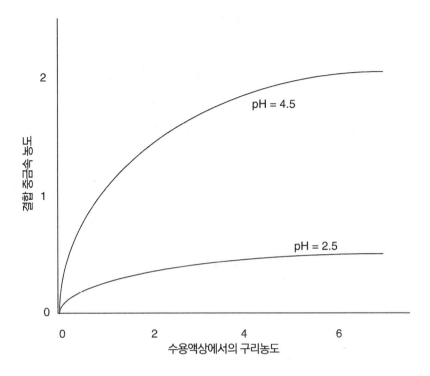

그림 11-8 pH 2.5와 pH4.5에서 해조류와 결합된 구리농도 실험자료. pH 4.5에서2 mequiv g^{-1} or 64 mg–Cu g^{-1}로 더 높은 결합능을 갖는 것에 유의하라.

일반적으로 반응 속도는 평형상태에서의 이탈 정도와 외부 표면적에 비례한다. 금속 결합을 더 자세하게 표현할 수 있는 동적모델은 용액에서부터 조류 표면의 얇은 막으로의 확산, 입자간의 공극확산과 화학적 결합 기작들을 포함해 고려한다. 실제로 해양조류를 중금속 제거에 활용하기 위해서는 현장에서 회분식 반응이나 충전식 컬럼을 이용해 실현성을 높일 수 있다. 두 방법 모두 생물학적 흡착제의 전처리(반응강화나 부동화)에 이점을 갖고 있다. 반응강화는 포름알데히드나 글루타르알데히드와의 화학적인 교차결합을 통해 달성할 수 있는데, 이런 기술은 생물 분자의 팽윤이나 침출을 성공적으로 감소시킨다(Holan et al.,1993). 부동화는 알긴산, 실리카, 폴리아크릴아마이드겔을 가지고 생물학적 흡착제를 처리함으로써 가능하다(Holbein, 1990).

🌀 미생물 트랩

중금속은 또한 주로 미생물 생체나 사체와의 중금속 흡착과 이온교환 기작을 이용하는 미생물트랩을 이용해 제거할 수 있다(White et al., 1995). 이러한 제거는 이미 50% 이상의 중금속을 제거하고 있는 폐수처리 시스템에서 관찰할 수 있다. 사행흐름 시스템에서 조류나 시아노박테리아를 포함한 세균이 존재하고 있는 다양한 수로에 중금속을 포함하는 배출수를 통과시키면 90% 이상의 중금속이 제거된다(Erlich 와 Brierley, 1990). 이러한 과정은 아마도 흡착과 이온 교환뿐만 아니라 침전과 고형물질에서의 고정화를 모두 포함하여 퇴적물에 금속이 농축되게 된다.

많은 미생물은 대부분 다당류나 황화된 다당류로서 구성되며 끈적한 층의 형태를 가지고 있는 체외세포 중합체를 생산한다. 이러한 층에서 금속은 이온교환과 유사한 기작을 통하여 강하게 미생물과 결합한다. 황화수소는 황환원미생물에 의해 생성된다. 대부분 금속황화물의 용해도곱은 매우 낮지만 황산염의 환원을 일으키는 혐기성 상태에서는 미생물 생체의 분해가 황화물의 형태로 존재하는 독성 금속들의 제거에 이용될 수 있다(Brierley, 1995). 이 기술을 적용할 수 있는 다른 침전 기작으로는 비용해성 우라늄 인산복합체 형성(Macaskie, 1991)이나 구리인산이나 구리옥살레이트를 형성하는 것 등이 있다(Crusberg et al., 1994).

● 오염물농축생물로서 식물을 이용

최근에 *Thlaspi caerulescens*와 같은 몇몇 식물종이 오염물농축생물(중금속 과축적 식물)로 사용될 수 있다고 알려졌다. 이들 식물은 오염토양에서 자랄 경우 일반 식물종보다 10~100배 이상 높은 농도의 중금속을 흡수할 수 있다. 만약 중금속을 축적한 식물을 수확하면 식물체 내에 축적된 중금속의 양만큼 토양에서 제거하는 것이 된다. 낮은 농도로 오염된 토양에서는 수년 내에 토양을 정화할 수 있다. 또한 이 방법은 비용이 많이 들지 않는 매우 매력적인 방법이다.

고농도로 오염된 토양을 완전히 복원하기 위해 소요되는 시간은 매우 길어질 수 있다. 저농도의 EDTA(ethylenediaminetetraacetic acid) 용액을 조심스레 물과 함께 식물에게 공급하면 식물의 중금속 흡수를 증가시킬 수 있다. 요르겐센(1993)은 0.02M의 EDTA 용액을 초기 납 오염농도가 380mg-Pb/kg-dw soil인 토양에 적용하여 식물 수확할 때 11.5%의 납을 제거했다고 보고했다. 여러 식물종들은 킬레이트 리간드와 효소를 토양에 방출함으로써 흡수 속도를 증가시킨다. 킬레이트제는 또한 중금속이온의 독성을 감소시킨다. 식물상치유 방법에 의해 제공될 수 있는 다양한 대안들은 경제성에 따라 실제적인 적용성이 결정되게 된다. 중금속 과축적식물은 일반적으로 성장이 느리므로 중금속의 제거 속도 또한 mg m^{-2} yr^{-1} 정도로 느리게 나타난다. 포플러류는 다른 종처럼 중금속 과축적 식물은 아니지만 성장 속도가 빠르기 때문에 식물상 치유에 사용하기 적합한 식물이다.

생이가래와 개구리밥과 같은 수생식물도 폐수에서 크롬이나 니켈을 제거하기 위해 사용되어 왔다. 비록 효율의 변동이 있긴 하지만 1~8ppm의 농도 범위에서 상당한 제거 효율을 보여주었다. 균류 생체를 이용해 중금속을 제거하는 방법이 최근에 제안되었다. 단위중량당 흡착되는 중금속의 양은 카드뮴, 구리, 납, 니켈의 경우 수 mg g^{-1} 수준으로 알려졌다. 샤르마와 가우르(Sharma and Gaur, 1995)는 작은 유관속식물인 좀개구리밥을 아연, 납, 니켈의 제거에 사용하였다.

11.6 결론

11장에서는 오염된 물과 토양으로부터 독성물질을 오염지역 내에서 제거하기 위한 방법들에 대해 간략하게 검토했다. 검토한 내용을 종합하면 생태기술이 독성물질로 오염된 토양과 물을 복원할 수 있는 많은 가능성을 갖고 있다고 할 수 있다. 생물학적 치유는 많은 경우에 유기 오염물질과 중금속으로 오염된 토양을 정화하기 위한 적합한 대안이 될 수 있다.

생물학적 치유가 갖고 있는 가장 중요한 장점은 오염물질을 오염지역 내에서 바로 처리하므로 오염물질을 다른 곳으로 이동시키는 본질적인 눈속임이 일어날 필요가 없다는 것이다. 식물과 미생물은 현장에서 이러한 문제를 해결할 수 있다. 현재까지의 기술 적용 경험들로 판단하건대 생물학적 치유가 오염 범위가 넓은 큰 규모의 프로젝트에도 충분히 활용될 수 있을 것으로 보인다.

제12장
광산과 교란토지의 복원

산업화된 국가와 개발도상국에서 광물을 채굴하기 위한 노천광, 이전의 채광활동이나 산업 활동으로부터 만들어진 구덩이와 쓰레기 더미, 더 이상 사용되어지지 않은 채 방치된 산업지역(brownfield 라고 함), 심지어는 대기와 토양오염으로 인한 영향으로 불모의 땅이 되어버린 지역 등 우리가 근본적으로 지구상의 아름다운 경관들을 황폐하게 하거나 아니면 거의 황량한 모습으로 바꾸어 놓는 일들이 우리가 살고 있는 행성에서 많이 벌어지고 있다.

수백에서 수천 km²의 노천광이 수명이 끝난 후에 홀로 남겨져 있다. 전체적으로 농경지를 포함해 인간에 의해 변형된 토지는 지구 표면의 1/3에서 1/2 정도 되는 것으로 추정된다(Vitousek et al., 1997). 이러한 지역을 정상적인 기능을 갖는 생태계로 복원하고자 하는 것은 생태공학의 여러 분야 가운데 가장 큰 도전 영역 중 하나이다. 교란된 토지의 복원을 위해서는 편협한 공학적 접근으로는 충분하지 않다는 것은 명확하다고 브래드쇼와 허틀(Bradshaw and Hűttle, 2001)에 의해 천명된 바 있다. 앞으로는 좀더 생물학적인 접근을 통해 복원하는 것이 필요할 것이다. 만약 이러한 접근을 하는데 더욱더 복잡한 작업프로그램이 요구된다면 이는 모든 면에서 본연의 기능을 회복하고 또한 완전히 스스로 지속할 수 있는 생태계를 조성하기 위해서 반드시 지불해야 하는 대가이다. 과거에 토지개량팀에 의해 수행되었던 것보다 훨씬 더 세밀하고 복합적인 접근이 요구되는 생태공학은 이제 접근 방법과 실제적인 전문지식을 넓혀야만 한다.

일반적인 교란 토지와 채광 지역, 특히 중부 유럽에서의 채광, 방목, 심각한 산성강하물 피해 지역에서의 삼림 회복(Fanta, 1994; Seip et al., 1994; Kilian and Fanta, 1998), 중부와 동부 유럽의 훼손된 생태계의 치유(Mitsch and Mander, 1997), 일반적인 육상생태계의 복구(Wali, 1992), 폐탄광의 생태학과 복원(Hüttle and Bradshaw, 2001) 등 다양한 분야에 걸쳐 과학과 생태복원을 정리된 분야에서 편집된 자료들이 많이 있다. 이 주제에 있어 선구적인 연구는 1960년대 독일에서 출간되고 다시 20년 후 영어로 재출간된 토지개량을 위한 생물공학(Schiechtl, 1980)과 Bradshaw(1983)의 고전적 논문, 케언즈(1800, 1988b)와 왈리(1992)에 의해 책으로 편집된 논문들이 있다. 대부분 육상생태계의 복원을 다루고 있는데 1970년대와 1990년대 들어 일반적인 복원이나 복구 분야를 다룬 자료로서 150권이 넘는 책들과 보고서들이 있다(Wali, 1999).

12.1 용어

교란된 토지의 회복에 관한 용어는 뜻은 정확하지만 오용되고 있다. 브래드쇼(1992, 1997)는 육상생태계의 복원에 대해 (1) 이전의 상태나 위치 또는 손상되지 않거나 완전한 조건으로 회복하는 행위, (2) 토양의 원래 기능을 충분히 회복하는 것 등 2가지의 대립되는 용어로 정의했다.

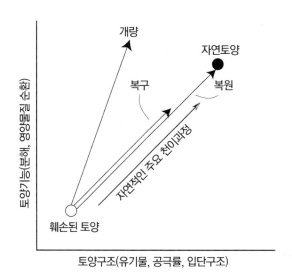

그림 12-1 광산 활동으로 인해 기능이 저하된 토지의 육상토양 복원에 대한 대비되는 접근들

여기서 복원의 의미는 생태계의 구조와 기능을 부분적으로 복원하거나 원래 존재하고 있던 생태계와 근접한 생태계로의 발달을 의미하는 복구(rehabilitation) 또는 경작에 적합한 토지로 바꾸고자 하는 개량(reclamation)과는 분명한 차이를 가진다.

만약 복원이 훼손된 경관에 있는 토양의 기능회복과 관련되어 있다면 기능이 저하된 지역의 토양을 원래의 토양으로 복원하는 것은 [그림 12-1]로 설명할 수 있다. [그림 12-1]에서는 토양 시스템의 기능과 구조가 모두 회복되는 것을 진정한 의미의 복원으로 나타낸다. 중간단계의 부분적인 복원은 재활 또는 복구로, 반면 개량은 구조의 복원은 필수적이지 않으며 시스템의 기능만을 회복하는 전적으로 다른 방향으로의 변화를 의미한다.

12.2 육상생태계 복원의 생태학

육상 토양시스템의 복원, 즉 훼손된 토지에서의 육상생태계 복원은 훼손된 토양에서 (1) 토양유기물, (2) 토양질소 자산, (3) 다른 이용 가능한 영양물질, (4) 영양물질의 순환 특성의 복원을 포함한다(Bradshaw, 1997). 물론 자연은 시간만 충분히 주어진다면 스스로 이러한 문제를 해결해 나갈 수 있다. 토양에 저장되는 유기물과 영양물질의 양은 최소한 식물이 정착한 지역에서는 부분적으로 미생물과 식물의 공생을 통해 시간에 따라 증가할 것이다. 반면 식생의 정착 여부는 토양수분, 영양물질, 유기물과 토양의 물리적 특성에 따라 결정된다. 황폐한 경관 스스로가 복원하는 생태적인 방법이 생태공학자들의 본보기가 되어야 한다. 이러한 방법은 생태공학자들이 도움이 될 수 있도록 시간을 가지고 진행되어야 한다.

대부분의 노천광산에서 부족해지기 쉬운 중요한 영양물질 중 하나가 바로 질소이다. 종종 표층의 굴착으로 남겨진 하부토양이나 광물에는 본래 아무것도 남아 있지 않게 된다. 처음에는 특히 인간에 의해 대기로 배출되는 오염물질이 이들 지역으로 유입되면서 질산성 질소의 농도가 증가하는데, 이렇게 대기로부터 공급되는 질소의 양은 $10\sim30$kg ha^{-1} yr^{-1} 정도 된다. 근류박테리아(*Rhizobium*)나 다른 방선균과 같이 식물뿌리와 관련이 있는 질소고정균의 협동으로 대기 중으로부터 질소가 고정되는데 고정된 질소는 콩과식물과 같은 식물체 내에 직접 저장되며 이후 식물체가 토양에서 다시 썩게 되면 토양에 남게 된다.

질소고정균에 의한 질소 고정은 $50\sim150$kg ha^{-1} yr^{-1}에 이른다. 증산, 차광, 식물 사체의 축적은 토양의 물리적 특성과 토양수분을 포함한 토양의 수문 특성을 모두 변화시킬 것이다. 보통 채굴된 광산이나 심하게 황폐한 토지가 활력 있는 생태계로 다시 복원되기 위해서 100~200년까지는 아니더라도 자연적으로 수십년이 소요된다.

토양의 생지화학적 특성 변화, 적합한 토양 미소생물의 발달과 더불어 육상생태계 복원에 있어 가장 중요한 요소는 바로 식물 종자나 번식체의 이용가능성이다. 식물 종자와 번식체는 공기 중이나 생물 또는 수문 등 자연적인 경로를 통해 유입되지만 인간에 의해 도입될 수도 있다. 하지만 종 도입 과정 중에 인위적으로 상당한 생물량이 유입되었지만 생태계의 기능이 복원되지 않고 실패한 예들이 많기 때문에 인간에 의한 도입은 가장 논란이 되고 있는 사항 중의 하나이다. 왈리(1999)는 교란된 생태계의 복구와 복원의 관리와 계획을 뒷받침하기 위해 생태적인 천이에 대한 이해가 반드시 있어야 한다고 지적했다. 우리가 해당 생태계의 원형이 어떤 형태이며 또한 회복되는데 얼마나 시간이 소요되는가에 대한 정보가 없다면 복원하려는 생태계가 어디로 가고 있는지 알 수 없게 된다.

● 자연적 복원 과정의 향상

생태공학자들이 자연적인 복원 과정들을 향상시킬 수만 있다면 수십년이 필요한 일들을 수년 만에도 이루어낼 수 있다. 브래드쇼(1997)는 매우 심각하게 채굴된 경우에는 인간의 간섭이 거의 불가피하며 인간의 간섭이 없다면 전체적인 복원 기작이 시작되지 않거나 시작된다고 해도 결국 수년 내에 실패할 수밖에 없다고 제안했다(Bradshaw, 1997). [표 12-1]은 인간의 간섭에 의해 극복될 수 있는 여러 문제들을 요약한 것이다. (1) 물리적 열화, (2) 영양물질의 부족, (3) 독성 등이 교란된 토양이 갖고 있는 문제점들로서, 이를 해결하기 위해 기계적 또는 화학적 접근방안이 있는데 이는 토양의 초기 조건을 변화시키기 위하여 수십년 동안 시도되었던 방법들이다.

이런 방법들은 생태적이지 못하며 또한 단기 처방에 불과할 뿐이다. 토양의 영양 상태나 pH를 변화시키기 위해 토양에 비료나 석회를 공급하거나 토양의 염농도나 수문조건을 변화시키기 위해 관개나 배수를 하는 것이 바로 그러한 예들이다. 대부분의 경우 적합한 자생 식물종을 도입해 압밀되거나 불안정한 토양과 같이 물리적으로 악화된 조건들을 완화시키며, 콩과식물을 도입해 토양의 질소성분을 증가시키고, 내성이 강한 오염정화식물을 도입하는 식물상치유공법을 이용해 토양에 존재하는 독성을 궁극적으로 경감시키는 것이 더 바람직한 방법이다(이에 대해서는 11장 참조).

일반적으로 복원 지역에 미생물이 정착하는 데는 거의 문제가 없다. 하지만 복원 부지에 정착하기까지 수십년이 소요될 수도 있는 질소 고정균은 예외이다. 식물이 활착하기 위해서는 먼저 종자나 번식체가 수문작용, 대기, 동물에 의한 이동, 사람에 의한 도입 등 다양한 매개체를 통해 대상 부지로 유입되어야 한다. 광범위하게 채굴이 이루어진 토지의 복원에 있어서 사람은 유일한 해결책이 된다. 식물은 종자살포나 직접 식재를 통해 도입될 수 있다. 일반적으로 식물이 지면을 덮게 되면 토양에 유기물, 질소와 토양수분 등이 축적되기 시작한다. 일반적으로 혹독한 환경에 노출된 심토는 표토를 모아 그 위에 쌓아줌으로써 개선될 수 있지만 이는 비용이 매우 많이 들 수도 있다.

적절한 복원을 위해서는 한 가지 중요한 요소를 포함해야 하는데 이는 서론에서도 이마 강조한 바 있는 시간이다. 특히 육상시스템에서는 수십년에서 수백년까지도 소요될 수 있는 장기간의 토양 발달을 필요로 하며, 수목 식생의 수관 발달을 위해서는 수백년이 필요할 수 있다. 복원에서의 시간은 박사학위를 취득하거나 일반 사람들이 직장 경력을 쌓는데 필요한 시간과는 차원이 다른 개념이다. 따라서 교란된 지역을 복원하는데 부딪치는 또 하나의 문제는 생태계가 복원되었을 경우 어떠한 모습을 가지게 되는지 예측할 수 있는 천이 모델을 수행하는데 필요한 자료, 특히 충분한 시간을 가지고 관찰한 생태적인 자료가 부족하다는 사실이다(Wali, 1999).

12.3 광산과 훼손 토지의 복원

● 생태적인 탄광배수처리

탄광 복원은 전세계적으로 당면한 문제이다. 석탄은 지구에서 가장 흔한 화석연료로서 석유나 천연가스를 다 사용한 후에도 계속 사용될 것이라고 예측되고 있다. 전세계의 지질자원으로서 대략 11×10^{12}톤의 석탄이 있으며, 이 중 0.66×10^{12}톤은 현재의 경제성을 기준으로 채굴이 가능한 양이다. 이 중 80%가 러시아와 구소련연방, 미국, 중국에 매장되어 있다. 하지만 석탄은 채굴할 때나 연소할 때 환경문제를 일으키기 때문에 더러운 화석연료로 인식되고 있다. 석탄 배기가스를 깨끗이 처리한다고 해도 대기오염정화 시설에서 나오는 재와 슬러리의 처분은 중요한 환경문제로 남게 된다. 만약 노천 탄광에서 석탄을 채굴할 경우에는 대규모의 경관에 영향을 주게 된다.

표 12-1 광산토지 복원에서 발생할 수 있는 문제들의 장단기 해결책

문 제	단기 처방	장기 처방
물리적 조건 　과압밀 토양 　과노출 노양 　불안정토양 　과다 토양수분 　토양수분 부족	잘게 부스고 흙고르기 골라내 다지고 미세물질로 덮음 *안정제, 멀칭제, 보호작물 도입* 배수 *유기멀칭제 또는 보호작물의 도입*	*자생 식생의 식재* *자생 식생의 식재 재등급,* *자생 식생의 식재* *자생 습지식물종의 식재* *자생 내건성 식물종의 식재*
영양물질 　질소결핍 　기타 필수/미량 영양물질 부족	비료도입 비료도입	*콩과식물이나 다른 질소고정자* *도입* *내성식물 도입*
독성조건 　산성 토양 (낮은 pH) 　알카리성 토양 (높은 pH) 　중금속 축적 　고염도	석회도입 *황철석, pH가 낮은 폐기물 또는 유기물 도입* *유기물도입, 내성식물도입* *석고도입, 관개, 내성식물식재*	석회 도입, *내성식물 도입* *풍화, 내성식물 도입* *비활성물질, 식물상치유,* *내성식물식재* *풍화, 내성식물식재*

출처 : Bradshaw (1983, 1997).
[a] 생태공학적 해결책으로 고려될 수 있는 것은 이텔릭체로 표시함.

대부분 선진국에서의 관련 규정은 노천 채굴 후에 완전한 복원을 요구한다. 노천 탄광의 복원은 (1) 표토가 제거된 불리한 경관에서의 식생 활착, (2) 석탄정제와 석탄 폐기물이 저장된 독성이 높은 지역의 토지개량, (3) 노출된 탄층에서 나오는 광산폐수의 관리와 같이 3가지 문제점을 가지고 있다. 노천 탄광의 복원은 [표 12-1]에 기술된 모든 문제들을 잠재적으로 다 포함한다. 식생의 활착 기회를 높이기 위해 대부분의 나라에서는 채굴된 부지의 표층을 다시 회복하도록 한다.

가장 어려운 환경문제 중 하나가 바로 석탄 광산의 지표와 지하에서 발생하게 되는데, 탄층에서 지표면으로 유출되는 산성광산배수(AMD)이다. 산성광산배수의 주요 오염물질은 산성수에 용존되어 있는 철, 망간, 알루미늄, 산도와 수산화제이철의 침전물이다. 수산화제이철은 광산폐수에서 발생해 하천 바닥에 침전하면서 대부분의 저서무척추 동물과 어류를 폐사시킨다(Letterman and Mitsch, 1978).

AMD를 관리하기 위한 생태공학적 방법 중 하나가 바로 광산배수 처리습지이다. 미국의 애팔래치아 산맥에만 이미 광산배수 처리습지 수백 개가 조성되어 있다(다음의 문헌을 참조하라. (Fennessy and Mitsch, 1989; Wieder, 1989; Wider et al., 1990; Flanagan et al., 1994; Stark and Williams, 1995; Manyin et al., 1997; Mitsch and Wise, 1998; Tarutis et al. 1999). 아마도 처음에 탄광배수를 관리하기 위해 습지를 이용한 것은 산성

표 12-2 탄광배수 조절을 위해 제안된 인공습지의 설계변수

변 수	설 계	참고문헌
수리학적부하율 (cm day⁻¹)	5	Fennessy and Mitsch, 1989
체류시간 (days)	>1	Fennessy and Mitsch, 1989
철 부하(g Fe m⁻² day⁻¹)		
pH < 5-5	0.72	Brodie et al., 1989
pH > 5-5	1-29	Brodie et al., 1989
For 90% removal, pH 6	2-10	Fennessy and Mitsch, 1989
For 50% removal, pH 6	20-40	Fennessy and Mitsch, 1989
pH 3-5, outflow < 3-5 mg Fe L⁻¹	2-55	Manyin et al., 1997
유역설계 (basin)		
깊이 (m)	<0.3	
셀 수	>3	
식물	부들 류	
기질	점토층 위의 유기니토 또는 버섯 수확 후 잔류물	

폐수가 유출되어 다른 식물은 전혀 자랄 수 없는 척박한 환경에서도 자생하고 있는 부들 우점 습지에서 착안한 것이 아닌가 생각된다. 1980년대 말에는 미국 동부에만 400개 이상의 습지가 광산배수를 처리하기 위해 조성되었다. 이들 시스템의 가장 중요한 목적은 광산배수에서 철을 제거함으로써 하류의 오염을 방지하는 것이며 황산염환원과 산성조건을 완화시키는 것도 중요한 목적이 된다.

이들 습지의 설계기준들이 개발되어 왔지만, 이러한 설계 기준들은 부지 특성에 따라 달라질 수 있으므로 획일적으로 적용될 수는 없다. 산성광산배수를 처리하는 습지에는 수리부하율이 29cm/day로 높게 제안되기도 했으며, 페네시와 미치(1989)는 이보다 보수적인 5cm/day의 수리부하율과 1일의 체류시간을 갖는 것이 바람직하다고 제안했으며, 더 효과적으로 철을 제거하기 위해서는 이보다 더 긴 체류시간이 필요하다고 했다 ([표 12-2] 참조). 광산배수의 pH가 중성 부근일 경우에는 2-10g-Fe m⁻² day⁻¹의 부하율이(Fennessy and Mitsch, 1989), pH 5.5 이하의 광산배수에서는 0.72g-Fe m⁻² day⁻¹의 부하율이 제안되었다(Brodie et al., 1988). Manyin et al.,(1997)은 다단으로 설치된 중규모 모델생태계 실험을 통해 수질기준인 3.5 mg-Fe L⁻¹을 안정적으로 만족시키기 위해 2.5g-Fe m⁻² day⁻¹ 이하의 부하율을 가져야됨을 알아냈다.

스타크와 윌리엄즈(Stark and Williams, 1995)는 더 효율적으로 철을 제거하고 산도를 낮추기 위하여 넓은 배수 유역과 비수로화된 흐름 형태, 높은 식물다양성, 남향 배치,

표 12–3 광산배수습지와 담수습지에서의 부들 지상부 최대 생체량(g day wt m^{-2})의 비교

식물종	위 치	최대생체량 (g day wt m^{-2})	참고문헌
광산배수 습지 큰잎부들 (Typha latifolia)	코스혹튼 카운티, 오하이오	447 (350–540)	Fenessey, 1988
	릭런 습지, 오하이오	502 (128–1135)	Mitsch and wise, 1998
담수습지 부들 (Typha glauca)	프레리 폿트홀, 아이오와	2297	van der Vaik and Davis, 1978
부들류 (Typha spp.)	조성습지, 일리노이	634 + 56 (1990) 714 + 65 (1991)	Fennessey et al., 1994

[a] 괄호 안에 범위를 나타냈으며 편차가 있을 경우에만 표시함.

낮은 유량과 부하율, 얕은 습지 형태 등의 설계 특성을 찾아냈다. 85~90% 이상의 높은 처리 효율이 요구되거나 광산배수의 pH가 4 이하일 경우에는 습지를 조성하여 처리하는 것이 비용적으로 항상 효과적이지는 않다. 그럼에도 불구하고 다른 대안들을 찾기가 어려운데 이는 이런 유형의 수질오염을 감소시키기 위하여 습지를 사용하는 것이 값비싼 화학적 처리나 하류의 수질오염을 방지하는 것보다 비용이 적게 소요되는 대안으로 여겨지기 때문이다.

산성광산배수 습지에서 사용되는 식생은 일반적으로 제한되어 있으며 주로 부들(Typha)이 사용되는데, 이는 부들이 왕성한 생장특성과 오염물질에 대한 저항력을 갖고 있기 때문이다. 다른 식물 종들을 광산배수 습지에 도입하려는 시도가 있었지만 거의 모든 경우에 부들만이 살아남았다. 부들은 산성광산배수 습지의 범람조건과 산소가 부족한 환경에서도 살아남을 수 있으며, 고농도의 철, 황 및 다른 원소들에 대한 내성도 갖고 있다. 부들은 뿌리털로부터 뿌리 주변의 토양으로 대사 작용에 필요한 산소를 공급하는데 이때 황화물이 산화해 황산염으로 변환된다. 따라서 고농도의 황화물이 존재하는 경우에도 이를 견디어낼 수 있게 된다. 광산배수 습지들로부터 얻은 제한된 최대 생체량 자료들을 이용해 추정한 1차생산성은 일반 부들 습지의 약 50% 정도이다([표 12–3] 참조). 이러한 생체량의 차이는 부들도 이러한 광산배수 습지에서 살아남기는 하지만 크게 번성하지는 못한다는 것을 보여준다.

사례연구
광산배수 처리습지의 효율 예측

모델을 이용하여 AMD 습지의 효율을 예측할 수 있다. [그림 12-2]의 시뮬레이션 모델은 남부 오하이오의 AMD 인공습지가 조성되기 전에 철과 알루미늄 제거율을 예측하기 위해 개발된 것이다(Flanagan et al. 1994). 습지 조성 후 현장 측정 자료와 모델 예측 값을 비교하였다(Mitsch and Wise, 1998). 모델은 지표와 지하의 상태변수 중 이류, 확산 및 침전과 퇴적 기작들을 강조하였는데, 오하이오와 펜실베이니아의 조성된 5개의 인공습지의 운영 결과를 이용해 모델의 보정과 검정 작업을 수행하였다. 모델로 예측된 습지에서의 오염물질 보유 범위는 알루미늄의 경우 0~93% 철은 50~99%로 나타났으며, 계절이나 지표흐름형이나 지하흐름형과 같은 습지 운영 형태에 따라 다르게 나타났다.

　　확산에 의하여 수체에서 습지 저질로 금속 이동은 pH가 낮은 습지에서의 금속 보유를 제한하며, 수체로부터의 침전율은 중성 부근의 습지에서의 금속 보유를

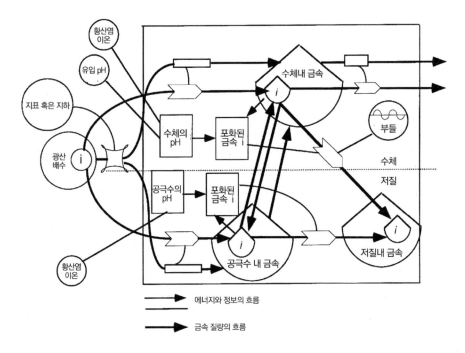

그림 12-2 산성광산배수(AMD) 처리습지에서의 금속보유에 대한 시뮬레이션 모델(Flanagan et al., 1994; 저작권 1994; Elsevier Science의 허락. 아래 재인쇄)

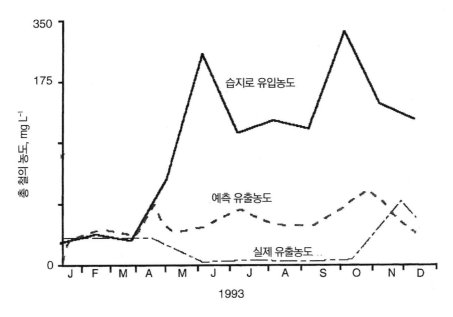

그림 12-3 1993년 오하이오 릭 런 습지에서의 철의 실제 유출입농도와 모형으로 예측된 유출 농도의 비교. 예측된 철 농도는 [그림 12-2]와 같이 미리 구축된 광산배수모형을 이용하여 구하였다(Mitsch and Wise, 1998).

제한하는 것으로 나타났다. 습지 조성 전에 발표된 모델 수행 결과에서는 습지에서 철을 보유함으로써 50~98 %, 6.1 g Fe m⁻² day⁻¹가 수체에서 제거되는 것으로 예측하여 모델 결과와 실제 시스템의 제거 성능이 잘 일치했다. 1993년 1월에 발생한 범람을 통해 철이 실제로 습지 밖으로 유출된 기간을 제외하고는 매월 농도 기준으로 52~98%, 질량 기준으로는 62~98%의 철을 습지에서 보유한 것으로 나타났다. 전체적으로 80%의 철을 습지에 보유하였는데, 이는 전체적인 모델 예측치와 매우 근접한 값이다.

1993년의 유입수의 pH, 유량 및 철 농도 자료를 이용한 모델링 결과(Mitsch and Wise, 1998)를 현장 자료와 습지조성 전에 예측한 결과와 각각 비교하였다([그림 12-3] 참조). 1993년의 자료를 이용하여 수행한 새로운 모델 예측값은 3.60 g Fe m⁻² day⁻¹이었으며 1993년 현장조사 결과는 4.4 g Fe m⁻² day⁻¹로 나타나, 플래너건 등(1994)에 의해 발표된 모델링 결과는 이 습지에서의 실제 철 보유율을 39% 정도 과대평가했음을 알 수 있다. 그러나 1993년 수문 및 수화학 자료를 이용하여 다시 모델링을 했을 때는 실제 습지의 철보율에 비해 18% 정도만 과소평가한 것으로 나타났다. 모델 예측값의 정확성은 더 신뢰성 있는 입력자료

(유량과 철농도)를 이용하면 증가할 수도 있겠지만 습지를 조성하기 전에 습지의 성능을 합리적인 수준에서 잘 예측했다고 할 수 있다.

―――――――

광산배수시스템에서 부들우점 시스템이 수십년간 지속될 수 있다고는 보여지지만 습지처리시스템의 장기간 적용성에 대한 이해는 아직 많이 부족한 실정이다. 노천광산의 복원에 있어서 인위적이거나 자연적인 육상생태계의 천이를 통해 광범위한 지역을 복원할 경우에는 습지를 조성할 때의 수문 조건뿐만 아니라 채굴 이후의 수문환경 변화 또한 프로젝트 설계 단계에서 충분히 고려해야 한다(Kalin, 2001). 광산배수시스템에 수산화제이철이 축적되게 되므로 시스템의 설계에서 이를 고려하여 충분한 저장 용량을 갖게 하거나, 관리 단계에서 적절히 제거하지 않는다면 습지의 보유능을 초과하는 만큼 시스템 밖으로 철이 배출되게 된다. 수십년이 지난 후 이러한 습지에서 축적된 광물질은 다시 채굴할 수 있기 때문에, 습지가 없을 경우 하류역으로 유출되어 잃어버릴 수도 있는 광물질을 효과적으로 재이용함으로써 다시 경제시스템 안으로 환원할 수 있다고 제안하는 사람들도 있다.

● 훼손된 숲의 복원

전세계적으로 숲의 파괴는 생물학적 영향, 질병의 발생, 대기오염과 이로 인한 토양의 산성화, 열악한 숲 관리와 수확 체제, 최근의 기후변화 등 다양한 요인에 의하여 발생한다(Hüttl and Schneider, 1998). 과거에는 토양에 석회를 뿌리거나 우수목을 식재하는 방법 등을 사용하여 숲의 훼손을 늦추고자 하였다. 현재까지 약 7000년 동안 중부 유럽 처녀림은 1ha도 채 남아 있지 않은 것으로 알려졌는데, 이 지역에서의 삼림 벌채는 12세기에 처음으로 극심하게 일어났으며 이후 17세기와 산업화 초기까지 지속적으로 이루어졌다. 이전의 숲 관리 기술은 가축(소, 돼지, 염소, 양)에 의한 방목과 숲에서 유기물과 표층 일부를 동시에 제거하는 소위 유기물채취(litter raking)를 포함한다. 개발을 포함한 화전도 20세기 중반까지 사용되었으며 19세기의 소위 재식림은 침엽수 조림지를 활엽수로 대치하는 것을 포함하였다.

이와 같은 숲이 훼손되어가는 동안 숲의 토양은 산성화되어 영양물질과 유기물, 토양수분을 잃어버렸으며 토양미생물의 활력도와 다양도 또한 두드러지게 저하되었다. 수

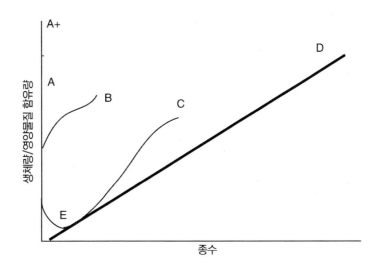

그림 12–4 숲 도입을 통한 경관의 훼손과 복원 모델. E는 훼손된 생태계, D는 원래의 생태계를 나타낸다. 종종 훼손된 토지는 생체량의 빠른 증가와 적은 다양성을 갖기 위해 기계적으로 외래종으로 이루어진 단일종의 임분으로 복원된다(A). 때때로 원래의 생태계보다 더 생산성이 높을 수도 있다(A+). 나중에 자생 식생이 이러한 임분 내로 들어온다(B). 또한 외래종과 자생종이 함께 식재된다(C). 하지만 이런 시스템은 결코 원래 생태계가 갖고 있는 자연적인 다양성과 생산성에 도달할 수 없다.

백년 동안 전반적으로 잘못된 숲 관리 때문에 현재 전세계에 남아 있는 숲들은 심각하게 훼손되었다(Kilian, 1998). 유럽에서와 똑같은 일들이 북미에서 발생하지는 않았지만 숲의 훼손 문제가 빠르게 중요한 문제로 대두되고 있다. 전 대륙을 걸쳐 여전히 아름다운 활엽수와 침엽수 숲이 많이 발견되고 있지만 북미에서 일어나고 있는 숲의 훼손 원인은 침입종이나 산불 등으로, 유럽과는 다른 특징을 갖고 있다. 후자의 경우는 지나친 산불 방지와 인간의 압력에 의하여 초래되는 산물로서 중요한 논란거리가 되고 있다.

숲의 복원과 복구를 위해 많은 생태적 숲 관리 방안들이 있지만 단기간 내에 숲의 조건을 향상시키기 위한 방법들은 존재하지 않는다. 원래의 수관식생에 혼합 임분을 도입(활엽수로 침엽수를 대치)하는 것을 포함하여 여러 기술들이 시도되어 왔다. 리우 등(Liu et al., 1998)은 수관층이 다양하며 여러 수종으로 구성된 혼합 임분이 잘 분해되지 않는 낙엽을 생산하는 낙엽송류(*Larix gmelinii*, *L. Olgensis*, *L. leptolepis*) 단일종으로 구성된 임분을 효과적으로 대체할 수 있다고 언급했다. 낙엽송류의 낙엽 같은 산림 부산물의 축적은 대기와 숲 토양간의 열교환을 억제하고 토양 미소생물의 성장을 저해시킨다. 허틀과 슈나이더(1998)의 연구에 의하면 독일의 과학자들은 유럽너도밤나무의 잔뿌리가 노르웨이가문비나무보다 2~3배 많다는 것과 가문비나무의 바늘잎보다 너도밤나무의 넓은 잎이 토양의 산성을 중화시킬 수 있는 능력이 크다는 것을 발견했다.

항상 훼손된 숲에 다시 나무들이 자동적으로 서식하지는 않는다. 수목을 관리하는 사람들에게는 이상하게 들리지도 모르지만 훼손된 숲을 다시 푸르게 만드는 것만이 생태적인 해결책은 아니다. 헌터(Hunter, 1998)등은 산림관리자들이 나무를 다시 심는 것이 가장 적합한 방법이 아닌 경우에도 나무들을 다시 식재하기 위하여 많은 비용을 지출하고 있다고 지적하였는데 이러한 개념은 [그림 12-4]에 잘 설명되어 있다. 비록 대부분의 훼손된 생태계로부터 원래의 생태계로 회복되는 과정은 E와 D를 따라 진행되지만 산림관리자들은 종종 E에서 A 심지어는 원래의 생태계보다 더 생산적인 생태계인 A+로 가기 위해 단종 조림을 시도한다. 자생하는 하층 식생종이 임분(B)에 들어오면서 다양성이 약간 증가되기도 하며, 때로는 산림관리자들이 외래종과 자생종으로 구성된 혼합림으로 수관(E에서 C)을 구성하고자 하지만 이러한 시도도 원래의 지속가능한 생태계인 D로 회복하고자 하는 궁극적인 목표를 이루는 것과는 동떨어진 상태에서 숲의 회복이 중단된다.

사례연구
중앙유럽의 블랙 트라이앵글 숲(Black Triangle Forests)의 복원

중부 유럽의 독일-체코-폴란드의 국경에 위치하고 있는 블랙 트라이앵글 지역은 2차대전 이후 산업 오염과 18세기 첫 10년 동안 숲 관리를 잘못하는 바람에 심각하게 훼손되었다([그림 12-5] 참조). 기술적으로 1차 천이에 의한 복원은 아니지만 이들 지역에 활엽수들을 다시 번성시키기 위해서는 토양의 치유가 필요하다. 300년 전에 시작된 대규모의 침엽수 도입은 산성강하물과 함께 80,000~100,000ha의 산림 숲을 잃게 했다. 1950년대 후반까지 산림관리인들은 석회를 뿌리고, 배수와 경운을 하며, 표층을 제거하고 다시 노르웨이가문비나무(*Picea abies*)로 조림을 했다. 이 지역의 산림 훼손은 특히 1980~90년 사이에 두드러지게 나타났다(Fanta, 1994, 1997).

이런 유형의 훼손에 대한 생태적인 해결책은 우선 그냥 놔둘 경우에 어떠한 복원 노력도 헛되게 할 수 있는 심각한 토양오염 문제를 해결하는 것이다. 토양을 치유하기 전에 대기오염물질의 오염원을 감소시켜야 하는데, 이러한 상황은 이제 중부와 동부 유럽의 정치시스템 변화에 따라 부분적으로 개선되고 있다. 그러

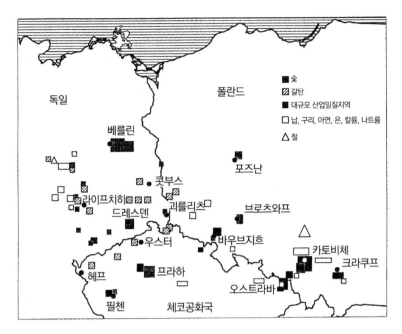

그림 12-5 과거의 잘못된 숲 관리와 산성강하물에 의한 토양의 화학적인 열화로 광대한 숲이 훼손된 중부 유럽의 작센, 보헤미아, 시레미아에 있는 블랙 트라이앵글 지역(Fanta 1994, 저작권 1994, Elsevier Science의 허락 아래 재인쇄).

나 오염원을 감소한 이후에도 여전히 피해는 남아 있다.

산림 쇠퇴의 생태공학적인 해결책은 자생 활엽수종을 해당 지역에 재도입하여 수백년이 걸릴 수도 있는 장기적 개량을 할 수 있도록 하는 것이다. 모라빅(Moravcik, 1994)은 독일과 체코 사이의 크루스네호리(Krušněhory) 산맥에서 수행된 몇몇 연구들을 설명하였다. 이들 산림은 모두 산성화되었으며 토양에 자연적인 영양물질이 거의 남아 있지 않았지만 유럽너도밤나무, 전나무, 노르웨이가문비나무와 그 외의 다른 식물종들과 같은 자연적인 잠재 식생들을 갖고 있었다. 이미 열악한 환경에서 노르웨이가문비나무(*Picea abies*) 단종으로 재조림한 후 뒤에 발생한 대기오염에 의해 추가적인 피해를 입었다.

1970년대 중반 숲의 갱신은 자작나무류(*Betula* spp.)와 콜로라도은청가문비나무(*Picea pungens*)와 같이 내성이 강한 수종을 식재해 빠르게 진행되었다([그림 12-6] 참조). 콜로라도은청가문비나무(*Picea pungens*), 자작나무(*Betula verrucosa*), 노르웨이가문비나무(*Picea abies*), 마가목(*Sorbus aucuparia*) 등 4가지 임분을 검토한 결과 대기오염에 의한 침엽의 훼손과 수관의 약화와 같은 뚜렷한 훼손이 가

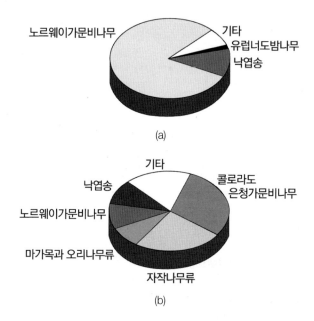

(a)

(b)

그림 12-6 독일과 체코 국경에 위치한 Krušněhory 지역 산림 임분의 세 구성종의 변화. (a) 1957(전체 임분), (b) 1991(젊은 임분, 1~30년)(Moravcik, 1994를 재구성).

문비나무류에서 발견되었다(Moravcik, 1994). 이러한 발견은 자기설계 개념의 도입을 강력하게 지지할 수 있게 되었는데, 마가목 임분의 경우 인위적으로 식재하지는 않았지만 세력이 약화되는 가문비나무 숲에서 자연적인 갱신을 통해 성장하게 되었으며, 마가목 성장속도와 생산력 및 생체량은 노쇠한 노르웨이가문비나무 임분의 거의 2배에 이르렀다.

 너도밤나무(*B. verrucosa*) 임분 역시 잘 성장했는데, 이런 결과들을 근거로 모라빅(1994)은 훼손된 지역에서 자생적으로 잘 성장하는 활엽수가 크루스네호리 지역의 심하게 오염된 지역을 새로운 숲 생태계로 회복시키는데 효과적으로 활용될 수 있다고 결론지었다. 이는 오염이 심한 경관을 복원하기 위하여 인위적인 조림보다는 자기설계적인 시스템이 더 우월한 효과를 보여준 또 다른 예이다.

열대광산의 복원

열대림에 있는 노천 광산 지역을 복원하는 것은 온대 광산지역의 숲을 복원하는 것과는 또 다른 문제이다. 일반적으로 채굴에 의해 영향을 받는 지역은 적으나, 하류지역의 오염에 미치는 영향은 상당히 심각하다. 토양층은 얇고 연약하며 쌓아 두었던 토양을 거의 의무적으로 다시 원래 부지로 옮겨놓아야 한다. 이와 같은 열대광산의 복원은 알루미늄의 원광인 보크사이트의 생산 때문이며, 식물로 빠르게 대상 지역을 피복하기 위하여 자생종이나 외래종을 식재하는데 현재 일반적으로 외래종보다는 자생종 식재를 선호한다.

1980년대 이후 연구가 진행되고 있는 복원 지역 중 하나가 브라질 파라(Pará) 지역의 아마존강 인근 열대우림 지역의 트롬배타스(Trombetas) 보크사이트 광산이다(Parrotta et al., 1997; Parrotta와 Knowles, 1990, 2001). 이 지역에서의 일반적인 복원 방법은 점토가 과중하게 쌓여 있는 지역을 평탄하게 한 후 채광 전에 쌓아놓았던 15cm 두께의 표토와 나무 잔해로 교체해주고, 2m 간격으로 자생종을 식재하는 것이다. 1980년대 중반에 수행된 일련의 식재 과정에서는 (1) 혼합 자생수목, (2) 혼합 자생수목과 불충분한 표토 공급, (3) 혼합 상업수목(대부분 *Eucalyptus* spp.와 *Acadia* sp.), (4) 직접 종자파종과 싹틔움을 증진시키기 위한 풀베기, (5)표토의 매토종자를 이용한 자연적인 갱신과 같은 5가지 다른 방법을 적용하였다.

9~13년이 경과한 후 식물도입 방법의 차이에 따른 기저 면적의 차이를 조사한 결과 기저 면적이 불충분한 표토 공급지역에서는 1.5m² ha⁻¹, 혼합 상업수목 식재지역에서는 24.9m² ha⁻¹로 나타났다([그림 12-7a] 참조). 목본류의 종 풍부도는 직접 종자파종 지역에서는 평균 35종이 출현한 것에 반해 상업수목 식재 지역과 불충분한 표토공급 지역에서는 각각 최소 식물 종수인 17종과 15종만이 출현했다([그림 17b] 참조). 파로타와 놀즈(Parrotta and Knowles, 2001)는 채광지역에서의 열대우림 복원에 대해 다음과 같은 결론을 제시했다.

1. 채광회사는 일반적인 연구투자로 비용 대비 효과적인 열대우림 복원계획을 수립할 수 있다.

2. 부지정리 특히 식물 식재 전에 표층을 다시 되돌려놓는 일은 산림을 피복하는데 필수적이다.

3. 혼합 자생 수목류를 식재하는 것 외에도 2와 같이 표층을 도입해 토양 내 존재하는 매토 종자를 이용하는 것도 효과적인 복원 방안이 된다.

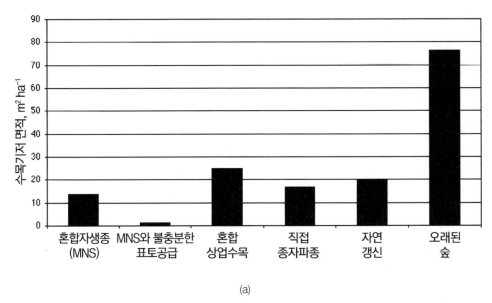

(a)

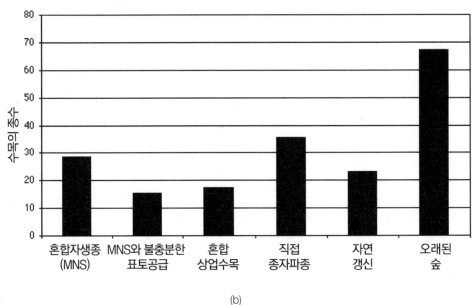

(b)

그림 12-7 브라질 파라 지역의 아마존강 인근 트롬배타스 보그사이트 광산지역에서의 5가지 숲 복원 방법에 따른 (a) 기저면적, (b) 목본식물의 종풍부도의 비교. 결과를 인근에 오래된 숲의 자료와 비교했다(Parrotta and Knowles, 2001)

4. 비록 기저 면적은 상업수목 식재지, 직접 종자 파종지, 매토 종자를 이용한 자연갱신 지역 순으로 크게 나타났지만 이들 지역에 출현한 종의 다양성은 일반적으로 높지 않았다. 수관의 쇠퇴가 일찍 일어나며 뒤이어 불에 타기 쉬운 초본류가 재침입

하도록 하는 것은 혼합자생수목을 식재하는 것보다 더 빠르게 성장할 수 있는 대안
이 된다.

5. 모든 도입 방법에서 자연적으로 유입되는 종(예를 들면 매토종자나 직접 식재에 의
해 도입되지 않은 종)에 의한 풍부도의 증가가 박쥐, 새, 육상포유류와 같은 야생동
물에 의한 종자 산포로 일어난다. 사냥 금지를 포함한 주변 숲의 보전은 복원 과정
을 훨씬 더 빠르게 진행시키게 한다.

6. 혼합 자생수목 식재 지역의 밀도와 다양성은 주변의 종자 공급원의 근접성에 의해
크게 영향을 받는다. 수관이 발달된 후 이들 종이 유입될 수 있도록 하기 위해 종자
를 공급할 수 있는 큰 모수의 도입이 중요하다.

7. 매우 다양하고 복잡한 아마존 숲은 채광에 의해 훼손된 후에도 위에 언급한 여러 재
식재 기술들을 이용하여 복원할 수 있다.

● 인광산의 복원

인광산은 세계 여러 지역에 흔히 존재하는데 특히 인을 많이 함유하고 있는 인회석이 풍
부한 석회암 지역에서 주로 발견된다. 중부 플로리다에서 128,000ha의 토지가 인채굴에
의해 철저하게 변형되었다(M. Brown과의 개인적인 의견 교환, 2003. 5). 이러한 토지를
복구하지 않으면 일반적으로 점토가 쌓이는 구덩이, 채광으로 굴착된 지역과 이들이 과
중하게 쌓여 있는 지역, 모래 찌꺼기들의 침전되는 지역들로 되어버린다.

브라운(1992)은 지형을 조성해 사용가능하며 생태적으로도 지속가능한 형태의 토지
로 바꾸고, 지하수와 지표수의 흐름을 복원해 생태적인 천이가 향상하도록 하는 것이 인
광산지역의 복원을 위해 필요하다고 주장했다. 연구자들은 생태적 천이를 통해 정상적
인 기능을 갖는 경관으로 복원되기 위해서는 광산 지역에 수목섬 패치와 같은 종자 공급
원으로 존재할 경우 75년(Kangas, 1981; Best et al., 1988; Odum et al., 1990)이 걸리는
반면 이와 같은 종자 공급원이 없을 경우 이보다 훨씬 오래 걸릴 수 있다고 주장했다. 인
광산 지역의 복원에 있어 가장 큰 문제는 달라진 지하수와 지표수의 수문 및 표토 제거
에 따른 토양의 물리적 구조와 화학적 특성의 급격한 변화이다.

사례연구
인광산의 복원에 있어서 은신처와 종자산포의 중요성

브라운 등(1992)은 인공습지, 사행하천, 교목과 관목류의 재식재 등을 이용해 중부 플로리다의 13ha 규모의 작은 인광산 지역을 복원하는 것을 실증하였다([그림 12-8] 참조). 그들은 인접한 자연 숲에서 바람에 의한 자연적인 종자 산포량이 숲의 가장자리로부터 멀어질수록 기하급수적으로 감소한다는 것과 그 영향 범위가 45~60m 임을 발견하였다([그림 12-9] 참조). 새에 의해 산포된 종자들이 나무 그루터기 밑에서 발견되었으며, 인공 횃대, 특히 관목류가 중요한 것으로 조사되었다. 또한 종자 공급원으로부터의 거리보다도 횃대나 나무 그루터기의 존재가 훨

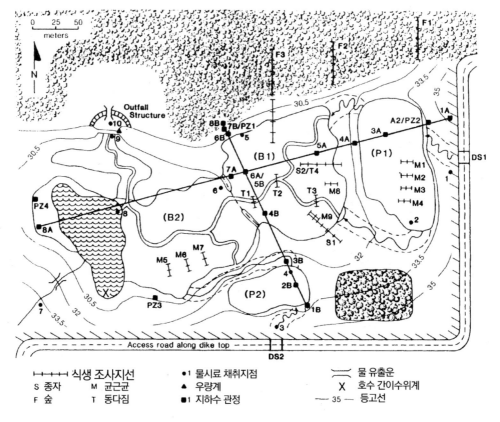

그림 12-8 중부 플로리다의 미드(Meade) 산맥 인근의 갸르디니에(Gardinier) 인광산 복원 지역의 수문과 식생 모니터링 네트워크. 유출 구조물(정점 12)을 통해 인근 개울로 유출된다. P는 부유습지, B는 호수경계습지, PZ는 수두수압계, 실선은 식생과 수문의 횡단지역을 나타낸다(Brown et al., 1982; 저작권 1992; Elsevier Science 허락 아래 재인쇄).

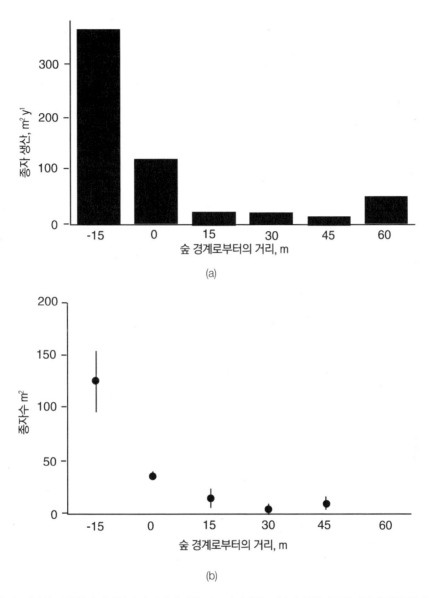

그림 12-9 인접한 범람원 숲에서부터의 거리에 따른 갸르디니에(Gardinier) 복원지역의 바람에 의한 종자 산포. (a) 종자 공급률, (b) 1983년 7~12월 사이에 공급된 총 종자수(Brown et al., 1982).

썬 더 중요한 것으로 나타났다. 이 연구 과제를 통해 종자 공급원이 상류에 위치하고 있고 홍수가 발생했을 때 물이 모여드는 하류 범람원의 경우 물에 의한 종자 산포가 상당히 중요한 요인임을 발견했다.

플로리다의 사례 연구는 이러한 유형의 숲과 수문 복원 과제에 있어서 다음과 같이 제안하였다. 여기에 제안된 내용들은 다른 광산이나 교란된 토지복원 프로젝트에도 적용될 수 있는 일반적인 내용을 담고 있다(Brown, 1992).

1. 남겨진 수목 섬은 야생동물의 도피처이자 종자의 공급원이므로 복원 속도를 향상시키기 위하여 채굴 과정 중에도 보존되어야만 한다.

2. 상류의 습지들이 잘 보존되어 있고 지표수의 흐름이 채광 이후에 다시 복원된다면 물에 의한 종자의 산포가 중요할 수 있다.

3. 조류와 바람에 의한 종자의 산포가 자기설계적인 복원 지역에서 중요할 수 있다. 바람에 의한 종자 산포는 종자 공급원에서 인접할수록 대부분 더 크게 나타나지만 반대로 종자공급원에서 멀어질수록 기하급수적으로 감소한다.

4. 조류에 의한 종자 산포는 횃대나 그루터기 등에 의해 증가될 수 있으나 종자가 산포된 지역에 적합한 토양수분이 유지되지 않으면 종자의 생존도는 낮아진다.

5. 점토가 퇴적되는 구덩이는 종종 인광산 지역의 60% 이상을 차지하는데 지표수보다는 지하수의 공급원의 역할을 담당한다. 이런 사실은 인광산 지역에 복원되는 모든 습지의 수문이 지표수보다는 지하수에 의해 유지될 수 있도록 설계되어야 함을 의미한다.

6. 지형과 지하수위 그리고 이들에 의하여 영향을 받는 토양 수분조건은 식물들의 재활착 여부를 결정하는 가장 중요한 요인들이다. 그러므로 지형 변화 후에 대상 지역의 토양수분 조건을 더 잘 파악하기 위하여 약 1년 동안은 식재하지 않는 것이 좋다.

7. 수변 식생의 식재는 지표수의 흐름이나 하천을 따라 발생하는 범람 빈도 등을 파악하고 하천이 어느 정도 안정화된 후에 이루어질 수 있다.

도시환경에서의 숲 복원 : 미야와키 사례

도시 또는 인구가 밀집된 환경에서 자연시스템을 복원하는 것은 매우 도전할 만한 일이다. 오염토양과 대기와 수질오염 그리고 공간적인 제약은 복원 시도 자체를 매우 어렵게 한다. 아키라 미야와키와 동료들 그리고 그의 학생들은 수년 동안 생태공학적인 접근법을 사용해 일본 군도의 생태계를 복원하고자 하였다. 이들의 복원방법은 생태공학적 해결책이 "인간이 설계한 범위 내에서 특정 목적을 이루기 위하여 자연 재료들을 직접적이고 의도적으로 관리"를 필요로 하는 것과는 달리 "해당 지역에서 예상되는 지역적 패턴과 잘 맞는 식생 패턴을 갖도록 회복하기 위해 직접적으로 자연을 관리"하고자 한다는 사실에서 좀더 전통적인 숲이나 육상생태계 복원 방법과 차이점을 갖는다(Miyawaki and Golley, 1993).

후자의 접근은 (1) 잠재적인 자연식생에 대한 지식, (2) 우점종의 발아와 활착과 관련된 생물학적인 이해, (3) 온상에서 미리 준비된 다량의 묘목을 식재하는 기술이 있어야 가능하다. 해당 지역에서의 자연 식생에 대한 지식은 외래종을 사용해야 할 필요성을 줄이며 또한 상당히 자신감을 가지고 식생 군집을 복원할 수 있도록 한다. 만약 숲으로 발달하기 위해서는 나중에 수관을 형성할 수 있는 나무를 복원 초기에 식재하고 이후에 하층 식물과 동물들이 유입될 수 있도록 해야 한다(Miyawaki and Golley, 1993).

이러한 복원 과정의 첫 번째 단계는 주어진 지역에 적합한 수종을 선정하는 것이다. 미야와키와 그의 동료들은 신사, 불교사원, 마을 주변에서 발견되는 성숙한 식생에 대한 현장 조사를 수행하였으며(Miyawaki and Golley, 1993), 이들 전체 식생과 관련된 기후, 토양 특성, 지질을 근거로 일본 지역의 잠재적인 자연식생을 나타내는 900개 이상의 지도를 확인하였다 (Miyawaki and Fujiwara, 1988). 이 결과 각각의 잠재적인 식물에 대해 생태적으로 완전히 이해할 수 있게 되었으며 어떤 지역의 복원에도 그곳에 적합한 식물을 제안할 수 있게 되었다.

두 번째 단계로 각각의 식물종의 발아 및 활착 특성에 대한 이해가 필요한데 이는 식재 1~2년 전에 용기 안에서 재배된 실생묘가 왕성한 생장을 할 수 있도록 하기 위해 필수적인 것이다. 원예와 관련된 일본의 오랜 역사가 뒷받침하듯, 대부분 수종들을 번식할 수 있는 기술을 갖고 있다.

세 번째는 대상 부지에 식물을 식재하는 단계로 전문가가 아닌 지역 공동체의 구성원도 함께 참여할 수 있는 실제적인 사회적 접근 방안이 될 수 있다([그림 12-1] 참조). 여기서는 도시 지역에 적합한 토양을 보충하거나 경사가 심한 지역에 식재를 위하여 대나무 기슭막이를 사용한 후 지방정부와 학교 그리고 다른 단체들로부터 식재에 참여하기를 원하는 수백 명의 자원봉사자들이 함께 참여하는 나무심기 축제로서 계획되었다.

이들 참여자들은 복원된 숲의 중요성에 대해 교육을 받게 된다. 나무 심기에 참여한 많은 식재가와 사용된 식물들을 통하여 이미 자기설계적인 유인과 복잡한 수목 분포형태를 가질 수 있으므로 각각의 식물에 대해 거의 정확한 식재 위치를 정하지 않고 식재

(a)

(b)

그림 12–10 일본의 도시 숲 복원. (a)1977년 3월 초등학생을 포함한 120명이 15,000개의 묘목을 나라현에 있는 카히하라(Kahihara) 우회도로를 따라 식재했다, (b)15년이 지난 후 동일 지역의 모습. 12m의 환경보호 숲 벨트가 고속도로를 따라 형성되었다(A. Miyawaki의 허락하에 재인쇄).

하였다(Miyawaki and Gollley, 1993). 하층식생과 토양 생물군은 시간이 경과하면 자연적으로 유입된다는 착상에 따라 식재는 일반적으로 나중에 수관을 형성할 것으로 기대되는 수목으로 제한한다. 식재 후 뿌리덮개로 피복한 후에는 "관리하지 않도록 하는 것이 최선의 관리방법이다"라는 말과 같이 최소한의 관리를 필요로 하였다. 식재된 수종은 자기설계적인 개념을 가지고 자원 경쟁에 들어가며(이 과정에서 몇몇 종은 자연적으로 도태된다), 일반적으로 5년 내에 하늘을 덮는 수관을 형성한다. 이런 복원 방법에 소요되는 전체적인 비용은 연구와 식물증식, 훈련 등 초기에 비용이 많이 소요되지만 이후의 관리비용은 거의 들지 않는다.

생태공학과 생태계 복원

제13장
중국에서의 생태공학

"세계의 여러 노력들로 말미암아 깨어진 것들은 결국 연합되고 연합되었던 것들
은 마침내 다시 깨어진다."

15세기 모험적 서사시인이자 삼국지연의 작가 나관중(Lo Kuanchung)에 대해 이
야기할 때 중국에서는 질서와 무질서에 대한 이야기를 함께 한다.
– 1988년 반 슬라이크 인용.

13.1 생태공학의 근간인 중국

서구 세계는 자연경관과 더불어 살아가는 방법에 대하여 중국에서 많은 것을 배워야 할
지 모른다. 인간사회와 더불어 설계된 경관은 수천년 동안에 걸쳐 중국 문화의 일부분이
되어왔다. 인간이 아닌 자연이 그 가르침의 중심에 있다는 것을 기본 원칙으로 하는 고
대 철학 도교가 여전히 중국인의 사상에 영향을 주고 있다. 한(漢) 왕조(BC 206년~AD
220년) 시대에 설계된 소주의 아름다운 정원을 방문한 사람들은 누구나 자연과 예술을
전체적으로 조화롭게 설계하는 중국의 능력을 인정할 것이다.

중국에 끝없이 펼쳐진 논과 셀 수 없이 많은 양어장은 수천년 동안 이미 그 지역에 있
었음에도 불구하고 그 땅을 피폐하게 만들지 않는데 이는 그곳에서 얻어진 것들의 일

부분이 항상 그 땅으로 다시 되돌려졌기 때문이다. 중국은 10억 명 이상의 인구를 부양해야만 하는 나라로서 자원을 재이용하고 자연이 주는 혜택을 잘 활용함으로써 최대 생산을 이룰 수 있는 완벽한 기술을 가지고 있나. 반면 자연유기물과 이로 인하여 냄새가 가득 찬 경관은 예외 없이 하천 오염문제를 가지고 있다. 서구의 시각에서 보면 중국의 경관은 조직화되어 있지 않고, 남용되고 있으며 또한 모든 자원이 고갈되고 있다고 할 수 있지만 이것은 매우 단순한 관점이며 잘못된 것이다.

생태공학은 중국에서 수세기 동안 비공식적으로 사용되어 왔으나 중국 생태공학의 아버지라 불리우는 마 시준에 의해 1970년대부터 공식적으로 사용되기 시작했다(Yan, 1992). 중국에서의 생태공학은 "인간이 장기적이고 대규모로 가능한 많은 혜택을 얻기 위하여 시스템을 분석, 설계, 계획하고 또한 구조와 공정, 피드백을 조절하며 전체론, 공생, 순환, 자기조절과 같은 자연생태계의 원칙에 따르는 인공생태계 기관"으로 설명할 수 있다(Ma et al., 1988). 나중에 마(1988)는 생태공학을 "생태적인 시스템 내의 물질 순환과 재생산 및 종간 공생 원칙에 의하여 작동되는 생산 공정을 마련하기 위해 특별히 설계된 시스템을 적용하는 것"으로 정의했다.

중국에서 생태공학이라 불리면서 독특하게 적용되고 있는 분야는 농업생태공학(2000곳 이상), 복합양식장, 수질오염 조절시스템, 염습지 복원, 습지와 호수 및 산림의 관리 등이 있다. 중국과 서구세계와의 차이는 설계 원칙과 목적, 인간들에 의한 생태계 구조의 조작, 가치와 경제의 인식과 관련되어 있다. 중국에서 적용된 생태공학의 훌륭한 사례들은 국제 생태공학지의 특별호에 두 번에 걸쳐 게재된 바 있으며(Mitsch et al., 1993;

그림 13-1 고대 중국의 음양을 나타내는 상징적 기호로 중국 철학에 왜 생태공학이 내재되어 있는지에 대한 근거를 보여준다.

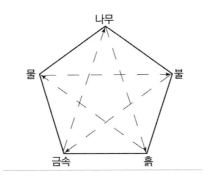

그림 13-2 불(火), 물(水), 나무(木), 금속(金), 토양(土)의 5가지 원소간의 상호 촉진과 통제를 나타낸다(Yan et al., 1993; 저작권 1993; Elsevier Science의 허락 아래 재인쇄).

Wang et al., 1998b) 상호검토 과정을 통과한 중국내 학술지에도 출간되었다.

중국에서 생태공학을 이용해 특별하게 접근했던 것은 부분적으로 현대 생태학 이론과 일부 양립될 수 있는 중국의 역사적 배경에 근거한다(Yan et al., 1993). 음양사상은 중국에서 가장 영향력 있는 사상으로, 2마리의 물고기가 서로의 꼬리를 삼키고 있는 모습과 비슷하다([그림 13-1] 참조). 조 왕조(BC 1100~250) 때 시작된 음양사상은 땅(음)과 하늘(양) 그리고 그 사이에 존재하는 사람으로 설명할 수 있으며, 음양에 따라 사람이 존재하게 된다(Jiang et al., 1992). 양(하늘)은 날씨, 기후, 계절 등이며 음(땅)은 지형, 자원 등으로 해석될 수 있다. 상징적 기호에 의해 표현된 회전은 끊임없는 순환 동작과 재순환 과정을 나타낸다. 이와 관련된 철학이 불(火), 물(水), 나무(木), 금속(金), 토양(土)이 상호 통제하는 오행설이다([그림 13-2] 참조). 이것은 또한 촉진과 억제, 개발과 쇠퇴, 동화작용과 이화작용의 균형을 나타낸다.

이러한 철학을 통해 생태공학과 유사한 개념이 이미 수백년 전에 중국과 동양에서 발달되었다. 반면 최근 서구에서의 생태공학에 대한 정의는 자연과의 동반자 관계와 수생태계, 특히 실제 규모의 얕은 연못이나 습지 등 실험 생태계에서 수행된 연구들이 강조되어 왔다. 마와 다른 연구자들에 의해 선구적으로 수행된 중국의 생태공학은 수산업이나 농업분야에서부터 폐수처리와 해안 보호에 이르기까지 다양한 분야의 자연자원과 환경문제에 적용되어 왔다. 얀(1993)은 중국에서 일찍부터 발달된 생태공학적 관행을 생태공학이라 불리기 오래전부터 "수천년 동안 자체적으로 존재해온 순수하고 자발적인 생태공학으로 고려될 수 있는 어떤 모델"이라 설명했다.

13.2 서양 생태공학과의 비교

서양과 중국 생태공학 간의 차이에 대한 개요를 [표 13-1]에 제시하였다. 이론 중심적인 서양의 생태공학과는 대조적으로 경험에 강점을 갖는 중국의 생태공학은 생태공학에 진정한 '전 지구적' 기초를 제공하는 생태학적 이론에 대해 일부 공통적인 기반을 갖도록 도움을 줄 것이다.

❸ 설계원리

서양에서 수행되고 있는 생태공학은 생태계의 자기설계 또는 자기조직화 능력에 주로 의존하지만(2장 참고), 중국의 생태공학 시스템은 종종 자기설계에 의존하지 않으며 오히려 특정 목적(양어장이나 농업생태학적 시스템)을 달성하기 위해 생태계의 구조를 많이 조절하려 한다. 참여하는 사람의 수와 생태계 조절 정도로 표현할 수 있는 사람들의

표 13-1 미국과 중국의 생태공학 개념 비교

구 분	미국과 서양	중국
기 초	생태학 원리	
설계 원리	일부 사람 노동과 자기설계	시스템을 유지하기 위해 사람의 간섭이 심함
강조점	생산을 위한 강제적 외부요인(forcing function)의 변화	생산을 위한 생태계 구조의 변화
인구 (no./ha)	<1	>10
보조 유형	화석연료 기반 경제학에 근거한 생태학자	자원관리자로서의 인간노동력
보조 크기	작음	특히 사람에게 있어 종종 매우 큼
재활용	허용함	꼭 필요함
상업적 생산	일반적이지 않음	항상 식량생산과 연관됨
종 다양성	주로 단종	다양한 생물학적 서식처를 갖는 다층 구조
가치 고려	미적, 자연자원의 보존, 비시장가치 (수질오염관리 등)	상업적 생산
경제학적 가치	지불의사, 분담제, 대체	공리주의
경험	1960년대 이후부터 약 40년	3000년

간섭도가 중국 생태공학 시스템에서 훨씬 더 중요하다. 이는 서양과 비교할 때 값싼 중국의 노동력 때문이기도 하다. 점차 중국 경제가 발달하면 중국 생태공학 시스템도 아마 자기설계 방향으로 진행될 것이다.

● 목적

서양에서의 생태공학은 대부분 환경보호가 중요한 목적이며 이 과정 중에 종종 자원의 발달을 병행하기도 한다. 중국에서 생태공학의 목적은 환경보호 외에도 경제적 이득과 사회적 이득을 모두 포함한다. 마와 왕(1992; 1994), 그리고 미치 등(1993)은 이러한 중국의 다목적적인 접근 방법을 사회–경제–자연 복합 생태계(SENCE)로 묘사했다. SENCE는 3층 구조로서([그림 13-3] 참조), 그 중심에는 조직, 문화, 기술을 포함한 인간사회가 자리 잡는데 이 중심층은 생태–중심핵(eco-core)이라 불리며 SENCE를 조절한다.

　SENCE의 두 번째 층은 인간 활동에 영향을 주는 직접적인 환경으로 생태–기반(eco-base)이라 불리는 인간 활동의 중요한 매체로서 지리학적, 인공적, 생물학적 환경을 포함한다. 세 번째 층은 외부 환경 또는 SCENE의 주변으로서 생태–풀(eco-pool)이라 불리는데 여기서 직접 환경과 교환되는 원소들의 공급원, 제거지, 저장소가 된다. 여기서 각각의 층은 서로 연관되어 있으며, 중국에서의 다목적 생태공학 프로젝트는 이러한 관계들이 만들어낸 산물이라 할 수 있다. 위의 모델에서 중국의 생태공학은 지속가능한 생

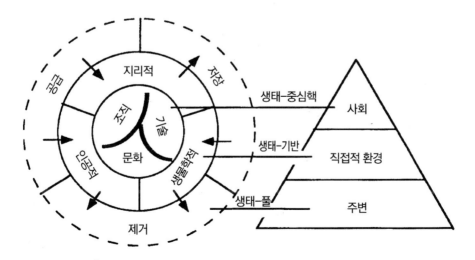

그림 13–3 중국의 생태공학을 설명하는 사회–경제–자연 복합 생태계(SENCE) 모델(Mitsch et al., 1993; 저작권 1993; Elsevier Science의 허락 아래 재인쇄).

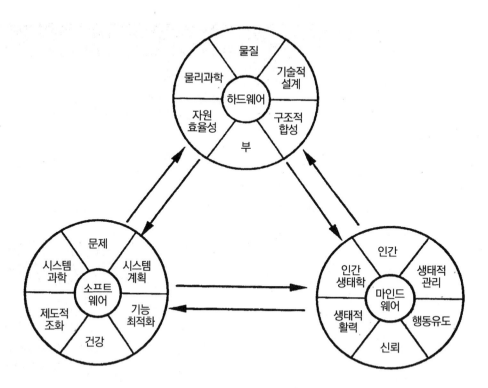

그림 13-4 하드웨어, 소프트웨어, 마인드웨어의 통합을 설명하는 중국 생태공학 체계(Wang and Yan, 1998; 저작권 1993; Elsevier Science의 허락 아래 재인쇄).

태계를 구성하고 유지할 수 있는 환경적으로 건전하며, 경제적으로 생산적이고, 시스템적으로 책임 있는 방법을 찾으려 하는 것이라 설명될 수 있다(Wang and Yan, 1998).

왕과 얀(1998)은 이러한 목적이 하드웨어(기술과 혁신), 소프트웨어(제도적 개선, 시스템최적화), 마인드웨어(인간 행동, 인간생태학)가 통합되었을 때만 이루어질 수 있다고 주장했다([그림 13-4] 참조). 결국 왕과 얀에 의해 설명된 중국 생태공학의 목적은 다음과 같이 요약할 수 있다.

1. 전체 부 (화폐자산, 자연자산, 인적자원 등)
2. 건강 (인간의 기능 상태)
3. 신뢰 (가치, 물질에 대한 사고방식, 인간의 믿음, 지각, 개념 등)

[그림 13-3]과 [그림 13-4]에 나타난 3개 시스템과 부, 건강, 신뢰라는 3개의 목적이 하늘과 땅 그리고 그 사이의 인간을 나타내는 음양 사상과 모두 관련되어 있는 것은 우연의 일치가 아니다.

생태계 구조

중국의 생태공학은 지속적으로 생태계 구조를 조절하고 관리하는 방법을 사용한다. 모든 생태적 지위는 점유되어 있으며 시스템의 생태적 다양성은 높다. 그 정반대의 경우가 서양에서 나타난다. 이러한 차이는 pH 2.0의 광산유출수를 조절하기 위한 시스템에서도 잘 나타나 있다. 탕(1993)이 광산유출수를 조절하기 위한 실험에서 식물의 다양성을 활용했던 것에 비해 서양에서는 부들 한 종만을 이용했다(12장 참고). 얀과 장 (1992)은 그들의 생태기술, 즉 생태공학의 접근방법을 다음과 같은 5가지 근본적인 접근방법에 따라서 분류했다.

(1) 새로운 먹이사슬의 도입
(2) 공생시스템의 병렬적인 연결 증진
(3) 생태계의 먹이사슬에서 폐기물을 자원으로서 다양하게 이용
(4) 기질을 유익하게 재활용할 수 있도록 촉진
(5) 생태계 복원

폐기물 재활용

중국 시스템에서 물질의 재활용은 선택의 조건이 아니라 필수적인 사항이다. 재활용은 외부 오염을 감소시키고 상업적 상품의 생산을 증가시킨다. 농업생태공학 시스템은 하나의 하부시스템에서 발생하는 폐기물로 또 다른 시스템을 부양하도록 되어 있다. 유사한 되먹임 기작들이 양어장(Yao, 1993), 스파티나 습지(Chung, 1993), 곡물-돼지-어류 농업생태시스템(Yuan et al., 1992)에서 적용되고 있다. 얀과 장(1992)의 요약에 따르면 "자연시스템은 시스템 내에서 물질이 순환하며 재생산되기 때문에 자원이 고갈되지 않는다. 이것이 갖는 또 다른 영향은 바로 방향을 바꾼다는 것이다. 순환은 엔트로피를 증가시키는 직선 진행을 중단되거나 역류하는 것을 의미하기 때문이다. 물질의 순환은 삶의 특별한 기원이 된다."

가치와 경제

생태공학적으로 조작되는 시스템에서 경제를 바라보는 관점은 동서양 간에 큰 차이가 있다. 먼저 중국시스템에서는 시스템을 적용하여 과연 부를 생산할 수 있는가가 더 중요시되는 반면 서양에서는 중규모 모델 생태계나 파일럿 규모의 프로젝트를 가지고 실험

하는 것을 더 강조한다.

둘째, 중국시스템에서는 환경보호나 서식처의 조성보다는 식량과 섬유를 생산하는 것에 더 가치를 두고 있지만 서양에서는 수질의 향상이나 생태복원 그 자체가 목적이 된다. 중국에서 생태공학은 보통 실용적인 가치, 즉 환경보호 외에도 식량이나 다른 농업 시스템을 위한 사료 등 상업적 생산을 중요시한다. 서양 세계에서 이러한 가치는 종종 지불의사, 대체 비용, 기여가치와 같은 방법으로 추정된다. 다시 말하면 직접적인 경제적 혜택이 개인이나 조직에 주어지지 않으며 사회 전체에 주어진다는 것이다.

경험

중국의 생태공학 시스템은 비록 대부분이 실증적이기는 하지만 3000년이나 되는 오랜 경험을 가지고 있다. 서양에서는 생태계의 조성이나 관리에 대하여 생태 이론을 적용하는데 강점을 가지고 있지만 공식적인 생태공학의 역사는 수십 년에 불과하다. 세계의 환경은 이제 하나의 시스템으로 인식되고 있으며 동서양의 2가지 다른 접근방법이 서로 서서히 합쳐질 것이다. 이러한 통합은 이미 시작되었다. 서양에서는 중국에서의 경험들을 목격한 이후 이제는 다종 시스템과 더 복잡한 먹이그물을 갖는 생태시스템을 고려한다. 반면 중국에서는 습지와 같은 자연시스템의 고유 가치를 인정하기 시작했으며, 광산 유출수를 처리습지와 같이 시스템으로부터 상업적인 상품을 생산할 필요성이 없는 연구도 발표하기 시작했다. 이전의 논문에서 다음과 같이 기술하였다(Mitsch, 1991).

> 모든 용어와 개념을 조정하는 것이 가능하지는 않지만 현재 다른 이름들로 사용되고 있는 최소한의 공통적인 이론에 대한 인식과 통일된 과학적 언어를 사용하여 새로운 이론을 확립하는 것이 장래 생태공학 프로젝트의 적용을 가능하게 할 것이다. 서양의 과학계는 이제 일부 중국어로만 출간된 중국 생태공학 이론을 학문적으로 검토하고 또한 인구 밀도가 이렇게 높은 나라에서 자원을 보호하고 경관을 최대한 활용하기 위해서 생태공학적 방안들이 어떻게 발달되어 왔는가를 살펴보면서 큰 혜택을 얻을 수 있다.
>
> 서양 세계는 만약 우리가 저에너지 시대에 지속가능한 경제발전의 필요성에 직면하게 될 경우 유용하게 사용될 수 있는 생태기술을 더 자세히 관찰함으로써 혜택을 얻을 수 있다. 한 가지 차이를 말하자면 중국에서는 시간(노동력은 상대적

으로 저렴하며 정보 체류시간이 길다)을 덜 중요하게 생각하며 공간(태양기반 시스템)을 이용하는 생태공학시스템이며, 서양은 시간을 최대한 활용(노동비용이 비싸고 정보가 많으며 빨리 소멸한다)하기 위해 공간을 덜 중요하게 생각하는 시스템이다. 이러한 다양한 문화적 차이들을 포괄하게 된다면 생태공학 이론들은 진정 일반적인 이론으로 발달될 것이다.

13.3 중국에서의 생태공학 예들

마(1985)와 다른 연구자들에 의해 시작된 중국의 생태공학은 수산업과 농업에서부터 폐수처리와 해안 보호까지 다양한 자연자원과 환경문제에 적용되어 왔다. 중국 시스템에서 중요한 것은 실험보다는 실제 적용이며 환경보호보다는 식량과 섬유를 생산하는 것에 있다. 생태공학이라 고려될 수 있는 다양한 분야의 프로젝트들을 몇몇 사례 연구로서 소개할 것이다. 중국에서 이러한 프로젝트가 수행된 위치는 [그림 13-5]에 표시되어 있다.

● 습지에서의 어류생산

중국 장쑤성 이싱에 위치한 고호수(Go Lake)의 갈대 습지와 양어장은 어류생산과 갈대습지를 통합한 시스템이다. 시스템에서는 연료를 포함해 다양한 용도로 사용될 수 있는 갈대(*Phragmites* sp.)의 수확과 초식성인 초어(*Ctenopharyngodon idella*)와 우창어(*Megalobrama amblycephala*)의 생산을 최대로 할 수 있도록 수위를 조절한다([그림 13-6] 참조). 이곳에서 생태공학의 적용은 어류의 성장시기와 갈대의 수확 기간을 맞추고 수위가 낮은 습지 면적을 넓게 확보하여 물고기들이 겨울을 날 수 있도록 연속된 깊은 수로를 만들고 시스템이 적절히 유지될 수 있도록 수위조절을 하도록 한다.

건기인 1월에서 3월까지는 수로에 약 80cm의 수위를 유지하고, 4월에는 인근 고호수에서 물을 펌핑해와 수로의 물이 습지로 넘쳐흐르도록 수위조절을 한다. 이때 수로의 수위를 약 130cm(5월 습지의 수위는 50cm)로 10월까지 지속적으로 물을 펌핑해 습지의 수위가 약 1m까지 상승하도록 한다. 10~12월에는 습지에는 물이 없어질 때까지 수위가 낮아지는데 이때 저서성 어류를 수확하기 위해 수로의 물을 완전히 배수시키기도 한다.

치어를 기르는 양어장은 습지와 수로 주변에 위치한다. 물을 호수에서 끌어올 때 물이

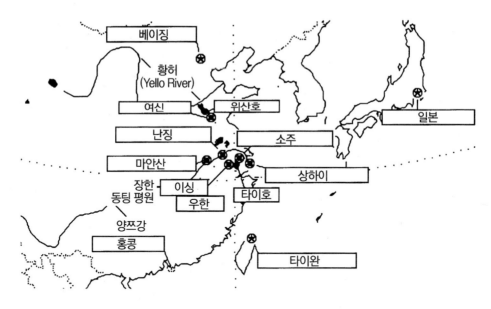

그림 13-5 생태공학 프로젝트들이 수행된 지역의 중국 내 위치를 나타내는 지도.

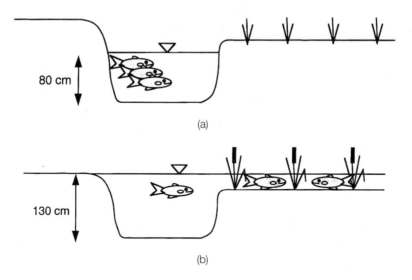

그림 13-6 중국 장쑤성 이싱에 위치한 고호수의 갈대 습지와 양어장에서의 물고기 먹이공급과 수확을 위해 사용되는 수위조절의 역할 설명. (a) 겨울, 저수위, (b) 여름, 고수위.

습지-수로 시스템에 유입되기 전에는 양어장을 먼저 통과하도록 한다. 습지에서 물을 배수할 때에는 물을 바로 호수로 배수한다. 호수에서 물을 끌어올 때 호수에서 다른 어류들이 시스템으로 유입되는 것을 방지하기 위해 스크린을 통과하도록 한다. 갈대는 습중량 기준으로 연간 1헥타르 당 75톤이 수확되었다(갈대의 건중량과 습중량의 비율은

표 13-2 [그림 13-6]에서 나타난 고호수의 습지-양어장 시스템에서 각각의 습지와 양어장의 면적

구 분	면적 (ha)
습지(갈대)	265
양어장 경계	30
양어장	8
수로	7
합계	310

* 출처 : Mitsch (1995).

30~50%임). 어류는 1헥타르당 약 9톤을 수확했는데 이 중 60%는 초어이고, 30%는 백련어와 흑련어이며 나머지 10%가 그 외 붕어와 잉어 등이다. [표 13-2]는 이러한 독특한 습지-양어장시스템의 면적을 요약한 것이다.

습지에는 수확과 양식을 위해 모두 5개의 수로가 있으며 104명의 노동력(전업일 경우 이보다 적은 수가 필요함)을 이용한다. 때때로 화학약품이 사용되기도 하고 갈대숲에 사는 초어에게 줄 보조 사료가 사용된다. 농약은 개수로와 양어장에서는 사용되지만 습지에서는 사용되지 않는다.

이와 유사한 습지식생의 섭식을 이용한 통합적 물고기 생산시스템이 호수 전체를 초어 생산에 이용한다는 의미인 '전체-호수 초어'라는 이름으로 1970~80년대 중국 동부의 여러 호수에서 실험되었다(Li, 1998). 여기에 사용된 4가지 중요한 기본 관리 개념은 다음과 같다.

1. 호수 전체를 초어 생산을 위해 사용 : 호수에서 초어와 수생 식물의 생산이 함께 이루어지며, 물고기가 도망가는 것을 막기 위해 호수와 하천은 단절시킨다.

2. 큰 규모의 초어 서식지의 순환 이용 : 초어 서식지의 크기를 전체 호수의 약 1/4인 50~100ha로 제한하며, 이 양어장을 1~2년마다 호수 내에서 순환하며 사용한다([그림 13-7a] 참조).

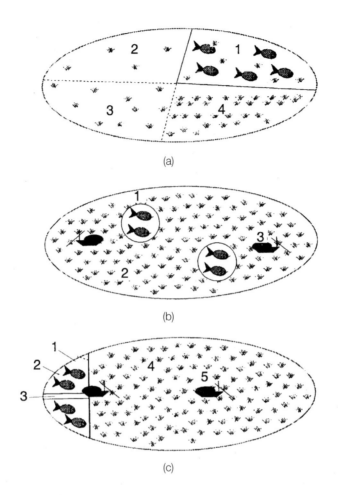

그림 13-7 중국 호수에서의 초어와 수생식물의 수확을 위한 3가지 관리 계획
(a) 초어를 기르는 큰 양어장의 순환 이용(숫자는 양어장의 순환 순서를 나타낸다), (b) 높은 초어 밀도를 갖는 작은 양어장. 1 : 높은 서식밀도의 초어들, 2 : 교란 없는 수생식물의 성장, 3 : 수생식물을 수확한 후 양어장으로 이동, (c) 호수 주변 제방 뒤편 저지대 못(호수의 10% 미만의 면적)에서 높은 밀도로 초어를 양식. 1 : 제방, 2 : 못의 초어들, 3 : 이동과 배수를 위한 수로, 4 : 교란 없는 수생식물의 성장, 5 : 수생식물을 수확한 후 못으로 이동함(Li, 1988; 저작권 1988; Elsevier Science의 허락 아래 재인쇄).

3. 작은 양어장에 높은 서식밀도로 초어를 양식 : 초어를 0.2~0.5ha 크기의 더 작은 양어장에서 집약적으로 양식하고 그 외 호수에서는 어류의 먹이를 수확해 양어장에 공급한다([그림 13-7b] 참조).

4. 주변 저지대의 어류 연못을 이용 : 3번에서 사용한 작은 양어장 시스템과 유사하지만 물고기를 호수변에 위치한 제방 옆으로 조성된 못-수로 시스템에서 양식한다 ([그림 13-7c] 참조).

표 13–3 중국의 수생식물 우점 호수에서 초어생산에 적용된 4가지 방법의 비교

구 분	전체 호수 섭식	큰 양어장 섭식	작은 양어장 섭식	호수 주변 못
크기	전체 호수	50~200 ha 양어장	02~05 ha 양어장	호수 주변에 제방으로 분리된 못
양식	수생식물을 사료로 이용	수생식물을 사료로 이용	수확된 수생식물과 다른 육상식물을 사료로 이용	수확된 수생식물과 다른 육상식물을 사료로 이용
어류생산성	<100	<1,000	5,000~10,000	6,000~20,000
유입	치어 관련 비용 수확비용 (높음)	치어 관련 비용 수확비용 양어장 운영(높음)	치어 관련 비용 수확비용(낮음) 양어장 운영(낮음) 수생식물 수확	치어 관련 비용 수확비용(낮음) 제방–못–수로시스템 수생식물 수확
환경영향	수생식물을 제거하며 깨끗한 물을 더럽힘	환경영향이 양어장에 한정됨	양어장이 오염됨	수생식물이 제거되고 유기폐기물이나 영양물질이 호수로 되돌아가지 않음. 호수의 10% 정도를 사용함
지속성	2~3년	장시간	장시간	장시간

* 출처 : Li (1998).

4가지 초어생산 방법을 비교하여 [표 13-3]에 나타냈다. 생산량은 전체 호수를 이용해 초어를 생산하는 시스템이 가장 낮았으며(<100 kg ha^{-1} yr^{-1}), 호수에 인접한 인공 저지대를 활용한 시스템이 6000~20,000kg ha^{-1} yr^{-1}로 가장 높았다. 작은 양어장 시스템이나 저지대 물고기 연못시스템에서 높은 생산성을 나타낸 것은 호수의 생산성만으로는 어류가 필요한 먹이를 충분히 공급할 수 없기 때문에 인접한 토지에서 수확한 호밀 등의 초본류를 어류의 먹이로 사용했으며, 집약적으로 식물을 수확하는 두 시스템([그림 13-7b, c] 참조)에서 호수에서 수확된 수생식물의 양 또한 많았기 때문이다.

양어장이 호수에 있지 않고 인접한 저지대에 있게 되면, 수확된 영양물질은 호수로 다시 돌아갈 수 없게 되어 호수의 부영양화(높은 수생식물 성장)를 예방할 수 있다. 그러나 저지대는 호수의 10%를 차지하며 호수 연안지역의 주요부분이 된다.

농업생태공학 농장

현재 중국에는 20개 이상의 성(省)에 수천 개의 생태공학과 생태농업을 적용하고 있는 현장이 있다(Zhang et al., 1998). 안후이성의 양쯔강 남쪽 제방 지역에 위치한 마안산에서 약 25km 서쪽에 위치한 태창(Tai Chang) 마을은 농업생태공학의 시범지역 중 한 곳이다. 실험지역이 있는 마을은 약 700ha의 면적을 갖고 있는데 이 중 390ha를 경작에 이용한다. 894가정, 1870명의 노동력을 갖고 있는 이 지역의 총 인구는 3,408명이다. 16개 마을 사업장에서 1년에 1100만 위안 어치를 생산하는데 연간 소득은 140만 위안이며, 1인당 1년 소득은 1030 위안이다.

마을에는 농업생태공학의 시범지역이 있으며, 이곳 시범지역에는 돼지농장, 메탄 생산과 사용, 양어장, 포도 생산, 오렌지와 메타세콰이아, 뽕나무, 녹나무 등의 조림지 등이 있다([그림 13-8] 참조). 누에가 뽕나무 잎을 먹고 생산하는 비단은 농업생태공학을 계획할 때 가내 공업을 가능하게 한다. 연못바닥의 분해퇴적물들이 조림지역에서 비료로 재이용되며, 돼지 분뇨에서 생산하는 메탄은 요리할 때 연료로 사용된다.

농업생태공학의 다른 예로서 우 등(1988)과 마와 리우(1988)에 의해 소개된 후산성 소재 마을과 차이 등(1988)에 의해 소개된 장쑤성 소재 마을이 있다. 우 등(1988)은 인구

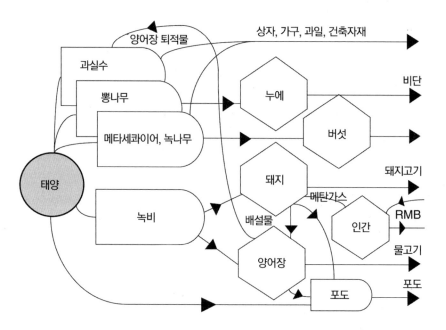

그림 13-8 중국 안후이성 태창마을에서의 농업생태공학 시스템. 다양한 생산품은 한 시스템에서 생산된 폐기물을 다른 시스템에 공급할 수 있게 한다(Mitsch et al., 1993; 저작권 1993; Elsevier Science의 허락 아래 재인쇄).

1505명의 우탕(Wu Tang) 마을에서 농업생태공학을 활용해 비료, 목초, 연료를 생산한다고 논의한 바 있다. 89.4%의 에너지를 태양을 이용해 생산한 유기물을 활용해 생산하며, 산업에너지는 단 10.6%만을 이용한다(에너지 품질 비율은 적용되지 않음). 더구나 총 유기물의 88%가 마을 내에서 소비되며 단 12%만이 외부로 배출된다. 이는 외부의 산업에너지에 크게 의존하지 않는 자급자족 시스템임을 설명한다.

● 염습지 복원

해안을 안정화하기 위해 *Spartina anglica*가 주로 우점하는 염습지가 중국 동쪽 해안을 따라 조성되었다. 이는 식물을 이용하여 농업과 산업 발전을 위해 갯벌을 간척할 목적으로 퇴적물의 침적을 가속화 시키고 녹비와 식품 및 연료를 생산하며, 하천의 하상 상승을 방지하고, 오염을 조절하기 위해 수행되었다(Chung, 1982, 1985, 1989). 중국 해안을 따라 조성된 많은 염습지는 정(chung)에 의해 1963년과 1964년에 먼던 (Essex, England)에서 도입한 21개체의 식물에서부터 시작되었음을 알 수 있다(Chung, 1989). 당시에 다른 집단의 식물들도 서부 덴마크의 호이어(Højer) 습지와 영국의 풀(Poole) 항구에서 도입되었다. *Spartina anglica* 종은 영국의 *S. maritima*와 북미의 *S. alterniflora*의 교배종인 *S. Townsendii*의 복이배체(Chung, 1983)이다. 이 식물을 선정한 이유는 이들이 저지대에서 잘 성장하고 번식률이 빠르고 바다 쪽으로 분포하는 특성을 갖고 있기 때문이다. 초기 실험에서 종자, 줄기 및 근경번식이 성공적으로 이루어졌다. 대규모 스파티나 식재기술은 처음에 논에 이들 식물을 이식함으로써 시작되었는데 이와 같은 이식기술은 중국에서 잘 발달되었다.

중국의 연안지역을 따라 조성된 스파티나 습지는 [그림 13-9]에서 보는 바와 같이 사람들에게 많은 혜택을 준다. 스파티나를 식재함으로써 일부 지역에서는 퇴적물 집적에 의해 7년 동안에 약 80cm의 지반 상승이 일어났으며(11.4 cm yr^{-1}), 또 다른 지역에서는 4년 동안 66~68cm(16.7 cm yr^{-1})의 지반 상승이 관찰되어, 나중에 작물 생산이나 해안 안정화를 할 수 있는 매립효과를 보여주었다.

스파티나는 토양 내 산소와 유기물을 증가시키며, 염분 농도를 낮추고, 파도 에너지를 분산시켜 해류의 유속을 늦춘다. 새로 조성된 염습지는 이동성 철새, 물새, 가금류, 갯지렁이, 게 등의 서식처로 사용되며 소나 양의 목초지로도 사용된다. 식물은 가축 사료로 수확되며, 논에 매우 효과적인 녹비로도 활용되고, 연료원으로 또한 요리와 조명을 위해

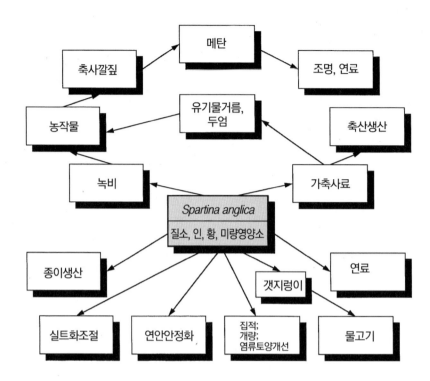

그림 13-9 중국의 복원된 연안습지의 혜택

사용될 수 있는 습지가스(메탄)를 생산하는 데에도 이용된다. *Spartina*는 중국의 동일 연구 그룹들에 의해 맥주와 물에 무기영양물(특히 F, V, Cr, Mn, Fe, Co, Ni, Cu, Zn, Se, Sr, Mo, Sn, I)을 공급하는 공급원으로도 사용될 수 있다고 관찰되었다. 스파니타 잎에서 만들어진 생광천수(Biomineral water)를 동물에게 시험했는데 다양한 건강기능이 향상되는 것이 관찰되어(Qin et al., 1998), 생태적으로 조성된 연안습지에서 경제적인 가치도 증가할 수 있다고 제안되었다.

● 하천오염 조절

하천의 부레옥잠(*Eichhornia crassipes*) 생태계에서 일어나는 수질오염 조절시스템으로서의 역할이 중국 장쑤성 소주(Suzhou) 동쪽 근교의 푸멘(Fumen) 강에서 연속으로 설치된 생태공학 실험장을 통해 조사되었다(Ma and Yan, 1989). 1984년 5~12월에 걸쳐 약 2~7ha의 하천에 부레옥잠을 도입하였다. 이 시스템이 이점은 특히 영양물질, 유기물질, 중금속 등에 의해 오염된 하천의 부분적인 회복과 많은 소비자들에게 공급될 수 있는 녹색 사료를 생산하는데 있다([그림 13-10] 참조).

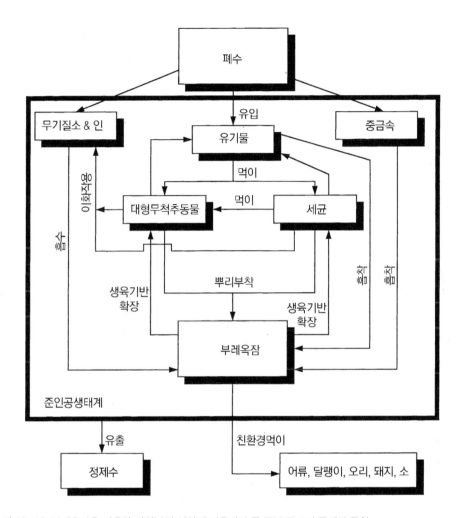

그림 13-10 부레옥잠을 이용한 하천복원 실험에 이용된 소주 동부 근교의 푸멘강 구획

　부레옥잠의 생산량은 건중량을 기준으로 연간 1ha당 약 90,000~100,000kg으로 매년 1580kg ha⁻¹의 질소와 358kg ha⁻¹의 인, 198kg ha⁻¹의 황을 흡수한다고 추산했다(Ma and Yan, 1989). 부레옥잠 실험습지에서 COD, 총질소, 총인, 암모니아성 질소와 오르토 인산염, 유기질소, 유기인의 농도가 모두 식물성장기에 감소했다. 부유식물인 부레옥잠 의 뿌리시스템에 의해 발달된 미생물 군집에 의해 하천의 유기물질 감소가 일어났다. 약 부레옥잠 2500톤(생체량)이 현장에서 수확되어 양어장에서 특히 초어(*Ctenopharyn-godon idella*)와 우창어(*Megalobrama amblycephala*)와 같은 물고기의 사료로 공급되거나 오리, 돼지, 달팽이의 사료로 사용되었다. 이러한 부레옥잠을 먹이로 하는 물고기와 오 리의 체내 중금속 농도를 조사한 결과 일반적으로 안전한 수준임을 나타났다.

⬤ 중국 양어장

중국에서 농업-양식 시스템은 중요한 2가지 요소인 양어장과 농수로로 구성되어 있다 ([그림 13-11]; Ruddle and Zhong, 1988; Yan and Yao, 1989). 여기서 재활용은 가장 중요한 개념으로서 사람과 가축의 폐기물이 양어장에 영양물로 주어지며 성장기가 지난 후에 양어장 바닥에 쌓인 진흙은 수로에 다시 비료로 활용된다. 그러나 얀과 야오 (1989)가 설명하는 양어장의 경우에는 1차 생산을 증대하기 위해 어떤 폐기물도 유입되지 않는다. 유입되는 모든 물질은 직접적인 먹이원이며, 풀, 미세사료, 달팽이와 조개에서부터 여러 종류의 물고기에 이르기까지 모두 시스템에서 독특한 생태학적 위치를 차지한다.

예를 들면 플랑크톤 섭식 물고기에 의해 제거되는 조류의 독특한 특성은, 섭식된 조류가 다시 재이용된다는 것이다. 미우라와 왕(1985)은 백련어와 대두어가 먹어치운 조류 중 35%에서 50% 정도의 클로로필a가 배설된 후에도 살아남는다고 보고했다. 물고기의 소화관을 통과한 후 조류의 총생산은 통과하기 전과 비교할 때 각각 22%와 100%로 나타났다. 미우라(1990)는 더 나아가 배변되어 부유하는 조류 양을 고려하면 백련어와 대두어가 매일 소비하는 양의 13~66%가 재이용된다고 추정했다. 여기서 평가된 중국의 양어장에 서식하는 주요 동물플랑크톤은 원생동물, 윤형동물, 갑각류(지각류, 요각류), 담수 이미폐류 등이다(Yan and Yao, 1989).

식물 플랑크톤과 유기분해물의 주요 소비자인 동물 플랑크톤에 의해 섭식되는 먹이는 호흡을 통해 분해되거나 다시 외부로 배설된다. 중국의 양어장에서 용존산소는 연못의 특성을 나타내는 가장 중요한 인자이다. 수온 또한 성장 패턴에 영향을 주는 중요한 요인이지만 낮은 용존산소는 물고기의 섭식활동을 감소시킨다. 몇몇 양어장에서는 연간 수회에 걸쳐 기계적인 공기의 공급이 이루어진다. 표층에서의 높은 광합성률과 바닥층에서의 높은 미생물 분해율 때문에 양어장은 표층에서 산소의 농도가 높고 저층에서는 용존산소가 낮은 깊이에 따른 용존산소의 농도구배를 가진다. 따라서 바닥에 서식하는 잉어, 청잉어, 미생물들은 용존산소 결핍에 더 민감하다.

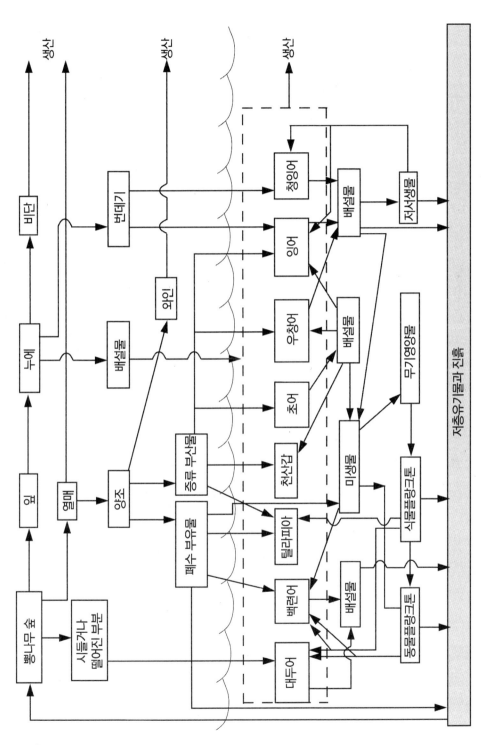

그림 13-11 농업과 양식 시스템의 실례로서의 중국의 뽕나무숲과 양어장 시스템(Yan and Zhang, 1993에 포함된 Ma and Yan, 1989의 자료; 저작권 1992, Elsevier Science의 허락 아래 재인쇄)

사례연구
중국 양어장의 시뮬레이션

전형적인 중국 양어장의 먹이그물에 관한 도해를 [그림 13-12]에 오덤의 에너지 언어로 표시했다. 여기서 설명하는 모델 시뮬레이션은 이들 양어장을 대상으로 기존에 발표된 생산율을 검증하고 또한 만약 시스템의 일부가 제거되었을 때도 이들 시스템이 차선의 성능을 가질 수 있는가를 알아보기 위해 수행되었다(Hagiwara and Mitsch, 1994). 대상 양어장에서 서식하는 주요 어종은 청잉어(*Mylopharyngodon piceus*), 잉어(*Cyprinus carpio*), 우창어(*Megalobrama amblycephala*), 백련어(*Hypophthalmichtys molitrix*), 초어(*Ctenopharyngodon idella*), 대두어(*Aristichthys nobilis*)이다. 모델의 검정 대신에 가능한 변화량에 대한 모델의 반응 정도를 알아보기 위해 얀(1991, 개인적 의견교환)의 에너지흐름 자료 및 용존산소 자료(Yan and Yao, 1989)를 이용해 모델의 보정을 수행했다.

양어장 모델은 다음의 가정들을 갖는다(Hagiwara and Mitsch, 1994).

1. 생물학적 상태 변수들을 kJ m⁻²의 에너지 단위를 갖는 농도로 표현된다.
2. 반응 기작들은 온도 종속적이어서 온도에 종속적인 비속도율로 표현할 수 있다.
3. 양어장의 온도는 어디서나 동일하다.
4. 먹이공급과 수확 외에 인간의 간섭은 없다.
5. 양어장의 부피(깊이와 넓이)는 계절에 따라 변화가 없다.
6. 양어장은 깊이에 따른 용존산소의 구배(상층에서 높고 저층에서 낮음)가 있다.
7. 어류에 의한 먹이의 소비는 온도, 광주기, 용존산소농도에 의해 결정되는 환경요인에 영향을 받는다.
8. 어류와 동물성 플랑크톤에 의한 먹이 소비는 특정 반포화상수로 표현 가능한 먹이 밀도에 제한을 받는다.
9. 어류는 2~12월까지 양어장에서 자란다.

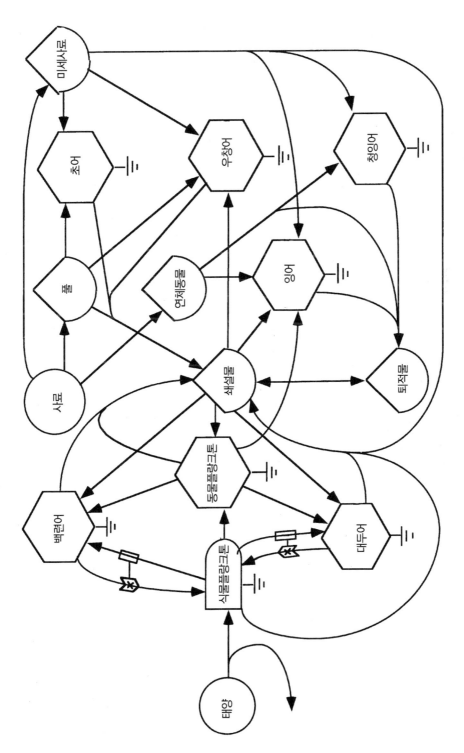

그림 13–12 중국 양어장의 시뮬레이션 모델(Hagiwara and Mitsch, 1994; 저작권 1994; Elsevier Science의 허락 아래 재인쇄)

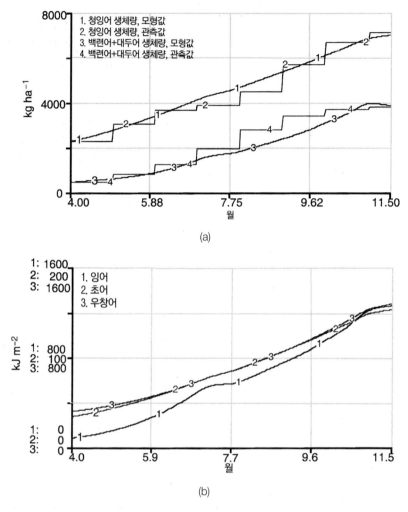

그림 13-13 [그림 13-12]에 나타낸 양어장 모델에서 어류의 생체량의 예측 결과. (a) 청잉어와 백련어+대두어의 성장 패턴을 시뮬레이션한 결과와 실측 자료와의 비교, (b) 모델을 이용해 예측한 초식어류의 성장

10. 달팽이, 미세사료, 풀 등은 물고기에게 매일 공급되는데 공급되는 양은 어류의 생체량과 앞에서 언급한 환경요인의 곱에 비례한다.

11. 암모니아나 아질산염 같은 화학물질의 양은 무시할 만큼 미량이 존재한다.

12. 어류의 배설물은 먹이의 종류에 따라 동화율이 감소하는 대두어를 제외하고는 먹이 섭취량에 비례해 배출된다.

한 계절에 대두어의 성장을 시뮬레이션한 결과가 현장에서 관측된 자료와 잘 일치하고 있음을 보여주었다([그림 13-13a] 참조). 여과섭식자(백련어와 대두어)는 주로 먹이 이용가능도에 영향을 받았다. 모델링 결과는 실제 7월의 관측 결과와 가장 큰 차이가 있는 것으로 나타났는데 이 기간 동안 모델에서 물고기는 산소결핍에 의한 영향을 받는다. 풀을 섭식하는 어류는 [그림 13-13b]와 같이 로지스틱 곡선을 따르는데, 모델에서 밀도 효과나 독성물질의 영향을 고려하지는 않았지만 용존산소나 온도가 감소하면서 또 생체 크기가 증가함에 따라 점차 감소하는 먹이욕구와 어류의 급격한 성장을 제한하는 광주기의 변화 등을 고려했다.

각 개별 어종이 전체 생태계에 미치는 영향을 추정하기 위해 각각의 종을 제거하면서 단계적으로 모델링을 수행했다([표 13-4] 참조). 모델에서는 청잉어가 없는 경우에 백련어의 성장이 느려진다고 나타났는데 백련어가 식물성 플랑크톤의 과대 섭식 압력으로 작용한다는 사실을 고려할 때 이러한 결과는 부분적으로 사실일 수 있다. 백련어를 제거하면 동물성 플랑크톤의 개체 수가 증가함에 따라 용존산소의 감소를 초래한다. 대부분의 경우 한 종의 제거는 양어장에서 준최적화를 초래하는 것으로 나타났다. 양어장에서의 균형은 복잡한 먹이그물 구조에 의해 발생하는 다양한 피드백 과정에 의해 유지된다.

표 13-4 중국의 양어장에서 어종 제거로 인한 영향 모델의 요약

제거종	효 과
백련어	용존산소 감소, 동물성 플랑크톤의 생체량 증가 식물성 플랑크톤 생체량과 1차 생산의 큰 변동 동물성 플랑크톤을 섭식하는 대두어를 제외하고는 어류생장의 감소 낮은 용존산소로 인해 광합성에 필요한 유효인의 증가
대두어	동물성 플랑크톤의 지속과 실제 식물성 플랑크톤의 감소 위보다 더 낮은 용존산소 모든 어류 종의 성장 감소 유기분해물의 감소
초어	유기분해물 감소, 용존산소 증가, 인 감소, 전체적인 변화는 적음
우창어	미세먹이에 대한 경쟁 감소로 청어와 잉어의 성장을 제외하고는 전체적인 변화가 적음.
청잉어	주 에너지원(70% 이상 차지)인 유기분해물의 감소로 백련어의 성장에 치명적. 높은 용존산소 및 낮은 인농도 (지속적인 제한 요소) 경쟁감소로 잉어와 초어의 성장이 가장 큼. 자원부족(동물성 플랑크톤과 유기분해물)으로 대두어와 우창어의 낮은 성장
잉어	백련어와 우창어 외에는 경쟁 감소로 높은 생장 높은 동물성 플랑크톤 생체량, 낮은 유기분해물량 때문에 백련어는 감소하고 우창어는 생장 증진

출처 : Hagiwara and Mitsch (1994).

백련어의 제거는 양어장 생태계에 변동을 초래하는데 특히 백련어가 식물성 플랑크톤의 중요 섭식압력으로 작용하는 늦은 여름에서 가을에 나타난다. 잉어와 우창어의 도입은 오히려 유익한 영향을 미치는데 이들 어종은 다른 종에 의해 점유되지 않는 생태적 지위를 차지할 수 있기 때문이다. 이러한 사실은 특히 거의 전체적인 변동이 없는 것으로 관찰된 우창어의 경우에서 나타났다. 잉어의 제거는 결과적으로 경쟁자의 높은 생장률을 야기한다.

여기서 모델은 중국 양어장에서의 어류 생산과 관련된 기작들을 재현하는 것처럼 나타났다. 그러나 가장 중요한 것은 모델을 이용해 중국 양어장에서의 에너지의 흐름과 운용을 검증했다는 것이다. 뿐만 아니라 양어장의 다양한 어종 중 어느 한 종의 제거는 양어장 생태계가 최적의 상태에 못 미치는 기능을 초래하게 됨을 보여준다.

⊛ 습지와 논

중국은 수천년 동안 사람이 거주하며 개발되어왔기 때문에 필요한 식량과 섬유를 생산하기 위해 이미 대부분의 습지와 수로가 사람들에 의해 이용되고 있다. 그럼에도 불구하고 중국에는 자연습지와 논을 포함하는 습지의 전체 면적이 620,000km²며, 이 중에 자연습지가 250,000km²인 것으로 추산되고 있다(Lu, 1990, 1995). 이는 중국 1000ha의 자연습지마다 인간에 의해 강도 높게 관리되는 습지인 논이 약 1500ha가 존재하는 것을 의미한다. 듀간(Dugan, 1993)이 중국을 수상문화라고 말한 바와 같이 중국 사람들에 의해 관리되고 있는 습지들은 중국이 아시아에서 물이 풍부한 범람원과 삼각주로 둘러싸인 환경에 잘 적응하고, 범람과 같은 자연의 펄스현상이 주는 이점을 잘 활용하는 국가라는 것을 보여준다.

반대로 유럽과 북미의 문화는 제방, 댐, 펌프, 배수타일을 이용해 물을 관리하면서 부분적으로는 계절적으로 물이 풍부한 수리문화이다. 후자는 자연과 함께 일하는 것이 아니라 자연을 관리하는 접근 방법으로 오늘날 대부분의 나라에서 시행되고 있으며 이러한 문화는 전세계적으로 습지를 많이 잃어버리게 하는 결과를 초래했다.

사례연구
양쯔강 유역의 습지를 이용한 생태공학

중국 중부의 양쯔강 계곡에 위치한 넓은 충적지인 장한-동팅 평원(Jianghan-Dongtin Plain)의 주요한 지형적 특징은 호수나 습지와 같은 다양한 크기의 움푹한 지역들이 많이 있다는 것인데, 이러한 지역들은 얕은 호수, 제방 농업, 높여진 하상, 많은 논과 양어장 등으로 계절적으로 범람한다. 원래 계절적으로 침수되는 대부분의 습지가 양어장과 논과 같이 제방, 수로, 펌프로 보호되는 인공습지로 조성하기 위해 변경되었다(Bruins et al., 1998).

하지만 가끔씩 이 지역의 배수 능력 이상의 강우가 올 경우에는 여전히 물에 잠기게 되어 농작물의 경제적 손실을 입는데, 배수시스템을 초과하는 강도 높은 강우로 인해 저지대의 논이 침수된다. 브륀스 등(1998)에 의해 수행된 생태적인 대안 연구에서는 이들 침수지역에 침수에 강한 습지 농작물을 재배하고, 배수가 되지 않은 빗물을 수동적으로 저장해 침수로 인한 손실에 취약한 지역을 보호하고자 하는 생태공학적인 전략이 제안되었다.

24km² 크기의 국영 농장([그림 13-15a] 참조)과 홍호 홍수우회지역(Hogho Flood Diversion)이라 불리는 2800km²의 전환지역([그림 13-15b] 참조)을 포함한 다양한 규모의 개념 모델들이 제시되었다. 농장 규모에서 저지대와 농장의 경계는 일치했고, 토지이용과 배수시스템 구조에 대한 자료는 쉽게 획득할 수 있었으며, 결과물은 최근 논에 손실을 미친 범람의 패턴을 잘 재현했다. 모델을 이용해 2가지 관리 대안에 대한 조사를 수행했다. 첫 번째 대안에 대한 시뮬레이션에서는 펌핑을 늘리고 수로를 깊게 하는 전통적인 공학적 해결책이([그림 13-5a] 참조), 두 번째 대안에서는 해당 지역에 계절적 침수를 허용하고 저지대로 물을 모아 연(Nelumbo), 야생벼(Zizania latifolia), 골풀(Juncus) 등을 재배하는 생태공학적 접근이 제안되었다. 얕은 습지에서 자랄 때 벼는 쉽게 침수 피해를 입을 수 있는 반면 이들 습지 농작물들은 모두 절대수생식물로서 일시적이거나 영구적인 정체수에서도 자랄 수 있다.

야생벼의 줄기는 특히 중국 도처에서 발견되는 맛좋은 곡식으로 줄기성장을 촉진하는 줄기진균류와 함께 공생하며 성상한다. 야생벼는 샐러리처럼 요리해

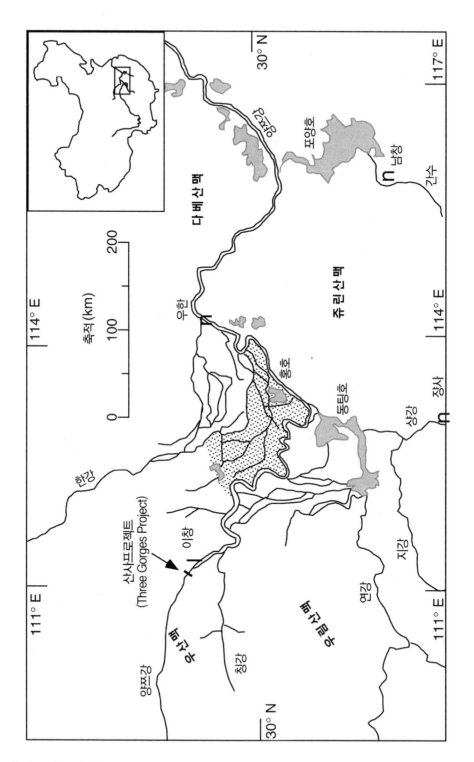

그림 13-14 중국의 양쯔강 유역 중류의 지앙한–둥팅(Jianghan–Dongting) 평지. 음영처리된 지역이 *포레이크 (Four Lakes)* 지역이다(Bruins et al., 1998; 저작권 1998; Elsevier Science의 허락 아래 재인쇄).

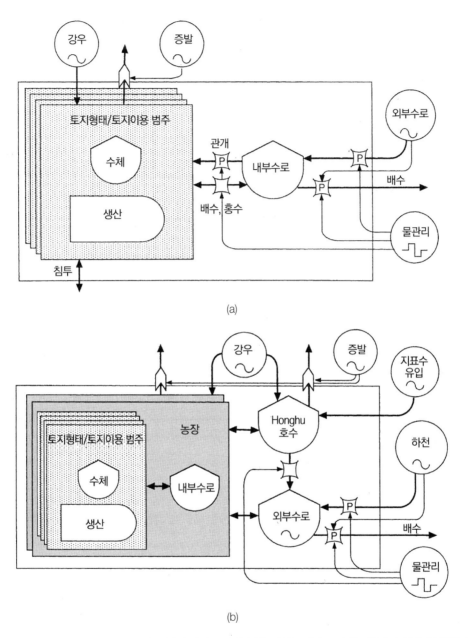

그림 13-15 장한-동팅평원의 수문과 생산의 개념 모델들. (a) 농장 규모에서 도입되는 물 관리 일정, (b) 면적-수준-규모의 물관리(Bruins, 1997; 허락 아래 재인쇄)

먹는데 중국에서는 연회장이나 농장마켓에서 종종 찾을 수 있다. 생태공학적 대안에서 강조되는 것은 펌프나 제방, 수로 등을 사용해서 물을 지속적으로 조절하려고 하는 것이 아니라 물에서 더 잘 견딜 수 있는 시스템으로 전환하는 것이다.

표 13-5 전통적 공학을 이용한 농경 접근법과 생태공학적인 접근법에서 홍수에 대응하는 전략 순위

전략	농장에 미치는 영향		전체적인 효과
	최대홍수	벼 피해	
a. 전통적인 접근법			
1. 농장의 펌핑 능력 증대	많이 낮음	크게 감소함	큼
2. 20% 배수로를 깊게 함	약간 낮음	약간 감소함	보통
3. 50%의 벼를 이모작으로 변경함	약간 변동적임	일반적으로 증가함	적음
b. 생태공학적인 접근법			
4. 저지대를 연-야생벼 경작지로 전환하고 제방을 높임	큼	크게 감소함	큼
5. 저지대를 연-야생벼 경작지로 전환	큼	크게 감소함	큼
6. 50%의 저지대를 연과 야생벼 경작지로 전환하고 제방을 높임	일반적으로 큼	변동적임	보통
7. 50%의 저지대를 줄과 벼를 교대 경작지로 전환	작거나 없음	약간/변동적임	적음
8. 50%의 저지대를 연이나 야생벼 경작지로 전환.	종종 높음	피해 증가함	적음

출처 : Bruins et al (1998).
[a]모델 시뮬레이션 결과를 이용하여 예측함.

13.4 중국 생태공학의 미래

식량생산과 지속가능한 생계가 가능하도록 하는 중국에서의 생태적인 접근들에 대한 미래는 전세계 인구 중 많은 인구가 중국에 살고 있으며 또 현재 중국에서 일어나고 있는 빠른 경제발전 속도를 생각할 때 불확실하다. 많은 생태기술들이 수세기 동안 시행착오를 통해 발전해왔으며 이제는 전통적인 중국 문화의 일부가 되었다. 21세기가 되기 전에 이미 중국의 인구가 12억 명 이상으로 급증하면서 많은 양의 비료와 농약, 에너지를 사용하고 주로 단일종으로 재배하는 현재 서구의 농업 양식이 중국에서도 더 유행하게 되었다.

하지만 이 장에서 설명한 지속가능하고 다소 전통적이기도 한 다양한 접근 방법들은 중국에서 분명히 필요한 방법들이며 서구에서도 지혜롭게 모방하여야 한다. 왕 등(1998a)은 중국과 다른 개발도상국들의 상황을 "정치 입안자들은 환경문제를 경제적이고 방법론적인 이유 때문에 응급치료방식으로 때우고 있으며 종종 이전 문제를 해결하면서 새로운 환경문제를 만들어낸다. 다행히도 생태공학은 경제와 생태를 또 현재와 미래 그리고 지역과 지방의 균형을 유지할 수 있도록 하는 방법들 중 하나이다"라고 서술했다.

제3부
생태공학의 도구

제 14 장 생태공학과 생태계 복원에서의 모델링

생태공학과 생태계 복원

제14장
생태공학과 생태계 복원에서의 모델링

모델은 시스템에 대한 지식요소와 관측요소의 통합으로 볼 수 있다. 그러므로 모델의 질은 지식요소와 이용 가능한 자료의 질에 따라 달라진다. 만약 주어진 문제에 대한 지식과 자료가 충분하지 못하다면, 모델이 세부 지식의 결점을 보완하거나 부정확한 자료를 교정할 수는 없다. 반면 모델은 전체 시스템의 반응과 특징에 대한 새로운 지식을 제공할 수 있다. 특히 모델은 시스템에 대한 지식의 통합을 나타내기 때문에 시스템 특성에 대한 결과를 제공해 줄 것이다.

나아가 다양한 관점에서 본 다른 많은 모델의 결과를 참고한다면, 생태계에 대해 포괄적이고 전체적인 그림을 얻을 수도 있다. 다양한 관점에서 보는 것만이 관측을 완벽히 소화해낼 수 있다. 모델링은 가능성이 있는 다양한 관점을 얻고자 할 때 가장 유용한 도구이다.

복잡한 환경적, 생태적 문제의 발생은 생태·환경 모델을 시스템의 반응과 특징이 집중되는 강력하고 종합적인 도구로서의 생태·환경 모델을 발전시켜왔다. 모델은 시스템적 수준에서 시스템의 특성을 분석하고 이해하는데 사용된다. 생태공학에서는 변화를 예측하는데 모델이 중요하게 이용되며 생태학에서는 생태적 문제를 파악할 뿐만 아니라, 생태계의 오염과 토지이용 변화의 영향과 같은 시스템 전체의 변화를 예측하기 위해 모델을 사용한다. 이처럼 변화의 영향을 예측하는 모델의 능력은 종종 오염문제를 해결하고자 자연생태계를 시공, 복구 또는 활용하는 생태공학에서 더 중요할 수 있다.

모델은 생태계를 복구하기 전에 생태계에 미치는 영향 예측을 위해 사용하는 기본적인 도구이다. 모델링의 반복적 과정 또한, 적절한 방법으로 생태계를 설계할 수 있는 다중시뮬레이션이나 최적화 프로그램 등과 같은 좋은 설계도구이다.

모델은 물리적이거나 수학적일 수 있다. 물리적 모델에 복잡한 과정이나 반응이, 더 단순한 모델의 관찰로 추론된 시스템의 구성요소를 포함한다. 예로, 독성물질과 자연의 식물, 곤충, 토양 시스템 간의 상호작용을 연구한다고 가정해보자. 우선, 이러한 구성요소를 포함하는 단순화된 모델을 구축하고, 관찰은 더 단순한 시스템에서 이루어진다. 이를 근거로 자료를 해석할 것이다. 물리적 모델은 일반적으로 큰 시스템의 주요 구성요소 모두를 포함하므로 소규모 모델생태계(microcosms or mesocosms)라 한다. 소규모 모델생태계(Microcosms)에서의 관측은 수학적 모델을 향상시키기 위해 종종 이용되기도 한다.

이 단원에서 거론되는 모델은, 논의중인 문제에서 가장 중요한 과정을 수학적으로 공식화하는 수학적 모델이라 할 수 있다. 환경모델링의 분야는 지난 20년간 다음의 3가지 요인 때문에 빠르게 발전되어 왔다.

(1) 복잡한 수학적 시스템을 쉽게 다룰 수 있는 컴퓨터 기술의 발전
(2) 오염문제와 오염현상이 생태계에 미치는 영향에 대한 일반적인 이해
(3) 생태계의 특징과 특성에 대한 심층적인 이해

14.1 모델의 생태공학에의 적용

모델은 주로 사업의 영향에 대해 예측을 하거나 생태계를 설계하고, 현존하는 생태계를 수정하기 위한 관리도구로서 생태공학에 사용된다. 최근의 오염방지 형태는 환경관리에 있어서 환경공학이 주요 응용도구였던 20~30년 전에 비해 훨씬 더 복잡해졌다. 오늘날 우리는 생태공학, 청정기술, 환경법률 제정, 환경세와 같은 정치적 결정도구 등 다양한 오염방지 방법이 시행되고 있다([그림 1-9] 참조).

또한 모델은 환경위해성 평가를 위해 사용된다. 환경위해성평가에는 배출규제 또는

배출유형에 대한 법률제정 등의 형태로 적용된다. 물론 모델이 더 명백한 결과를 보여주지만 항상 그런 결정에 포함된 경제적 상황 때문에 정치적 결정이 우선시되기도 한다. 다양한 문제해결을 위해 경제적인 결과도 고려한 생태·경제모델을 만들고자 하는 사례도 있지만 이들 모델은 매우 제한적으로 사용되었고, 보다 보편화된 지침서를 만들기엔 충분히 개발되지 않았다. 그러나 생태·경제모델과 같은 형태는 아마도 가까운 미래에 개발될 것이며, 10년 후쯤이면 더 큰 범위의 환경관리에 사용되고 있을 것이다.

14.2 모델링 절차

모델링에 있어서 어려운 부분은 공식화나 수식을 컴퓨터언어로 전환하는 것이 아니다. 개인 컴퓨터와 쉽게 적용이 가능한 소프트웨어의 개발은 모델링의 이런 단계를 훨씬 쉽게 해준다. 필요한 지식을 제공하는 것이나 어떤 성분과 과정이 모델에 포함되어야 하는지 평가하는 것이 더욱 어려운 부분이다. 생태 모델링은 생태공학과 생태계 복원을 지원하므로 보다 깊은 생태적 지식과 경험이 필요하다. 수학과 컴퓨터 과학의 지식을 겸비한 생태학자가 생태학이나 환경과학에 대한 이해도가 낮은 수학자나 공학자보다 생태적·환경적 모델을 구축하는데 적합하지만 자주 무시된다.

[그림 14-1]은 모델링 절차를 나타낸 것으로, 수학이나 컴퓨터과학의 지식과 생태학이나 환경과학을 이해하는 과정이 쌍방향으로 고려되어야 함을 보여준다. [표 14-1]은 환경과학에 이용된 수학적 모델의 주요 구성 성분을 나열한 것이다. 모델링 절차는 요르겐센과 벤도리치오(2001)에서 참고하였으며, 요약하면 다음과 같다.

모델링의 첫 번째 단계는 문제의 정의이다. 문제 정의의 구성요소로 공간, 시간. 하부체계가 포함되어야 한다. 보통은 모델에 포함되어야 하는 하부체계의 정의보다 문제의 공간과 시간을 경계 짓는 것이 쉽고 더 명확하다. 모델의 범위 내에서 정의된 알맞은 수준의 정확도를 나타내기 위한 하부체계의 적정 개수를 정하는 것은 어렵다. 모델링의 마지막 단계에서는 자료의 부족으로 인해 처음에 의도했던 것보다 하부체계의 개수가 적어지거나, 보다 나은 모델을 위해 자료를 추가적으로 제공할 필요가 있다.

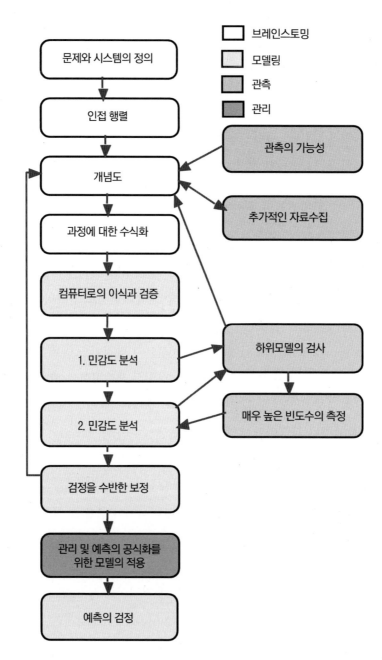

그림 14–1 모델링 절차는 4가지 기능을 구분한다. 1) 개념도를 만들 때의 브레인스토밍, 2) 숨은 자료를 제공하는 관측, 3) 모델링, 4) 검정된 모델이 적용가능할 때 일련의 시험과 관리 이후에 뒤따르는 개념도를 수학과 컴퓨터언어로의 변환. 여기에서 민감도 분석, 보정, 검정에서 수학적 공식과 개념도로의 피드백 화살표가 있음을 주의해야 하며 모델링은 반드시 반복과정을 고려해야 함을 나타낸다(Jørgensen and Bendoricchio, 2001; 저작권 2001; Elsevier Science의 허락 아래 재인쇄).

표 14-1 환경과학에서 모델의 주요 구성요소

1. 강제함수 또는 외부변수 : 생태계에 영향을 미치는 외부자연의 함수와 변수를 말하며, 제어가능한 강제함수를 제어함수라고도 함
2. 상태변수 : 모델 구조의 구성요소; 질량저장고, 에너지, 정보
3. 수학방정식 : 강제함수와 상태변수 간의 관계
4. 매개변수 : 과정을 수식으로 표현할 때 사용되는 계수. 특정 생태계나 생태계의 일부분 또는 시간과 공간에 따른 상태변수를 상수로 고려할 수 있음. 환경과학과 생태에서 사용되는 광범위한 매개변수는 Jørgensen et al. (1997)에 나타남
5. 보편상수 : 가스상수와 원자량과 같은 것

출처 : Jørgensen and Bendoricchio (2001).

더 복잡한 모델이 실제 시스템에 더 정확하다고 논쟁되어 왔지만 반드시 그런 것은 아니다. 새로운 사실은 더욱 복잡한 모델의 경우 더 많은 매개변수를 가지고 있고, 불확실성이 증가한다. 그 이유는 매개변수는 반드시 현장관측이나 연구실 실험 또는, 현장 실측값에 기초한 보정으로 평가되어야 하기 때문이다. 매개변수의 평가는 오차 없이 완벽할 수 없고, 오차가 모델에 들어가게 되면 불확실성의 원인이 된다.

이 장에서 뒤에 논의할 적합한 모델 복잡도의 선택문제는 생태공학의 모델링 분야에서 특별히 흥미로운 문제이다. 필요한 자료는 모델선택 단계에서 주어질 수 있지만 검증, 보정, 민감도분석, 검정의 다음 단계에서 거의 대부분 바뀌게 된다. 이론적으로, 선택된 모든 상태변수의 자료는 이용되어야 한다. 방대한 자료의 양과 질에 대해 보정과 검정이 잘 이루어졌는지에 따라 특정한 경우에 한해서만 선택된 상태변수를 누락시킬 수 있다.

[표 14-2]의 인접행렬에서 상태변수는 수직·수평으로 나열되며, 두 상태변수 간의 직접적인 연결을 보여주는 1은 가장 큰 개연성을 나타낸다. 0은 두 구성요소 간의 연관성이 없음을 보여준다. 실제로는, 인접행렬을 개념도 이전에 준비하는 것이 좋다. 그러므로 인접행렬은 모델링에서 개념도 개발 이전인 두 번째 단계에서 소개되었다([그림 14-1] 참조).

구두모델(verbal model)은 시각화가 어렵다. 그러므로 문제정의와 인접행렬을 상태변수, 강제함수 및 이런 구성요소간의 과정을 수식화하여 서로 어떠한 관계가 있는지를 개념도로 나타내는 것이 편리하다. 이 책에 포함된 다른 여러 개념도는 생태계에 대한 개념도를 보여주는 것이다([그림 3-5, 4-1, 4-3, 8-14, 13-10, 13-11] 참조). 적어도 모델의 복잡성이 선택된다면, 모델을 개념화할 수 있다. 개념도에 따라 모델에 필요한 자

표 14-2 [그림 4-3]ª에서 질소 모델의 인접행렬

From \ To	질산질소	암모니아질소	식물플랑크톤-질소	동물플랑크톤-질소	어류-질소	유기쇄설물-질소	저질-질소
질산질소	—	1	0	0	0	0	0
암모니아질소	0	—	0	1	0	1	1
식물플랑크톤-질소	1	1	—	0	0	0	0
동물플랑크톤-질소	0	0	1	—	0	0	0
어류-질소	0	0	0	1	—	0	0
유기쇄설물-질소	0	0	1	1	1	—	0
저질-질소	0	0	1	0	0	1	—

출처 : Jørgensen and Bendoricchio (2001).
ª두 상태변수간의 직접적인 연관을 나타내는 1과 연관 없음을 나타내는 0으로 상태변수를 수평 및 수직으로 배열하여 나타냈다.

료가 무엇인지 결정하는 것이 가장 이상적이지만 실제 상황에서는 대부분의 경우 모델의 범위와 자료의 이용가능성을 절충하여 자료를 수집한 후 모델을 개발하였다.

모델링 절차의 네 번째 단계는 수식화과정이다. 생태계의 많은 과정은 하나 이상의 수식으로 설명될 수 있고, 고려된 상황에 따라 선택된 수식이 모델의 결과를 좌우할 수 있다. 이 단계에서 모든 식의 단위가 일치하는지 주의해서 확인해야 한다.

수학식이 이용가능하기만 하다면 검증은 이루어질 수 있다. 불행히도 몇몇 모델 구축자에 의해 생략되기도 하는 중요한 단계이며, 다음의 의문점을 가진다.

(1) 모델은 오랜 시간 동안 안정되는가?
(2) 모델은 예상한 반응을 하는가?

일반적으로, 수식화 단계에서는 모델을 다양하게 다루어보도록 권장한다. 연습을 통해 모델을 접해보고 모델의 반응을 익히게 된다.

검증 다음으로 이루어지는 민감도분석은 매개변수, 강제함수, 가장 큰 영향을 미치는 상태변수에 대한 하위모델의 민감도를 평가한다. 실제 모델링에서 민감도분석은 매개변수와 강제함수, 하위모델을 바꾸어가면서 이루어진다. 모델에 사용된 상태변수의 반응을 조사하며, 민감성 S, 매개변수 P는 다음과 같이 정의된다.

$$S = \frac{\Delta x / x}{\Delta P / P} \qquad \text{식 (14-1)}$$

x는 상태변수이다.

매개변수 값의 변환은 우리가 알고 있는 매개변수의 확실성에 기초해 선택한다. 예로, 모델 제작자가 불확실성을 50%로 평가한다면, 매개변수의 ±10과 ±50의 변화를 선택할 것이며, 그에 따른 상태변수의 변화를 기록할 것이다. 매개변수와 상태변수 간의 관계가 대부분은 선형을 나타내지는 않으므로, 매개변수 2개 또는 그 이상의 민감성을 찾아야 할 필요가 있다. 모델의 복잡성과 구조의 선택은 민감도분석과 함께 이루어져야 한다. 민감도분석에서 개념 모델로의 피드백 화살은 [그림 14-1]에 나타나 있다.

모델링 절차에서 가장 중요한 2가지는 보정과 검정으로, 두 단계 모두 모델이 시스템에 연구, 적용되는 동안 수행된다. 보정은 선택된 매개변수의 변화가 계산된 자료와 관측 자료간의 최고의 일치를 찾는 시도이다. 관측값과 계산값 간의 차이가 거의 없도록 적합성을 보이는 매개변수를 찾기 위해 시행착오법이나 개발된 소프트웨어를 사용해 수행할 수 있다. 단순히 몇 개의 명확한 매개변수를 가지거나, 측정된 매개변수만을 가진 정적모델이나 단순모델이라면 보정은 필요하지 않을 수도 있다. 하지만 보통은 문헌이나 이미 평가된 방법으로 모든 매개변수의 범위를 알고 있을 때조차도 모델을 보정하는 것이 일반적이다. 그 이유는 다음과 같다.

1. 환경과학이나 생태학에서 대부분의 매개변수는 정확한 값이 알려져 있지 않으므로 문헌에서 제시한 매개변수의 값도 불확실성을 가지고 있다.
2. 환경과학이나 생태학에서의 모든 모델은 자연을 단순화한 것이다.
3. 지금까지의 환경과학이나 생태학에서 대부분의 모델은 집중모델이므로 매개변수는 몇몇 종의 평균값을 가진다.

모델을 적절히 보정하는 것이 불가능하다면, 부실한 자료에 의한 정확하지 않은 모델이므로 필요 없을 것이다. 자료의 질은 보정에 결정적이다. 관측은 시스템의 역학을 반영하는데 매우 중요하다. 만약 모델의 목적이 하나 또는 몇 개의 상태변수를 설명하기 위한 것이라면 이런 내부 변수의 역학을 보여줄 수 있는 자료가 필요하다. 그러므로 자료 수집의 빈도는 상태변수의 역학에 초점을 맞추어야 한다. 하지만 이 규칙은 모델링할 때 자주 간과되어 왔다.

자료 수집 이전에, 모델에서 고려할 모든 상태변수의 역학은 상세하게 결정되어야 한다. 특정 상태변수가 특히 봄과 같은 특정 기간의 역학을 나타낼 때는 이런 특정 기간에 밀집한 자료 수집을 하는 것이 더 이점일 수 있다. 요르겐슨(1981)은 특정 기간에 밀집한 자료수집 프로그램이 중요한 몇몇 매개변수의 결정을 위한 확실성을 제공하기 위해 어떻게 적용될 수 있는지 보여주었다.

보정은 항상 검정이 뒤따라주어야 한다. 검정은 앞서 설명된 검증과 구별되어야 한다. 검정은 모델의 출력이 자료와 얼마나 잘 맞는지에 관한 객관적인 테스트로 구성된다. 가능한 객관적인 테스트 방법의 선택은 모델의 범위에 좌우되지만 모델 예측치와 관측치 간의 표준편차나, 특히 중요한 상태변수의 모델 예측치와 관측치 간의 최대, 최소값 비교가 자주 이용된다. 만약 몇몇의 상태 변수가 검증에 포함된다면, 다른 비중을 가질지도 모른다. 검정은 다음과 같이 요약될 수 있다.

1. 검정은 모델의 신뢰성을 알아내기 위해 항상 요구된다.
2. 검정을 위해서는 보정에서 이미 사용된 것과 전혀 다른 결과 값을 얻기 위한 시도가 이루어져야 한다.
3. 검정기준은 모델의 목적과 이용 가능한 자료의 질을 바탕으로 이루어져야 한다.

14.3 모델의 유형

◉ 쌍분류

쌍분류(paired classification)는 모델의 다양한 유형을 구별하고 모델유형의 선택시 유용하다. 여러 가지 모델이 [표 14-3]의 분류체계에 나와 있다. 모델분류 체계의 첫 번째 부분은 적용에 기초한 것으로 연구 및 관리모델이다. 다음은 확률론적·결정론적 모델이다. 확률론적 모델은 [그림 14-2]에 나타나 있듯이, 확률적 입력외란과 임의의 측정오차를 포함한다. 만약 확률적 입력외란과 임의의 측정오차 2가지 모두를 0으로 가정한다면 확률론적 모델은 통계학적 분포에서 평가되지 않은 매개변수를 조건으로 하는 결정론적 모델이 될 것이다. 이렇게 만들어진 결정론적 모델은 시스템의 미래 응답이 현재 상태와 미래에 측정된 입력자료에 대한 지식에 의해 완벽히 결정된다고 가정한다. 확률론적 모델은 근래 생태학에는 거의 적용되지 않는다.

표 14-3 모델 유형 쌍에 의한 모델의 분류

모델 유형	특 성
연구모델	연구도구로서 사용됨
관리모델	관리적 도구로서 사용됨
결정론적모델	정확하게 계산된 예측값
확률론적모델	확률분포에 의한 예측된 값
구획모델	시스템을 정의하는 상태변수는 시간의존미분방정식에 의해서 정량화 됨.
행렬모델	수학적 공식화에 행렬을 사용함
환원주의적모델	가능한 한 많은 세부 사항을 포함
전체론적모델	일반적인 원칙을 수반
정적모델	시스템을 정의하는 상태변수가 시간에 무관함
동적모델	시스템을 정의하는 상태변수가 시간(또는 공간)의 함수임
분산모델	매개변수는 시간과 공간의 함수로 고려됨
집중모델	매개변수는 규정된 공간적 위치와 시간내에서 상수로 고려됨
선형모델	1차방정식이 주로 사용됨
비선형모델	1차 방정식 외의 방정식이 하나 또는 그 이상임
인과관계모델	인과관계로 유입, 상태, 유출이 결정됨
블랙박스모델	유입교란이 단지 유출반응에만 영향을 줌. 인과관계를 필수적이지 않음
변수독립모델	파생물이 전적으로 독립변수(시간)에 의존적인 것은 아님
비변수독립모델	파생물이 전적으로 독립변수(시간)에 의존적임

출처 : Jørgensen and Bendoricchio (2001).

[표 14-3]의 세 번째 부분은 구획모델과 행렬모델이다. 구획모델은 표에 나와 있듯이 어떤 모델 구축자는 모델의 두 종류를 수학공식으로 완전히 구분하는 반면, 다른 모델 구축자는 개념도의 구획을 사용하는 모델이라고 설명한다. 구획모델의 사용이 좀 더 뚜렷하지만 구획모델과 행렬모델 모두 환경화학에 적용된다.

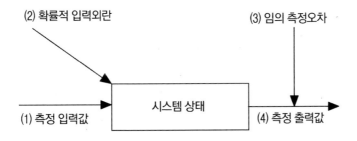

그림 14-2 확률모델은 (1), (2)와 (3)을 고려하는 반면 결정론적 모델은 (2)와 (3)이 0이라고 가정한다(Jørgensen and Bendoricchio, 2001; 저작권 2001; Elsevier Science의 허락 아래 재인쇄).

환원주의적 모델과 전체론적 모델의 분류는 모델 이면의 과학적 사고의 차이에 기초한다. 환원주의적 모델 구축자는 거동을 포착하기 위해 가능한 한 많은 시스템의 세부사항을 포함하려 할 것이다. 그와 반대로 전체론적 모델 구축자는 일반적인 원리를 이용해 시스템의 역할을 하는 생태계의 시스템적 특성을 포함하려 한다. 전체론적 모델의 경우 시스템의 속성은 고려된 모든 세세한 자료의 단순한 합이 아니다. 전체론적 모델 구축자는 한 구성단위의 역할을 하는 하부 시스템으로 인해 전체 시스템이 단순 합 이상의 추가적인 속성을 지닌다고 여기는 것이다.

생태공학에서 대부분의 문제는 외부 요인과 시스템의 반응을 미분 또는 계차방정식을 이용하는 동적모델로 설명할 수 있다. 미분방정식은 시간에 따라 계속 변화하는 상태를 보여주기 위함인 반면, 계차방정식은 별개의 시간 간격을 사용한다. 정상상태는 모든 도함수가 0일 때의 상황과 부합한다. 정상상태 주위의 진동은 동적모델([그림 14-3] 참조)로 설명되는 반면, 정상상태는 정적모델로 설명될 수 있다. 정상상태에서는 모든 도함수가 0이기 때문에, 정적모델은 대수방정식으로 풀어진다.

결과적으로 정적모델에서 모든 변수와 매개변수는 시간과 무관하다고 가정한다. 정적모델의 장점은 모델에서 독립적인 변수 중 하나를 제거하여 차후의 계산과정을 단순화하는 능력이지만, 정적모델은 계절적 변화와 일변화에 의해 일어나는 진동 때문에 비

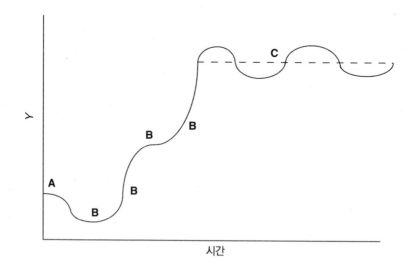

그림 14-3 Y는 시간함수로 표현된 상태변수이다. A는 초기 상태이고, B는 과도적 상태를 나타내며, C는 진동정상 상태이다. 점선은 정적모델의 사용으로 설명될 수 있는 정상상태에 해당한다(Jørgensen and Bendoricchio, 2001; 저작권 2001; Elsevier Science의 허락 아래 재인쇄).

현실적인 결과를 줄 수 있다.

분산모델은 시공간에서 변하는 변수를 설명한다. 대표적인 예로 하천을 따라 이동하는 용존물질의 이류-확산모델을 들 수 있으며, 3차원적인 변화를 고려할 수도 있다. 그러나 1차원 또는 2차원적 용존물질의 구배는 모델에 포함되기에 충분히 크지 않다는 이전의 결과를 바탕으로 결정된다. 그래서 모델은 집중변수모델(lumped-parameter model)이라고 가정할 수 있다. 집중모델은 종종 상미분방정식에 근거한 반면, 분산모델은 보통 편미분방정식으로 정의된다.

인과관계모델 또는 내적서술모델(internally descriptive model)은 어떤 유입이 상태와 연관되는지, 어떻게 상태가 상호간이나 시스템의 유출에 연관되는지를 특정 짓는다. 반면 블랙박스모델우 단지 유입의 변화가 유출의 변화에 어떠한 영향을 주는지를 보여준다. 바꾸어 말하면, 인과관계모델은 순서 과정의 내부 메커니즘을 설명하지만 블랙박스모델은 유입이나 유출과 같이 측정 가능한 것만 다룬다. 이들 관계는 통계분석으로 찾을 수 있지만 반대로 만약 관계를 포함하는 방정식으로 모델에서 과정이 설명된다면 인과관계모델이 된다.

변수독립모델은 정확히 시간에 의존적인 것은 아니다(독립변수).

$$\frac{dy}{dt} = ay^b + cy^d + e \qquad \text{식 (14-2)}$$

반면 변수의존모델은 시간에 좌우되는 도함수를 뜻하는 g(t)항을 가진다. 예를 들면 다음과 같다.

$$\frac{dy}{dt} = ay^b + cy^d + e + g(t) \qquad \text{식 (14-3)}$$

● 기능적 분류

[표 14-4]는 모델의 또 다른 분류를 보여준다. 표에 나타난 모델의 3가지 유형 차이는 상태변수로 사용되는 구성요소의 선택에 따른다. 많은 수의 개체와 종 또는 종의 계층 설명이 모델의 목적이라면, 생물개체군학모델이라 할 수 있다. 에너지흐름을 설명하는 모델은 생물에너지모델이고, 상태변수는 전형적으로 kW 또는 단위 부피나 면적당 kW로 표현될 것이다. 생지화학모델은 물질의 흐름을 고려하고 상태변수는 kg 또는 단위 부피나 면적당 kg으로 표시된다. 이런 종류의 모델은 생태공학에서 기본적으로 사용된다.

표 14-4 유형에 의한 모델의 분류

모델의 유형	구 성	패 턴	측 정
생물개체군학모델	유전정보 보존	종의 생활사	종 또는 개체의 수
생물에너지모델	에너지 보존	에너지 흐름	에너지
생지화학모델	질량 보존	원소 순환	질량 또는 농도

출처 : Jørgensen and Bendoricchio (2001).

14.4 모델의 복잡성 선택하기

모델의 복잡성 선택에 대한 포괄적인 논의는 요르겐센과 벤도리치오(2001)에 나타나 있고, 여기에 요약했다. 그중에서도 다음의 논문은 이런 질문에 대한 답이 잘 나타나있다 (Jørgensen and Mejer, 1977; Halfon et al., 1979; Bosserman, 1980, 1982; Halfon, 1983, 1984; Costanza and Sklar, 1985).

모델의 복잡성 선택은 균형의 문제이다([그림 14-4] 참조). 또한 초점이 되는 문제에 본질적인 상태변수와 과정을 포함하는 것이 필요하다. 더 복잡한 모델을 만드는 것은 항상 유혹적이지만 다룰 수 있는 자료보다 더 복잡한 모델을 만들지 않는 것이 중요하다. 더 많은 방정식과 상태변수를 컴퓨터 프로그램에 추가하는 것은 쉽지만, 모델의 보정과 검정에 필요한 자료를 얻기는 훨씬 어렵다. 아무리 문제에 대한 자세한 지식을 가지고 있어도, 모든 구조에 유효하고 실제 생태계의 유입·유출 거동에 대해 완벽히 해석을 할 수 있는 모델은 절대로 개발할 수 없다.

어느 정도까지는, 더 많은 관계를 추가함에 따라 더 현실적일 수 있다. 그러나 일정 시점 이후에 계속적인 새로운 매개변수의 추가는 시뮬레이션 향상에 더 이상 기여하지 않는다. 오히려 더 많은 매개변수는 매개변수의 양의 흐름에 관한 정보의 부족으로 인해 더 많은 불확실성을 초래한다. 코스탄자와 스클라(1985)는 88개의 다른 모델을 시험했고 [그림 14-4]의 그래프 뒷부분에 나타난 것처럼 이론적인 고찰이 실제적으로 더 유효하다는 것을 보여주었다. 그 결과는 모델의 유효성이 복잡도로 기입된 [그림 14-5](예, 모델 복잡성의 표현)에 요약되었다. 모델의 유효성은 모델이 어느 정도의 어떤 확실성을 가지고 표현될 수 있는지의 산물로 이해할 수 있고, 복잡도는 구성요소의 수와 시간,

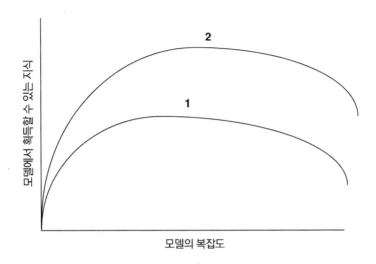

그림 14-4 예를 들어, 상태변수의 수를 통해 모델의 복잡성과 대비해 얻어진 측정된 지식. 일정한 수준까지 증가하는 지식. 이 수준을 넘어 증가된 복잡성은 모델된 시스템에 대해 얻어진 지식을 통해 더해지지 않을 것이다. 잘 알려지지 않은 너무 많은 매개변수에 의해 야기된 불확실성 때문에 확실한 수준에서의 지식은 심지어 감소될지도 모른다. 곡선 2는 곡선 1보다 더 포괄적이거나 질이 더 좋은 상태의 이용할 수 있는 데이터 가 있는 경우이다. 그러므로 얻어진 지식과 최적의 복합성은 (1)에 대해서 보다 데이터 세트 (2)에 대해서 더 높다(Jørgensen and Bendoricchio, 2001; 저작권 2001; Elsevier Science의 허락 아래 재인쇄).

공간에 관한 모델의 복잡성의 척도이다.

그러므로 비록 완벽한 모델을 만들기 위해서 필요한 모든 것(예, 모든 세부사항을 포함한)을 모두 알지는 못하겠지만, 생태계와 특히 시스템으로서의 특징과 같은 지식을 넓힐 수 있고 실행시킬 수 있는 좋은 모델을 만들 수 있다. 이것은 생물학적 세계가 유동적인 장소이고, 완벽한 예측 모델은 필연적으로 잘 맞지 않을 것이라고 지적한 울라노비치(Ulanowicz, 1979)의 연구와 일치한다. 이것은 생태적 현상에 익숙하지 않은 공학자가 생태공학적 의문점을 통해 물리적, 화학적 모델을 수정하기 전에 배워야만 한다. 그러나 모델은 생태공학에서 적절한 기술의 선택과 조성, 복원, 인조생태계의 설계를 위한 가장 유용한 예측 도구이다.

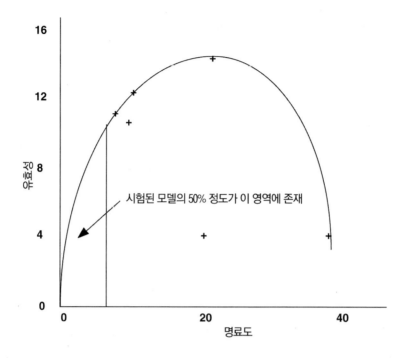

그림 14-5 명료도 지수 대 유효성의 그래프=모델에 대한 명료도와 확실성의 곱은 코스탄자와 스클라(Costanza and Sklar, 1985)에 의해 재검토되었다. 모델의 거의 50%는 검정되지 않기 때문에, 0의 유효성을 가진다. 이러한 모델은 그림에 포함되지 않았지만 '유효성 0' 선으로 표현되었다. 모델의 나머지 50%는 대부분 명료도가 너무 작기 때문에 상대적으로 낮은 유효성을 가진다는 것과, 단 하나의 모델만이 매우 높은 명료도를 가진다는 것에 주의하라. 이것은 그림에서 보여지는 유효성의 경계를 그리는 것을 통해 지시된 불확실성이 명료도 25 이상에서 높다는 것을 의미한다(Jørgensen and Bendoricchio, 2001; 저작권 2001; Elsevier Science의 허락 아래 재인쇄).

14.5 생태공학을 위한 개념모델

생태공학에서 개념모델은 생태계의 기능이나 장·단점이 무엇인지에 대한 첫 번째 질문에 사용된다. 개념도는 인공 생태계의 설계나 자연 생태계의 변형단계에 사용되기도 한다.

개념모델은 생태계의 상태변수와 주요 강제함수로 고려될 수 있으며, 이러한 구성요소와 과정이 어떻게 연결되는지도 보여준다. 또한 개념모델은 생태계의 축소판을 만들기 위한 것과 모델의 측정값과 실측치가 가장 잘 부합하는 구조를 보여주기 위한 도구로 사용되었다. 넓은 관점에서의 개념화 접근이 가능하고, 가장 널리 이용된 것은 아래와 같다. 몇 가지는 구성요소와 관계를 나타내고, 나머지는 수학적 설명을 포함한다. 문제, 생태계, 모델의 등급에 의존적인 상황에서 어떤 것을 적용할 것인지와 모델 구축자의 습관에 대해 일반적 추천은 거의 불가능하다. 개념도의 6개 유형은 일반적으로 생태공학에 사용된다. 이를 포함함 나머지 유형의 개념모델은 요르겐슨과 벤도리치오(Jørgensen and Bendoricchio, 2001)에 자세하게 설명되어 있다.

1. 단어모델(word model)은 모델의 구성요소와 구조의 언어적 설명이다. 언어는 이런 경우에 개념화의 도구이다. 문장은 모델을 짧고 정확하게 표현하기 위해 사용된다. 그러나 넓고 복잡한 생태계에 대한 단어모델은 다루기 힘들기 때문에 간단한 모델에서만 사용된다. "하나의 그림은 천 개의 단어보다 가치가 있다"라는 속담은 왜 모델 제작자가 모델을 시각화하기 위해 다른 유형의 개념도를 사용하는 것이 필요한지를 설명한다.

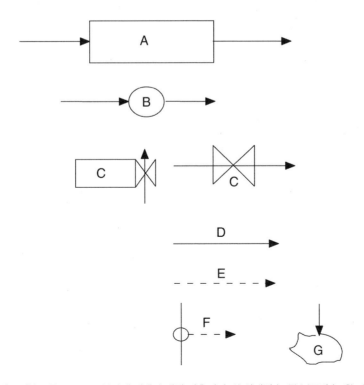

그림 14-6 포레스터(Jay Forrester, 1961)에 의해 소개된 기호언어. A) 상태변수, B) 보조변수, C) 비율 방정식, D) 물질흐름, E) 정보흐름, F) 매개변수, G) sink. 이 언어는 스텔라의 기본이 된다(Jeffers, 1978).

2. 그림모델(picture model)은 자연에 있는 구성요소를 사용하고 공간적으로 관련 있는 틀의 구조 안에 배치한다. 박스모델은 간단하며 생태계모델을 위한 개념 설계에 흔히 사용된다. 각 박스는 모델의 구성요소를 나타내며 박스 간의 화살표는 진행을 보여준다.

3. 피드백 동적모델 다이어그램은 초기에 산업 동적모델 또는 세계 동적모델이라 불리었다. 1980년에 디지털 시뮬레이션언어로 소개된([그림 14-6] 참조) Dynamo는 포레스터(1961)에 의해 소개된 기호언어를 사용한다. 직사각형은 상태변수를 나타낸다. 매개변수나 상수는 작은 원이다. 싱크(Sink)와 소스(source)는 구름과 같은 기호이며, 흐름은 화살표이고 반응속도식은 상태변수와 흐름을 연결하는 피라미드이다. 이 단원의 끝부분에 예로 주어진 [그림 14-8]의 STELLA 다이어그램과 STELLA 시뮬레이션언어는 다이어그램과 같은 분류이고 포레스터(Forrester) 언어의 변형이다.

4. 컴퓨터순서도(computer flowchart)는 종종 개념모델로 사용된다. 순서도에 나타나 있는 사건의 결과는 중요한 생태적 과정을 순차적으로 개념화시킨다. 컴퓨터순서도의 하부 분류는 아날로그컴퓨터 다이어그램이다. 아날로그다이어그램과 컴퓨터는 디지털컴퓨터가 널리 사용되기 이전에 모델을 시뮬레이션하기 위해 사용되었다. 고속 데스크톱이 이용 가능해진 것과 더불어 역사적 맥락에서 무엇보다도 유용한 이런 종류의 적용은 패튼(1971~1976)과 오덤(1983)에서 설명되었다.

5. 하워드 오덤에 의해 개발된 에너지흐름 다이어그램(energy flow diagram)은 열역학적 제한조건, 피드백 과정과 에너지흐름의 정보를 제공하도록 설계되었다(4장 참조). 이 언어에서 가장 흔히 사용된 기호는 [그림 4-5]에 나와 있다. 기호는 함축된 수학적 의미를 지니고 있으므로 모델에 포함된 많은 수학적 정보를 제공한다. 또한 개념 정보가 풍부하며, 계층적 수준을 쉽게 표시할 수 있다. 이런 다이어그램은 경제에서 생태로, 또는 생태에서 경제로의 그 반대의 해석으로 에너지를 사용한 생태-경제 모델의 개발을 위해 폭넓게 적용된다. 일부 에너지흐름 다이어그램이 이 책에 포함되었다.

14.6 모델링 제한조건과 최근의 발전

모델 제작자는 선택된 모델에서 구성요소와 과정에 대한 정확성을 위해 많은 고려를 한다. 모델의 방정식과 매개변수는 가능한 정확하게 모델의 구성요소와 과정의 특징을 반영해야 한다. 또한 모델 제작자는 시스템 특성의 연구가 너무 적게 이루어지지 않았는지 반드시 고려해야 한다. 과학적 도구로서 모델을 계속적으로 발전시키고자 할 때, 시스템 특성에 따라 모델에 제한조건이 적용되고 있고, 시스템에 대한 지식의 한계가 있음을 반드시 인지해야 한다.

보존법칙은 모델링 제한조건으로 자주 사용된다(4단원 참조). 생지화학 모델은 질량 보존법칙을 따라야 하고, 생물·에너지모델은 에너지와 운동량보존법칙에 균등하게 따라야 한다. 이는 공학체계 모델의 전형적인 원리이다. 경계조건과 초기 조건은 시스템 특징에 근거하여 수학적 제한조건으로서 모델에 적용되었다. 많은 생지화학모델은 생체량의 화학적 구성이 좁은 대역으로 묶여 있다.

부영양화 모델은 식물플랑크톤에서 구성요소의 화학양론적 일정비율이나 영양염의 독립적 순환을 기초로 한다. 예로 인은 0.4%에서 2~5%까지 변하고 질소는 4~12%까지, 탄소는 35~55%까지 변한다. 일부 모델에서는 열역학적 제한조건을 강조하기 위해 열역학 제2법칙과 엔트로피의 개념을 사용해왔다.

생태모델은 많은 매개변수와 과정을 포함하고 있고, 매개변수와 과정을 제외한 나머지 일부의 구성요소 상호작용은 이미 언급된 모델 제한조건의 사용으로 인해 명백한 값과 식이 주어지기는 힘들다. 개발 초기 상태의 생태모델은 많은 자유도를 가진다. 그러므로 비결정적이고 불확실하지 않은 실행 가능한 모델을 만들기 위해 자유도의 제한이 필요하다. 대부분의 모델 제작자는 모델의 수를 제한하기 위해 가능한 포괄적인 자료와 보정을 사용한다. 그러나 이것은 모델의 제한조건이 수반되지 않는다면 다루기 힘들다. 그러므로 보정은 일반적으로 어떤 문헌에 근거한 매개변수인가 또는 어떤 보정이 이루어졌는가에 따라 한계가 있다.

모델에 더 많은 생태적 특징을 부여하고, 생태적으로 불가능한 모델의 제작을 배제하기 위해 생태적 관점에서 모델을 시험하는 것이 가능하다면 더 많은 것을 얻을 수 있다. 예를 들어, 이 책의 여러 단원에서 제시된 생태계의 계층 구조를 과연 모델에서 어떻게 설명할 수 있을 것인가? 1960~1970년대의 모델 개발은 대부분 물리적 체계 모델을 모방한 것이다. 이는 모델이 매개변수에 의해 고정되었다는 것을 암시한다. 그러나 실제 자연에서 진행과정 계수는 불변하거나 고정되어 있지 않고 조건에 따라 변한다. 그러므로 고정된 매개변수를 이용해 모델을 개발하고 매개변수 값을 정확하게 평가하고자 노력한다면 잘못된 것이다.

동적구조모델은 채택된 과정을 설명하기 위해, 어떻게 매개변수가 바뀌어야 하는지를 정의하는 목적 기능을 추가함으로써 이러한 문제의 해결을 시도했다. 생태계의 실제 특성을 설명하기 위한 새로운 모델을 개발하는 것은 중요하다. 몇 가지를 제외한 대부분의 생태모델은 설득력을 가지는 예측이라 할 수 없었으며, 이는 현재 시점의 모델에 나타나는 생태적 특징 반영의 부족 때문일 수 있다. 실제 생태계에는 진화가 많은 피드백 과정, 규칙, 상호작용을 통해 매우 복잡한 생태계가 만들어짐을 이해하고 있다.

동등한 공진화 규칙과 원리가 생물적 구성요소 간의 협동을 강요해 왔다는 것을 뜻한다. 이러한 규칙과 원리는 이 책의 관심사 중 하나인 생태계의 지배법칙이며, 모델은 이러한 원리와 법칙을 최대한 따라야 한다. 이러한 영향이 인공 또는 자연 생태계의 적절한 발전을 좌우하는 생태공학에서는 이러한 접근이 더더욱 중요시된다.

생태적 제한요소라는 것을 사용해 매개변수 조합의 수를 제한하는 것 또한 가능해 보인다([그림 14-7] 참조). 예로, 식물플랑크톤과 동물플랑크톤의 최대성장률이 부영양화 모델에서는 실측값을 가지지만, 이 두 매개변수는 실제로 일반적 관측과 상반되는 생태계에서는 혼돈을 초래할 수 있어 서로 맞지 않다. 이러한 조합은 모델개발의 초기 단계에서 배제되어야 한다.

생태 모델링에서 이전 모델의 분명한 결점을 보완하기 위해 몇 가지 추가적인 시도를 해왔다. 파국이론은 생태계가 왜 일부 상황에서 어트랙터로서 2개(또는 그 이상)의 정상상태를 가지는지를 설명하는데 사용되어 왔다. 더욱이 생태계에 대한 지식은 자연의 엄청난 복잡성 때문에 매우 제한적일 것이다. 생태적 자료는 매개변수와 상태변수의 부정확한 자료와 지식의 부족으로 인해 커다란 불확실성을 지닌다. 반면 반정량(semiquantitative) 모델의 결과물은 수많은 관리 상황에서 충분히 유용하다. 퍼지이론 기반모델은 이런 조건에서 이용가능하다. 상태변수의 값을 정확하게 예측하지는 않지만 일반적으로 '높음'이거나 '낮음'으로 나타난다. 〈Ecological Modeling〉은 생태적 지식의 결함을 고려한 이 흥미로운 접근을 특별판(Volume 85, 1996)에 발행했다.

우리 자신과 관측값, 모델 시뮬레이션 결과를 표현하기 위한 새로운 방법이 필요하다.

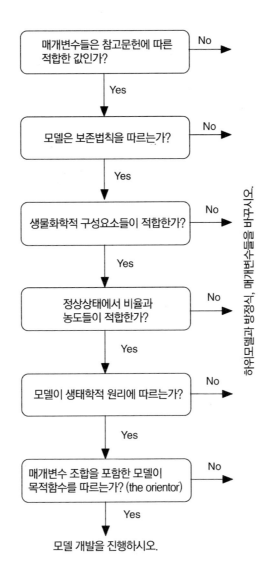

그림 14-7 모델 개발에 다양한 제한조건을 이용하는 것에 대한 고려사항. 특히 매개변수 값의 범위는 나타낸 절차를 통해 제한되었다.

우리는 습관적으로 숫자에 대해 너무 많이 생각하는지도 모른다. 따라서 필요로 하는 만큼 많은 수를 포함하는 모델들을 개발해 왔다. 하지만 종의 분포나 시스템의 다른 부분에서 선택된 구성요소의 다양한 수준을 나타내 더 많은 정보를 얻거나 쉽게 얻어왔는지도 모른다. 어쨌든 확실치 않는 많은 수의 긴 목록보다 훨씬 더 빨리 말해 줄 것이다. 시스템 생태학에서 옛 속담 "하나의 그림(패턴)은 천 개의 단어보다 가치 있다"를 "그림은 천 개의 수보다 더 많은 것을 보여준다"로 재해석할 수 있다. 인공생태계의 최적 조건의 지역을 찾기 위해 모델의 결과를 생태공학에 적용 가능한 지리적 패턴으로 변환하는 것은 이미 GIS(지리정보시스템)를 이용하는 쪽으로 재빠르게 개발되고 있다.

14.7 실험도구로서의 모델

이 책의 핵심은 생태공학과 생태계 복원이지만 모델링은 우리가 생태계의 시스템 특징을 밝히고자 할 때 매우 중요한 도구이다. 그래서 과학적, 공학적으로 매우 강력한 도구인 모델링을 이 단원에 자세히 설명하였고 다른 단원에서도 여러번 언급하였다. 통계학이 일반 과학적 평가를 위한 도구이듯, 모델링은 특정 범위에서 시스템 특성을 평가하기 위한 도구이다.

이 단원의 모델링 설명에서 분명히 한 것처럼 생태계의 모든 세부사항과 구성요소를 완벽히 재현한 모델은 만들 수는 없다. 밝히고자 하는 시스템 특징의 주요 구성요소와 과정을 포함하도록 적절히 제한해야 한다. 특정 문제에 대해 생태계의 구성요소를 정의한다고 해보자. 이는 특정 범위에서 초점이 되는 문제를 설명할 수 있는 생태계 모델을 구축할 수 있다는 것을 의미한다.

모델이 구축 중일 때 이미 이 모델은 실험적 과학도구로 이용된다. 만약 검증, 보정, 검정이 만족스럽지 못하다면 왜 그런지 의문이 생길 것이고, 결국 현 구조가 구형화 된 것이기 때문에 따라서 더 많은 피드백을 추가하거나 상태변수의 추가 삭제 또는 과정 설명(process description)을 변경할 것이다.

검증, 보정, 검정이 이루어졌다면 모델은 과학이나 환경관리, 생태공학 등에서 도구로 사용될 준비가 된 것이다. 요점은 시스템 특징에 대한 모델의 '과학적 의문'을 묻는 것이다. 패튼(Patten, 1991)은 직접영향과 간접영향 간의 비율은 무엇인가의 질문에 모델을 이용했다. 또 4장에서 설명한 열역학법칙과 같은 생태계 거동에 관한 가설을 시험하기 위해 모델을 사용할 수 있다. 그러나 모델을 이용한 가설시험의 확실성은 환원주의적 과학에서 사용된 시험의 확실성과 같은 수준이 아니다. 만약 통계학에 근거한 둘 또는 그 이상의 변수 간의 관계를 여기서 찾는다면, 관계는 과학적 확실성을 높이고자 추가적인 많은 경우의 수에서 차후 검증될 것이다. 그 결과가 받아들여진다면 예측을 위해 사용될 준비가 된 것이고, 예측이 맞는지 틀린지 평가될 것이다. 이 관계가 만족스러울 정도로 안정적이라면 더 넓은 과학 분야에서 사용될 것이다.

가설의 평가를 위한 과학적 도구인 모델을 사용할 때 2가지의 의문점이 있다. 모델은 문제의 부분에서는 적절하기는 하지만 모델 그 자체가 가정에 의한 것이다. 그러므로 우리는 2가지(수용/비수용) 대신 다음의 4가지를 살펴 볼 수 있다.

1. 모델이 문제의 부분에서 잘 맞고, 가설도 정확하다.
2. 모델이 정확하지 않지만 가설은 맞다.
3. 모델은 정확하지만 가설은 맞지 않다.
4. 모델이 정확하지 않고, 가설도 맞지 않다.

2와 4의 조건을 제외시키기 위해서는 반드시 잘 평가되고 잘 맞는 모델이 시스템 특성적 측면에서 가설의 평가에 사용되어야 하지만, 현재의 생태 모델링 수준은 불행히도 극히 제한적이다. 평가된 모델이 있다 하더라도 그것이 문제의 부분에서 완벽한지 확신할 수 없고, 보통은 보다 넓은 범위의 모델을 필요로 할 것이다. 그러므로 모델링에서 보다 풍부한 경험이 생태계 연구의 발전을 위한 필요조건이다.

14.8 생태공학에서의 STELLA 모델링 사용

STELLA는 특히 소 · 중 규모의 데이터베이스에 기초하는 소규모, 중규모 모델의 개발에 적합하다. 자료는 항상 부족하고 예측을 위한 시간은 짧다. 그러므로 자료를 수집하거나 프로그래밍을 구축하고 실행하는데 1년 또는 그 이상이 필요한 모델은 부적절할 것이다. 이것이 생태공학적 프로젝트의 일반적인 경우이다. STELLA는 생태공학에서 모델의 개발을 위해 추천된 고차언어이다. STELLA 모델링은 펄스현상 이론의 평가(Mitch, 1988), 엑서지(Jørgensen, 1988), 자기설계(Metzger and Mitsch, 1997)와 습지에서의 영양염 체류(Mitsch and Reeder, 1991; Christensen, 1994; Spieles and Mitsch, 2000a; Wang and Misch, 2000), 생지화학적-경제 모델(Baker et al., 1991; Ahn and Mitsch, 2002b), 중국 생태공학시스템(Hagiwata and Mitsch, 1994; Bruins et al., 1998), 광산 배수습지(Flanagan et al., 1994; Mitsch and Wise, 1998), 완화 습지의 기능해석(Niswader and Mitsch, 1995)에 관한 다수의 사례연구를 위한 생태공학적 문제에 적용되어 왔다. STELLA는 다음의 주요 구성 성분에 기초한다.

1. 상태변수는 상자로, 흐름은 화살표, 흐름을 조절하는 정보는 얇은 화살표로 표현되도록 STELLA의 개념도가 개발되었다. 미분방정식은 보존법칙과 컴퓨터 화면에 그려진 개념모델에 기초한 소프트웨어에 의해 자동적으로 설정된다. 이것은 한 상태변수내의 질소로부터 다른 상태변수의 생물량으로의 변환은 불가능하다는 것을 말한다. 질량보존은 질소의 일관된 사용이나 생물량에 기여하는 인, 탄소 또는 다른 요소의 유입고려를 통해 반드시 유지되어야 한다.

2. 흐름은 반드시 흐름과 다른 변수 간의 관계를 보여주는 방정식, 표, 그래프에 의해 정의되어야 한다.

3. 강제함수는 유입과 유출의 흐름이다. 방정식과 표, 그래프로 표현될 수 있다. 습지에 의한 질소제거를 사례로 STELLA의 적용을 살펴보자.

사례연구
습지의 질소보유에 대한 생태 모델링

1970년대 이후부터 비점오염원에 대한 관심이 집중되어 왔다. 질소와 인의 적절한 비율은 농업과 다른 비점오염원이 특히 부영양화와 같은 전반적인 오염현상에 상당히 기여한다는 것을 보여준다. 환경기술의 발달이 아직은 충분하지 않지만, 반드시 비점오염원 문제를 다루기 위한 추가적인 다른 방법들이 보충되어야만 한다. 10장에서 설명했듯이 습지는 질소가 부영양화에 영향을 주는 곳에 매우 효과적이다.

　농업지역에서의 질소 문제는 비점오염원의 질소가 담수와 해수의 부영양화에 원인 역할을 한다는 것과, 비점오염원과 관련된 문제를 풀지 않고서는 해결책을 찾을 수 없다는 것이다. 앞에서 언급한 이용가능한 모든 생태공학적 방법은 지금까지 문제를 해결하기 위해 적용되어왔다. 이와 같은 맥락에서 실제 존재하는 습지나 시공 계획 중인 습지에 대해 질소제거 능력을 예측할 수 있는 습지모델을 만들 필요가 있다.

여기에 제시된 모델은 요르겐센 등(1988)과 도지(Dorge, 1991)의 모델에 기초하였다. 이 모델은 보다 일반적인 모델로 만들 필요가 있어, 이전의 모델보다 더 단순해진 면이 있다. 게다가 도지의 모델은 생물학적 구성요소가 정상 상태모델인 것에 반해 이 모델은 수문학, 생물학과 같이 동적모델이다. 동적모델은 보정하기 더 까다롭지만 성향 관계를 더욱 분명하게 보여준다. 동적모델의 이런 특징은 특정 장소의 특징을 보정하기 위해 사용되어 왔다. 두 가지 사례 연구에서 모델 적용의 결과가 나타나 있다.

모델의 개념도는 [그림 14-8]에 STELLA 도형으로 그려져 있고, SETLLA 방정식은 [표 14-5]에, 매개변수는 [표 14-6]에 나타나 있다. 기후 강제함수는 강수량, 증발량, 온도와 태양복사량이다. 프로그래밍의 표와 같이 코사인함수와 3개의 사전함수가 주어져 있다. 똑같은 함수가 이 두 사례 연구에 모두 적용되었다. 특정지역 강제함수는 유입수와 유입비율에서의 질산질소와 암모니아질소 농도이다.

모델구조는 1m²의 습지를 고려하며, 이 지역에서의 질소 전환을 살펴본다. 그러므로 모델의 결과는 질소가 단위면적당 얼마나 제거, 축적, 방출되는지를 보여준다. 두 가지의 수문학적 상태변수가 적용되었고, 하나는 질산화작용이 일어날 수 있는 표층과 탈질, 축적이 일어나는 활성층을 나타낸다. 이 층의 깊이는 거의 대부분의 경우 제한요소가 수리전도도이기 때문에 그리 중요한 것은 아니다. 이 영역에서 유기물질의 양과 탈질이 가능한 공간은 어떠한 상황에서도 제한되지 않는다.

질소 상태변수는 표층수의 질산질소와 암모니아질소이고, 활성층의 질산질소, 암모니아질소, 유기쇄설물 내의 질소, 식물체 내의 질소와 흡수된 질소다. 질소순환은 활성층에서 일어나는데, 암모니아질소와 질산질소가 식물에 흡수된다. 식물체 내의 질소는 부식에 의해 유기쇄설물 내의 질소를 형성하고 이후 무기화에 의해 암모니아질소를 형성한다. 질산화와 탈질은 *미켈리스 멘텐* 식을 따르고 식물에 의한 질산질소와 암모니아질소 흡수는 1차역학에 의해 설명되며 빛에 비례한다. 암모니아질소와 질산질소 간의 흡수 비율에는 차이가 없다. 그러므로 흡수는 무기질소의 농도에 비례한다(무기질소 = 암모니아질소 + 질산질소). 무기화 또한 1차역학을 따른다.

부식은 연구대상 지역에서 관측된 일반적인 계절적 변수에 따른 섭취와 사멸

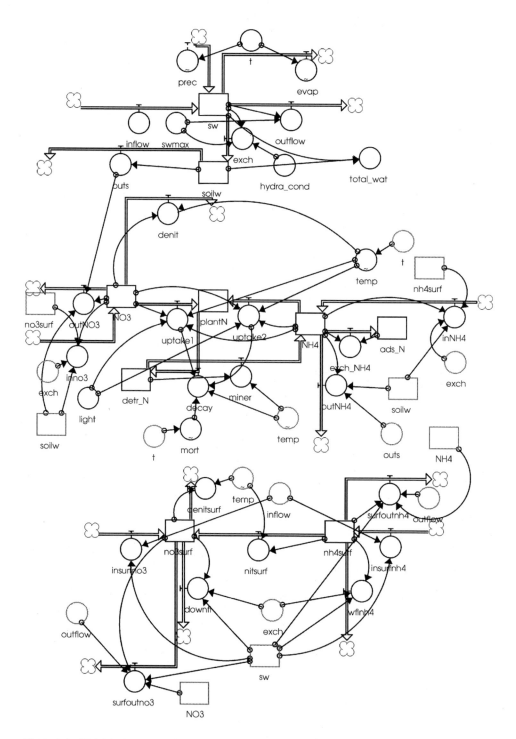

그림 14-8 습지를 통한 질소제거 모델의 스텔라 다이어그램(Jørgensen and Bendoricchio, 2001; 저작권 2001; Elsevier Science의 허락 아래 재인쇄).

표 14-5 [그림 14-8]에 나타낸 질소 모델에 대한 스텔라의 모델 방정식

ads N = ads_N + dt * (exch_NH4)
INIT(ads_N) = 200/9
detr_N □ detr_N + dt * (decay − miner)
INIT(detr_N) = 1200
NH4 = NH4 + dt * (−uptake2 + miner − exch_NH4 − outNH4 + inNH4)
INIT(NH4) = 1.0
nh4surf = nh4surf + dt * (−nitsurf + insurfnh4 − wflnh4 − surfoutnh4)
INIT(nh4surf) = 0.1
NO3 = NO3 + dt * (−uptake1 − outNO3 − denit + inno3)
INIT(NO3) = 10
no3surf = no3surf + dt * (insurfno3 + nitsurf − downfl − denitsurf − surfoutno3)
INIT(no3surf) = 5
plantN = plantN + dt * (uptake1 + uptake2 − decay)
INIT(plantN) = 20
soilw = soilw + dt * (exch − outs)
INIT(soilw) = 2.0
sw = sw + dt * (inflow − outflow + prec − evap − exch)
INIT(sw) = 0.015
decay (1.04^(temp−20))*mort*(uptake1 + uptake2)
denit = (1.12^(temp−20))*8*NO3/(12 + NO3)
denitsurf = (1.12^(temp−20)) * 8 * no3surf/(12 + no3surf)
downfl = exch * no3surf/ sw
exch = IF sw 〉 swmax THEN hydra_cond ELSE sw * hydra_cond/swmax
exch_NH4 = IF ads_N 〈 200 * NH4/(8 + NH4) THEN NH4/ (8 + NH4) ELSE 0
hydra cond = 0.09
inflow = 0.035
inNH4 = (exch * nh4surf + 0.01 * (nh4surf−NH4))/ soilw
inno3 = (exch * no3surf + 0.01 * (no3surf−NO3))/ soilw
insurfnh4 = inflow * 0.2/sw
insurfno3 = inflow * 5/sw
light = 1.91 − 1.68 * COS(6.1 * (TIME−355)/365)
miner = 0.0001 * detr_N * 1.07^(temp−20)
nitsurf = 8 * (1.12^(temp−20)) * nh4surf/ (8 + nh4surf)
outflow = IF sw 〉 swmax THEN 1.0 * (sw−swmax) ELSE 0
outNH4 = outs * NH4/ soilw
outNO3 = outs * NO3/ soilw
outs = IF soilw 〉 2.45 THEN 0.1 ELSE 0
surfoutnh4 = (nh4surf * outflow + 0.01 * (nh4surf−NH4))/ sw
surfoutno3 = (outflow * no3surf + 0.01 * (no3surf−NO3))/ sw
swmax = 0.05
t = TIME
total_wat = soilw + sw
uptake1 = IF NO3 〉 0.05 THEN light * 0.15*(1.05^(temp−20)) * NO3/
(NO3 + NH4) ELSE 0
uptake2 = IF NH4 〉 0.05 THEN light * 0.15 * (1.05^(temp−20)) * NH4/
(NO3 + NH4) ELSE 0
wflnh4 = exch * nh4surf/ sw
evap = graph(t)
mort =□ graph(t)
prec = graph(t)
temp = graph(t)

함수에 좌우된다. 모든 생물학적 비율은 질산화와 탈질에 더 뚜렷한 의존을 보이고 이와 동시에 온도에 의존한다. 수리전도도, 질산화 능력, 탈질능력, 유기쇄설물내의 질소(이 상태변수의 초기값), 식물체 내 질소의 초기값과 최대값 같은 특정지역 매개변수가 사용된다. 매개변수는 질산질소와 암모니아질소의 흡수율과 무기화비율에 의해 보정된다. 이런 매개변수는 유기쇄설물 내의 질소와 앞서 말한 식물체내 질소의 최대값에 대해 관측되는 경향을 보여주기 위해 조정된다. 모델은 이 2가지를 나타낸 여러 사례연구에 적용되었다. 모델에 적용된 특정지역의 매개변수가 [표 14-6]에 나타나 있다.

질산질소와 암모니아질소의 흡수율과 무기화비율은 보정에 의해 구해진다. 이 2개의 매개변수는 [표 14-7]에 나타나 있다. 두 사례연구의 보정은 쉬웠고 [표 14-8]에 나와 있듯이 적절한 검정결과를 보여주었다.

가장 흥미로운 모델 적용의 결과는 유출수([그림 14-9] 참조)의 질산질소농도의 검증과 관측([표 14-8]의 괄호에 나타난)에 의해 포함된 질소 균형의 비교이다. 검정과 관측 간의 일치는 특히 환경 계획에서 반드시 포함되어야 하는 빛의 불확실성으로 해석가능하다.

표 14-6 습지 특성과 습지 모델 매개변수(1m² 기준)

매개변수	Rabis 습초지	Glumsø 갈대습지
수리전도도 (m day⁻¹)	0.009	0.009
질소생산 (yr⁻¹)	7.0	40.0
유기쇄설물-질소 (g)	800	1200
최대 질산화율 (g-N day⁻¹)	11	7
최대 탈질률 (g-N day⁻¹)	22	72

표 14-7 습지 질소모델에서 보정된 매개변수

매개변수	Rabis 습초지	Glumsø 갈대습지
섭취율 (day⁻¹)	0.025	0.125
무기화율 (day⁻¹)	0.00005	0.00025

표 14–8 습지 모델에서 결정된 질소 수지

질소의 흐름 (g–N yr⁻¹)	Rabis 습초지[a]	Glum1sø 갈대습지[a]
부하 (L)	55	64
탈질에 의한 제거 (1)	24(20)	89(92)
용출 (2)	0(0)	37(40)
축적 (3)	3(5)	7(5)
제거 백분율 = [(1) + (3) − (2)] / L	49(45)	92(89)

[a]숫자는 모델적용 결과이며 ( ) 안의 숫자는 실제 측정 자료이다.

    이 모델의 목적은 일반적인 적용성을 가지는 것이었다. 이는 습지에 대한 적절한 정보를 안다면 모델은 질소 제거를 위한 습지의 수용능력을 알 수 있다는 것이다. 그러므로 생태공학자는 임의의 지역에서 특정 목표치를 달성하기 위해서는 비점오염원의 질소를 제거하기 위해 어느 정도의 습지면적이 필요한지 평가할 수 있다. 모델은 여러 사례 연구에서 인공습지 또는 변경하고자 하는 습지의 크기를 평가하는 모델로서 일반적 적용이 보장되는 만족스러운 결과를 보였다. 또한 모델은 지역 크기의 설정을 위한 절차에도 사용될 수 있다. 그러나 특정 지역에 적용하기 이전에 더 많은 사례연구에서 더 많은 경험이 있어야 할 것이다.

    폭 넓은 적용을 위한 절차는 이전의 사례연구의 경험에서 분명하게 나타났다. 시험적 절차는 [그림 14-10]에 요약하였다. 습지가 존재하지 않지만 조성하고자 계획 중이라면 사용될 방법은 비슷하다. 기후강제함수는 국지적으로 값을 따르지만 아직 존재하지 않는 습지의 특성은 당연히 알 수 없다. 수리전도도는 아마도 토양 특성에 의해, 비슷한 식물과 토양유형의 비교에 의해 평가될 수 있다. 식물–질소의 초기값과 최대값, 유기쇄설물–질소의 경향은 비슷한 식물이 서식하고 있는 지역의 습지로부터 평가된다. 표층의 깊이는 유사한 식생의 습지와 계획된 습지에 대한 경관의 경사로부터 산정된다.

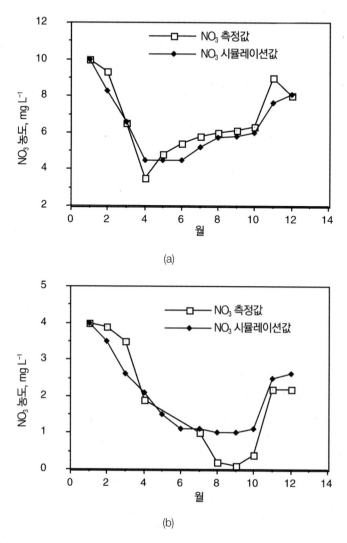

(a)

(b)

그림 14–9 덴마크 습지에서 유출되는 질산성 질소의 측정값과 시뮬레이션값의 비교 (a) 습초지, (b) Glumsø) 갈대 습지(Jørgensen and Bendoricchio, 2001; 저작권 2001; Elsevier Science의 허락 아래 재인쇄).

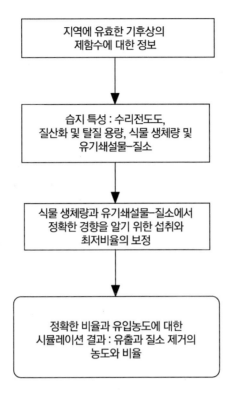

그림 14–10 텍스트에서 나타낸 일반적인 모델로부터 특정 지역에 대한 습지 모델의 개발에 적용할 수 있는 절차 (Jørgensen and Bendoricchio, 2001; 저작권 2001; Elsevier Science의 허락 아래 재인쇄).

참고문헌

Aanen, P., W. Alberts, G. J. Bekker, H. D. van Bohemen, P. J. M. Melman, J. van der Sluijs, G. Veenbaas, H. J. Verkaar, and C. F. van de Watering. 1991. *Nature Engineering and Civil Engineering Works.* Center for Agricultural Publishing and Documentation (Pudoc), Wageningen, The Netherlands.

Aber, J. D. and W. R. Jordan III. 1985. Restoration ecology: an environmental middle ground. *BioScience* 35:399.

Adey, W. H. and K. Loveland. 1991. *Dynamic Aquaria: Building Living Ecosystems.* Academic Press, New York. 643 pp.

Ahl, T. and T. Weiderholm. 1977. *Svenska Vattenkvalitetskriterier: Eurofierande Ammen.* Report SNV PM 918, Swedish National Environmental Protection Board, Solna, Sweden.

Ahn, C. and W. J. Mitsch. 2001. Chemical analysis of soil and leachate from experimental wetland mesocosms lined with coal combustion products. *Journal of Environmental Quality* 30:1457−1463.

Ahn, C. and W. J. Mitsch. 2002a. Scaling considerations of mesocosm wetlands in simulating large created freshwater marshes. *Ecological Engineering* 18:327−342.

Ahn, C. and W. J. Mitsch. 2002b. Evaluating the use of recycled coal combustion products in constructed wetlands: An ecologic−economic modeling approach. *Ecological Modelling* 150:117−140.

Ahn, C., W. J. Mitsch, and W. E. Wolfe. 2001. Effects of recycled FGD liner material on water quality and macrophytes of constructed wetlands: a mesocosm experiment. *Water Research* 35:633−642.

Allen, P. M. 1988. Ecology, thermodynamics, and self−organization: towards a new understanding of complexity. In: R. E. Ulanowicz and T. Platt, eds., *Ecosystem Theory for Biological Oceanography. Canadian Bulletin of Fisheries and Aquatic Sciences,* 123:3−26.

Allen, T. F. H. and T. B. Starr. 1982. *Hierarchy: Perspectives for Ecological Complexity.* University of Chicago Press, Chicago. 310 pp.

Alper, J. 1998. Ecosystem "engineers" shape habitats for other species. *Science* 280: 1195−1196.

Arheimer, B. and H. B. Wittgren. 1994. Modelling the effects of wetlands on regional nitrogen transport. *Ambio* 23:378−386.

Aronstein, B. N., Y. M Calvillo, and M. Alexander. 1991. Effects of surfactants at low concentration on the desorption and biodegradation of sorbed aromatic compounds in soil. *Environmental Sciences & Technology* 25:1728−1731.

Australian Nature Conservation Agency. 1996. *Wetlands Are Important.* National Wetlands Program, ANCA, Canberra, Australia. 2 pp.

Baker, K., S. Fennessy, and W. J. Mitsch. 1991. Designing wetlands for controlling coal mine drainage: an ecologic—economic modelling approach. *Ecological Economics* 3:1—24.

Bayley, P. B. 1995. Understanding large river—floodplain ecosystems. *BioScience* 45: 153—158.

Bedinger, M. S. 1981. Hydrology of bottomland hardwood forests of the Mississippi embayment. Pages 161—176. In: J. R. Clark and J. Benforado, eds., *Wetlands of Bottomland Hardwood Forests.* Elsevier, Amsterdam.

Beeftink, W. G. 1977. Salt marshes. Pages 93—121. In: R. S. K. Barnes, ed., *The Coastline.* Wiley, New York.

Bendoricchio, G. 1988. An application of the theory of catastrophe to the eutrophication of the Venice Lagoon. Pages 156—166. In: A. Marani, ed., *Advances in Environmental Modelling.* Elsevier, Amsterdam. 690 pp.

Benndorf, J., 1990. Conditions for effective biomanipulation: conclusions derived from whole-lake experiments in Europe. *Hydrobiologia* 200/201:187—203.

Benthem, W., L. P. van Lavieren, and W. J. M. Verheugt. 1999. Mangrove rehabilitation in the coastal Mekong delta, Vietnam. Pages 29—36. In: W. Streever, ed., *An International Perspective on Wetland Rehabilitation.* Kluwer Academic, Dordrecht, The Netherlands.

Bergen, S. D., S. M. Bolton, and J. L. Fridley. 2001. Design principles for ecological engineering. *Ecological Engineering* 18:201—210.

Best, G. R., P. M. Wallace, J. J. Dunn, and H. T. Odum. 1988. *Enhancing Ecological Succession Following Phosphate Mining.* Publication 03—008—064. Florida Institute of Phosphate Research Bartow, FL.

Boltzmann, L. 1905. *The Second Law of Thermodynamics.* Populare Schriften, Essay 3 (address to Imperial Academy of Science in 1886). Reprinted in English in: *Theoretical Physics and Philosophical Problems: Selected Writings of L. Boltzmann.* D. Reidel, Dordrecht, The Netherlands. 364 pp.

Boon, P. J., B. R. Davies, and G. E. Petts, eds. 2000. *Global Perspectives on River Conservation: Science, Policy, and Practice.* Wiley, Chichester, West Sussex, England.

Bosserman, R. W. 1980. Complexity measures for assessment of environmental impact in ecosystem networks. *Proceedings of the Pittsburgh Conference on Modelling and Simulation,* Pittsburgh, PA, April 20—23, 1980.

Bosserman, R. W. 1982. Structural comparison for four lake ecosystem models. Pages 559—568 In: L. Troncale, ed., *A General Survey of Systems Methodology—Proceedings of the 26th Annual Meeting of the Society for General Systems Research,* Washington, DC.

Boule, M. E. 1988. Wetland creation and enhancement in the Pacific Northwest. Pages 130—136. In: J. Zelazny and J. S. Feierabend, eds., *Proceedings of the Conference on Wetlands — Wetlands: Increasing Our Wetland Resources.* Corporate Conservation Council, National Wildlife Federation, Washington, DC.

Boumans, R. M. J., J. W. Day, G. P. Kemp, and K. Kilgen. 1997. The effect of intertidal sediment fences on wetland surface elevation, wave energy and vegetation establishment in two Louisiana coastal marshes. *Ecological Engineering* 9:37—50.

Boustany, R. G., C. R. Crozier, J. M. Rybczyk, and R. R. Twilley. 1997. Denitrification in a south Louisiana wetland forest receiving treated sewage effluent. *Wetlands Ecology and Management* 4:273—283.

Bradshaw, A. D. 1983. The reconstruction of ecosystems. *Journal of Applied Ecology* 20:1—17.

Bradshaw, A. D. 1987. Restoration: the acid test for ecology. Pages 23—29. In: W. R. Jordan. III, M. E. Gilpin, and J. D. Aber, eds., *Restoration Ecology: A Synthetic Approach to Ecological Research.* Cambridge University Press, Cambridge.

Bradshaw, A. D. 1992. The biology of land restoration. Pages 25—44. In: S. K. Jain and L. W. Botsford, eds., *Applied Population Biology.* Kluwer Academic, Dordrecht, The Netherlands.

Bradshaw, A. D. 1996. Underlying principles of restoration. *Canadian Journal of Fisheries and Aquatic Sciences* 53(Suppl. 1):3—9.

Bradshaw, A. D. 1997. Restoration of mined lands: using natural processes. *Ecological Engineering* 8:255—269.

Bradshaw, A. D. and R. F. Hüttl. 2001. Future minesite restoration involves a broader approach. *Ecological Engineering* 17:87—90.

Braskerud, B. C. 2002a. Factors affecting nitrogen retention in small constructed wetlands treating agricultural non-point source pollution. *Ecological Engineering* 18: 351—370.

Braskerud, B. C. 2002b. Factors affecting phosphorus retention in small constructed wetlands treating agricultural non-point source pollution. *Ecological Engineering* 19:41—61.

Brierley, C. L. 1995. Bioremediation of metal-contaminated surface and ground waters. *Geomicrobiology Journal* 8:201—223.

Brinson, M. M., B. L. Swift, R. C. Plantico, and J. S. Barclay. 1981. *Riparian Ecosystems: Their Ecology and Status.* FWS/OBS-81/17. U.S. Fish and Wildlife Service, Washington, DC. 151 pp.

Brix, H. 1987. Treatment of wastewater in the rhizosphere of wetland plants: the rootzone method. *Water Science and Technology* 19:107—118.

Brix, H. 1994. Use of constructed wetlands in water pollution control: historical development, present status, and future perspectives. *Water Science and Technology* 30:209—223.

Brix, H. 1998. Denmark. Pages 123—152. In: J. Vymazal, H. Brox, P. F. Cooper, M. D. Green, and R. Haberl, eds., *Constructed Wetlands for Wastewater Treatment in Europe.* Backhuys Publishers, Leiden, The Netherlands.

Brix, H. and H.-H. Schierup. 1989a. The use of aquatic macrophytes in water-pollution control. *Ambio* 18:100—107.

Brix, H. and H.-H. Schierup. 1989b. Sewage treatment in constructed reed beds: Danish experiences. *Water Science and Technology* 21:1655—1668.

Brodie, G. A., D. A. Hammer, and D. A. Tomljanovich. 1988. Constructed wetlands for acid drainage control in the Tennessee valley. Pages 325—331. In: *Mine Drainage and Surface Mine Reclamation.* Circular 9183. Bureau of Mines, Pittsburgh, PA.

Broome, S. W. 1990. Creation and restoration of tidal wetlands of the southeastern United States. Pages 37−72. In: J. A. Kusler and M. E. Kentula, eds., *Wetland Creation and Restoration.* Island Press, Washington, DC.

Broome, S. W., E. D. Seneca, and W. W. Woodhouse, Jr. 1988. Tidal salt marsh restoration. *Aquatic Botany* 32:1−22.

Brown, D. S. and E. W. Flagg. 1981. Empirical prediction of organic pollutant sorption in natural sediments. *Journal of Environmental Quality* 10:382−386.

Brown, M. T. 1987. *Conceptual Design for a Constructed Wetlands System for the Renovation of Treated Effluent.* Report from the Center for Wetlands, University of Florida, Gainesville, FL. 18 pp.

Brown, M. T., R. E. Tighe, T. R. McClanahan, and R. W. Wolfe. 1992. Landscape reclamation at a central Florida phosphate mine. *Ecological Engineering* 1:323−354.

Bruins, R. J. F. 1997. Modeling of floodplain response and ecological engineering in an agricultural wetland region of central China. Ph.D. dissertation. Ohio State University, Columbus, OH.

Bruins, R. J. F., S. Cai, S. Chen, and W. J. Mitsch. 1998. Ecological engineering strategies to reduce flooding damage to wetland crops in central China. *Ecological Engineering* 11:231−259.

Buckley, G. P., ed. 1989. *Biological Habitat Reconstruction.* Belhaven Press, London. 363 pp.

Burton, T. M. and H. H. Prince, 1995a. A landscape approach to wetlands restoration research along Saginaw Bay, Michigan: baseline data collection and project description. *Proceedings of the 38th Conference of the International Association of Great Lakes Research.* International Association of Great Lakes Research, Ann Arbor, MI.

Burton, T. M. and H. H. Prince. 1995b. Restoration of Saginaw Bay coastal wetlands in Michigan. In: M. C. Landin, ed., *Proceedings of the National Interagency Workshop on Wetlands,* New Orleans, LA.

Busnardo, M. J., R. M. Gersberg, R. Langis, T. L. Sinicrope, and J. B. Zedler. 1992. Nitrogen and phosphorus removal by wetland mesocosms subjected to different hydroperiods. *Ecological Engineering* 1:287−307.

Cairns, J., Jr. 1980. *The Recovery Process in Damaged Ecosystems.* Ann Arbor Press, Ann Arbor, MI.

Cairns, J., Jr. 1988a. Restoration ecology: The new frontier. Pages 1−11. In: J. Cairns, Jr., ed., *Rehabilitating Damaged Ecosystems,* Vol. I. CRC Press, Boca Raton, FL.

Cairns, J., Jr., ed. 1988b. *Rehabilitating Damaged Ecosystems,* Vol. I. CRC Press, Boca Raton, FL.

Calow, P. and G. E. Petts, eds. 1994. *The Rivers Handbook,* Vol. 2. Blackwell Scientific, London. 523 pp.

Carpenter, S. R. 1998. The need for large−scale experiments to assess and predict the response of ecosystems to perturbation. Pages 287−312. In: M. L. Pace and P. M. Groffman, eds., *Successes, Limitations and Frontiers of Ecosystem Science.* Springer−Verlag, New York.

CH2M-Hill and Payne Engineering. 1997. *Constructed Wetlands for Livestock Wastewater Management: Literature Review, Database, and Research Synthesis.* Mississippi Nutrient Enrichment Committee, U.S. Environmental Protection Agency, Stennis Space Center, MS.

Chai T., W. Shi, T. Lu, and M. Ye. 1988. Benefit analyses of agroecological engineering in Dongxu Village of Jiangsu Province. In: M. Shijun, A. Jiang, R. Xu, and D. Li, eds., *Proceedings of the International Symposium on Agro-Ecological Engineering,* August 1988. Ecological Society of China, Beijing.

Chapelle, F. H., P. M. Bradley, D. R. Lovley, and D. A. Vloblesky. 1996. Measuring rates of biodegradation in contaminated aquifer using field and laboratory methods. *Ground Water* 34:691–698.

Christensen, N., W. J. Mitsch, and S. E. Jørgensen. 1994. A first generation ecosystem model of the Des Plaines River experimental wetlands. *Ecological Engineering* 3: 495–521.

Christensen, T. H. 1981. *The Application of Sludge as Soil Conditioner,* Vol. 3. Polyteknisk Forlag, Copenhagen, pp. 19–47.

Christensen, T. H. 1984. Cadmium soil sorption at low concentrations: (1) effect of time, cadmium load, pH and calcium and (2) reversibility, effect of changes in solute composition, and effect of soil ageing. *Water Air and Soil Pollution* 21:105–125.

Chubin, R. G. and J. J. Street. 1981. Adsorption of cadmium on soil constituents in the presence of complexing agents. *Journal of Environmental Quality* 10:225–228.

Chung, C. H. 1982. Low marshes, China. Pages 131–145. In: R. R. Lewis, ed., *Creation and Restoration of Coastal Plant Communities.* CRC Press, Boca Raton, FL.

Chung, C. H. 1983. Geographical distribution of *Spartinas anglica* Hubbard in China. *Bulletin of Marine Science* 33:753–758.

Chung, C. H. 1985. The effects of introduced *Spartina* grass on coastal morphology in China. *Zeitschrift fuer Geomorphologie N.F. Supplementband* 57:169–174.

Chung, C. H. 1989. Ecological engineering of coastlines with salt marsh plantations. Pages 255–289. In: W. J. Mitsch and S. E. Jørgensen, eds., *Ecological Engineering: An Introduction to Ecotechnology.* Wiley, New York.

Chung, C. H. 1993. Thirty years of ecological engineering with *Spartina* plantations in China. *Ecological Engineering* 2:261–289.

Chung, Y. P., B. J. McCoy, and K. M. Scow. 1993. Criteria to assess when biodegradation is kinetically limited by intraparticle diffusion and sorption. *Biotechnology and Bioengineering* 41:625–632.

Clewell, A. F. 1999. Restoration of riverine forest at Hall Branch on phosphate-mined land, Florida. *Restoration Ecology* 7:1–14.

Cloud, P. E., Jr. 1971. Resources, population, and quality of life. Pages 124–152. In: S. F. Singer, ed., *Is There an Optimum Level of Population?* McGraw-Hill, New York. 478 pp.

Cole, C. A., and D. Shafer. 2002. Section 404 wetland mitigation and permit success criteria in

Pennsylvania, USA, 1986—1999. *Environmental Management* 30:508—515.

Colinvaux, P. 1993. *Ecology 2.* Wiley, New York.

Comin, F. A., J. A. Romero, V. Astorga, and C. Garcia. 1997. Nitrogen removal and cycling in restored wetlands used as filters of nutrients for agricultural runoff. *Water Science and Technology* 35:255—261.

Conway, T. E. and J. M. Murtha. 1989. The Iselin marsh pond meadow. Pages 139—144. D. A. Hammer, ed., *Constructed Wetlands for Wastewater Treatment.* Lewis Publishers, Chelsea, MI.

Cooke, J. G. 1992. Phosphorus removal processes in a wetland after a decade of receiving a sewage effluent. *Journal of Environmental Quality* 21:733—739.

Cooper, P. F. and B. C. Findlater, eds. 1990. *Constructed Wetlands in Water Pollution Control.* Pergamon Press, Oxford. 605 pp.

Cooper, P. F. and J. A. Hobson. 1989. Sewage treatment by reed bed systems: the present situation in the United Kingdom. Pages 153—172. In: D. A. Hammer, ed., *Constructed Wetlands for Wastewater Treatment.* Lewis Publishers, Chelsea, MI.

Costanza, R. and F. H. Sklar. 1985. Articulation, accuracy and effectiveness of mathematical models: a review of freshwater wetland applications. *Ecological Modelling* 27:45—69.

Costanza, R., R. d"Arge, R. de Groot, S. Farber, M. Grasso, B. Hannon, K. Limburg, S. Naeem, R. V. O"Neill, J. Paruelo, R. G. Raskin, P. Sutton, and M. van den Belt.1997. The value of the world"s ecosystem services and natural capital. *Nature* 387: 253—260.

Cox, J. L. 1970. Accumulation of DDT residues in *Triphoturus mexicanus* from the Gulf of California. *Nature* 227:192—193.

Cronk, J. K. 1996. Constructed wetlands to treat wastewater from dairy and swine operations: a review. *Agriculture Ecosystems and Environment* 58:97—114.

Crusberg, T. C., G. Gudmonsson, S. C., Moore, P. J. Weathers, and R. R. Biederman. 1994. Resistance to arsenic compounds in microorganisms. *FEMS Microbiology Reviews* 15:366—367.

Cunningham, J. A., C. J. Werth, M. Reinhard, and P. V. Roberts. 1997. Effects of grain—scale mass transfer on the transport of volatile organics through sediments. 1. Model development. *Water Resources Research* 33:2713—2726.

Dahl, T. E. 1990. *Wetland Losses in the United States, 1780s to 1980s.* U.S. Fish and Wildlife Service, Washington, DC. 21 pp.

Danish Ministry of Environment and Energy. 1999. *The Skjern River Restoration Project.* DMEE and National Forest and Nature Agency, Copenhagen. 32 pp.

Das, S. and Jana, B. B. 1999. Dose dependent uptake and *Eichhornia*—induced elimination of cadmium in various organs of the freshwater mussel, *Lamellidens marginalis. Ecological Engineering* 12:207—230.

Day, J. W., Jr., C. A. S. Hall, W. M. Kemp, and A. Yanez—Arancibia. 1989. *Estuarine Ecology.* Wiley, New York, 558 pp.

de Bernardi, R. and G. Giussani. 1995. Biomanipulation: Bases for a top-down control. Pages 1
–14. In: R. De Bernardi and G. Giussani, eds., *Guidelines of Lake Management,* Vol. 7,
Biomanipulation in Lakes and Reservoirs. International Lake Environment Committee,
Kusatsu, Japan and United Nations Environmental Programme, Nairobi, Kenya. 211 pp.

DeJong, J. 1976. The purification of wastewater with the aid of rush or reed ponds. Pages 133–
139. In: J. Tourbier and R. W. Pierson, eds., *Biological Control of Water Pollutions.*
University of Pennsylvania, Philadelphia.

De Leon, R. O. D. and A. T. White. 1999. Mangrove rehabilitation in the Philippines. Pages 37
–42. In: W. Streever, ed., *An International Perspective on Wetland Rehabilitation.* Kluwer
Academic, Dordrecht, The Netherlands.

Deshmukh, A. P. and W. J. Mitsch. 2000. Hydric soil development in the Olentangy River
Experimental Wetlands after five years of inundation. Pages 113–120. In: W. J. Mitsch and
L. Zhang, eds., *Olentangy River Wetland Research Park Annual Report,* 1999. Ohio State
University, Columbus, OH.

Dierberg, F. E. and P. L. Brezonik. 1985. Nitrogen and phosphorus removal by cypress swamp
sediments. *Water Air and Soil Pollution* 24:207–213.

Dørge, J. 1991. Model for nitrogen cycling in freshwater wetlands. Master''s thesis. University
of Copenhagen, Denmark.

Dubnyak, S. and V. Timchenko. 2000. Ecological role of hydrodynamic processes in the
Dnieper reservoirs. *Ecological Engineering* 16:181–188.

Dugan, P. 1993. *Wetlands in Danger.* Michael Beasley, Reed International Books, London. 192 pp.

Edmondson, W. T. and J. T. Lehman. 1981. The effects of changes in the nutrient income on the
condition of Lake Washington. *Limnology and Oceanography* 26: 1–29.

EPA Denmark. 1979. *Lead Contamination in Denmark.* 145 pp.

Erlich, H. L. and C. L. Brierley. 1990. *Microbial Mineral Recovery.* McGraw-Hill, New York.
240 pp.

Erwin, K. L., G. R. Best, W. J. Dunn, and P. M. Wallace. 1984. Marsh and forested wetland
reclamation of a central Florida phosphate mine. *Wetlands* 4:87–104.

Etnier, C. and B. Guterstam, eds. 1991. *Ecological Engineering of Wastewater Treatment –
International Conference,* Stensund Folk College, Trosa, Sweden. Bokskogen, Gothenburg,
Sweden.

Etnier, C. and B. Guterstam, eds. 1997. *Ecological Engineering for Wastewater Treatment,* 2nd
ed. CRC Press/Lewis Publishers, Boca Raton, FL.

Ewel, K. C. and H. T. Odum, eds. 1984. *Cypress Swamps.* University Presses of Florida,
Gainesville, FL. 472 pp.

Faber, P. A., E. Keller, A. Sands, and B. M. Masser. 1989. *The Ecology of Riparian Habitats of
the Southern California Coastal Region: A Community Profile.* Biological Report 85(7.27).
U.S. Fish and Wildlife Service, Washington, DC. 152 pp.

Fanta, J. 1994. Forest ecosystem development on degraded and reclaimed sites. *Ecological Engineering* 3:1−3.

Fanta, J. 1997. Rehabilitating degraded forests in central Europe into self−sustaining forest ecosystems. *Ecological Engineering* 8:289−297.

Federal Interagency Stream Restoration Working Group. 2001. *Stream Corridor estoration: Principles, Processes, and Practices.* NISR Working Group, Part 653 of *National Engineering Handbook.* USDA−Natural Resources Conservation Service, Washington, DC.

Fennessy, M. S. 1988. Reclamation of coal mine drainage using a created wetland: exploring ecological treatment systems. M.S. thesis. Ohio State University, Columbus, OH.

Fennessy, M. S. and W. J. Mitsch. 1989. Treating coal mine drainage with an artificial wetland. *Research Journal of the Water Pollution Control Federation* 61:1691−1701.

Fennessy, M. S., J. K. Cronk, and W. J. Mitsch. 1994. Macrophyte productivity and community development in created freshwater wetlands under experimental hydrologic conditions. *Ecological Engineering* 3:469−484.

Fiechter, A. 1992. Biosurfactant: moving towards industrial application. *Trends in Biotechnology* 10:208−217.

Fink, D. F. 2001. Efficacy of a newly created wetland at reducing nutrient loads from agricultural runoff. Master''s thesis. Environmental Science Graduate Program, Ohio State University, Columbus, OH.

Flanagan, N. E., W. J. Mitsch, and K. Beach. 1994. Predicting metal retention in a constructed mine drainage wetland. *Ecological Engineering* 3:135−159.

Fogel, S., R. Lancione, and A. Sewall. 1981. *A Literature and Laboratory Investigation of the Influence of Water Solubility on the Biodegradation of Organic Chemicals.* Report 560/5−82−015. U.S. Environmental Protection Agency, Washington, DC, pp. 1−21.

Forrester, J. W. 1961. *Industrial Dynamics.* MIT Press, Cambridge, MA. Galatowitsch, S. M. and A. G. van der Valk. 1994. *Restoring Prairie Wetlands: An Ecological Approach.* Iowa State University Press, Ames, IA. 246 pp.

Garbisch, E. W. 1977. *Recent and Planned Marsh Establishment Work Throughout the Contiguous United States: A Survey and Basic Guidelines.* CR D−77−3. U.S. Army Corps of Engineers Waterways Experiment Station, Vicksburg, MS.

Garbisch, E. W., P. B. Woller, and R. J. McCallum. 1975. *Salt Marsh Establishment and Development.* Technical Memorandum 52. U.S. Army Coastal Engineering Research Center, Fort Belvoir, VA.

Gerheart, R. A. 1992. Use of constructed wetlands to treat domestic wastewater, city of Arcata, California. *Water Science and Technology* 26:1625−1637.

Gerheart, R. A., F. Klopp, and G. Allen. 1989. Constructed free surface wetlands to treat and receive wastewater: pilot project to full scale. Pages 121−137. In: D. A. Hammer, ed., *Constructed Wetlands for Wastewater Treatment.* Lewis Publishers, Chelsea MI.

Gifford, A. M. 2002. The effect of macrophyte planting on amphibian and fish community use of two created wetland ecosystems in central Ohio. Master''s thesis. Environmental Science Graduate Program, Ohio State University, Columbus, OH. Godfrey, P. J., E. R. Kaynor, S. Pelczarski, and J. Benforado, eds. 1985. *Ecological Considerations in Wetlands Treatment of Municipal Wastewaters.* Van Nostrand Reinhold, New York. 474 pp.

Gore, J. A., ed. 1985. *The Restoration of Rivers and Streams.* Butterworth, Boston.

Graedel, T. E. and B. R. Allenby. 1995. *Industrial Ecology.* Prentice Hall, Englewood Cliffs, NJ.

Greer, L. E. and D. R. Shelton. 1992. Effect of inoculant strain and organic matter content on kinetics of 2,4−dichloropehnoxyacetic acid degradation in soil. *Applied Environmental Microbiology* 58:1459−1465.

Gumbricht, T. 1992. Tertiary wastewater treatment using the root−zone method in temperate climates. *Ecological Engineering* 1:199−212.

Guterstam, B. and J. Todd. 1990. Ecological engineering for wastewater treatment and its application in New England and Sweden. *Ambio* 19:173−175.

Hagiwara, H. and W. J. Mitsch. 1994. Ecosystem modelling of an integrated aquaculture in South China. *Ecological Engineering* 72:41−73.

Halfon, E., 1983. Is there a best model structure? II. Comparing the model structures of different fate models. *Ecological Modelling* 20:153−163.

Halfon, E. 1984. Error analysis and simulation of *Mirex* behavior in Lake Ontario. *Ecological Modelling* 22:213−253.

Halfon, E., H. Unbehauen, and C. Schmid. 1979. Model order estimation and system identification theory to the modelling of 32P kinetics within the trophogenic zone of a small lake. *Ecological Modelling* 6:1−22.

Hall, C. A. S. 1995a. Introduction: What is maximum power? Pages xiii−xvi. In: C. A. S. Hall, ed., *Maximum Power: The Ideas and Applications of H. T. Odum.* University Press of Colorado, Niwot, CO.

Hall, C. A. S., ed. 1995b. *Maximum Power: The Ideas and Applications of H. T. Odum.* University Press of Colorado, Niwot, CO. 393 pp.

Hammer, D. A., ed. 1989. *Constructed Wetlands for Wastewater Treatment.* Lewis Publishers, Chelsea, MI. 831 pp.

Hammer, D. A. 1997. *Creating Freshwater Wetlands,* 2nd ed. CRC Press/Lewis Publishers, Boca Raton, FL. 406 pp.

Hansen, J. A. and J. C. Tjell. 1981. *The Application of Sludge as Soil Conditioner,* Vol. 2. Polyteknisk Forlag, Copenhagen, pp. 137−181.

Hansen, H. O., ed. 1996. *River Restoration: Danish Experience and Examples.* Ministry of Environment and Energy, National Environmental Research Institute, Silkekborg, Denmark. 99 pp.

Hansen, H. O. and B. L. Madsen. 1998. *River Restoration ''96: Session Lecture Proceedings.*

Ministry of Environment and Energy, National Environmental Research Institute, Silkekborg, Denmark. 293 pp.

Hansen, H. O., B. Kronvang, and B. L. Madsen. 1996. Classification system for watercourse rehabilitation. Pages 73−79. In: H. O. Hansen, ed., *River Restoration: Danish Experience and Examples.* Ministry of Environment and Energy, National Environmental Research Institute, Silkekborg, Denmark.

Hansen, H. O., P. J. Boon, B. L. Madsen, and T. M. Iversen. 1998. River restoration: The physical dimension. Special issue. *Aquatic Conservation: Marine and Freshwater Ecosystems* 8:1−264.

Hart, D. D. and N. L. Poff, eds. 2002. Dam removal and river restoration: a special section. *BioScience* 52:653−747.

Hart, D. D., T. E. Johnson, K. L. Bushaw−Newton, R. J. Horiwitz, A. T. Bednarek, D. F. Charles, D. A. Kreeger, and D. J. Velinsky. 2002. Dam removal: challenges and opportunities for ecological research and river restoration. *BioScience* 52:669−681.

Henry, C. P. and C. Amoros. 1995. Restoration ecology of riverine wetlands. I. A scientific basis. *Environmental Management* 19:891−902.

Henry, C. P., C. Amoros, and N. Roset. 2002. Restoration ecology of riverine wetlands: a 5−year post−operation survey on the Rho^^ne River, France. *Ecological Engineering* 18:543−554.

Hey, D. L. and N. S. Philippi. 1995. Flood reduction through wetland restoration: the upper Mississippi River basin as a case study. *Restoration Ecology* 3:4−17.

Hey, D. L., M. A. Cardamone, J. H. Sather, and W. J. Mitsch. 1989. Restoration of riverine wetlands: the Des Plaines River wetland demonstration project. Pages 159−183. In: W. J. Mitsch and S. E. Jørgensen, eds., *Ecological Engineering: An Introduction to Ecotechnology.* Wiley, New York.

Hickman, S. C. and V. J. Mosca. 1991. *Improving Habitat Quality for Migratory Waterfowl and Nesting Birds: Assessing the Effectiveness of the Des Plaines River Wetlands Demonstration Project.* Technical paper 1. Wetlands Research, Chicago. 13 pp.

Higgins, C. R. 2002. Ecosystem engineering by muskrats (*Ondatra zibethicus*) in created freshwater marshes. Master''s thesis. Environmental Science Graduate Program, Ohio State University, Columbus, OH.

Hoagland, C. R., L. E. Gentry, M. B. David, and D. A. Kovacic. 2001. Plant nutrient uptake and biomass accumulation in a constructed wetland. *Journal of Freshwater Ecology* 16:527−540.

Holan, Z. R., B. Volesky, and I. Prasetyo. 1993. Biosorption of cadmium by biomass of marine algae. *Biotechnology and Bioengineering* 41:819−825.

Holbein, B. E. 1990. Immobilization of metal−binding compounds. Pages 327−349. In: B. Voleksy, ed., *Biosorption of Heavy Metals.* CRC Press, Boca Raton, FL. Holling, C. S. 1986. The resilience of terrestrial ecosystems: local surprise and global change. Pages 292−317. In: W. C. Clark and R. E. Munn, eds., *Sustainable Developmen of the Biosphere.* Cambridge

University Press, Cambridge.

Hosper, S. H. and E. Jagtman. 1990. Biomanipulation additional to nutrient control for restoration of shallow lakes in the Netherlands. *Hydrobiologia* 200/201:523–524.

Hosper, S. H. and M.-L. Meijer. 1993. Biomanipulation, will it work for your lake? A simple test for the assessment of chances for clear water following drastic fishstock reduction in shallow, eutrophic lakes. *Ecological Engineering* 2:63–72.

Hubbell, S. P. 1997. A unified theory of biogeography and relative species abundance and its application to tropical rain forests and coral reefs. *Proceedings of the 7th International Coral Reef Symposium,* Vol. I, pp. 33–42.

Hunter, I. R., M. Hobley, and P. Smale. 1998. Afforestation of degraded land: pyrrhic victory over economic, social and ecological reality? *Ecological Engineering* 10: 97–106.

Hüttl, R. F. and A. B. Bradshaw, eds. 2001. Ecology of post-mining landscapes. Special issue. *Ecological Engineering* 17:87–330.

Hüttl, R. F. and B. U. Schneider. 1998. Forest ecosystem degradation and rehabilitation. *Ecological Engineering* 10:19–31.

Hynes, H. B. N. 1970. *The Ecology of Running Water.* University of Toronto Press, Toronto, Ontario, Canada.

IWA Specialists Group on Use of Macrophytes in Water Pollution Control. 2000. *Constructed Wetlands for Pollution Control.* Scientific and Technical Report 8. International Water Association, London. 156 pp.

Jacks, G., A. Joelsson, and S. Fleischer. 1994. Nitrogen retention in forested wetlands. *Ambio* 23:358–362.

Jackson, J. 1989. Man-made wetlands for wastewater treatment: two case studies. Pages 57–580. In: D. A. Hammer, ed., *Constructed Wetlands for Wastewater Treatment.* Lewis Publishers, Chelsea, MI.

Jana, B. B. and S. Das. 1997. Potential of freshwater mussel for cadmium clearance in a model system. *Ecological Engineering* 8:179–194

Japp, W. C. 2000. Coral reef restoration. *Ecological Engineering* 15:345–364.

Jeffers, N. R. J. 1978. *An Introduction to Systems Analysis with Ecological Applications.* Edward Arnold, London.

Jensen, K. and J. C. Tjell. 1981. *The Application of Sludge as Soil Conditioner,* Vol. 3. Poly-teknisk Forlag, Copenhagen, pp. 121–147.

Jiang, M., X. Zhang, and R. Wang. 1992. The ecological significance of Chinese ancient philo-sophy. Paper presented at International Studies Program, *China"'s Environment: Meeting Local and Global Challenges,* May 1992. Portland State University, Portland, OR.

Johansson, A. 1992. *Clean Technology.* Lewis Publishers, Boca Raton, FL. Johengen, T. H. and P. A. LaRock. 1993. Quantifying nutrient removal processes within a constructed wetland designed to treat urban stormwater runoff. *Ecological Engineering* 2:347–366.

Johnson, R. R. and J. F. McCormick, tech. coords. 1979. *Strategies for the Protection and Management of Floodplain Wetlands and Other Riparian Ecosystems —Proceedings of the Symposium,* Callaway Gardens, GA, December 11−13, 1978. General Technical Report WO−12. U.S. Forest Service, Washington, DC. 410 pp.

Johnson, B. L., W. B. Richardson, and T. J. Naimo. 1995. Past, present, and future concepts in large river ecology. *BioScience* 45:134−141.

Johnston, C. A. 1991. Sediment and nutrient retention by freshwater wetlands: effects on surface water quality. *Critical Reviews in Environmental Control* 21:491−565.

Jones, C. G., J. H. Lawton, and M. Shachak. 1994. Organisms as ecosystem engineers. *Oikos* 69:373−386.

Jones, C. G., J. H. Lawton, and M. Shachak. 1997. Positive and negative effects of organisms as physical ecosystem engineers. *Ecology* 78:1946−1957.

Jordan, W. R., III, M. E. Gilpin, and J. D. Aber, eds. 1987. *Restoration Ecology: A Synthetic Approach to Ecological Research.* Cambridge University Press, Cambridge. 342 pp.

Jørgensen, S. E. 1975. Do heavy metals prevent the agricultural use of municipal sludge? *Water Research* 9:163−170.

Jørgensen, S. E. 1976. A eutrophication model for a lake. *Ecological Modelling* 2: 147−165.

Jørgensen, S. E. 1981. *Application of Ecological Modelling in Environmental Management.* Elsevier, Amsterdam.

Jørgensen, S. E. 1982. Exergy and buffering capacity in ecological systems. Pages 61−72. In: W. J. Mitsch, R. K. Ragade, R. W. Bosserman, and J. A. Dillon, Jr., eds., *Energetics and Systems,* Ann Arbor Science, Ann Arbor, MI.

Jørgensen, S. E. 1986. Structural dynamic model. *Ecological Modelling* 31:1−9.

Jørgensen, S. E. 1988. Use of models as experimental tools to show that structural changes are accompanied by increased exergy. *Ecological Modelling* 41:117−126.

Jørgensen, S. E. 1990. *Modelling in Ecotoxicology.* Elsevier, Amsterdam. 350 pp.

Jørgensen, S. E. 1992. Development of models able to account for changes in species composition. *Ecological Modelling* 62:195−208.

Jørgensen, S. E. 1993. Removal of heavy metal from compost and soil by ecotechnological methods. *Ecological Engineering* 2:89−100

Jørgensen, S. E. 1994. Review and comparison of goal functions in system ecology. *Vie Milieu* 44:11−20.

Jørgensen, S. E. 2000. *Principles of Pollution Abatement.* Elsevier, Amsterdam. 526 pp.

Jørgensen, S. E. 2002. *Integration of Ecosystem Theories: A Pattern,* 3rd ed. Kluwer Academic, Dordrecht, The Netherlands. 428 pp.

Jørgensen, S. E. and G. Bendoricchio. 2001. *Fundamentals of Ecological Modelling,* 3rd ed. Elsevier, Amsterdam. 530 pp.

Jørgensen, S. E. and R. de Bernardi. 1997. The use of structural dynamic models to explain the success and failure of biomanipulation. *Hydrobiologia* 379:147—158.

Jørgensen, S. E. and J. F. Mejer. 1977. Ecological buffer capacity. *Ecological Modelling* 3:39—61.

Jørgensen, S. E. and J. F. Mejer. 1979. A holistic approach to ecological modeling. *Ecological Modelling* 7:169—189.

Jørgensen, S. E., O. S. Jacobsen, and I. Hoi. 1973. A prognosis for a lake. *Vatten* 29: 382—404.

Jørgensen, S. E., L. A. Jørgensen, L. Kamp Nielsen, and H. F. Mejer. 1981. Parameter estimation in eutrophication modelling. *Ecological Modelling* 13:111—129.

Jørgensen, S. E., C. C. Hoffman, and W. J. Mitsch. 1988. Modelling nutrient retention by reedswamp and wetland meadow in Denmark. Pages 133—151. In: W. J. Mitsch, M. Straskraba, and S. E. Jørgensen, eds., *Wetland Modelling.* Elsevier, Amsterdam.

Jørgensen, S. E., B. Halling—Sørensen, and H. Mahler. 1997. *Handbook of Estimation Methods in Ecotoxicology and Environmental Chemistry.* Lewis Publishers, Boca Raton, FL. 230 pp.

Josselyn, M., J. Zedler, and T. Griswold. 1990. Wetland mitigation along the Pacific coast of the United States. Pages 3—36. In: J. A. Kusler and M. E. Kentula, eds., *Wetland Creation and Restoration.* Island Press, Washington, DC.

Junk, W. J., P. B. Bayley, and R. E. Sparks. 1989. The flood pulse concept in river—floodplain systems. Pages 11—127. In: P. P. Dodge, ed., *Proceedings of the International Large River Symposium,* Special publication. *Journal of Canadian Fisheries and Aquatic Sciences* 106:11—127.

Kadlec, R. H. 1999. Constructed wetlands for treating landfill leachate. Pages 17—31. In: G. Mulamoottil, E. A. McBean, and F. Rovers, eds., *Constructed Wetlands for the Treatment of Landfill Leachates.* Lewis Publishers, Boca Raton, FL.

Kadlec, R. H. and D. L. Hey. 1994. Constructed wetlands for river water quality improvement. *Water Science and Technology* 29:159—168.

Kadlec, R. H. and R. L. Knight. 1996. *Treatment Wetlands.* CRC Press/Lewis Publishers, Boca Raton, FL. 893 pp.

Kadlec, R. H. and D. L. Tilton. 1979. The use of freshwater wetlands as a tertiary treatment alternative. *CRC Critical Reviews in Environmental Control* 9:185—212.

Kalin, M. 2001. Biogeochemical and ecological considerations in designing wetland treatment systems in post—mining landscapes. *Waste Management* 21:191—196.

Kangas, P. C. 1981. Succession as an alternative for reclaiming phosphate spoil mounds. Pages 11—43. In: H. T. Odum, ed., *Studies on Phosphate Mining, Reclamation, and Energy.* Center for Wetlands, University of Florida, Gainesville, FL.

Kapoor and T. Viraraghavan. 1995. Fungal biosorption: an alternative treatment option for heavy metal bearing wastewaters—A review. *Bioresource Technology* 53:195—206.

Kemp, W. M., J. E. Petersen, and R. H. Gardner. 2001. Scale—dependence and the problem of extrapolation: implications for experimental and natural coastal ecosystems. Pages 3—57. In: R. H. Gardner, W. M. Kemp, V. S. Kennedy, and J. Petersen, eds., *Scaling Relations in*

Experimental Ecology. Columbia University Press, New York.

Kentula, M. E., J. C. Sifneos, J. W. Good, M. Rylko, and K. Kuntz. 1992. Trends and patterns in Section 404 permitting requiring compensatory mitigation on Oregon and Washington, USA. *Environmental Management* 16:109—119.

Kilian, W. 1998. Forest site degradation: temporary deviation from the natural site potential. *Ecological Engineering* 10:5—18.

Kilian, W. and J. Fanta, eds. 1998. Degradation and restoration of forests. Special issue. *Ecological Engineering* 10:1—106.

Klostermann, J. E. M. and A. Tukker. 1998. *Product Innovation and Eco-efficiency.* Kluwer Academic, Boston. 224 pp.

Knight, R. L. 1990. Wetland systems. Pages 211—260. In: *Natural Systems for Wastewater Treatment.* Manual of Practice FD-16. Water Pollution Control Federation, Alexandria, VA.

Knight, R. L., T. W. McKun, and H. R. Kohl. 1987. Performance of a natural wetland treatment system for wastewater management. *Journal of the Water Pollution Control Federation* 59:746—754.

Knox, R. C., D. A. Sabatini, and L. W. Canter. 1993. Subsurface transport and fate processes. Pages 55—112. In: R. C. Knox and L. W. Canter, eds., *Ecotoxicological Processes.* Lewis Publishers, Boca Raton, FL. 328 pp.

Kolka, R. K., E. A. Nelson, and C. C. Trettin. 2000. Conceptual assessment framework for forested wetland restoration: the Pen Branch experience. *Ecological Engineering* 15:S17—S21.

Kompare, B. 1995. The use of artificial intelligence to estimate ecotoxicological and ecological parameters. Thesis. Royal Danish School of Pharmacy, Copenhagen Kovacic, D. A., M. B. David, L. E. Gentry, K. M. Starks, and R. A. Cooke. 2000.

Effectiveness of constructed wetlands in reducing nitrogen and phosphorus export from agricultural tile drainage. *Journal of Environmental Quality* 29:1262—1274.

Kusler, J. A., and M. E. Kentula, eds. 1990. *Wetland Creation and Restoration: The Status of the Science.* Island Press, Washington, DC. 594 pp.

Kuyucak, N. and B. Voleksy. 1989. The mechanism of cobalt bio-sorption. *Biotechnology and Bioengineering* 33:815—822.

Lamb, D. 1994. Reforestation of degraded tropical forest lands in the Asia—Pacific region. *Journal of Tropical Forestry Science* 7:1—7.

Lambert, J. M. 1964. The *Spartina* story. *Nature* 204:1136—1138.

Lane, R. R., J. W. Day, Jr., and B. Thibodeaux. 1999. Water quality analysis of a freshwater diversion at Caernarvon, Louisiana. *Estuaries* 22:327—336

Larson, A. C., L. E. Gentry, M. B. David, R. A. Cooke, and D. A. Kovacic. 2000. The role of seepage in constructed wetlands receiving tile drainage. *Ecological Engineering* 15:91—104.

Lavoie, C., and L. Rochefort. 1996. The natural revegetation of a harvested peatland in southern Quebec: a spatial and dentroecological analysis. *Ecoscience* 3:101—111.

Laws, E. A. 1993. *Aquatic Pollution,* 2nd ed. Wiley, New York.

Leeuwen, van C. J. and J. L. M. Hermens, eds. 1995. *Risk Assessment of Chemicals: An Introduction.* Kluwer Academic, Dordrecht, The Netherlands. 374 pp.

Lefeuvre, J. C., W. J. Mitsch, and V. Bouchard, eds. 2002. Ecological engineering applied to river and wetland restoration. Special issue. *Ecological Engineering* 18: 529−658.

Lemons, J., L. Westra, and R. Goodland. 1998. *Ecological Sustainability and Integrity: Concepts and Approaches.* Kluwer Academic, Boston.

Leonardson, L., L. Bengtsson, T. Davidsson, T. Persson, and U. Emanuelsson. 1994.

Nitrogen retention in artificially flooded meadows. *Ambio* 23:332−341.

Leopold, A. as edited by L. B. Leopold. 1972. *Round River.* Oxford University Press, Oxford. 286 pp.

Leopold, L. B. 1994. *A View of the River.* Harvard University Press, Cambridge, MA.

Leopold, L. B., M. G. Wolman, and J. E. Miller. 1964. *Fluvial Processes in Geomorphology.* W. H. Freeman, San Francisco. 522 pp.

Letterman, R. D. and W. J. Mitsch. 1978. Impact of mine drainage on mountain streams in Pennsylvania. *Environmental Pollution* 17:53−73.

Lewis, R. R. 1990a. Wetland restoration / creation /enhancement terminology: suggestions for standardization. Pages 1−7. In: J. A. Kusler and M. E. Kentula, eds., *Wetland Creation and Restoration.* Island Press, Washington, DC.

Lewis, R. R. 1990b. Creation and restoration of coastal plain wetlands in Florida. Pages 73−101. In: J. A. Kusler and M. E. Kentula, eds., *Wetland Creation and Restoration.* Island Press, Washington, DC.

Lewis, R. R. 1990c. Creation and restoration of coastal plain wetlands in Puerto Rico and the U.S. Virgin Islands. Pages 103−123. In: J. A. Kusler and M. E. Kentula, eds., *Wetland Creation and Restoration.* Island Press, Washington, DC.

Lewis, R. R. 2000. Ecologically based goal setting in mangrove forest and tidal marsh restoration. *Ecological Engineering* 15:191−198.

Lewis, R. R., J. A. Kusler, and K. L. Erwin. 1995. Lessons learned from five decades of wetland restoration and creation in North America. In: C. Montes, G. Oliver, F. Molina, and J. Cobos, eds., *Bases Ecológicas para la Restauración de Humedales en la Cuenca Mediterránea.* Consejería de Medio Ambiente, Junta de Andalucía, Andalucía, Spain.

Li, W. 1998. Utilization of aquatic macrophytes in grass carp farming in Chinese shallow lakes. *Ecological Engineering* 11:61‒72.

Lin, O. and I. A. Mendelssohn. 1998. The combined effect of phytoremediation and biostimulation in enhancing habitat restoration and oil degradation of petroleum contaminated wetlands. *Ecological Engineering* 10:263‒274.

Litchfield, D. K. and D. D. Schatz. 1989. Constructed wetlands for wastewater treatment at Amoco Oil Company' Mandan, North Dakota, refinery. Pages 101‒119.

In: D. A. Hammer, ed., *Constructed Wetlands for Wastewater Treatment,* Lewis Publishers, Chelsea, MI.

Liu, S., X. Li, and L. Niu. 1998. The degradation of soil fertility in pure larch plantations in the northeastern part of China. *Ecological Engineering* 10:75‒86.

Lotka, A. J. 1922. Contribution to the energetics of evolution. *Proceedings of the National Academy of Sciences USA* 8:147‒150.

Louisiana Coastal Wetlands Conservation and Restoration Task Force. 1998. *Coast 2050: Toward a Sustainable Coastal Louisiana-An Executive Summary.* Louisiana Department of Natural Resources, Baton Rouge, LA. 12 pp.

Lowrance, R., B. R. Stinner, and G. J. House, eds. 1984. *Agricultural Ecosystems: Unifying Concepts.* Wiley, New York. 233 pp.

Lu, J. 1990. *Wetlands in China.* East China Normal University Press, Shanghai. 177 pp. (in Chinese).

Lu, J. 1995. Ecological significance and classification of Chinese wetlands. *Vegetatio* 118:49‒56.

Luckett, C., W. H. Adey, J. Morrissey, and D. M. Spoon. 1996. Coral reef mesocosms and microcosms: successes, problems, and the future of laboratory models. *Ecological Engineering* 6:57‒72.

Ma, S. 1985. Ecological engineering: application of ecosystem principles. *Environmental Conservation* 12:331‒335.

Ma, S. 1988. Development of agro‒ecological engineering in China. Pages 1‒13. In: S. Ma, A. Jiang, R. Xu, and D. Li, eds., *Proceedings of the International Symposium on Agro‒Ecological Engineering,* August 1988. Ecological Society of China, Beijing.

Ma, S. and H. Liu. 1988. Analysis of the functions of paddy‒field ecosystem engineering in southern mountain and hilly areas of Hunan Province, China. In: S. Ma, A. Jiang, R. Xu, and D. Li, eds., *Proceedings of the International Symposium on Agro‒Ecological Engineering,* August 1988. Ecological Society of China, Beijing.

Ma, S. and R. Wang. 1984. Social‒economic natural complex ecosystem. *Acta Ecologica Sinica* 4(1):1‒9 (in Chinese).

Ma, S. and R. Wang. 1989. Social‒economic natural complex ecosystem and sustainable development. In: R. Wang, ed., *Human Ecology in China.* China Science and Technology Press, Beijing (in Chinese).

Ma, S. and J. Yan. 1989. Ecological engineering for treatment and utilization of wastewater. Pages 185‒217. In: W. J. Mitsch and S. E. Jørgensen, eds., *Ecological Engineering: An Introduction to Ecotechnology.* Wiley, New York.

Ma, S., A. Jiang, R. Xu, and D. Li, eds. 1988. *Proceedings of the International Symposium on Agro‒Ecological Engineering,* August 1988. Ecological Society of China, Beijing.

Macaskie, L. E. 1991. The application of biotechnology to the treatment of wastes produced from the nuclear fuel cycle. *Critical Reviews in Biotechnology* 11:41‒112.

Maier, R. M. 2000. Bioavailability and its importance to bioremediation. Pages 58–78. In: J. J. Valdes, ed., *Bioremediation.* Kluwer Academic, Dordrecht, The Netherlands. 169 pp.

Malakoff, D. 1998. Restored wetlands flunk real–world test. *Science* 280:371–372.

Mann, K. H. 1975. Patterns of energy flow. Pages 248–263. In: B. A. Whitton, *River Ecology.* Blackwell Scientific, Oxford.

Manyin, T., F. M. Williams, and L. R. Stark. 1997. Effects of iron concentration and flow rate on treatment of coal mine drainage in wetland mesocosms: an experimental approach to sizing of constructed wetlands. *Ecological Engineering* 9:171–185.

Maragos, J. E. 1992. Restoring coral reefs with emphasis on Pacific reefs. Pages 141–221. In: G. W. Thayer, ed., *Restoring the Nation' Marine Environment.* Maryland Sea Grant College, College Park, MD.

Marino, B. D. V. and H. T. Odum, eds. 1999. Biosphere 2: Research past and present. Special issue. *Ecological Engineering* 13:1–356.

Massey, B. 2000. *Wetlands Engineering Manual.* Ducks Unlimited, Southern Regional Office, Hackson, MS. 16 pp.

May, R. M. 1977. *Stability and Complexity in Model Ecosystems,* 3rd ed. Princeton University Press, Princeton, NJ. 530 pp.

May, R. M. 1981. *Theoretical Ecology: Principles and Applications,* 2nd ed. Blackwell Scientific, Oxford. 489 pp.

McCarty, P. L. 1997. Breathing with chlorinated solvents. *Science* 276:1521–1522.

Meade, R. and R. Parks. 1985. Sediment in rivers of the United States. Pages 49–60. In: *National Water Summary.* Water Supply Paper 2275. U.S. Geological Survey, Washington, DC.

Mejer, H. F. and S. E. Jørgensen. 1979. Energy and ecological buffer capacity. Pages 829–846. In: S. E. Jørgensen, ed., *State–of–the–Art of Ecological Modelling–Proceedings of a Conference on Ecological Modelling,* August 28–September 2, 1978. International Society for Ecological Modelling, Copenhagen.

Metzger, K. and W. J. Mitsch. 1997. Modelling self–design of the aquatic community in a newly created freshwater wetland. *Ecological Modelling* 100:61–86.

Meyer, J. L. 1985. A detention basin/ artificial wetland treatment system to renovate stormwater runoff from urban, highway, and industrial areas. *Wetlands* 5:135–145.

Middleton, B. A. 1999. *Wetland Restoration: Flood Pulsing and Disturbance Dynamics.* Wiley, New York. 388 pp.

Miljøstyrelsen. 2000. Environmental risk assessment by purification of a contaminated plot by the use of adapted microorganisms. *Videnskabelige fra Miljøstyrelsen* 3:27–30.

Miljøstyrelsen. 2002. Removal of PAHS from contaminated soil. *Videnskabelige fra Miljøstyrelsen* 4(1):17–20.

Miller, R. M. 1995. Surfactant–enhanced bioavailability of slightly soluble organic compounds. Pages 33–54. In: H. Skipper and R. Turco, eds., *Bioremediation: Science and Application.*

Special publication. Soil Science Society of America, Madison, WI.

Miller, M. E. and M. Alexander. 1991. Kinetics of bacterial degradation of benzylamine in a montmorillonie suspension. *Environmental Science and Technology* 25: 240–245.

Minshall, G. W., R. C. Peterson, K. W. Cummins, T. L. Bott, J. R. Sedall, C. E. Cushing, and R. L. Vannote. 1983. Inter–biome comparison of stream ecosystem dynamics. *Ecological Monographs* 53:1–25.

Minshall, G. W., K. W. Cummins, R. C. Peterson, C. E. Cushing, D. A. Bruins, J. R. Sedall, and R. L. Vannote. 1985. Development in stream ecosystem theory. *Canadian Journal of Fisheries and Aquatic Sciences* 37:130–137.

Mitchell, D. S., A. J. Chick, and G. W. Rasin. 1995. The use of wetlands for water pollution control in Australia: an ecological perspective. *Water Science and Technology* 32:365–373.

Mitsch, W. J. 1977. Water hyacinth (*Eichhornia crassipes*) nutrient uptake and metabolism in a north central Florida marsh. *Archivfuer Hydrobiologia* 81:188–210.

Mitsch, W. J. 1988. Productivity–hydrology–nutrient models of forested wetlands. Pages 115–132. In: W. J. Mitsch, M. Straskraba, and S. E. Jørgensen, eds., *Wetland Modelling*. Elsevier, Amsterdam.

Mitsch, W. J. 1991. Ecological engineering: Approaches to sustainability and biodiversity in the U.S. and China. Pages 428–448. In: R. Costanza, ed., *Ecological Economics: The Science and Management of Sustainability*. Columbia University Press, New York.

Mitsch, W. J. 1992. Landscape design and the role of created, restored, and natural riparian wetlands in controlling nonpoint source pollution. *Ecological Engineering* 1:27–47.

Mitsch, W. J. 1993. Ecological engineering: A cooperative role with the planetary lifesupport systems. *Environmental Science and Technology* 27:438–445.

Mitsch, W. J. 1995. Ecological engineering: From Gainesville to Beijing—A comparison of approaches in the United States and China. Pages 109–122. In: C. A. S. Hall, ed., *Maximum Power*. University Press of Colorado, Niwot, CO.

Mitsch, W. J. 1996. Ecological engineering: A new paradigm for engineers and ecologists. Pages 111–128. In: P. C. Schulze, ed., *Engineering within Ecological Constraints*. National Academy Press, Washington, DC.

Mitsch, W. J. 1998. Ecological engineering: The seven–year itch. *Ecological Engineering* 10:119–138.

Mitsch, W. J. 1999. Preface: Biosphere 2. Special issue. *Ecological Engineering* 13: 1–2.

Mitsch, W. J. and V. Bouchard, eds. 1998. Great Lakes coastal wetlands: their potential for restoration. Special issue. *Wetlands Ecology and Management* 6:1–82.

Mitsch, W. J. and D. L. Fink. 2001. *Wetlands for Controlling Nonpoint Source Pollution from Agriculture: Indian Lake Wetland Demonstration Project, Logan County, OH.* Final report submitted to Indian Lake Watershed Project, Bellfontaine, OH. School of Natural Resources, Ohio State University, Columbus, OH.

Mitsch, W. J. and J. G. Gosselink. 2000. *Wetlands,* 3rd ed. Wiley, New York. 920 pp.

Mitsch, W. J. and S. E. Jørgensen. 1989. *Ecological Engineering: An Introduction to Ecotechnology.* Wiley, New York.

Mitsch, W. J. and K. S. Kaltenborn. 1980. Effects of copper sulfate application on diel dissolved oxygen and metabolism in the Fox Chain of Lakes. *Transactions of the Illinois State Academy of Science* 73:55–64.

Mitsch, W. J. and U. Mander, eds. 1997. Ecological engineering in central and eastern Europe: remediation of ecosystems damaged by environmental contamination. Special issue. *Ecological Engineering* 8:247–346.

Mitsch, W. J. and B. C. Reeder. 1991. Modelling nutrient retention of a freshwater coastal wetland: estimating the roles of primary productivity, sedimentation, resuspension and hydrology. *Ecological Modelling* 54:151–187.

Mitsch, W. J. and N. Wang. 2000. Large–scale coastal wetland restoration on the Laurentian Great Lakes: determining the potential for water quality improvement. *Ecological Engineering* 15:267–282.

Mitsch, W. J. and R. F. Wilson. 1996. Improving the success of wetland creation and restoration with know–how, time, and self–design. *Ecological Applications* 6:77–83.

Mitsch, W. J. and K. M. Wise. 1998. Water quality, fate of metals, and predictive model validation of a constructed wetland treating acid mine drainage. *Water Research* 32:1888–1900.

Mitsch, W. J. and L. Zhang. 2002. Floodplain enhancement as an approach for restoring rivers: examples at the Olentangy River Wetland Research Park. Poster presentation. American Ecological Engineering Society Annual Meeting, Burlington, VT.

Mitsch, W. J., M. A. McPartlin, and R. D. Letterman. 1978. Energetic evaluation of a stream ecosystem affected by coal mine drainage. *Verhandlungen des Internationale Vereinigung fuer Limnologie* 21:1388–1395.

Mitsch, W. J., R. K. Ragade, R. W. Bosserman, and J. A. Dillon, Jr., eds. 1982. *Energetics and Systems.* Ann Arbor Science, Ann Arbor, MI. 132 pp.

Mitsch, W. J., J. Yan, and J. Cronk, eds. 1993. Ecological engineering in China. Special issue. *Ecological Engineering* 2:177–307.

Mitsch, W. J., J. K. Cronk, X. Wu, R. W. Nairn, and D. L. Hey. 1995. Phosphorus retention in constructed freshwater riparian marshes. *Ecological Applications* 5: 830–845.

Mitsch, W. J., X. Wu, R. W. Nairn, P. E. Weihe, N. Wang, R. Deal, and C. E. Boucher. 1998. Creating and restoring wetlands: a whole–ecosystem experiment in selfdesign. *BioScience* 48:1019–1030.

Mitsch, W. J., J. W. Day, Jr., J. W. Gilliam, P. M. Groffman, D. L. Hey, G. W. Randall, and N. Wang. 1999. *Reducing Nutrient Loads, Especially Nitrate–Nitrogen, to Surface Water, Groundwater, and the Gulf of Mexico.* Final report to the National Oceanic and Atmospheric Association Coastal Program, Silver Spring, MD.

Mitsch, W. J., A. Horne, and R. W. Nairn, eds. 2000. Nitrogen and phosphorus retention in wetlands. Special issue. *Ecological Engineering* 14:1–206.

Mitsch, W. J., J. W. Day, Jr., J. W. Gilliam, P. M. Groffman, D. L. Hey, G. W. Randall, and N. Wang. 2001. Reducing nitrogen loading to the Gulf of Mexico from the Mississippi River basin: strategies to counter a persistent ecological problem. *BioScience* 51:373–388.

Mitsch, W. J., N. Wang, V. Bouchard, L. Zhang, X. Wu, R. Deal, A. Gifford, C. Higgins, and A. Zuwernik. Work in progress. A whole–ecosystem wetland experiment illustrates effects of macrophyte planting and community diversity on ecosystem function.

Miura, T. 1990. The effects of planktivorous fishes on the plankton community in a eutrophic lake. *Hydrobiologia,* 200/201:567–579.

Miura, T. and J. Wang. 1985. Chlorophyll *a* found in feces of planktivorous cyprinids and its photosynthetic activity. *Verhandlungen Internationale Vereinigung fuer Limnologie* 22: 2636–2642.

Miyawaki, A. and K. Fujiwara. 1988. Vegetation mapping in Japan. Pages 427–441. In: A. W. Kuchler and I. S. Zonnenveld, eds., *Vegetation Mapping.* Kluwer Academic, Dordrecht, The Netherlands.

Miyawaki, A. and F. B. Golley. 1993. Forest reconstruction as ecological engineering. *Ecological Engineering* 2:333–345.

Moore, D. R. J., P. A. Keddy, C. L. Gaudet, and I. C. Wisheu. 1989. Conservation of wetlands: do infertile wetlands deserve a higher priority? *Biological Conservation* 47:203–217.

Moravcik, P. 1994. Development of new forest stands after a large scale forest decline in the Kršnéhory Mountains. *Ecological Engineering* 3:57–69.

Morowitz, H. J. 1968. *Energy Flow in Biology: Biological Organization as a Problem in Thermal Physics.* Academic Press, New York. 179 pp.

Moser, A. 1994. Trends in biotechnology: From high–tech to eco–tech. *Acta Biotechnologica* 14:315–335.

Moser, A. 1996. Ecotechnology in industrial practice: implementation using sustainability indices and case studies. *Ecological Engineering* 7:117–138.

Moshiri, G. A., ed. 1993. *Constructed Wetlands for Water Quality Improvement.* Lewis Publishers, Boca Raton, FL.

Moustafa, M. Z. 1999. Nutrient retention dynamics of the Everglades nutrient removal project. *Wetlands* 19:689–704.

Moustafa, M. Z., M. J. Chimney, T. D. Fontaine, G. Shih, and S. Davis. 1996. The response of a freshwater wetland to long–term "low level" nutrient loads: marsh efficiency. *Ecological Engineering* 7:15–33.

Mulamoottil, G., E. A. McBean, and F. Rovers, eds. 1999. *Constructed Wetlands for the Treatment of Landfill Leachates.* Lewis Publishers, Boca Raton, FL. 281 pp.

Nairn, R. W. and W. J. Mitsch. 2000. Phosphorus removal in created wetland ponds receiving river overflow. *Ecological Engineering* 14:107–126.

National Research Council. 1992. *Restoration of Aquatic Ecosystems.* National Academy Press, Washington, DC.

National Research Council. 1993. *In Situ Bioremediation: When Does It Work?* National Academy Press, Washington, DC.

National Research Council. 1995. *Wetlands: Characteristics and Boundaries.* National Academy Press, Washington, DC. 306 pp.

National Research Council. 2001. *Compensating for Wetland Losses under the Clean Water Act.* National Academy Press, Washington, DC. 158 pp.

National Wetlands Working Group. 1988. *Wetlands of Canada.* Ecological Land Classification Series 24. Environment Canada, Ottawa, Ontario, Canada and Polyscience Publications, Montreal, Quebec, Canada. 452 pp.

Nelson, E. A., R. K. Kolka, C. C. Trettin, and J. Wisniewski. 2000. Restoration of the severely impacted riparian wetland system. Special issue. *Ecological Engineering* 15:S1–S187.

Newman, S. and K. Pietro. 2001. Phosphorus storage and release in response to flooding: implications for Everglades stormwater treatment areas. *Ecological Engineering* 18:33–39.

Newman, J. M., J. C. Clausen, and J. A. Neafsey. 2000. Seasonal performance of a wetland constructed to process dairy milkhouse wastewater in Connecticut. *Ecological Engineering* 14:181–198.

Nguyen, L. M. 2000. Phosphate incorporation and transformation in surface sediments of a sewage–impacted wetland as influenced by sediment sites, sediment pH and added phosphate concentration. *Ecological Engineering* 14:139–155.

Nguyen, L. M., J. G. Cooke, and G. B. McBride. 1997. Phosphorus retention and release characteristics of sewage–impacted wetland sediments. *Water Air and Soil Pollution* 100:163–179.

Niswander, S. F. and W. J. Mitsch. 1995. Functional analysis of a two–year–old created in–stream wetland: hydrology, phosphorus retention, and vegetation survival and growth. *Wetlands* 15:212–225.

Odum, E. P. 1969. The strategy of ecosystem development. *Science* 164:262–270.

Odum, E. P. 1971. *Fundamentals of Ecology,* 3rd ed. W.B. Saunders, Philadelphia. 544 pp.

Odum, E. P. 1981. Foreword. Pages xi–iii. In: J. R. Clark and J. Benforado, eds., *Wetlands of Bottomland Hardwood Forests.* Elsevier, Amsterdam.

Odum, E. P. 2000. Tidal marshes as outwelling/pulsing systems. Pages 3–8. In: M. P. Weinstein and D. A. Kreeger, eds., *Concepts and Controversies in Tidal Marsh Ecology.* Kluwer Academic, Dordrecht, The Netherlands.

Odum, H. T. 1962. Man in the ecosystem. Pages 57–75. In: *Proceedings of the Lockwood Conference on the Suburban Forest and Ecology.* Bulletin 652 Connecticut Agricultural

Station, Storrs, CT.

Odum, H. T. 1971. *Environment, Power, and Society.* Wiley, New York.

Odum, H. T. 1973. *Energy Basis for Man and Nature.* McGraw–Hill, New York.

Odum, H. T. 1982. Pulsing, power, and hierarchy. Pages 33–59. In: W. J. Mitsch, R. K. Ragade, R. W. Bosserman, and J. A. Dillon, Jr., eds., *Energetics and Systems.* Ann Arbor Science, Ann Arbor, MI.

Odum, H. T. 1983. *Systems Ecology.* Wiley, New York. Reprinted in 1994 by University Press of Colorado, Niwot, CO.

Odum, H. T., ed. 1985. *Self Organization of Ecosystems in Marine Ponds Receiving Treated Sewage.* UNC–SG–85–04. North Carolina Sea Grant Office, North Carolina State University, Raleigh, NC. 250 pp.

Odum, H. T. 1989a. Ecological engineering and self–organization. Pages 79–101. In: W. J. Mitsch and S. E. Jørgensen, eds., *Ecological Engineering: An Introduction to Ecotechnology.* Wiley, New York.

Odum, H. T. 1989b. Experimental study of self–organization in estuarine ponds. Pages 291–340. In: W. J. Mitsch and S. E. Jørgensen, eds., *Ecological Engineering: An Introduction to Ecotechnology.* Wiley, New York.

Odum. H. T. 1996. *Environmental Accounting: Energy and Environmental Decision Making.* Wiley, New York. 370 pp.

Odum, H. T. and R. C. Pinkerton. 1955. Time's speed regulator, the optimum efficiency for maximum output in physical and biological systems. *American Scientist* 43: 331–343.

Odum, H. T., W. L. Siler, R. J. Beyers, and N. Armstrong. 1963. Experiments with engineering of marine ecosystems. *Publications of the Institute of Marine Science University of Texas* 9:374–403.

Odum, H. T., B. J. Copeland, and E. A. McMahan, eds. 1974. *Coastal Ecological Systems of the United States,* 4 vols. Conservation Foundation, Washington, DC.

Odum, H. T., K. C. Ewel, W. J. Mitsch, and J. W. Ordway. 1977. Recycling treated sewage through cypress wetlands. Pages 35–67. In: F. M. D'Itri, ed., *Wastewater Renovation and Reuse.* Marcel Dekker, New York.

Odum, H. T., G. R. Best, M. A. Miller, B. T. Rushton, R. Wolfe, C. Bersok, and J. Feiertag. 1990. *Accelerating Natural Processes for Wetland Restoration after Phos phate Mining.* FIPR Publication 03–041–086. Florida Institute of Phosphate Research, Bartow, FL. 408 pp.

Odum, W. E. 1987. Predicting ecosystem development following creation and restoration of wetlands. Pages 67–70. In: J. Zelazny and J. S. Feierabend, eds., *Proceedings of the Conference on Wetlands–Wetlands: Increasing Our Wetland Resources.* Corporate Conservation Council, National Wildlife Federation, Washington, DC.

Odum, W. E., E. P. Odum, and H. T. Odum. 1995. Nature's pulsing paradigm. *Estuaries* 18:547–555.

Ohlendorf, H. M., D. J. Hoffman, M. K. Saiki, and T. W. Aldrich. 1986. Embryonic mortality and abnormalities of aquatic birds: apparent impacts of selenium from irrigation drainwater. *Science of the Total Environment* 52:49–63.

Ohlendorf, H. M., R. L. Hothem, C. M. Bunck, and K. C. Marois. 1990. Bioaccumulation of selenium in birds at Kesterson Reservoir, California. *Archives of Environmental Contamination and Toxicology* 19:495–507.

Olson, R. K., ed. 1992. The role of created and natural wetlands in controlling nonpoint source pollution. *Ecological Engineering* 1:1–170.

O'Neill, R. V. 1976. Ecosystem persistence and heterotrophic regulation. *Ecology* 57: 1244–1253.

O'Neill, R. V., D. L. DeAngelis, J. B. Waide, and T. F. H. Allen. 1986. *A Hierachical Concept of Ecosystems.* Princeton University Press, Princeton, NJ. 253 pp.

Orlob, G. 1981. *State of the Art of Water Quality Modelling.* International Institute for Applied Systems Analysis, Laxenburg, Austria.

Özesmi, U. and W. J. Mitsch. 1997. A spatial model for the marsh–breeding red–winged blackbird (*Agelaius phoeniceus* L.) in coastal Lake Erie wetlands. *Ecological Modelling* 101:139–152.

Pahl–Wostl, C. 1995. *The Dynamic Nature of Ecosystems: Chaos and Order Entwined.* Wiley, New York. 267 pp.

Park, R. A. et al., 1978. The aquatic ecosystem model MS. CLEANER. *Proceedings of the International Conference on Ecological Modelling,* August 28–September 2, Copenhagen, Denmark, p. 579.

Parrotta, J. A. and O. H. Knowles. 1999. Restoration of tropical moist forests on bauxite mined lands in the Brazilian Amazon. *Restoration Ecology* 7:103–116.

Parrotta, J. A. and O. H. Knowles. 2001. Restoring tropical forests on lands mined for bauxite: examples from the Brazilian Amazon. *Ecological Engineering* 17:219–239.

Parrotta, J. A., O. H. Knowles, and J. M. Wunderle, Jr. 1997. Development of floristic diversity in 10–year–old restoration forests on a bauxite mined site in Amazonia. *Forest Ecology and Management* 99:21–42.

Patten, B. C. 1971–1976. *Systems Analysis and Simulation in Ecology,* Vols. 1–4. Academic Press, New York.

Patten, B. C. 1991. Network ecology: indirect determination of the life–environment relationship in ecosystems. Pages 288–351. In: M. Higashi and T. P. Burns, eds., *Theoretical Studies of Ecosystems: The Network Perspective.* Cambridge University Press, Cambridge. 364 pp.

Petersen, J. E., C. C. Chen, and W. M. Kemp. 1997. Scaling aquatic primary productivity: experiments under nutrient and light–limited conditions. *Ecology* 78:2326–2328.

Phipps, R. G. and W. G. Crumpton. 1994. Factors affecting nitrogen loss in experimental wetlands with different hydrologic loads. *Ecological Engineering* 3:399–408.

Poff, N. L. and D. D. Hart. 2002. How dams vary and why it matters for the emerging science of dam removal. *BioScience* 52:659–668.

Price, J., L. Rochefort, and F. Quinty. 1998. Energy and moisture considerations on cutover peatlands: surface microtopography, mulch cover and *Sphagnum* regeneration. *Ecological Engineering* 10:293–312.

Prigogine, I. 1980. *From Being to Becoming: Time and Complexity in the Physical Sciences.* W. H. Freeman, San Francisco. 260 pp.

Prigogine, I. 1982. Order out of chaos. Pages 13–32. In: W. J. Mitsch, R. K. Ragade, R. W. Bosserman, and J. A. Dillon, Jr., eds., *Energetics and Systems.* Ann Arbor Science, Ann Arbor, MI.

Pringle, C. M. 1997. Exploring how disturbance is transmitted upstream: going against the flow. *Journal of the North American Benthological Society* 16:425–438.

Pritchard, D. 1967. Observations of circulation in coastal plain estuaries. Pages 37–44. In: G. Lauff, ed., *Estuaries.* Publication 83. American Association for the Advancement of Science, Washington, DC.

Qi, Y. and H. Tian. 1988. Some views on ecosystem design. In: M. Shijun, A. Jiang, R. Xu, and L. Dianmo, eds., *Proceedings of the International Symposium on Agro–Ecological Engineering,* August 1988. Ecological Society of China, Beijing.

Qin, P., M. Xie, Y. Jiang, and C.–H. Chung. 1997. Estimation of the ecological–economic benefits of two *Spartina alterniflora* plantations in North Jiangsu, China. *Ecological Engineering* 8:5–17.

Qin, P., M. Xie, and Y. Jiang. 1998. *Spartina* green food ecological engineering. *Ecological Engineering* 11:147–156.

Quinty, F., and L. Rochefort. 1997. Plant reintroduction on a harvested peat bog. Pages 133–145. In: C. C. Trettin, M. F. Jurgensen, D. F. Grigal, M. R. Gale, and J. K. Jeglum, eds., *Northern Forested Wetlands: Ecology and Management.* CRC Press/Lewis Publishers, Boca Raton, FL.

Rabalais, N. N., W. J. Wiseman, R. E. Turner, B. K. Sengupta, and Q. Dortch. 1996. Nutrient changes in the Mississippi River and system responses on the adjacent continental shelf. *Estuaries* 19:386–407.

Rabalais, N. N., R. E. Turner, W. J. Wiseman, and Q. Dortch. 1998. Consequences of the 1993 Mississippi River flood in the Gulf of Mexico. *Regulated Rivers* 14:161–177.

Raisin, G. W. and D. S. Mitchell. 1995. The use of wetlands for the control of nonpoint source pollution. *Water Science and Technology* 32:177–186.

Raisin, G. W., D. S. Mitchell, and R. L. Croome. 1997. The effectiveness of a small constructed wetland in ameliorating diffuse nutrient loadings from an Australian rural catchment. *Ecological Engineering* 9:19–35.

Ranwell, D. S. 1967. World resources of *Spartina townsendii* and economic use of *Spartina* marshland. *Coastal Zone Management Journal* 1:65–74.

Reddy, K. R. and W. H. Smith, eds. 1987. *Aquatic Plants for Water Treatment and Resource Recovery.* Magnolia Publishing, Orlando, FL.

Redfield, A. C. 1958. The biological control of chemical factors in the environment. *American Scientist* 46:206–226.

Reed, S. C., R. W. Crites, and E. J. Middlebrooks. 1995. *Natural Systems for Waste Management and Treatment,* 2nd ed. McGraw–Hill, New York. 433 pp.

Reinartz, J. A. and E. L. Warne. 1993. Development of vegetation in small created wetlands in southeast Wisconsin. *Wetlands* 13:153–164.

Reinelt, L. E. and R. R. Horner. 1995. Pollutant removal from stormwater runoff by palustrine wetlands based on comprehensive budgets. *Ecological Engineering* 4: 77–97.

Rheinhardt, R. D., M. M. Brinson, and P. M. Farley. 1997. Applying wetland reference data to functional assessment, mitigation, and restoration. *Wetlands* 17:195–215.

Richardson, C. J. and C. B. Craft. 1993. Effective phosphorus retention in wetlands: fact or fiction? Pages 271–282. In: G. A. Moshiri, ed., *Constructed Wetlands for Water Quality Improvement.* CRC Press, Boca Raton, FL.

Richardson, C. J., S. Qian, C. B. Craft, and R. G. Qualls. 1997. Predictive models for phosphorus retention in wetlands. *Wetlands Ecology and Management* 4:159–175.

Robinson, K. G., W. S. Farmer, and J. T. Novak. 1990. Availability of sorbed toluene in solids for biodegradation by acclimatized bacteria. *Water Research* 24:345–350.

Rochefort, L. and S. Campeau. 1997. Rehabilitation work on post–harvested bogs in south eastern Canada. Pages 287–284. In: L. Parkyn, R. E. Stoneman, and H. A. P. Ingram, eds., *Conserving Peatlands.* CAB International, Wallingford, Berkshire, England.

Rosenber, E. 1986. Microbial surfactants. *Critical Reviews in Biotechnology* 3:109–132.

Roszak, D. B. and R. Colwell. 1987. Survival strategies of bacteria in natural environment. *Microbiological Reviews* 51:365–379.

Ruddle, K. and G. Zhong. 1988. *Integrated Agriculture–Aquaculture in South China: The Dike–Pond System of the Zhujiang Delta.* Cambridge University Press, Cambridge. 173 pp.

Russell, R. C. 1999. Constructed wetlands and mosquitoes: health hazards and management options-an Australian perspective. *Ecological Engineering* 12:107–124.

Sanville, W. and W. J. Mitsch, eds. 1994. Creating freshwater marshes in a riparian landscape: research at the Des Plaines River Wetland Demonstration Project. Special issue. *Ecological Engineering* 3:315–521.

Sartoris, J. J., J. S. Thullen, L. B. Barber, and D. E. Salas. 2000. Investigation of nitrogen transformations in a southern California constructed wastewater treatment wetland. *Ecological Engineering* 14:49–65.

Schaafsma, J. A., A. H. Baldwin, and C. A. Streb. 2000. An evaluation of a constructed wetland to treat wastewater from a dairy farm in Maryland, USA. *Ecological Engineering* 14:199–206.

Scheffer, M., S. Carpenter, J. A. Foley, C. Folke, and B. Walker. 2001. Catastrophic shifts in ecosystems. *Nature* 413:591–596.

Schiechtl, H. 1980. *Bioengineering for Land Reclamation and Conservation.* University of Alberta Press, Edmonton, Alberta, Canada. 404 pp.

Schiewer, S. and B. Volesky. 1995. Modeling of the proton ion exchange in biosorption. *Environmental Science & Technology* 29:3049–3058.

Schiewer, S., and B. Volesky. 1997. Ionic strength and electrostatic effects in biosorption of divalent metal ions and protons. *Environmental Science & Technology* 30: 2478–2485.

Schindler, D. W. 1998. Replication versus realism: the need for ecosystem–scale experiments. *Ecosystems* 1:323–334.

Schipper, L. A., B. R. Clarkson, M. Vojvodic–Vukovic, and R. Webster. 2002. Restoring cut–over restiad peat bogs: a factorial experiment of nutrients, seed, and cultivation. *Ecological Engineering* 19:29–40.

Schlesinger, W. H. 1997. *Biogeochemistry: An Analysis of Global Change,* 2nd ed. Academic Press, San Diego, CA. 680 pp.

Schueler, T. R. 1992. *Design of Stormwater Wetland Systems: Guidelines for Creating Diverse and Effective Stormwater Wetlands in the Mid–Atlantic Region.* Metropolitan Washington Council of Governments, Washington, DC. 133 pp.

Seidel, K. 1964. Abbau von Bacterium Coli durch höhere Wasserpflanzen. *Naturwissenschaften* 51:395.

Seidel, K. 1966. Reinigung von Gewässern durch höhere Pflanzen. *Naturwissenschaften* 53:289–297.

Seidel, K. and H. Happl. 1981. Pflanzenkläranlage "Krefelder system." *Sicherheit in Chemie und Umbelt* 1:127–129.

Seip, H. M., L. Pawlowski, and T. J. Sullivan. 1994. Environmental degradation due to heavy metals and acidifying deposition: a Polish–Scandinavian workshop. Special issue. *Ecological Engineering* 3:205–312.

Sharma, S. S. and J. P. Gaur. 1995. Potential of *Lemna polyrrhiza* for removal of heavy metals. *Ecological Engineering* 4:37–44.

Sheehy, D. J. and S. F. Vik. 1992. Developing prefabricated reefs: an ecological and engineering approach. Pages 543–221. In: G. W. Thayer, ed., *Restoring the Nation's Marine Environment.* Maryland Sea Grant College, College Park, MD.

Shisler, J. K. 1990. Creation and restoration of coastal wetlands of the northeastern United States. Pages 143–170. In J. A. Kusler and M. E. Kentula, eds., *Wetland Creation and Restoration.* Island Press, Washington, DC.

Shutes, R. B., J. B. Ellis, D. M. Revitt, and T. T. Zhang. 1993. The use of *Typha latifolia* for heavy metal pollution contol in urban wetlands. Pages 407–414. In: G. A. Mosheri, ed., *Constructed Wetlands for Water Quality Improvement.* Lewis Publishers, Boca Raton, FL.

Sinicrope, T. L., P. G. Hine, R. S. Warren, and W. A. Niering. 1990. Restoring of an impounded salt marsh in New England. *Estuaries* 13:25–30.

Sinicrope, T. L., R. Langis, R. M. Gersberg, M. J. Busnardo, and J. B. Zedler. 1992. Metal removal by wetland mesocosms subjected to different hydroperiods. *Ecological Engineering* 1:309–322.

Soldatov, V. S., L. Pawlowski, E. Kloc, I. Symanska, and V. V. Maushevich. 1997. Remediation of depleted soils by addition of ion exchange resins. *Ecological Engineering* 8:337–346.

Spieles, D. J. and W. J. Mitsch. 2000a. The effects of season and hydrologic and chemical loading on nitrate retention in constructed wetlands: a comparison of low and high nutrient riverine systems. *Ecological Engineering* 14:77–91.

Spieles, D. J. and W. J. Mitsch. 2000b. Macroinvertebrate community structure in highand low-nutrient constructed wetlands. *Wetlands* 20:716–729.

Stark, L. R. and F. M. Williams. 1995. Assessing the performance indices and design parameters of treatment wetlands for H^+, Fe, and Mn retention. *Ecological Engineering* 5:433–444.

Steffan, R. J., K. L. Sperry, M. T. Walsh, S. Vainberg, and C. W. Condee. 1999. Field scale evaluation of in situ bioaugmentation for remediation of chlorinated solvents. *Environmental Science & Technology* 33:2771–2791.

Stein, E. D. and R. F. Ambrose. 1998. A rapid impact assessment method for use in a regulatory context. *Wetlands* 18:379–392.

Steinberg, S. M., J. J. Pignatello, and B. L. Sawhney. 1987. Persistence of 1, 2–dibromoethane in soils. *Environmental Science & Technology* 21:1201–1209.

Steiner, G. R. and R. J. Freeman, Jr. 1989. Configuration and substrate design considerations for constructed wetlands for wastewater treatment. Pages 363–378. In: D. A. Hammer, ed., *Constructed Wetlands for Wastewater Treatment.* Lewis Publishers, Chelsea, MI.

Steiner, G. R., J. T. Watson, D. Hammer, and D. F. Harker, Jr. 1987. Municipal wastewater treatment with artificial wetlands: a TVA/Kentucky demonstration. In: K. R. Reddy and W. H. Smith, eds., *Aquatic Plants for Wastewater Treatment and Resource Recovery.* Magnolia Publishing, Orlando, FL. 923 pp.

Straskraba, M. 1980. The effects of physical variables on freshwater production: analyses based on models. Pages 13–31. In: E. D. Le Cren and R. H. McConnell, eds., *The Functioning of Freshwater Ecosystems.* International Biological Programme 22. Cambridge University Press, Cambridge.

Straskraba, M. 1984. New ways of eutrophication abatement. Pages 37–45. In: M. Straskraba, Z. Brandl, and P. Procalova, eds., *Hydrobiology and Water Quality of Reservoirs.* Academy of Science, České Budějovice, Czechoslovakia.

Straskraba, M. 1985. *Simulation Models as Tools in Ecotechnology Systems: Analysis and Simulation,* Vol. II. Akademie Verlag, Berlin.

Straskraba, M. 1993. Ecotechnology as a new means for environmental management. *Ecological Engineering* 2:311‒331.

Straskraba, M. and A. H. Gnauck. 1985. *Freshwater Ecosystems: Modelling and Simulation.* Elsevier, Amsterdam. 305 pp.

Streever, W., ed. 1999. *An International Perspective on Wetland Rehabilitation.* Kluwer Academic, Dordrecht, The Netherlands. 338 pp.

Svengsouk, L. M. and W. J. Mitsch. 2001. Dynamics of mixtures of *Typha latifolia* and *Schoenoplectus tabernaemontani* in nutrient‒enrichment wetland experiments. *American Midland Naturalist* 145:309‒324.

Tang, S.‒Y. 1993. Experimental study of a constructed wetland for treatment of acidic wastewater from an iron mine in China. *Ecological Engineering* 2:253‒259.

Tanner, C. C. 1996. Plants for constructed wetland treatment systems: a comparison of the growth and nutrient uptake of eight emergent species. *Ecological Engineering* 7:59‒83.

Tanner, C. C., J. S. Clayton, and M. P. Upsdell. 1995. Effect of loading rate and planting on treatment of dairy farm wastewaters in constructed wetlands. II. Removal of nitrogen and phosphorus. *Water Research* 29:27‒34.

Tanner, C. C., G. Raisin, G. Ho, and W. J. Mitsch. 1999. Constructed and natural wetlands for pollution control. Special issue. *Ecological Engineering* 12:1‒170.

Tarutis, W. J., L. R. Stark, and R. M. Williams. 1999. Sizing and performance estimation of coal mine drainage wetlands. *Ecological Engineering* 12:353‒372.

Teal, J. M. and S. B. Peterson. 1991. The next generation of septage treatment. *Research Journal of the Water Pollution Control Federation* 63:84‒89.

Teal, J. M. and M. P. Weinstein. 2002. Ecological engineering, design, and construction considerations for marsh restorations in Delaware Bay, USA. *Ecological Engineering* 18:607‒618.

Thayer, G. W., ed. 1992. *Restoring the Nation's Marine Environment.* Maryland Sea Grant Project, College Park, MD. 716 pp.

Thofelt, L. and A. Englund, eds. 1996. *Ecotechniques for a Sustainable Society.* Mid Sweden University Press, Östersund, Sweden.

Thullen, J. S., J. J. Sartoris, and W. E. Walton. 2002. Effects of vegetation management in constructed wetland treatment cells on water quality and mosquito production. *Ecological Engineering* 18:441‒450.

Todd, J. H. and B. Josephson. 1996. The design of living technologies for waste treatment. *Ecological Engineering* 6:109‒136.

Toth, L. A., D. A. Arrington, M. A. Brady, and D. A. Muszick. 1995. Conceptual evaluation of factors potentially affecting restoration of habitat structure within the channelized Kissimmee River ecosystem. *Restoration Ecology* 3:160‒180.

Turner, R. E. and M. E. Boyer. 1997. Mississippi River diversions, coastal wetland restoration / creation, and an economy of scale. *Ecological Engineering* 8:117-128.

Uhlmann, D. 1983. Entwicklungstendenzen der Okotechnologie. *Wissenschaftliche Zeitschrift der Technischen Universitaet Dresden* 32:109-116.

Ulanowicz, R. E. 1979. Prediction chaos and ecological perspective. Pages 107-117. In: E. A. Halfon, ed., *Theoretical Systems Ecology*. Academic Press, New York.

Ulanowicz, R. E., 1986. *Growth and Development: Ecosystem Phenomenology*. Springer-Verlag, New York. 203 pp.

Ulanowicz, R. E. 1997. *Ecology: The Ascendent Perspective*. Columbia University Press, New York. 201 pp.

U.S. Environmental Protection Agency. 1991. Summary report: High-priority research in bioremediation. Presented at the Bioremediation Research Needs Workshop, April 15-16, 1991, Washington, DC.

U.S. Environmental Protection Agency. 1993. *Constructed Wetlands for Wastewater Treatment and Wildlife Habitat: 17 Case Studies*. EPA832-R-93-005. U.S. EPA, Washington, DC. 174 pp.

Van der Valk, A. G. 1998. Succession theory and restoration of wetland vegetation. Pages 657-667. In: A. J. McComb and J. A. Davis, eds., *Wetlands for the Future*. Gleneagles Publishing, Adelaide, Australia.

Van der Valk, A. G. and C. B. Davis. 1978. Primary production of prairie glacial marshes. Pages 21-37. In: R. E. Good, D. F. Whigham, and R. L. Simpson, eds., *Freshwater Wetlands: Ecological Processes and Management Potential*. Academic Press, New York.

Vannote, R. L., G. W. Minshall, K. W. Cummins, J. R. Sedell, and C. E. Cushing. 1980. The river continuum concept. *Canadian Journal of Fisheries and Aquatic Sciences* 37:130-137.

Van Slyke, L. P. 1988. *Yangtze: Nature, History and the River*. Additon-Wesley, Reading, MA. 211 pp.

Vitousek, P. M., H. A. Mooney, J. Lubchenck, and J. M. Mellilo. 1997. Human domination of the Earth's ecosystems. *Science* 277:494-499.

Volkering, F., A. M. Breure, J. G. van Andel, and W. H. Rulkens. 1995. Influence of nonionic surfactants on bioavailability and biodegradation of polycyclic aromatic hydrocarbons. *Applied and Environmental Microbiology* 61:1699-1705.

Vollenweider, R. A. 1969. Möglichkeiten und Grenzen elementarer Modelle der Stoffbilanz von Seen. *Archiv fuer Hydrobiologie* 66:1-136.

Vollenweider, R. A. 1975. Input-output models with special reference to the phosphorus loading concept in limnology. *Schweizerische Zeitschrift fuer Hydrologie* 37:53-83.

Vymazal, J. 1995. Constructed wetlands for wastewater treatment in the Czech Republic: State of the art. *Water Science and Technology* 32:357-364.

Vymazal, J. 1998. Czech Republic. Pages 95−121. In: J. Vymazal, H. Brix, P. F. Cooper, M. B. Green, and R. Haberl, eds., *Constructed Wetlands for Wastewater Treatment in Europe.* Backhuys Publishers, Leiden, The Netherlands.

Vymazal, J. 2002. The use of sub−surface constructed wetlands for wastewater treatment in the Czech Republic: 10 years'experience. *Ecological Engineering* 18:633−646.

Vymazal, J., H. Brix, P. F. Cooper, M. B. Green, and R. Haberl, eds. 1998. *Constructed Wetlands for Wastewater Treatment in Europe.* Backhuys Publishers, Leiden, The Netherlands.

Wali, M. K., ed. 1992. *Environmental Rehabilitation: Preamble to Sustainable Development,* 2 vols. SPB Academic Publishing, The Hague, The Netherlands.

Wali, M. K., 1999. Ecological succession and the rehabilitation of disturbed terrestrial ecosystems. *Plant and Soil* 213:195−220.

Wang, N. and W. J. Mitsch. 1998. Estimating phosphorus retention of existing and restored wetlands in a tributary watershed of the Laurentian Great Lakes in Michigan, USA. *Wetlands Ecology and Management* 6:69−82.

Wang, N. and W. J. Mitsch. 2000. A detailed ecosystem model of phosphorus dynamics in created riparian wetlands. *Ecological Modelling* 126:101−130.

Wang, N., W. J. Mitsch, S. Johnson, and W. T. Acton. 1997. Early hydrology of a newly constructed riparian mitigation wetland at the Olentangy River Wetland Research Park. Pages 247−254. In: W. J. Mitsch, ed., *Olentangy River Wetland Research Park 1996 Annual Report.* School of Natural Resources, Ohio State University, Columbus, OH.

Wang, R. and J. Yan. 1998. Integrating hardware, software, and mindware for sustainable ecosystem development: principles and methods of ecological engineering in China. *Ecological Engineering* 11:277−289.

Wang, R., J. Yan, and W. J. Mitsch. 1998a. Ecological engineering: a promising approach towards sustainable development in developing countries. *Ecological Engineering* 11:1−15.

Wang, R., J. Yan, and W. J. Mitsch, eds. 1998b. Ecological engineering in developing countries. Special issue. *Ecological Engineering* 11:1−313.

Ward, A. D. and W. J. Elliot, eds. 1995. *Environmental Hydrology.* CRC Press/Lewis Publishers, Boca Raton, FL.

Ward, J. V. and J. A. Stanford. 1983. The immediate−disturbance hypothesis: an explanation for biotic diversity patterns in lotic ecosystems. Pages 347−356. In: T. D. Fontaine and S. M. Bartell, eds., *Dynamics of Lotic Systems.* Ann Arbor Science, Ann Arbor, MI.

Ward, J. V. and J. A. Stanford. 1995. The serial discontinuity concept: extending the model to floodplain rivers. *Regulated Rivers* 10:1598.

Webster, J. R. 1979. Hierarchical organization of ecosystems. Pages 119−131. In: E. Halfon, ed., *Theoretical Systems Ecology.* Academic Press, New York.

Weiderholm, T. 1980. Use of benthos in lake monitoring. *Journal of the Water Pollution Control Federation* 52:537.

Weinstein, M. P. and D. A. Kreeger, eds. 2000. *Concepts and Controversies in Tidal Marsh Ecology.* Kluwer Academic, Amsterdam, The Netherlands.

Weinstein, M. P., J. H. Balletto, J. M. Teal, and D. F. Ludwig. 1997. Success criteria and adaptive management for a large-scale wetland restoration project. *Wetlands Ecology and Management* 4:111-127.

Weinstein, M. P., J. M. Teal, J. H. Balletto, and K. A. Strait. 2001. Restoration principles emerging from one of the world' largest tidal marsh restoration projects. *Wetlands Ecology and Management* 9:387-407.

Weller, M. W. 1994. *Freshwater Marshes,* 3rd ed. University of Minnesota Press, Minneapolis, MN. 192 pp.

Wetzel, P. R., A. G. van der Valk, and L. A. Toth. 2001. Restoration of wetland vegetation on the Kissimmee River flood plain: potential role of seed banks. *Wetlands* 21:189-198.

White, C., S. C. Wilkinson, and G. M. Gadd. 1995. The role of microorganisms in biosorption of toxic metals and readionuclides. *International Biodeterioration and Biodegradation* 35:17-40.

White, J. S., S. E. Bayley, and P. J. Curtis. 2000. Sediment storage of phosphorus in a northern prairie wetland receiving municipal and agro-industrial wastewater. *Ecological Engineering* 14:127-138.

Whitton, B. A., ed. 1975. *River Ecology.* Blackwell Scientific, Oxford.

Wilber, P., G. Thayer, M. Croom, and G. Mayer, eds. 2000. Goal setting and success criteria for coastal habitat restoration. Special issue. *Ecological Engineering* 15: 165-395.

Wieder, R. K. 1989. A survey of constructed wetlands for acid coal mine drainage treatment in eastern United States. *Wetlands* 9:299-315.

Wieder, R. K., M. N. Linton, and K. P. Heston. 1990. Laboratory mesocosm studies of Fe, Al, Mn, Ca, and Mg dynamics in wetlands exposed to synthetic acid coal mine drainage. *Water Soil and Air Pollution* 51:181-196.

Wilhelm, M., S. R. Lawry, and D. D. Hardy. 1989. Creation and management of wetlands using municipal wastewater in northern Arizona: a status report. Pages 179-185. In: D. A. Hammer, ed., *Constructed Wetlands for Wastewater Treatment.* Lewis Publishers, Chelsea, MI.

Wilson, R. F. and W. J. Mitsch. 1996. Functional assessment of five wetlands constructed to mitigate wetland loss in Ohio, USA. *Wetlands* 16:436-451.

Wilson, J. T. and M. D. Jawson. 1995. Science needs for implementation of bioremediation. Pages 293-303. In: H. D Skipper and R. F. Turco, eds., *Bioremediation Science and Applications.* Soil Science Society of America, Madison, WI.

Wind-Mulder, H. L., L. Rochefort, and D. H. Vitt. 1996. Water and peat chemistry comparisons of natural and post-harvested peatlands across Canada and their relevance to peatland restoration. *Ecological Engineering* 7:161-181.

Wisheu, I. C. and P. A. Keddy. 1992. Competition and centrifugal organization of plant communities: theory and tests. *Journal of Vegetation Science* 3:147-156.

Wood, T. S. and M. L. Shelley. 1999. A dynamic model of bioavailability of metals in constructed wetland sediments. *Ecological Engineering* 12:231-252.

Woodhouse, W. W., Jr. 1979. *Building Salt Marshes along the Coasts of the Continental United States.* Special Report 4. U.S. Army, Coastal Engineering Research Center, Fort Belvoir, VA.

World Commission on Environment and Development. 1987. *Our Common Future.* Oxford University Press, Oxford, p. 11.

Wu Jin Fu, Yan Fu, Yang Shi Jie, Liang Hai Quan, and Yu Wu Jiao. 1988. A primary study on coordinated ecological engineering of fertilizer and forage and fuel in Wu Tang Village of Changsha County. In: Ma Shijun, Jiang Ailiang, Xu Rumei, and Li Dianmo, eds., *Proceedings of the International Symposium on Agro-Ecological Engineering,* August 1988. Ecological Society of China, Beijing.

Yan, J. 1992. In memoriam: dedicated to the memory of Professor Ma. *Ecological Engineering* 1:ix-x.

Yan, J. and H. Yao. 1989. Integrated fish culture management in China. Pages 375-408. In: W. J. Mitsch, and S. E. Jørgensen, eds., *Ecological Engineering: An Introduction to Ecotechnology.* Wiley, New York.

Yan, J. and Y. Zhang. 1992. Ecological techniques and their application with some case studies in China. *Ecological Engineering* 1:261-285.

Yan, J., Y. Zhang, and X. Wu. 1993. Advances of ecological engineering in China. *Ecological Engineering* 2:193-215.

Yao, H. 1993. Phytoplankton production in integrated fish culture high-output ponds and its status in energy flow. *Ecological Engineering* 2:217-229.

Yuan, C., Q. Zhao, and J. Zhen. 1993. Comparing crop-hog-fish agroecosystems with conventional fish culturing in China. *Ecological Engineering* 2:231-242.

Zalewski, M. 2000a. Ecohydrology: The scientific background to use ecosystem properties as management tools toward sustainability of water resources. *Ecological Engineering* 16:1-8.

Zalewski, M., ed. 2000b. Ecohydrology. Special issue. *Ecological Engineering* 16:1-188.

Zalewski, M. and T. Wagner. 2000. *Ecohydrology.* Technical Documents in Hydrology 34. UNESCO, Paris.

Zalewski, M., G. A. Janauer, and G. Jolankai. 1997. *Ecohydrology: A New Paradigm for the Sustainable Use of Aquatic Resources.* Technical Documents in Hydrology 7. UNESCO-IHP, Paris.

Zedler, J. B. 1988. Salt marsh restoration: lessons from California. Pages 123-138. In: J. Cairns, ed., *Rehabilitating Damaged Ecosystems,* vol. I. CRC Press, Boca Raton, FL.

Zedler, J. B. 1996a. Coastal mitigation in southern California: the need for a regional restoration strategy. *Ecological Applications* 6:84-93.

Zedler, J. B. 1996b. *Tidal Wetland Restoration: A Scientific Perspective and Southern California Focus.* Report T–038. California Sea Grant College System, University of California, La Jolla, CA. 129 pp.

Zedler, J. B., ed. 2001. *Handbook for Restoring Tidal Wetlands.* CRC Press, Boca Raton, FL. 439 pp.

Zeigler, B. P. 1976. *Theory of Modelling and Simulation.* Wiley, New York. 435 pp.

Zhang, J., S. E. Jørgensen, M. Beklioglu, and O. Ince. 2002. Hysteresis in catastrophic shift: Lake Mogan prognoses. *Ecological Modelling* 164:227–238.

Zhang, L. and W. J. Mitsch. 2001. Hydrologic budgets for the ORW mitigation wetland, 2000. Pages 115–125. In: W. J. Mitsch and L. Zhang, eds., *Olentangy River Wetland Research Park 2000 Annual Report.* School of Natural Resources, Ohio State University, Columbus, OH.

Zhang, R., W. Ji, and B. Lu. 1998. Emergence and development of agro–ecological engineering in China. *Ecological Engineering* 11:17–26.

Zhang, Y. and R. M. Miller. 1992. Enhanced octadecane dispersion and biodegradation by *Pseudomonas rhamnolipid* surfactant. *Applied and Environmental Microbiology* 58:3276–3282.

Zwolinski, J. 1994. Rates of organic matter decomposition in forests polluted with heavy metals. *Ecological Engineering* 3:17–26.

생물 찾아보기

찾아보기